studien—text

Mathematik

studien——texte

Mathematik

Endl, K./ Luh, W.,: Analysis I
Eine integrierte Darstellung
1986, 8. überarb. Aufl., XII, 369 S., 96 Abb. kart., DM 29,80. ISBN 3-89104-454-2

Endl, K./Luh, W.: Analysis II
1984, 6. Aufl., XII, 351 S., 99 Abb., kart., DM 24,80. ISBN 3-923944-33-0

Endl, K./Luh, W.: Analysis III,
1983, 5. Aufl., XII, 345 S., 87 Abb., kart., DM 24,80. ISBN 3-923944-04-7

Endl, K./Luh, W.: Analysis I–III
Kassette, DM 72,–, ISBN 3-923944-34-9

Endl. K.: Aufgaben zur Analysis I
1979, 169 S., kart., DM 16,80. ISBN 3-923944-31-4

Jantscher, L.: Topologie
1982, 300 S., kart., DM 29,80. ISBN 3-923944-49-7

Kaiser, H./Lidl, R./ Wiesenbauer, J.: Aufgabensammlung zur Algebra
1975, X, 170 S., 14 Abb., kart., DM 19,80. ISBN 3-923944-50-0

Körner, O.: Algebra
1974, XII, 239 S., 50 Abb., kart., DM 29,80. ISBN 3-923944-52-7

Lidl, R./Wiesenbauer, J.: Ringtheorie und Anwendungen
1980, 336 S., 2 Abb., 15 Tab., geb., DM 56,–. ISBN 3-923944-83-7

Luh, W.: Mathematik für Naturwissenschaftler I
1985, 3. Aufl., 341 S., 131 Abb., kart., DM 26,80. ISBN 3-923944-54-3

Luh, W.: Mathematik für Naturwissenschaftler II
1985, 2. erw. Aufl., VIII, 360 S., kart., DM 29,80. ISBN 3-923944-91-8

Peyerimhoff, A.: Gewöhnliche Differentialgleichungen I
1982, 2. verb. Aufl., 179 S., 48 Abb., kart., DM 26,80. ISBN 3-923944-59-4

Peyerimhoff, A.: Gewöhnliche Differentialgleichungen II
1982, 2. verb. Aufl., 199 S., 37 Abb., kart., DM 26,80. ISBN 3-923944-60-8

Plaschky, D./Baringhaus, L./Schmitz, N.: Stochastik I
1978, 250 S., 11 Abb., kart., DM 29,80. ISBN 3-923944-62-4

Plachky, D.: Stochastik II
1981, 166 S., kart., DM 29,80. ISBN 3-923944-63-2

Plachky, D.: Stochastik-Anwendungen und Übungen
1983, X, 216 S., kart., DM 29,80. ISBN 3-923944-64-2

Plachky, D.: Stochastik, 3 Bände in Kassette, DM 80,–. ISBN 3-923944-65-9

Reimer, M.: Grundlagen der Numerischen Mathematik I
1980, 210 S., kart., DM 22,–. ISBN 3-923944-66-7

Reimer, M.: Grundlagen der Numerischen Mathematik II
1982, 263 S., kart., DM 29,80. ISBN 3-923944-67-5

Scheid, H. u. a.: Mathematik für Lehramtskandidaten I–IV
Kassette, DM 96,–. ISBN 3-923944-71-3

Preisänderungen vorbehalten

Kurt Endl / Wolfgang Luh

Analysis I
Eine integrierte Darstellung

Studienbuch für Studierende
der Mathematik, Physik und anderer
Naturwissenschaften
ab 1. Semester

8., überarbeitete Auflage

Mit 96 Abbildungen

AULA-Verlag Wiesbaden

Prof. Dr. Kurt Endl
Mathematisches Institut
der Universität Gießen
Iheringstr. 6
6300 Gießen

Prof. Dr. Wolfgang Luh
Fachbereich IV
der Universität Trier
Postfach 3825
5000 Trier

CIP-Kurztitelaufnahme der Deutschen Bibliothek

Endl, Kurt:
Analysis: e. integrierte Darst.;
Studienbuch für Studenten d. Mathematik, Physik u. a.
Naturwiss. ab 1. Semester / Kurt Endl; Wolfgang Luh.
— Wiesbaden: Aula-Verlag
(Studien-Texte: Mathematik)
Teilw. verf. von Kurt Endl. —
Früher in d. Akadem. Verl.-Ges., Wiesbaden
NE: Luh, Wolfgang:
1. [Hauptbd.]. – 8., überarb. Aufl. — 1986.
ISBN 3-89104-454-2

1.–6. Auflage: Akademische Verlagsgesellschaft, Frankfurt/Wiesbaden

Satz: Formelsatz Steffenhagen, Königsfeld
Druck und Verarbeitung: SDV Saarbrücker Druckerei und Verlag GmbH, Saarbrücken
Printed in Germany / Imprimé en Allemagne

ISSN 0170-673 X
ISBN 3-89104-454-2

Vorwort des Herausgebers zur 1. Auflage

In immer stärkerem Maße fordert die Studentenschaft heute, daß einer Anfänger- oder Standardvorlesung, bei welcher ja doch der Stoff im wesentlichen seit langem festliegt, ein Buch oder ein Skriptum zugrundegelegt wird. Tatsächlich erscheint eine Rationalisierung der Wissensvermittlung überfällig. Der klassische Vorlesungsstil, wobei der Student mühsam und zeitraubend das abschreibt, was der Dozent ebenso mühsam und zeitraubend vorher an die Tafel geschrieben hat, ist — jedenfalls für jene Vorlesungen — zweifellos reformbedürftig.

Um eine Studienreform in dieser Richtung voranzutreiben, sind die Bände dieser Reihe als Texte konzipiert, die gemeinsam vom Dozenten und von Studenten während der Vorlesung benutzt werden. Eine klare und übersichtliche Darstellung erspart das An- und Abschreiben von Definitionen, Sätzen und Begleittexten. Dies bewirkt neben einer enormen Zeitersparnis, daß Dozent und Studenten ihre ganze Kraft und Aufmerksamkeit auf die Interpretation von Begriffen, Aussagen und Beweisen konzentrieren können.

Der hierdurch erforderliche neue Vorlesungsstil stellt, gerade wegen der Vermeidung unnötigen Schreibens, hohe Anforderungen an das didaktisch-pädagogische Geschick und die persönliche Überzeugungskraft des Dozenten.

Neben der Verwendung als Vorlesungstext sind die Bände wegen ihrer straffen und gut motivierten Darstellung hervorragend auch zum Selbststudium geeignet, besonders zur Vorbereitung von Prüfungen.

Gießen, im September 1972 Kurt Endl

Vorwort der Autoren zur 1. Auflage

Diese dreibändige Einführung in die Analysis ist in erster Linie bestimmt für Studierende der Mathematik und Physik. Die Ausbildung der Mathematiker und Physiker, die in den ersten Semestern weitgehend parallel verläuft, erfordert nach Ansicht der Autoren eine wesentlich straffere Koordinierung als es bisher in den traditionellen Lehrgängen üblich war. Die klassische Einteilung der mathematischen Anfängervorlesungen in 4 getrennte Kurse (Differential- und Integralrechnung I, II; Differentialgleichungen; Funktionentheorie) ist weniger sachlich als historisch begründet. Sie nimmt keine Rücksicht auf dringend notwendige Koordinierungsprobleme, etwa darauf, daß die Studierenden schon zu Beginn des 2. Semesters über gewisse Grundkenntnisse der Theorie der Differentialgleichungen verfügen müssen, um die erste Vorlesung in theoretischer Physik verstehen zu können. Hinzu kommt weiterhin, daß die meisten Lehrpläne für die Studierenden mit Hauptfach Physik im allgemeinen nur 3 Semester Analysis vorsehen, so daß die 4. Vorlesung der klassischen Einteilung, die Funktionentheorie, von vielen zukünftigen Physikern nicht gehört wird, während eine Grundkenntnis dieser Theorie auch im Hinblick auf die höheren Vorlesungen der theoretischen Physik (Elektrodynamik, Optik, Thermodynamik, Atomphysik und Quantentheorie) nicht nur wünschenswert, sondern unbedingt notwendig ist.

Eine Trennung der mathematischen Ausbildung der Physiker von der der Mathematiker, wie sie öfters vorgeschlagen wird, ist aus mehreren Gründen problematisch. Sie bietet keine Lösung des Koordinierungsproblems für die Studierenden der Mathematik, die ja in derselben Phase die gleichen Vorlesungen der theoretischen Physik hören müssen. Zum anderen beeinträchtigt eine Trennung die Durchlässigkeit der Studiengänge, d. h. die Möglichkeit des Wechsels vom Hauptfach Mathematik zum Hauptfach Physik und umgekehrt.

Die einzig befriedigende Lösung des Problems besteht darin, in einem dreisemestrigen, durchgehenden Kurs unter Einbeziehung der Funktionentheorie, die Begriffe, Definitionen und Methoden der modernen Analysis in solider Form darzulegen. Hierbei soll — und dies entspricht auch der Meinung und dem Wunsch maßgeblicher Vertreter der Physik — keinerlei Konzession bezüglich mathematischer Strenge gemacht werden. Eine Bewältigung der gestellten Aufgabe muß vielmehr durch Umordnung und Straffung des Stoffes erfolgen, unter Zuhilfenahme eines geeigneten Buches oder Skriptums.

Die modernen Begriffe der Algebra, Topologie und Funktionalanalysis werden, sobald genügend Motivation vorliegt und sofern sie tatsächlich einen Gewinn für die Klarheit der Darstellung bringen, möglichst frühzeitig herangezogen. Jedoch verzichten die Autoren bewußt auf zu große Abstraktion, da dies für den Anfänger eine zusätzliche Schwierigkeit bedeutet und ihn oft von dem wahren mathematischen Kern ablenkt. Der größte Wert wird vielmehr gelegt auf eine konkrete, konstruktive und anschauliche Behandlung des darzustellenden Stoffes.

So wird in diesem ersten Band, ausgehend vom Körper der rationalen Zahlen, eine konstruktive Einführung der reellen Zahlen durch Cauchy-Folgen gegeben, da nach Meinung der Autoren die vielfach übliche Einführung über ein Axiom (Axiom der oberen Grenze, Axiom über beschränkte, monotone Folgen) nicht einen wirklich konstruktiven Zugang ersetzen kann. Von den möglichen konstruktiven Einführungen ist hier der Zugang über die Cauchy-Folgen deswegen gewählt worden, weil hierbei die für die gesamte Analysis wichtige Folgentheorie schon behandelt und geübt werden kann.

Ebenso wird über Potenzen mit natürlichen und rationalen Exponenten ein konstruktiver Zugang zu den wichtigsten Funktionen der Analysis, der Potenz-, Exponential- und Logarithmusfunktion gegeben. Die heute ebenfalls weithin übliche Einführung mit Hilfe der Exponentialreihe erscheint auch hier den Autoren als ein didaktisch nicht befriedigender Zugang, da diese Reihe am Ende einer Entwicklung steht und diese Einführung deshalb vielen Anfängern als reichlich unmotiviert und willkürlich erscheinen muß. Auch hier können wieder solide handwerkliche Fähigkeiten geübt werden.

Analoges gilt für die Einführung der trigonometrischen Funktionen durch die entsprechenden Reihen. Dabei wird nicht berücksichtigt, daß die Studenten schon in der Schule unter geometrischen Gesichtspunkten mit trigonometrischen Funktionen gearbeitet haben und eine Neudefinition durch Reihen den Anfänger in erheblichem Maß verunsichert. In der vorliegenden Darstellung wird, von der elementaren Definiton im Dreieck ausgehend, über den Einheitskreis die analytische Definition mit Hilfe der Bogenlänge am Kreis konstruktiv hergeleitet.

Die Autoren danken allen Mitarbeitern, die bei der Entstehung des Buches mitgewirkt haben, insbesondere Herrn Dipl. Math. Rüdiger Alt und Herrn Dipl. Math. Günter Schroeter. Für wertvolle Unterstützung bei der Entstehung des Buches danken die Autoren Herrn Dr. Eberhard Mogk und vor allem, auf Seiten des Verlages, Frau Cheflektorin Edith Kukulies und Herrn Rudolf Nägele.

Gießen, im September 1972 Kurt Endl, Wolfgang Luh

Vorwort zur 4. Auflage

Das unverändert starke Interesse an dieser dreibändigen Analysisreihe erfordert nach vier Jahren diese 4. Auflage, die gegenüber der 2. Auflage eine korrigierte, aber sonst unveränderte Fassung darstellt.

Für die überaus zahlreichen und durchweg positiven Zuschriften, die wir auch jetzt noch erhalten, danken wir an dieser Stelle herzlich.

Gießen, im November 1976 Kurt Endl, Wolfgang Luh

Vorwort zur 8. Auflage

Das immer noch ungebrochen starke Interesse an dieser Integrierten Darstellung der Analysis veranlaßt den Verlag, eine vollständige Überarbeitung dieses Werkes herauszugeben. Gleichzeitig werden alle drei Bände in modernerer Gestaltung neu gesetzt.

Für die sorgfältige Mithilfe bei der Korrektur und zahlreiche wertvolle Bemerkungen danken wir Fräulein Doris Herbst und den Herren Matthias Pfeiffer, Thorsten Schick und Martin Wießner.

Gießen, Trier, im September 1986 Kurt Endl, Wolfgang Luh

Inhalt

1 Grundlagen

1.1 Mengen

In diesem Paragraphen sollen die Grundbegriffe der Mengentheorie bereitgestellt werden. Wir benutzen durchweg den "naiven" Mengenbegriff, wie er von GEORG CANTOR (1845-1918) geprägt wurde.

Definition 1.1.1: "Eine Menge M ist eine Zusammenfassung von wohlbestimmten und wohlunterschiedenen Objekten unserer Anschauung oder unseres Denkens (welche die Elemente von M genannt werden) zu einem Ganzen."

Dieser Mengenbegriff ist problematisch, da seine konsequente Durchführung zu Antinomien, d.h. zu Widersprüchen führt. Eine logisch befriedigende Mengentheorie würde jedoch weit über den Rahmen und die Aufgabe dieses Kurses hinausgehen.
Wir führen folgende Bezeichnungen ein:

Definition 1.1.2:

(1) $x \in M$ heißt: x ist Element von M.

(2) $x \notin M$ heißt: x ist nicht Element von M.

(3) $M = \{x, y, z, \ldots\}$ heißt: M ist die Menge, die aus den Elementen x, y, z usw. besteht (aufzählende Charakterisierung von M).

(4) $M = \{x\colon x \text{ hat die Eigenschaft } E\}$ heißt: M ist die Menge aller Elemente x, die die Eigenschaft E haben (beschreibende Charakterisierung von M).

Weiter sind von Bedeutung:

Definition 1.1.3 (Gleichheit): Zwei Mengen M_1, M_2 heißen gleich: $M_1 = M_2$, wenn sie dieselben Elemente enthalten.

Definition 1.1.4 (Inklusion): Es seien M_1 und M_2 Mengen.

(1) M_1 heißt enthalten in M_2 oder Teilmenge von M_2 (geschrieben $M_1 \subset M_2$), wenn jedes Element von M_1 auch Element von M_2 ist.

(2) Ist $M_1 \subset M_2$, aber $M_1 \neq M_2$, so heißt M_1 echte Teilmenge von M_2.

(3) Ist M_1 keine Teilmenge von M_2, so schreiben wir $M_1 \not\subset M_2$.

Beziehungen von Mengen untereinander können graphisch in einem sog. VENN-Diagramm veranschaulicht werden. Hierbei werden Mengen als Teilmengen der Zeichenebene dargestellt.

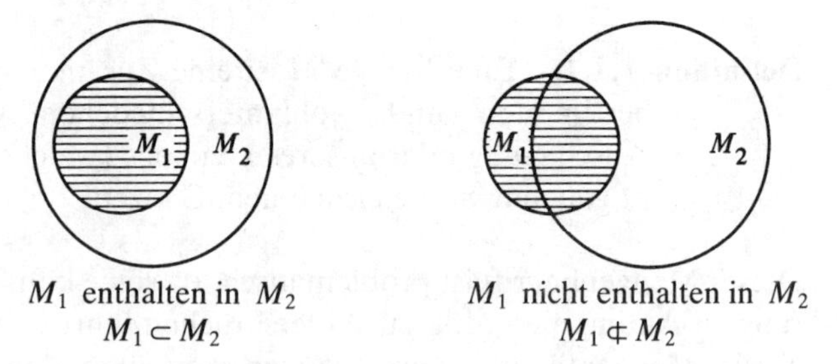

Abb. 1.1.1 M_1 enthalten in M_2, $M_1 \subset M_2$ — M_1 nicht enthalten in M_2, $M_1 \not\subset M_2$

Als elementare Eigenschaften der Inklusion führen wir an:

Satz 1.1.1:

(1) Für jede Menge M gilt $M \subset M$ ("Reflexivität").

(2) Es seien M_1, M_2, M_3 drei Mengen mit
$M_1 \subset M_2$, $M_2 \subset M_3$.
Dann gilt $M_1 \subset M_3$ ("Transitivität").

(3) Es seien M_1, M_2 zwei Mengen. Genau dann ist $M_1 = M_2$, wenn gilt
$M_1 \subset M_2$ und $M_2 \subset M_1$.

Der Beweis folgt direkt aus den Definitionen 1.1.3 und 1.1.4.
Eine wichtige Methode, die Gleichheit zweier Mengen zu zeigen, besteht nach (3) in dem Nachweis, daß jede in der anderen enthalten ist.

Wir betrachten jetzt die sog. elementaren Mengenoperationen:

Definition 1.1.5: Es seien M_1 und M_2 Mengen.

(1) Die Vereinigung von M_1 und M_2 ist

$M_1 \cup M_2 = \{x\colon\ x \in M_1 \text{ oder } x \in M_2\}$.

(2) Der Durchschnitt von M_1 und M_2 ist

$M_1 \cap M_2 = \{x\colon\ x \in M_1 \text{ und } x \in M_2\}$.

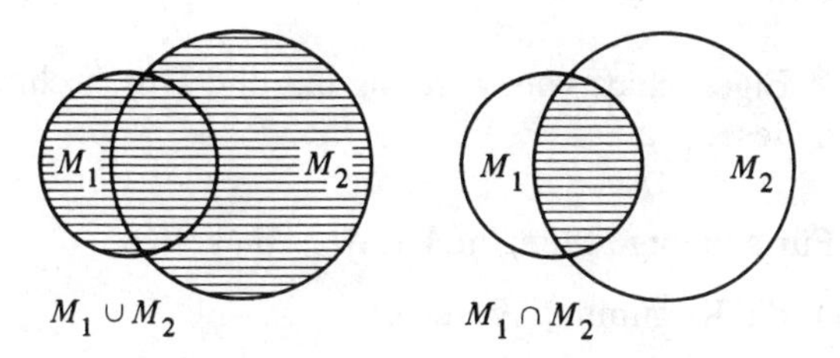

Abb. 1.1.2

Definition 1.1.6 (Differenz, Komplement): Es seien M_1 und M_2 Mengen.

(1) Die Differenz von M_1 und M_2 (geschrieben $M_1 \setminus M_2$) ist die Menge derjenigen Elemente, die zu M_1, aber nicht zu M_2 gehören:

$M_1 \setminus M_2 = \{x\colon\ x \in M_1,\ x \notin M_2\}$.

(2) Ist $M_2 \subset M_1$, so wird die Menge $M_1 \setminus M_2$ auch als Komplement von M_2 bezüglich M_1 bezeichnet (geschrieben $C_{M_1}(M_2)$).

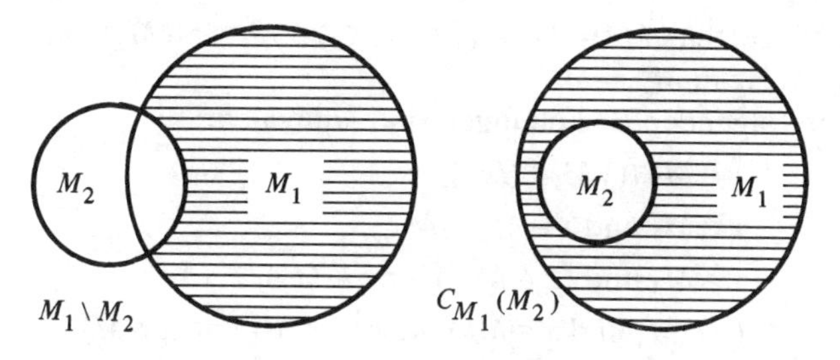

Abb. 1.1.3

Nach der CANTORschen Definition, in der von Zusammenfassung die Rede ist, würde man wieder naiv unterstellen, daß eine Menge wenigstens ein

Element enthalten müsse. Damit aber der Durchschnitt zweier Mengen (dem ja kein Element anzugehören braucht) immer eine Menge ist, führen wir folgenden Begriff ein.

Definition 1.1.7: Die leere Menge $\emptyset$ ist die Menge, welche kein Element enthält.

Wir überzeugen uns sofort, daß für jede Menge M gilt: $\emptyset \subset M$. Ist nämlich X eine Menge mit $X \not\subset M$, so gibt es nach Definition 1.1.4 ein $x \in X$ mit $x \notin M$. Daher muß also (nach Definition von $\emptyset$) $\emptyset \subset M$ für jede Menge M gelten.
Als wichtigste Eigenschaft von Vereinigung und Durchschnitt geben wir die folgenden Gesetze an.

Satz 1.1.2: Für beliebige Mengen M_1, M_2, M_3 gelten

(1) die Kommutativgesetze:

$$M_1 \cup M_2 = M_2 \cup M_1,$$
$$M_1 \cap M_2 = M_2 \cap M_1;$$

(2) die Assoziativgesetze:

$$M_1 \cup (M_2 \cup M_3) = (M_1 \cup M_2) \cup M_3,$$
$$M_1 \cap (M_2 \cap M_3) = (M_1 \cap M_2) \cap M_3;$$

(3) die Distributivgesetze:

$$M_1 \cap (M_2 \cup M_3) = (M_1 \cap M_2) \cup (M_1 \cap M_3),$$
$$M_1 \cup (M_2 \cap M_3) = (M_1 \cup M_2) \cap (M_1 \cup M_3).$$

Beweis:

1. Wir setzen $M^* = M_1 \cap (M_2 \cup M_3)$, $M^{**} = (M_1 \cap M_2) \cup (M_1 \cap M_3)$ und zeigen $M^* = M^{**}$.
   Die folgenden Beziehungen sind äquivalent:
   $x \in M_1 \cap (M_2 \cup M_3)$,
   $x \in M_1$ und $x \in M_2 \cup M_3$,
   $x \in M_1$ und ($x \in M_2$ oder $x \in M_3$),
   ($x \in M_1$ und $x \in M_2$) oder ($x \in M_1$ und $x \in M_3$),
   $x \in M_1 \cap M_2$ oder $x \in M_1 \cap M_3$,
   $x \in (M_1 \cap M_2) \cup (M_1 \cap M_3)$.

Daher ergibt sich $M^* \subset M^{**}$ und $M^{**} \subset M^*$. Aus Satz 1.1.1 folgt also die Behauptung.

2. Der Beweis der anderen Gesetze erfolgt analog.

Bisweilen ist es erforderlich, mit Vereinigungen oder Durchschnitten von mehr als zwei Mengen zu arbeiten. Dazu betrachtet man ein beliebiges System (auch Familie) F von Mengen (das ist eine Menge, deren Elemente Mengen sind) und erweitert Definition 1.1.5 wie folgt:

Definition 1.1.8: Es sei F ein System von Mengen.

(1) Die Vereinigung der Mengen, die zu F gehören, ist:
$\bigcup_{M \in F} M = \{x\colon\ x \in M \text{ für mindestens ein } M \text{ in } F\}$.

(2) Der Durchschnitt der Mengen, die zu F gehören, ist:
$\bigcap_{M \in F} M = \{x\colon\ x \in M \text{ für alle } M \text{ in } F\}$.

Bemerkung: Sehr oft wird ein System F von Mengen dadurch gewonnen, daß man jedem Element α einer sog. Indexmenge A eine Menge M_α zuordnet. Wir schreiben dann auch $F = \{M_\alpha\colon \alpha \in A\} = \{M_\alpha\}_{\alpha \in A}$ und für die Vereinigung und den Durchschnitt:

$$\bigcup_{M \in F} M = \bigcup_{\alpha \in A} M_\alpha,$$

$$\bigcap_{M \in F} M = \bigcap_{\alpha \in A} M_\alpha.$$

Aus dem folgenden Satz ergeben sich wichtige Rechengesetze für die Komplementbildung von Vereinigung und Durchschnitt:

Satz 1.1.3 (Regeln von De Morgan): Es sei M_0 eine Menge und F ein System von Mengen mit $M \subset M_0$ für alle $M \in F$. Dann gilt:

(1) $C_{M_0}\left(\bigcup_{M \in F} M\right) = \bigcap_{M \in F} C_{M_0}(M)$;

(2) $C_{M_0}\left(\bigcap_{M \in F} M\right) = \bigcup_{M \in F} C_{M_0}(M)$.

Beweis:

1. a) Gilt $M \subset M_0$ für alle $M \in F$, so gilt auch $\bigcup_{M \in F} M \subset M_0$. Es ist also sinnvoll, $C_{M_0}\left(\bigcup_{M \in F} M\right)$ zu bilden.

   b) Die folgenden Beziehungen sind äquivalent:

   $x \in C_{M_0}\left(\bigcup_{M \in F} M\right)$,

   $x \in M_0$ und $x \notin \bigcup_{M \in F} M$,

   $x \in M_0$ und $x \notin M$ für alle M in F,

   $x \in C_{M_0}(M)$ für alle M in F,

   $x \in \bigcap_{M \in F} C_{M_0}(M)$.

   Daher gilt: $C_{M_0}\left(\bigcup_{M \in F} M\right) \subset \bigcap_{M \in F} C_{M_0}(M)$

   und $\bigcap_{M \in F} C_{M_0}(M) \subset C_{M_0}\left(\bigcup_{M \in F} M\right)$,

   und mit Satz 1.1.1 ergibt sich die Behauptung **(1)**.

2. Analog wird **(2)** bewiesen.

Übungsaufgaben:

1. Es seien M_1, M_2 beliebige Mengen. Man beweise die sog. Absorptionsgesetze:
   a) $M_1 \cap (M_1 \cup M_2) = M_1$, b) $M_1 \cup (M_1 \cap M_2) = M_1$.
2. Man beweise, daß die drei folgenden Aussagen äquivalent sind:
   a) $M_1 \subset M_2$, b) $M_1 \cup M_2 = M_2$, c) $M_1 \cap M_2 = M_1$.
3. Es sei F ein System von Mengen und $M_0 \in F$. Man zeige:
   $\bigcap_{M \in F} M \subset M_0 \subset \bigcup_{M \in F} M$.
4. Es sei F ein System von Mengen mit $\bigcap_{M \in F} M = \emptyset$. Gibt es dann stets zwei Mengen $M_1, M_2 \in F$ mit $M_1 \cap M_2 = \emptyset$? (Beweis oder Gegenbeispiel).

1.2 Abbildungen, Funktionen

Neben dem Begriff der Menge ist für die moderne Mathematik der Begriff der Abbildung oder Funktion von größter Tragweite. Erstaunlicherweise wurde dieser erst vor etwa hundert Jahren klar erkannt, zu einer Zeit also, als wesentliche Teile der Mathematik, insbesondere der Analysis, schon längst entwickelt waren.

Definition 1.2.1: Es seien X_1, X_2 beliebige Mengen.

(1) Eine Vorschrift A, welche jedem x_1 einer Teilmenge $D(A) \subset X_1$ eindeutig ein Element $x_2 = A(x_1) \in X_2$ zuordnet, heißt eine Abbildung aus X_1 in X_2. Wir schreiben $A\colon X_1 \to X_2$. Die Menge $D(A)$ heißt Definitionsmenge von A.

(2) Eine Abbildung $A\colon X_1 \to X_2$ heißt Abbildung von X_1 in X_2, wenn $D(A) = X_1$ gilt.

(3) Die Menge $B(A) = \{x_2\colon\ x_2 = A(x_1) \text{ für ein } x_1 \in A\}$ heißt Bildmenge oder Wertebereich von A.

(4) Ist $X \subset D(A)$, so heißt $A(X) = \{x_2\colon\ x_2 = A(x_1) \text{ für ein } x_1 \in A\}$ das Bild von X unter A.

(5) Zwei Abbildungen $A\colon X_1 \to X_2$ und $\tilde{A}\colon X_1 \to X_2$ heißen gleich, wenn $D(A) = D(\tilde{A})$ ist und $A(x) = \tilde{A}(x)$ für alle $x \in D(A)$ gilt.

Bemerkung: $A\colon X_1 \to X_2$ impliziert also nicht, daß A auf ganz X_1 definiert sein muß! Es bedeutet nur, daß A für gewisse Elemente x_1 aus X_1 definiert ist und die Bilder $A(x_1)$ Elemente von X_2 sind.

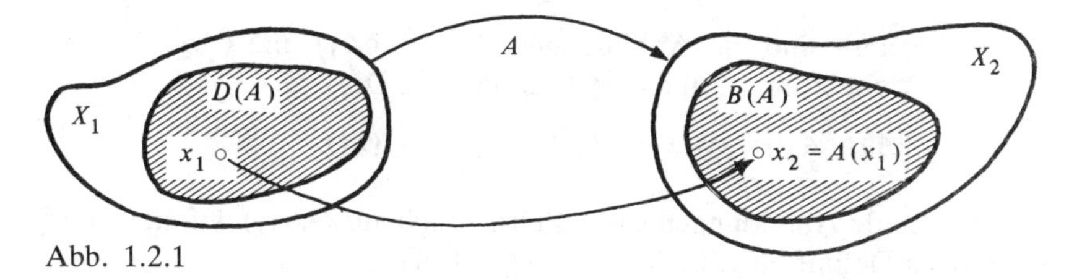

Abb. 1.2.1

Als nächstes wollen wir nun den Begriff der Verknüpfung (Hintereinanderschaltung) von Abbildungen erklären.

Definition 1.2.2: Gegeben seien die Mengen X_1, X_2, X_3 und die Abbildungen:

A_1: $X_1 \rightarrow X_2$,
A_2: $X_2 \rightarrow X_3$, wobei $B(A_1) \subset D(A_2)$.

Die Abbildung

$$A_2 \circ A_1: X_1 \rightarrow X_3,$$

welche durch

$$D(A_2 \circ A_1) = D(A_1), \quad (A_2 \circ A_1)(x_1) = A_2(A_1(x_1))$$

definiert ist, heißt Verknüpfung von A_1 und A_2.

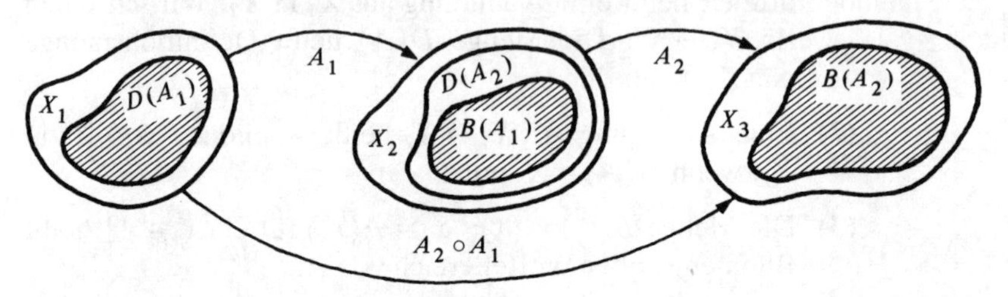

Abb. 1.2.2

Für mehrfache Verknüpfungen von Abbildungen gilt das Assoziativgesetz:

Satz 1.2.1: Gegeben seien die Mengen X_1, X_2, X_3, X_4 und die Abbildungen:

A_1: $X_1 \rightarrow X_2$,
A_2: $X_2 \rightarrow X_3$, wobei $B(A_1) \subset D(A_2)$,
A_3: $X_3 \rightarrow X_4$, wobei $B(A_2) \subset D(A_3)$.

Dann sind die Abbildungen $A_3 \circ (A_2 \circ A_1)$ und $(A_3 \circ A_2) \circ A_1$ wohldefiniert, und es gilt für alle $x_1 \in D(A_1)$:

$$(A_3 \circ (A_2 \circ A_1))(x_1) = ((A_3 \circ A_2) \circ A_1)(x_1).$$

Beweis: Beide Abbildungen sind offensichtlich auf $D(A_1)$ definiert, und es gilt nach Definition 1.2.2 für jedes $x_1 \in D(A_1)$:

$$(A_3 \circ (A_2 \circ A_1))(x_1) = A_3((A_2 \circ A_1)(x_1)) = A_3(A_2(A_1(x_1))),$$
$$((A_3 \circ A_2) \circ A_1)(x_1) = (A_3 \circ A_2)(A_1(x_1)) = A_3(A_2(A_1(x_1))).$$

Für Abbildungen führen wir noch die folgenden wichtigen Begriffe ein.

Definition 1.2.3: Es seien X_1, X_2 beliebige Mengen, und es sei eine Abbildung $A\colon X_1 \to X_2$ gegeben.

(1) A heißt eineindeutig oder injektiv, wenn aus der Beziehung $A(x_1) = A(\overline{x}_1)$ stets $x_1 = \overline{x}_1$ folgt.

(2) A heißt Abbildung von X_1 auf X_2 oder surjektiv, wenn $D(A) = X_1$ und $B(A) = X_2$ gilt.

(3) A heißt bijektiv, wenn A surjektiv und injektiv ist.

Die Eineindeutigkeit einer Abbildung können wir auch so interpretieren, daß für je zwei verschiedene Elemente x_1 und $\overline{x}_1$ von $D(A)$ auch die Bilder $A(x_1)$ und $A(\overline{x}_1)$ verschieden sind.

Wir nehmen nun an, daß die Abbildung $A\colon X_1 \to X_2$ eineindeutig ist. Zu einem Element $x_2 \in B(A)$ gibt es dann genau ein Element $x_1 \in D(A)$ mit $A(x_1) = x_2$. Ordnen wir nun jedem $x_2 \in B(A)$ das eindeutig bestimmte $x_1 \in D(A)$ zu, für welches gilt: $x_2 = A(x_1)$, so haben wir damit eine Abbildung aus X_2 in X_1 definiert. Diese heißt Umkehrabbildung von A und wird mit A^{-1} bezeichnet. Wir fassen dies zusammen in

Definition 1.2.4: Die Abbildung $A\colon X_1 \to X_2$ sei eineindeutig. Die Umkehrabbildung

$$A^{-1}\colon X_2 \to X_1$$

mit $D(A^{-1}) = B(A)$ und $B(A^{-1}) = D(A)$ ist gegeben durch:

$$A^{-1}(x_2) = x_1 \quad \text{mit} \quad x_2 = A(x_1).$$

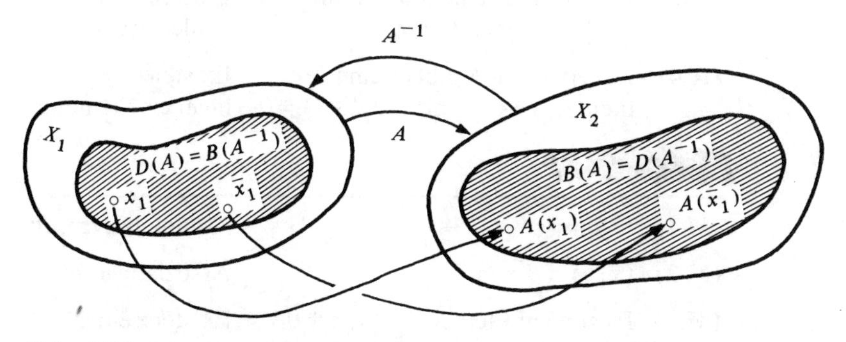

Abb. 1.2.3

Offensichtlich ist:

$$A^{-1}(A(x_1)) = x_1 \qquad \text{für alle } x_1 \in D(A);$$
$$A(A^{-1}(x_2)) = x_2 \qquad \text{für alle } x_2 \in B(A);$$
$$(A^{-1})^{-1}(x_1) = A(x_1) \qquad \text{für alle } x_1 \in D(A).$$

1.3 Körper

Das gesamte Gebäude der Analysis beruht auf dem Rechnen innerhalb der Körper der rationalen, reellen und komplexen Zahlen. Die mannigfachen Regeln, welche für das Rechnen in einem Körper gelten, lassen sich alle aus einem minimalen System von Grundregeln, den Körperaxiomen, ableiten.

Definition 1.3.1: Eine Menge K mit mindestens zwei Elementen heißt ein Körper, wenn für die Elemente von K eine Addition + und eine Multiplikation · erklärt sind, so daß die Summe $x + y$ und das Produkt $x \cdot y$ wieder Elemente von K sind und folgende Rechenaxiome gelten:

Addition

(A.1)	$x + y = y + x$	Kommutativgesetz
(A.2)	$(x + y) + z = x + (y + z)$	Assoziativgesetz
(A.3)	Es gibt ein Element $0 \in K$ mit $x + 0 = x$ für alle $x \in K$	Existenz eines Nullelementes
(A.4)	Zu jedem $x \in K$ gibt es ein Element $(-x) \in K$ mit $x + (-x) = 0$	Existenz inverser Elemente

Multiplikation

(M.1)	$x \cdot y = y \cdot x$	Kommutativgesetz
(M.2)	$(x \cdot y) \cdot z = x \cdot (y \cdot z)$	Assoziativgesetz
(M.3)	Es gibt ein Element $e \in K$, $e \neq 0$ mit $x \cdot e = x$ für alle $x \in K$	Existenz eines Einselementes

(M.4)	Zu jedem $x \in K$ mit $x \neq 0$ gibt es ein Element $x^{-1} \in K$ mit $x \cdot x^{-1} = e$	Existenz reziproker Elemente
(D)	$(x+y) \cdot z = x \cdot z + y \cdot z$	Distributivgesetz

Wir untersuchen kurz für einige Mengen, für welche eine Addition und eine Multiplikation erklärt ist, ob diese Mengen mit diesen Operationen einen Körper bilden.

Beispiel 1: Die Menge der natürlichen Zahlen

$$\mathbb{N} = \{1, 2, 3, \dots\}$$

bildet mit der üblichen Addition und Multiplikation keinen Körper. Man bestätigt sofort, daß die Axiome **(A.1), (A.2), (M.1), (M.2), (M.3), (D)** erfüllt sind, während **(A.3), (A.4), (M.4)** verletzt sind.

Beispiel 2: Auch die Menge der ganzen Zahlen

$$\mathbb{Z} = \{0, +1, -1, +2, -2, \dots\}$$

bildet (wieder mit den üblichen Operationen) keinen Köper. Die Axiome **(A.1)-(A.4), (M.1)-(M.3), (D)** sind erfüllt, während **(M.4)** verletzt ist.

Beispiel 3: Die Menge der Brüche

$$\mathbb{B} = \left\{x\colon\ x = \frac{p}{q},\ p \in \mathbb{Z},\ q \in \mathbb{Z},\ q \neq 0\right\}$$

bildet mit der Gleichheitsdefinition

$$\frac{p_1}{q_1} = \frac{p_2}{q_2} \text{ genau dann, wenn } p_1 q_2 = p_2 q_1;$$

der Addition

$$\frac{p_1}{q_1} + \frac{p_2}{q_2} = \frac{p_1 q_2 + p_2 q_1}{q_1 q_2};$$

und der Multiplikation

$$\frac{p_1}{q_1} \cdot \frac{p_2}{q_2} = \frac{p_1 p_2}{q_1 q_2}$$

den Körper $\mathbb{Q}$ der rationalen Zahlen. Wir wollen im folgenden das Rechnen mit rationalen Zahlen als bekannt voraussetzen.

Eine rationale Zahl x besitzt unendlich viele Darstellungen in der Form $x = \frac{p}{q}$ mit $p \in \mathbb{Z}$, $q \in \mathbb{Z}$, $q \neq 0$. So ist zum Beispiel $\frac{2}{3} = \frac{4}{6} = \frac{-12}{-18} = \frac{-2}{-3} = \cdots$ Eine eindeutige Darstellung von x ist erreichbar durch die Forderung $x = \frac{p}{q}$ mit $p \in \mathbb{Z}$, $q \in \mathbb{N}$ und teilerfremden p, q.

Beispiel 4: Wir betrachten die Menge $K = \{0, e\}$. Mit den Rechenvorschriften

$$\begin{aligned} 0 + 0 &= 0, & 0 \cdot 0 &= 0, \\ 0 + e &= e, & 0 \cdot e &= 0, \\ e + 0 &= e, & e \cdot 0 &= 0, \\ e + e &= 0, & e \cdot e &= e \end{aligned}$$

bildet diese Menge einen Körper. Alle in Definition 1.3.1 geforderten Axiome sind (wie man leicht überprüft) erfüllt. Es handelt sich hier um einen trivialen Körper mit genau zwei Elementen (Nullelement und Einselement).

In einem beliebigen Körper K gelten genau dieselben Rechenregeln, die wir vom Umgang mit den rationalen Zahlen her gewohnt sind. Wir illustrieren dies im folgenden an einigen Sätzen. Die Beweise zu diesen Sätzen müssen allein mit den in Definition 1.3.1 geforderten Axiomen geführt werden.

Satz 1.3.1: Es sei K ein Körper und $x, y \in K$. Dann hat die Gleichung $x + z = y$ eine eindeutig bestimmte Lösung $z \in K$. Diese Lösung heißt Differenz von y und x; sie ist gegeben durch $z = y + (-x)$ und wird auch mit $z = y - x$ bezeichnet.

Beweis:

1. Wir zeigen, daß $z = y + (-x)$ eine Lösung der betrachteten Gleichung ist. Es gilt nach **(A.1)-(A.4)**

$$\begin{aligned} x + z &= x + (y + (-x)) = x + ((-x) + y) = (x + (-x)) + y = \\ &= 0 + y = y + 0 = y. \end{aligned}$$

2. Wir zeigen, daß z eindeutig bestimmt ist. Ist z' irgendein Element mit $x + z' = y$, so gilt nach **(A.1)-(A.4)**

$$z' = z' + 0 = z' + (x + (-x)) = (z' + x) + (-x) =$$
$$= (x + z') + (-x) = y + (-x).$$

Es folgt, daß $y + (-x)$ die einzige Lösung der betrachteten Gleichung ist.

In analoger Weise wird (durch Verwendung von **(M.1)-(M.4)**) folgendes Ergebnis bewiesen.

Satz 1.3.2: Es sei K ein Körper und $x, y \in K$ mit $x \neq 0$. Dann hat die Gleichung $x \cdot z = y$ eine eindeutig bestimmte Lösung $z \in K$. Diese Lösung heißt Quotient von y und x; sie ist gegeben durch $z = y \cdot x^{-1}$ und wird auch mit $z = \frac{y}{x}$ bezeichnet.

Beweis als Übung.

Speziell folgt aus Satz 1.3.1 und Satz 1.3.2, daß in einem Körper das Nullelement und das Einselement sowie die reziproken Elemente eindeutig bestimmt sind.

Im folgenden Satz behandeln wir die wichtigsten Rechenregeln für Produkte.

Satz 1.3.3: Es sei K ein Körper und $x, y \in K$. Dann gilt:

(1) $x \cdot 0 = 0$;

(2) $(-x) \cdot y = -(x \cdot y)$;

(3) $(-x) \cdot (-y) = x \cdot y$;

(4) aus $x \cdot y = 0$ folgt $x = 0$ oder $y = 0$.

Beweis:

1. Aus **(A.2)-(A.4)** und **(D)** ergibt sich:

$$x \cdot 0 = x \cdot 0 + 0 = x \cdot 0 + (x \cdot 0 + (-x \cdot 0)) =$$
$$= (x \cdot 0 + x \cdot 0) + (-x \cdot 0) = x \cdot (0 + 0) + (-x \cdot 0) =$$
$$= x \cdot 0 + (-x \cdot 0) = 0,$$

d.h. es gilt **(1)**.

2. Aus **(D), (A.4)** und **(1)** ergibt sich:

$$x \cdot y + (-x) \cdot y = (x + (-x)) \cdot y = 0 \cdot y = y \cdot 0 = 0.$$

Hieraus folgt, daß $(-x) \cdot y = -(x \cdot y)$ sein muß, d.h. es gilt **(2)**.

3. Die Gleichung $x + (-z) = 0$ hat sowohl z als auch $-(-z)$ als Lösungen. Aus der Eindeutigkeit der Lösung folgt also für beliebige Körperelemente: $-(-z) = z$. Aus **(2)** und **(M.1)** ergibt sich daher:

$$(-x) \cdot (-y) = -(x \cdot (-y)) = -((-y) \cdot x) = -(-(y \cdot x)) =$$
$$= y \cdot x = x \cdot y,$$

d.h. es gilt **(3)**.

4. Es sei $x \cdot y = 0$. Ist $y = 0$, so sind wir fertig; ist $y \neq 0$, so gilt

$$x = x \cdot e = x \cdot (y \cdot y^{-1}) = (x \cdot y) \cdot y^{-1} = 0 \cdot y^{-1} = y^{-1} \cdot 0 = 0,$$

d.h. es gilt **(4)**.

Als nächstes wollen wir nun Summen und Produkte von mehr als zwei Körperelementen erklären. Dazu geben wir folgende

Definition 1.3.2: Es sei n eine natürliche Zahl, und es seien $x_1, \ldots, x_n$ Elemente eines Körpers K. Wir setzen:

(1) $\sum_{\nu=1}^{1} x_\nu = x_1, \quad \sum_{\nu=1}^{n} x_\nu = \left(\sum_{\nu=1}^{n-1} x_\nu \right) + x_n \qquad$ (für $n \neq 1$);

(2) $\prod_{\nu=1}^{1} x_\nu = x_1, \quad \prod_{\nu=1}^{n} x_\nu = \left(\prod_{\nu=1}^{n-1} x_\nu \right) \cdot x_n \qquad$ (für $n \neq 1$).

Ferner setzen wir formal:

(3) $\sum_{\nu=1}^{0} x_\nu = 0, \quad \prod_{\nu=1}^{0} x_\nu = e.$

Man kann unschwer unter Benutzung der Kommutativ- und Assoziativgesetze beweisen, daß auch Summen und Produkte mit mehr als zwei Elementen von der Reihenfolge ihrer Summanden bzw. Faktoren unabhängig sind.

Besonders wichtig sind Summen und Produkte von gleichen Elementen:

Definition 1.3.3: Es sei n eine natürliche Zahl, und es sei x Element eines Körpers K.

(1) Eine Summe $\sum_{\nu=1}^{n} x_\nu$ mit $x_\nu = x$ für $\nu = 1, \ldots, n$ nennt man Vielfaches von x und schreibt: $n \cdot x = \sum_{\nu=1}^{n} x$.

(2) Ein Produkt $\prod_{\nu=1}^{n} x_\nu$ mit $x_\nu = x$ für $\nu = 1, \ldots, n$ nennt man Potenz von x und schreibt: $x^n = \prod_{\nu=1}^{n} x$.

Man beachte hierbei, daß $n \cdot x$ kein "richtiges" Produkt zweier Körperelemente ist, denn n ist i.a. kein Körperelement. Es ist jedoch möglich, $n \cdot x$ als ein Produkt zweier Körperelemente zu schreiben, denn es gilt:

$$n \cdot x = \sum_{\nu=1}^{n} x = \sum_{\nu=1}^{n} ex = \left(\sum_{\nu=1}^{n} e \right) \cdot x = (n \cdot e) \cdot x .$$

Setzen wir noch formal

$$\begin{aligned} 0 \cdot x &= 0, \\ (-n) \cdot x &= -(n \cdot x) \qquad \text{für } n \in \mathbb{N} \end{aligned}$$

sowie

$$\begin{aligned} x^0 &= e, \\ x^{-n} &= (x^{-1})^n \qquad \text{für } n \in \mathbb{N},\ x \neq 0, \end{aligned}$$

so ist für jede ganze Zahl m das Vielfache $m \cdot x$ und (falls $x \neq 0$ ist) auch die m-te Potenz x^m erklärt. Hierfür beweist man sofort die Rechengesetze, die in den Übungsaufgaben 4. und 5. angegeben sind.

Übungsaufgaben:

1. Man konstruiere einen Körper, der genau drei Elemente enthält.
2. Es sei x Element eines Körpers mit $x \neq 0$. Man beweise:
   a) $x^{-1} \neq 0$,
   b) $(x^{-1})^{-1} = x$.

3. Es seien x, y Elemente eines Körpers. Man beweise: $(x+y)^2 = x^2 + 2 \cdot x \cdot y + y^2$.

4. Es seien n, m ganze Zahlen und x, y Elemente eines Körpers. Man zeige:
   a) $n \cdot x + m \cdot x = (n+m) \cdot x$,
   b) $n \cdot (m \cdot x) = (n \cdot m) \cdot x$,
   c) $n \cdot x + n \cdot y = n \cdot (x+y)$.

5. Es seien n, m ganze Zahlen und x, y vom Nullelement verschiedene Elemente eines Körpers. Man zeige:
   a) $x^n \cdot x^m = x^{n+m}$,
   b) $(x^m)^n = x^{n \cdot m}$,
   c) $x^n \cdot y^n = (x \cdot y)^n$.

1.4 Geordnete Körper

Die Körper der rationalen bzw. reellen Zahlen besitzen über die algebraische Körperstruktur hinaus eine Ordnungsstruktur.

Definition 1.4.1: Ein Körper K heißt geordnet, wenn eine Beziehung >0 (größer Null) definiert ist mit den Eigenschaften:

(O.1)	Für $x \in K$ gilt genau eine der Beziehungen $x = 0$ oder $x > 0$ oder $-x > 0$	Trichotomiegesetz
(O.2)	Aus $x > 0$ und $y > 0$ folgt $x + y > 0$	Monotoniegesetz der Addition
(O.3)	Aus $x > 0$ und $y > 0$ folgt $x \cdot y > 0$	Monotoniegesetz der Multiplikation

Im Falle $x > 0$ heißt x positiv, im Falle $-x > 0$ heißt x negativ.

Mit Hilfe dieser Definition ist es möglich, die Elemente eines geordneten Körpers mit dem Nullelement zu vergleichen. Um auch beliebige Körperelemente miteinander vergleichen zu können, führt man noch die folgenden Begriffe ein.

Definition 1.4.2: Es sei K ein geordneter Körper und $x, y \in K$. Dann bezeichnen wir:

(1) $x > y$ (x größer y), wenn $x - y > 0$;

(2) $x \geqslant y$ (x größer oder gleich y), wenn $x > y$ oder $x = y$;

(3) $x < y$ (x kleiner y), wenn $y > x$;

(4) $x \leqslant y$ (x kleiner oder gleich y), wenn $y \geqslant x$.

Mit diesen Beziehungen können wir nun folgenden wichtigen Satz beweisen:

Satz 1.4.1: Es sei K ein geordneter Körper und $x, y, z \in K$. Dann gilt:

(1) genau eine der Beziehungen
$x = y$ oder $x < y$ oder $y < x$;

(2) aus $x < y$ und $y < z$ folgt $x < z$;

(3) aus $x < y$ folgt $x + z < y + z$;

(4) aus $x < y$ und $z > 0$ folgt $xz < yz$.

Beweis:

1. Für das Körperelement $y - x$ gilt nach **(O.1)** genau eine der drei Beziehungen:

$$y - x = 0, \quad y - x > 0, \quad x - y = -(y - x) > 0.$$

Nach Definition 1.4.2 ist dies äquivalent zu **(1)**.

2. Aus $x < y$, $y < z$ folgt: $y - x > 0$, $z - y > 0$. Daher gilt nach **(O.2)**:

$$z - x = (z - y) + (y - x) > 0,$$

d.h. $x < z$.

3. Aus $x < y$ folgt: $(y + z) - (x + z) = y - x > 0$ und daher:

$$x + z < y + z.$$

4. Aus $x < y$ folgt $y - x > 0$, und wegen $z > 0$ ergibt sich mit **(O.3)**:

$$yz - xz = (y - x)z > 0.$$

Also gilt: $xz < yz$.

Bemerkung: Der Körper $\mathbb{Q}$ der rationalen Zahlen wird zu einem geordneten Körper, wenn man die Beziehung

$$\frac{p_1}{q_1} < \frac{p_2}{q_2} \qquad (p_1, p_2 \in \mathbb{Z};\ q_1, q_2 \in \mathbb{N})$$

dadurch erklärt, daß die ganze Zahl $p_1 q_2$ kleiner als die ganze Zahl $p_2 q_1$ ist.
Bekanntlich ist es möglich, die rationalen Zahlen als Punkte einer sog. Zahlengeraden darzustellen. Die Ungleichung $x < y$ bedeutet dann, daß x auf der Zahlengeraden links von y liegt.

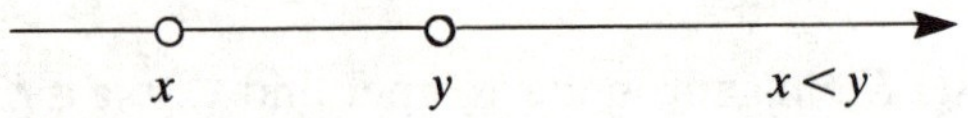

Abb. 1.4.1 x y $x < y$

Über das Rechnen in geordneten Körpern gelten noch die folgenden Sätze.

Satz 1.4.2: Es sei K ein geordneter Körper und $x, y \in K$. Dann gilt:

(1) $x > 0$ ist gleichbedeutend mit $-x < 0$;

(2) aus $x < 0$, $y < 0$ folgt $x \cdot y > 0$;

(3) für alle $x \neq 0$ gilt $x^2 > 0$, insbesondere ist $e > 0$;

(4) aus $x > 0$ folgt $x^{-1} > 0$.

Beweis als Übung.

Satz 1.4.3: Es sei K ein geordneter Körper, es sei $x \in K$ und n eine natürliche Zahl. Dann gibt es ein eindeutig bestimmtes $z \in K$ mit:

$n \cdot z = x$.

Die Lösung ist gegeben durch $z = x \cdot (n \cdot e)^{-1}$ und wird auch mit

$z = \dfrac{x}{n}$ bezeichnet.

Beweis als Übung.

Satz 1.4.4: Es sei K ein geordneter Körper, es seien $x, y \in K$, und es gelte $x<y$. Dann gibt es ein $z \in K$ zwischen x und y, d.h. mit $x<z<y$.

Beweis: Aus $x<y$ folgt:

$$x+x<x+y<y+y,$$

$$(2\cdot e)\cdot x = 2\cdot x < x+y < 2\cdot y = (2\cdot e)\cdot y.$$

Multiplikation dieser Ungleichung mit $(2\cdot e)^{-1}>0$ ergibt:

$$x<\frac{x+y}{2}<y.$$

Also ist $z=\dfrac{x+y}{2}$ ein Körperelement mit der genannten Eigenschaft.

Als Folgerung hieraus erhält man, daß jeder geordnete Körper aus unendlich vielen Elementen besteht, denn zwischen zwei verschiedenen Körperelementen liegt immer ein weiteres Element (und damit unendlich viele).

Definition 1.4.3: Es seien x, y Elemente eines geordneten Körpers K mit $x<y$. Wir bezeichnen als endliche Intervalle in K die folgenden Mengen:

(1) $(x, y)=\{z\colon\ z\in K,\ x<z<y\}$,

(2) $[x, y)=\{z\colon\ z\in K,\ x\leqslant z<y\}$,

(3) $(x, y]=\{z\colon\ z\in K,\ x<z\leqslant y\}$,

(4) $[x, y]=\{z\colon\ z\in K,\ x\leqslant z\leqslant y\}$.

Neben diesen endlichen Intervallen sind auch die sog. unendlichen Intervalle von Wichtigkeit. Bei ihrer Definition wird formal das Symbol ∞ ("Unendlich") verwendet; wir weisen darauf hin, daß ∞ kein Element eines Körpers ist.

Definition 1.4.4: Es sei x Element eines geordneten Körpers K. Wir bezeichnen als unendliche Intervalle in K die folgenden Mengen:

(1) $(x, \infty) = \{z\colon z \in K, z > x\}$,

(2) $[x, \infty) = \{z\colon z \in K, z \geqslant x\}$,

(3) $(-\infty, x) = \{z\colon z \in K, z < x\}$,

(4) $(-\infty, x] = \{z\colon z \in K, z \leqslant x\}$,

(5) $(-\infty, \infty) = K$.

Beim Rechnen in geordneten Körpern spielt der Begriff des Absolutbetrages einer Zahl im Zusammenhang mit Ungleichungen eine wichtige Rolle.

Definition 1.4.5: Es sei K ein geordneter Körper. Unter dem absoluten Betrag eines Elementes $x \in K$ versteht man

$$|x| = \begin{cases} x & \text{falls } x \geqslant 0 \\ -x & \text{falls } x < 0. \end{cases}$$

Bemerkung: Der absolute Betrag ist eine Abbildung $A\colon K \to K$ mit $D(A) = K$, $B(A) = \{x\colon x \in K, x \geqslant 0\} = [0, \infty)$.

Satz 1.4.5: Es sei K ein geordneter Körper und $x, y \in K$. Dann gelten folgende Gesetze:

(1) $|x| = |-x| \geqslant 0$;

(2) $x \leqslant |x|, \quad -x \leqslant |x|$;

(3) $|x| = 0$ genau dann, wenn $x = 0$;

(4) $|x \cdot y| = |x| \cdot |y|$.

Der Beweis ist trivial.

Satz 1.4.6: Es sei K ein geordneter Körper und $a \in K$, $a > 0$. Die Beziehung $|x| < a$ ist äquivalent zu $x \in (-a, a)$.

Beweis:

1. Es sei $|x| < a$. Dann gilt $-a < -|x|$, und aus Satz 1.4.5 folgt:

$$-a < -|x| \leqslant x \leqslant |x| < a,$$

d.h. es ist $x \in (-a, a)$.

2. Es sei $x \in (-a, a)$. Dann gilt $-a < x < a$. Ist $x \geqslant 0$, so haben wir:

$$|x| = x < a;$$

ist $x < 0$, so haben wir:

$$|x| = -x < a.$$

In beiden Fällen ist also $|x| < a$.

Damit ist der Satz bewiesen.

Zur Abschätzung des Absolutbetrages einer Summe nach oben dient die Dreiecksungleichung, die wir sehr oft benutzen werden.

Satz 1.4.7: Es sei K ein geordneter Körper. Für alle $x, y \in K$ gilt die Dreiecksungleichung:

$$|x+y| \leqslant |x| + |y|.$$

Beweis: Wir unterscheiden zwei Fälle.

1. Ist $x + y \geqslant 0$, so gilt nach Satz 1.4.5:

$$|x+y| = x + y \leqslant |x| + |y|.$$

2. Ist $x + y < 0$, so gilt ebenfalls nach Satz 1.4.5:

$$|x+y| = -x - y \leqslant |x| + |y|.$$

In beiden Fällen ergibt sich also unsere Behauptung.

Zur Abschätzung des Absolutbetrages einer Summe nach unten dient das folgende Ergebnis.

Satz 1.4.8: Es sei K ein geordneter Körper. Für alle $x, y \in K$ gilt:

$$|x+y| \geqslant ||x| - |y||.$$

Beweis: Aus Satz 1.4.7 folgt:

$$|x| = |x+y-y| \leqslant |x+y| + |-y| = |x+y| + |y|,$$

also

$$|x| - |y| \leqslant |x+y|.$$

Vertauschung von x und y liefert:

$$-(|x| - |y|) \leqslant |x+y|.$$

Insgesamt ergibt sich daher:

$$|x+y| \geqslant ||x|-|y||.$$

Als einfache Folgerung aus Satz 1.4.7 und Satz 1.4.8 erhalten wir für den Betrag einer Differenz die Abschätzungen:

$$||x|-|y|| \leqslant |x-y| \leqslant |x|+|y|.$$

Sind x, y Elemente eines beliebigen, geordneten Körpers K mit $0<x<y$, so stellt sich oft die Frage, ob es eine Zahl $n \in \mathbb{N}$ gibt mit $n \cdot x \geqslant y$. Dies folgt, entgegen der Anschauung, nicht aus den Axiomen eines geordneten Körpers. Deshalb definieren wir:

Definition 1.4.6: Ein geordneter Körper K heißt archimedisch, wenn zu $x, y \in K$ mit $0<x<y$ ein $n \in \mathbb{N}$ existiert mit $n \cdot x \geqslant y$.

Wir betrachten nun speziell den geordneten Körper $\mathbb{Q}$ der rationalen Zahlen. Wegen des Zusammenhanges von $\mathbb{Q}$ mit $\mathbb{N}$ gilt

Satz 1.4.9 (Archimedes): $\mathbb{Q}$ ist ein archimedischer Körper.

Beweis: Es seien $x, y \in \mathbb{Q}$ mit $0<x<y$. Dann gibt es natürliche Zahlen p_1, q_1, p_2, q_2 mit:

$$x=\frac{p_1}{p_2}, \quad y=\frac{q_1}{q_2}.$$

Mit $p=p_1 \cdot q_2$, $q=p_2 \cdot q_1$ und $r=p_2 \cdot q_2$ gilt ferner:

$$x=\frac{p}{r}, \quad y=\frac{q}{r}.$$

Aus $p \geqslant 1$ folgt $p \cdot q \geqslant q$, aus $r \geqslant 1$ folgt $q \cdot r \geqslant q$ bzw. $q \geqslant \frac{q}{r}$. Wählen wir nun $n=r \cdot q$, so erhalten wir:

$$n \cdot x=r \cdot q \cdot \frac{p}{r}=p \cdot q \geqslant q \geqslant \frac{q}{r}=y.$$

Also ist $\mathbb{Q}$ ein archimedischer Körper.

Übungsaufgaben:

1. Es seien x, y, z Elemente eines geordneten Körpers. Man beweise: Aus $x < y$ und $z < 0$ folgt: $x \cdot z > y \cdot z$.

2. Es seien x, y Elemente eines geordneten Körpers mit $0 < x < y$. Man beweise: $0 < y^{-1} < x^{-1}$.

3. Es seien x, y positive Elemente eines geordneten Körpers. Man beweise: Es gilt $x < y$ genau dann, wenn $x^2 < y^2$.

4. Es seien x, y Elemente eines geordneten Körpers. Man beweise: Es gilt $x < y$ genau dann, wenn $x^3 < y^3$.

5. Es seien x, y Elemente eines geordneten Körpers. Man beweise: $(x+y)^2 \geqslant 4 \cdot x \cdot y$.

1.5. Vollständige Induktion

Zum Beweis von Aussagen $A(n)$, die von natürlichen Zahlen n abhängen, dient das

Prinzip der vollständigen Induktion (Schluß von n auf n + 1)

Es sei $A(n)$ eine Aussage, welche von den natürlichen Zahlen n abhängig ist.

(1) Es sei $A(n_0)$ richtig für die natürliche Zahl n_0.

(2) Aus der Richtigkeit von $A(n)$ für eine natürliche Zahl $n \geqslant n_0$ folge stets die Richtigkeit von $A(n+1)$.

Dann folgt hieraus, daß die Aussage $A(n)$ für alle natürlichen Zahlen $n \geqslant n_0$ richtig ist.

Das Arbeiten mit dem Prinzip der vollständigen Induktion wird nun an einigen Beispielen erläutert.

Beispiel 1:

Satz 1.5.1: Für jede natürliche Zahl n gilt:

$$1 + 2 + 3 + \cdots + n = \frac{n(n+1)}{2}.$$

Beweis: Die Aussage $A(n)$ ist hier: $\sum_{\nu=1}^{n} \nu = \frac{n(n+1)}{2}$.

1. $A(1)$ ist richtig, es gilt nämlich:

$$\sum_{\nu=1}^{1} \nu = 1 = \frac{1 \cdot (1+1)}{2}.$$

2. Für ein $n \geqslant 1$ gelte: $\sum_{\nu=1}^{n} \nu = \frac{n(n+1)}{2}$. Dann ergibt sich:

$$\sum_{\nu=1}^{n+1} \nu = \sum_{\nu=1}^{n} \nu + (n+1) = \frac{n(n+1)}{2} + n + 1 = \frac{(n+1)(n+2)}{2}.$$

Also folgt aus der Richtigkeit von $A(n)$ stets die Richtigkeit von $A(n+1)$. Der Satz ist damit bewiesen.

Beispiel 2: Eine im folgenden oft benötigte Ungleichung ist die BERNOULLIsche Ungleichung, die wir für einen beliebigen geordneten Körper K beweisen:

Satz 1.5.2: Es sei K ein geordneter Körper, und es sei $a \in K$ mit $(e+a) > 0$ und $a \neq 0$. Dann gilt für alle natürlichen Zahlen $n \geqslant 2$:

$$(e+a)^n > e + n \cdot a.$$

Beweis:

1. Für $n = 2$ gilt wegen $a^2 > 0$:

$$(e+a)^2 = (e+a)(e+a) = e + 2a + a^2 > e + 2a.$$

2. Für ein $n \geqslant 2$ gelte $(e+a)^n > e + na$. Dann ergibt sich:

$$(e+a)^{n+1} = (e+a)^n (e+a) > (e+na)(e+a) =$$
$$= e + (n+1)a + na^2 > e + (n+1)a.$$

Beispiel 3: In vielen Anwendungen stellt sich das Problem, die Anzahl der möglichen Anordnungen (Permutationen) von n verschiedenen Elementen zu bestimmen. Wir schicken folgende Definition voraus:

Definition 1.5.1:

(1) Es sei n eine natürliche Zahl. Unter n-Fakultät versteht man:

$$n! = \prod_{\nu=1}^{n} \nu = 1 \cdot 2 \cdot \cdots \cdot n.$$

(2) Wir setzen formal $0! = 1$.

Satz 1.5.3: Die Anzahl der Anordnungen von n verschiedenen Elementen ist $n!$.

Beweis:
1. Ein Element läßt sich auf genau eine Art anordnen; also gilt unsere Aussage für $n = 1$.
2. Die Aussage gelte für ein $n \geqslant 1$. Schreiben wir uns eine Anordnung der ersten n Elemente auf, so läßt sich das $(n+1)$-te Element auf genau $n+1$ Arten in eine solche Reihenfolge einordnen (nämlich einmal am Anfang, $(n-1)$-mal zwischen zwei aufeinanderfolgenden Elementen und einmal am Schluß). Daher ist die Gesamtzahl der Anordnungen von $n+1$ Elementen:

$$(n+1) \cdot n! = (n+1)!.$$

Der Vollständigkeit halber gehen wir noch kurz auf das zweite Grundproblem der Kombinatorik ein, nämlich die Anzahl der Möglichkeiten zu bestimmen, wie sich aus n Elementen k dieser Elemente ohne Berücksichtigung der Reihenfolge auswählen lassen.

Definition 1.5.2: Es seien k und n ganze Zahlen mit $0 \leqslant k \leqslant n$. Unter einem Binomialkoeffizienten versteht man:

$$\binom{n}{k} = \frac{n!}{k!\,(n-k)!}.$$

Satz 1.5.4: Die Anzahl der Möglichkeiten, aus n Elementen k Elemente ohne Berücksichtigung der Reihenfolge auszuwählen, ist gegeben durch $\binom{n}{k}$.

Beweis: Betrachten wir zuerst alle möglichen Kombinationen von k Elementen mit Berücksichtigung der Anordnung, so haben wir zur Auswahl des

1. Elementes: n Möglichkeiten,

wenn dieses gewählt ist, zur Auswahl des

2. Elementes: $n-1$ Möglichkeiten,

.
.
.

zur Auswahl des

k-ten Elementes: $(n-k+1)$ Möglichkeiten.

Die Gesamtzahl der möglichen Kombinationen von k Elementen mit Berücksichtigung der Anordnung beträgt also:

$$n(n-1) \cdot \cdots \cdot (n-k+1).$$

Legen wir auf Anordnung keinen Wert, so fallen alle Kombinationen zusammen, die nur Umordnungen voneinander sind. Dies sind nach Satz 1.5.3 jeweils $k!$. Unsere gesuchte Anzahl beträgt demnach:

$$\frac{n(n-1) \cdot \cdots \cdot (n-k+1)}{k!} = \frac{n!}{k!\,(n-k)!} = \binom{n}{k}.$$

Übungsaufgaben:

1. Es seien $x_1, \ldots, x_n$ Elemente eines geordneten Körpers. Man beweise die allgemeine Dreiecksungleichung:

$$\left| \sum_{\nu=1}^{n} x_\nu \right| \leqslant \sum_{\nu=1}^{n} |x_\nu|.$$

2. Man beweise, daß für alle natürlichen Zahlen n gilt:

a) $$\sum_{\nu=1}^{n} \nu^2 = \frac{1}{6} \cdot n(n+1)(2n+1),$$

b) $$\sum_{\nu=1}^{n} \nu^3 = \left\{ \frac{n(n+1)}{2} \right\}^2.$$

3. Man beweise, daß für alle natürlichen Zahlen n gilt:

$$\sum_{\nu=1}^{n} \frac{1}{\nu(\nu+1)} = 1 - \frac{1}{n+1}.$$

4. Man beweise, daß für alle natürlichen Zahlen n gilt:

a) $\sum_{\nu=1}^{n} \nu \cdot \nu! = (n+1)! - 1,$

b) $11^{n+1} + 12^{2n-1}$ ist ein Vielfaches von 133.

5. Es sei q eine rationale Zahl mit $q \neq 1$. Man zeige, daß für alle natürlichen Zahlen n gilt:

$$\sum_{\nu=0}^{n} q^{\nu} = \frac{1-q^{n+1}}{1-q}.$$

6. Man beweise, daß für natürliche Zahlen k und n mit $0 \leqslant k < n$ gilt:

a) $\binom{n}{k} + \binom{n}{n+1} = \binom{n+1}{k+1}.$

b) $\binom{n}{k} = \binom{n}{n-k}.$

7. Es seien x, y Elemente eines Körpers, n eine natürliche Zahl. Man beweise den binomischen Satz:

$$(x+y)^n = \sum_{\nu=0}^{n} \binom{n}{\nu} \cdot x^{\nu} \cdot y^{n-\nu}.$$

1.6 Folgen und Reihen in geordneten Körpern

Wir werden zuerst Folgen in $\mathbb{Q}$ zu betrachten haben, mit deren Hilfe wir den geordneten Körper $\mathbb{R}$ der reellen Zahlen konstruieren. Dann werden wir Folgen in $\mathbb{R}$ betrachten. Da die Definitionen und wichtigen Sätze beider Folgentheorien vollständig parallel laufen, legen wir in einer gemeinsamen Theorie nur die $\mathbb{Q}$ und $\mathbb{R}$ gemeinsame Eigenschaft zugrunde, nämlich ein geordneter Körper zu sein. Es sei also im folgenden stets K ein geordneter Körper.

Wir geben zunächst die Definition einer Folge:

Definition 1.6.1: Ordnen wir jedem $n \in \mathbb{N}$ ein Element $a_n \in K$ zu, so entsteht eine Folge

$a_1, a_2, a_3, \ldots$

Wir schreiben auch $\{a_n\}_{n=1}^{\infty}$ oder kurz $\{a_n\}$.

Wir betrachten oft auch Folgen $\{a_n\}_{n=m}^{\infty}$, bei denen die "Numerierung" von einer Zahl $m \in \mathbb{Z}$ an läuft.

Definition 1.6.2: Eine Folge $\{a_n\}$ in K heißt:

(1) nach oben beschränkt, wenn eine obere Schranke $\overline{M} \in K$ existiert mit:

$a_n \leqslant \overline{M}$ für alle $n \in \mathbb{N}$;

(2) nach unten beschränkt, wenn eine untere Schranke $\underline{M} \in K$ existiert mit:

$a_n \geqslant \underline{M}$ für alle $n \in \mathbb{N}$;

(3) beschränkt, wenn sie gleichzeitig nach oben und unten beschränkt ist.

Bemerkung: Eine Folge $\{a_n\}$ in K ist offensichtlich genau dann beschränkt, wenn eine Schranke $M \in K$ existiert mit:

$|a_n| \leqslant M$ für alle $n \in \mathbb{N}$.

Es ergibt sich sofort:

Satz 1.6.1: Es seien $\{a_n\}$, $\{b_n\}$ beschränkte Folgen. Dann sind die Folgen $\{a_n + b_n\}$, $\{a_n \cdot b_n\}$ ebenfalls beschränkt.

Beweis: Es gibt Konstanten M_a, $M_b \in K$, so daß für alle $n \in \mathbb{N}$ gilt: $|a_n| \leqslant M_a$, $|b_n| \leqslant M_b$. Aus

$$|a_n + b_n| \leqslant |a_n| + |b_n| \leqslant M_a + M_b,$$

$$|a_n \cdot b_n| \quad = |a_n| \cdot |b_n| \leqslant M_a \cdot M_b$$

und $M_a + M_b \in K$, $M_a \cdot M_b \in K$ ergibt sich die Behauptung.

Definition 1.6.3: Eine Folge $\{a_n\}$ heißt konvergent zum Grenzwert $a \in K$, wenn für jedes $\varepsilon \in K$, $\varepsilon > 0$, ein $N_\varepsilon \in \mathbb{N}$ existiert, so daß für alle $n > N_\varepsilon$ gilt:

$$|a_n - a| < \varepsilon.$$

Wir schreiben: $\lim\limits_{n \to \infty} a_n = a$, oder $a_n \to a$ $(n \to \infty)$ oder $a_n \to a$.

Eine nichtkonvergente Folge heißt divergent.

Wenn wir uns diese Definition für $\mathbb{Q}$ auf der Zahlengeraden veranschaulichen, so bedeutet sie, daß bei Vorgabe eines noch so kleinen Intervalls $(a - \varepsilon,\ a + \varepsilon)$, von einem genügend großen Index ab, alle Elemente der Folge in diesem Intervall liegen.

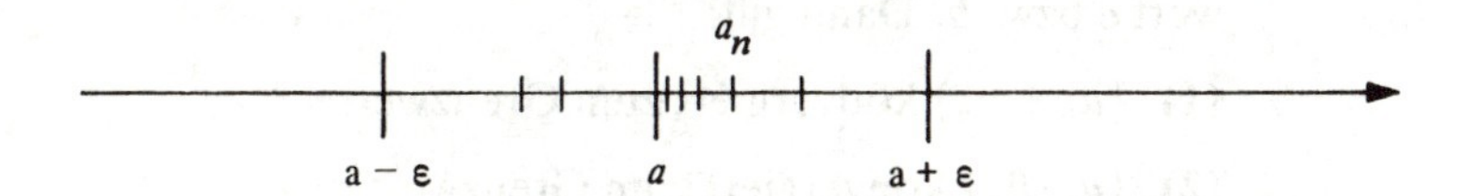

Abb. 1.6.1

Wir beweisen nun einige fundamentale Sätze über das Rechnen mit konvergenten Folgen.

Satz 1.6.2: Ein Folge $\{a_n\}$ hat höchstens einen Grenzwert.

Beweis: Wir nehmen an, die Folge $\{a_n\}$ habe zwei verschiedene Grenzwerte a und a' in K. Dann wählen wir $\varepsilon = \dfrac{|a - a'|}{2}$. Offensichtlich ist $\varepsilon \in K$, und es gilt $\varepsilon > 0$. Ferner gibt es ein $N_\varepsilon \in \mathbb{N}$ mit der Eigenschaft: $|a_n - a| < \varepsilon$ für alle $n > N_\varepsilon$ und ein $N'_\varepsilon \in \mathbb{N}$ mit der Eigenschaft: $|a_n - a'| < \varepsilon$ für alle $n > N'_\varepsilon$. Für alle $n > \max\{N_\varepsilon, N'_\varepsilon\}$ ergibt sich nun:

$$2\varepsilon = |a - a'| = |a - a_n + a_n - a'| \leqslant |a_n - a| + |a_n - a'| <$$

$$< \varepsilon + \varepsilon = 2\varepsilon.$$

Dieser Widerspruch löst sich nur auf, wenn $a = a'$ gilt; d.h. eine in K konvergente Folge bestimmt ihren Grenzwert eindeutig.

Satz 1.6.3: Die Folge $\{a_n\}$ sei konvergent. Dann ist $\{a_n\}$ beschränkt.

Beweis: Es sei $\lim\limits_{n\to\infty} a_n = a \in K$. Dann existiert ein $N \in \mathbb{N}$ mit $|a_n - a| < e$ für alle $n > N$. Hieraus folgt für alle $n > N$:

$$|a_n| \leqslant |a_n - a| + |a| < e + |a|.$$

Ferner gilt für $1 \leqslant n \leqslant N$: $|a_n| \leqslant \max\{|a_1|, \ldots, |a_N|\}$. Also ist für alle natürlichen Zahlen n:

$$|a_n| \leqslant \max\{|a_1|, \ldots, |a_N|, |a| + e\} = M.$$

Wegen $M \in K$ ist damit unsere Behauptung bewiesen.

Satz 1.6.4: Die Folgen $\{a_n\}$ und $\{b_n\}$ seien konvergent in K zum Grenzwert a bzw. b. Dann gilt:

(1) $\{a_n + b_n\}$ konvergiert zum Grenzwert $a + b$,

(2) $\{a_n \cdot b_n\}$ konvergiert zum Grenzwert $a \cdot b$,

(3) ist $b \neq 0$, so konvergiert die Folge $\{c_n\}$ mit

$$c_n = \begin{cases} \dfrac{a_n}{b_n} & \text{falls } b_n \neq 0 \\ 0 & \text{falls } b_n = 0 \end{cases}$$

zum Grenzwert $\dfrac{a}{b}$.

Beweis:

1. Zu $\varepsilon \in K$, $\varepsilon > 0$ existiert ein $N_\varepsilon \in \mathbb{N}$ so, daß $|a_n - a| < \frac{\varepsilon}{2}$ für alle $n > N_\varepsilon$ und ein $N'_\varepsilon \in \mathbb{N}$ so, daß $|b_n - b| < \frac{\varepsilon}{2}$ für alle $n > N'_\varepsilon$. Hieraus ergibt sich für alle $n > \max\{N_\varepsilon, N'_\varepsilon\}$:

$$|(a_n + b_n) - (a + b)| \leqslant |a_n - a| + |b_n - b| < \frac{\varepsilon}{2} + \frac{\varepsilon}{2} = \varepsilon.$$

Dies beweist **(1)**.

2. Die Folge $\{b_n\}$ ist sicher beschränkt; es gibt daher eine Konstante $M \in K$, $M > 0$, so daß $|b_n| \leqslant M$ für alle n. Ferner gibt es zu $\varepsilon \in K$, $\varepsilon > 0$, ein $N_\varepsilon \in \mathbb{N}$, so daß $|a_n - a| < \frac{\varepsilon}{2M}$ für alle $n > N_\varepsilon$ und ein $N'_\varepsilon \in \mathbb{N}$, so daß $|a| \cdot |b_n - b| < \frac{\varepsilon}{2}$ für alle $n > N'_\varepsilon$. Es folgt für alle $n > \max\{N_\varepsilon, N'_\varepsilon\}$:

$$\begin{aligned}|a_n \cdot b_n - a \cdot b| &= |(a_n - a) \cdot b_n + (b_n - b) \cdot a| \leqslant \\ &\leqslant |b_n| \cdot |a_n - a| + |a| \cdot |b_n - b| \leqslant \\ &\leqslant M \cdot |a_n - a| + |a| \cdot |b_n - b| < \\ &< M \cdot \frac{\varepsilon}{2M} + \frac{\varepsilon}{2} = \varepsilon.\end{aligned}$$

Dies beweist **(2)**.

3. Wegen **(2)** genügt es, die Behauptung für die Folge $\{a_n\}$ mit $a_n = e$ $(n = 1, 2, \ldots)$ zu beweisen.

   a) Es existiert ein $N \in \mathbb{N}$, so daß: $|b| - |b_n| \leqslant |b_n - b| < \frac{|b|}{2}$, für alle $n > N$. Hieraus folgt für alle $n > N$: $|b_n| > \frac{|b|}{2} > 0$ und daher gilt $c_n = b_n^{-1}$.

   b) Zu $\varepsilon \in K$, $\varepsilon > 0$ existiert ein $N_\varepsilon \in \mathbb{N}$, so daß $|b_n - b| < \varepsilon \cdot \frac{|b|^2}{2}$ für alle $n > N_\varepsilon$. Wir erhalten nun für alle $n > \max\{N, N_\varepsilon\}$:

$$|c_n - b^{-1}| = |b_n^{-1} - b^{-1}| = \frac{|b_n - b|}{|b_n \cdot b|} < \frac{2 \cdot |b_n - b|}{|b|^2} < \varepsilon.$$

   Also gilt: $\lim\limits_{n \to \infty} c_n = b^{-1}$.

Ein wichtiges Kriterium zum Nachweis der Konvergenz einer Folge ist das Einschließungskriterium:

Satz 1.6.5: Es seien $\{a_n\}$, $\{b_n\}$, $\{c_n\}$ Folgen in K mit $a_n \leqslant b_n \leqslant c_n$. Ferner seien $\{a_n\}$ und $\{c_n\}$ konvergent, und es gelte:

$$\lim_{n \to \infty} a_n = \lim_{n \to \infty} c_n = a \in K.$$

Dann konvergiert auch $\{b_n\}$, und es gilt $\lim\limits_{n \to \infty} b_n = a$.

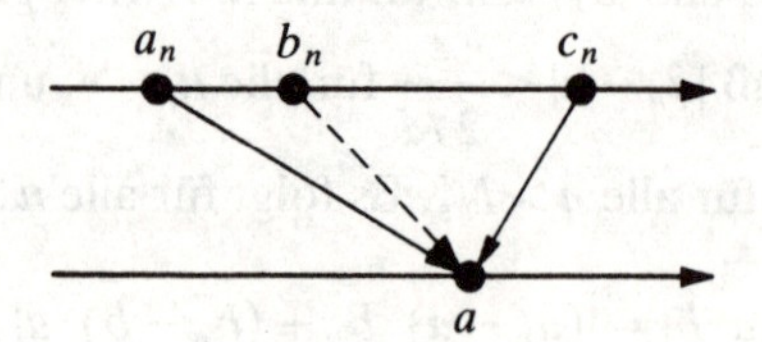

Abb. 1.6.2

Beweis: Es sei $\varepsilon > 0$ gegeben. Wegen $a_n \to a$ gibt es ein N_ε, so daß $|a_n - a| < \varepsilon$ für alle $n > N_\varepsilon$, d.h. es ist

$$-\varepsilon < a_n - a < \varepsilon \qquad \text{für alle } n > N_\varepsilon.$$

Wegen $c_n \to a$ gibt es analog ein N'_ε, so daß

$$-\varepsilon < c_n - a < \varepsilon \qquad \text{für alle n} > N'_\varepsilon.$$

Aus $a_n \leqslant b_n \leqslant c_n$ folgt daher für alle $n > \max(N_\varepsilon, N'_\varepsilon)$:

$$-\varepsilon < a_n - a \leqslant b_n - a \leqslant c_n - a < \varepsilon,$$

also $|b_n - a| < \varepsilon$, woraus sich die Behauptung ergibt.

Wir behandeln nun noch zwei wichtige Begriffe der Folgentheorie, nämlich den Begriff der Monotonie und der Teilfolge.

Definition 1.6.4: Eine Folge $\{a_n\}$ aus K heißt:

(1) monoton wachsend (geschrieben $a_n \uparrow$), wenn für alle n gilt: $a_n \leqslant a_{n+1}$,
streng monoton wachsend, wenn stets: $a_n < a_{n+1}$;

(2) monoton fallend (geschrieben $a_n \downarrow$), wenn für alle n gilt: $a_n \geqslant a_{n+1}$,
streng monoton fallend, wenn stets: $a_n > a_{n+1}$.

Definition 1.6.5: Es sei $\{n_k\}_{k=1}^{\infty}$ eine streng monoton wachsende Folge natürlicher Zahlen. Dann heißt $\{a_{n_k}\}_{k=1}^{\infty}$ Teilfolge der Folge $\{a_n\}_{n=1}^{\infty}$.

Eine besonders wichtige Klasse von Folgen bilden die sog. unendlichen Reihen.

Definition 1.6.6: Gegeben sei eine Folge $\{a_\nu\}_{\nu=1}^{\infty}$ aus K. Die Folge $\{s_n\}_{n=1}^{\infty}$ mit $s_n = \sum\limits_{\nu=1}^{n} a_\nu$ nennen wir eine unendliche Reihe und bezeichnen sie mit $\sum\limits_{\nu=1}^{\infty} a_\nu$. Die Summe s_n wird n-te Teilsumme der Reihe genannt.

Wir machen uns klar, daß eine unendliche Reihe keine "unendliche Summe" bedeutet, sondern nur eine Abkürzung für die Folge ihrer Teilsummen ist. Die Untersuchung einer Reihe läuft daher auf die Untersuchung ihrer Teilsummenfolge hinaus. Es gibt also keinen neuen Konvergenzbegriff für Reihen, sondern die Konvergenz einer Reihe wird durch die Konvergenz ihrer Teilsummenfolge definiert:

Definition 1.6.7: Die Reihe $\sum\limits_{\nu=1}^{\infty} a_\nu$ heißt konvergent zur Summe s, wenn gilt:

$\lim\limits_{n\to\infty} s_n = s$. Wir schreiben dann: $\sum\limits_{\nu=1}^{\infty} a_\nu = s$.

Eine nichtkonvergente Reihe heißt divergent.

Bemerkung: Wie bei Folgen betrachten wir öfters auch Reihen $\sum\limits_{\nu=m}^{\infty} a_\nu$, wo also der Summationsindex von einer Zahl $m \in \mathbb{Z}$ an läuft.

Übungsaufgaben:

1. Man beweise: Aus $\lim\limits_{n\to\infty}(a_n + b_n) = a$, $\lim\limits_{n\to\infty}(a_n - b_n) = b$ folgt:

   $$\lim_{n\to\infty}(a_n \cdot b_n) = \frac{a^2 - b^2}{4}.$$

2. Man beweise: Aus $\lim\limits_{n\to\infty} a_n = a$ folgt $\lim\limits_{n\to\infty} |a_n| = |a|$. Ist die Umkehrung auch richtig?

3. Es sei $\{a_n\}$ eine konvergente Folge mit $a_n < a$ für alle n. Man beweise:

   $\lim\limits_{n\to\infty} a_n \leqslant a$.

4. Die Folge $\{a_n\}$ besitze zwei Teilfolgen, die gegen verschiedene Grenzwerte konvergieren. Man zeige: $\{a_n\}$ divergiert.

1.7 Beispiele von Folgen und Reihen in $\mathbb{Q}$.

Die Vorschrift, nach welcher die Glieder a_n einer Folge $\{a_n\}$ gegeben sind, kann verschiedenartig sein.

1. Der einfachste Fall liegt vor, wenn jedes a_n durch eine explizite Formel gegeben wird, etwa

   a) $a_n = \frac{1}{n}$; d) $a_n = \left(1 + \frac{1}{n}\right)^n$;

   b) $a_n = 2^n$; e) $a_n = q^n$ für ein festes $q \in \mathbb{Q}$;

   c) $a_n = (-1)^n$; f) $a_n = \sum_{\nu=1}^{n} \nu$.

2. Bei einer rekursiven Bildungsvorschrift kann ein Glied der Folge erst dann berechnet werden, wenn alle vorhergehenden schon bekannt sind, etwa:

   a) $a_1 = 3,\ a_2 = 0,\ a_n = 5\,a_{n-1} + 4\,a_{n-2} + a_{n-2}^2 \quad (n \geqslant 3)$;

   b) $a_1 = 1,\ a_{n+1} = \frac{1}{2} a_n + \frac{1}{a_n} \quad (n \geqslant 1)$;

   c) $a_1 = 2,\ a_2 = 3,\ a_{n+1} = a_1 a_2 + a_2 a_3 + \cdots + a_{n-1} a_n \ (n \geqslant 2)$.

Der zentrale Begriff der Konvergenz einer Folge wird nun an Beispielen diskutiert.

Beispiel 1: Wir betrachten die Folge $\{a_n\}$ mit $a_n = \frac{1}{n}$.

Satz 1.7.1: Die Folge $\{\frac{1}{n}\}$ konvergiert zum Grenzwert 0, d.h. es gilt

$$\lim_{n \to \infty} \frac{1}{n} = 0.$$

Beweis: Wir haben zu zeigen: Zu jedem $\varepsilon \in \mathbb{Q}$, $\varepsilon > 0$, gibt es ein $N_\varepsilon \in \mathbb{N}$, so daß $|a_n - 0| = \frac{1}{n} < \varepsilon$ für alle $n > N_\varepsilon$.
Zu vorgegebenem $\varepsilon \in \mathbb{Q}$, $\varepsilon > 0$, wählen wir ein $N_\varepsilon \in \mathbb{N}$ so, daß $N_\varepsilon > \frac{1}{\varepsilon}$.

Dann gilt für alle $n > N_\varepsilon$: $n > \frac{1}{\varepsilon}$, also $\frac{1}{n} < \varepsilon$, d.h. die Folge $\{a_n\}$ konvergiert zum Grenzwert 0.

Beispiel 2: Wir betrachten die Reihe, die mit Hilfe der in Beispiel 1 betrachteten Folge $\{\frac{1}{\nu}\}$ definiert ist, die sog. harmonische Reihe $\sum_{\nu=1}^{\infty} \frac{1}{\nu}$.

Satz 1.7.2 Die Reihe $\sum_{\nu=1}^{\infty} \frac{1}{\nu}$ ist divergent.

Beweis: Wir zeigen, daß die Folge der Teilsummen $s_n = \sum_{\nu=1}^{n} \frac{1}{\nu}$ nicht beschränkt ist. Für natürliche Zahlen k betrachten wir zunächst den Ausdruck

$$\sigma_k = \sum_{\nu=2^{k-1}+1}^{2^k} \frac{1}{\nu}$$

und erhalten die Abschätzung:

$$\sigma_k = \sum_{\nu=2^{k-1}+1}^{2^k} \frac{1}{\nu} \geqslant (2^k - 2^{k-1}) \cdot \frac{1}{2^k} = \frac{1}{2}.$$

Aus

$$s_{2^n} = \sum_{\nu=1}^{2^n} \frac{1}{\nu} = 1 + \sum_{k=1}^{n} \sigma_k \geqslant 1 + \sum_{k=1}^{n} \frac{1}{2} = 1 + \frac{n}{2}$$

ergibt sich, daß $\{s_n\}$ nicht beschränkt ist.

Beispiel 3: Wir betrachten die sog. geometrische Folge $\{a_n\}$, die für ein festes $q \in \mathbb{Q}$ gegeben ist durch $a_n = q^n$.

Satz 1.7.3: Es sei $q \in \mathbb{Q}$.

(1) Für $|q| < 1$ gilt: $\lim_{n \to \infty} q^n = 0$.

(2) Für $q = 1$ gilt: $\lim_{n \to \infty} q^n = 1$.

(3) Für alle anderen Werte von q divergiert $\{q^n\}$.

Beweis:

1. Für $q=0$ ist $\{q^n\}$ trivialerweise konvergent zum Grenzwert 0; für $q \neq 0$, $|q|<1$, setzen wir $|q| = \dfrac{1}{1+\delta}$, wobei $\delta > 0$. Nach der BERNOULLI-schen Ungleichung gilt für $n \geqslant 2$ die Abschätzung $(1+\delta)^n > n\,\delta$ und daher:

   $$|q^n| = \frac{1}{(1+\delta)^n} < \frac{1}{n\,\delta}.$$

   Ist $\varepsilon \in \mathbb{Q}$, $\varepsilon > 0$, gegeben, so ist $\dfrac{1}{\delta\,n} < \varepsilon$ für alle $n > \dfrac{1}{\delta\,\varepsilon}$. Wir wählen daher $N_\varepsilon > \dfrac{1}{\delta\,\varepsilon}$, so daß gilt:

   $$|q^n - 0| = |q^n| < \frac{1}{\delta\,n} < \varepsilon \quad \text{für alle } n > N_\varepsilon,$$

   d.h. $\{q^n\}$ konvergiert für $|q|<1$ zum Grenzwert 0.
2. Für $q=1$ ist $\{q^n\}$ trivialerweise konvergent zum Grenzwert 1.
3. Für $q=-1$ gilt: $q^n = \begin{cases} +1 & \text{für gerades } n \\ -1 & \text{für ungerades } n \end{cases}$, so daß $\{q^n\}$ in diesem Fall nicht konvergiert.
4. Für ein q mit $|q|>1$ ist die Folge $\{q^n\}$ nicht konvergent. Wäre $\{q^n\}$ konvergent, so wäre diese Folge nach Satz 1.6.3 beschränkt, etwa $|q^n| \leqslant M$. Setzen wir $|q| = 1+\delta > 1$, so folgt aus der BERNOULLIschen Ungleichung für $n \geqslant 2$:

   $$|q^n| = (1+\delta)^n > n\,\delta.$$

   Für genügend großes n ist jedoch $n\,\delta > M$. Also ist $\{q^n\}$ nicht konvergent.

Beispiel 4: Wir betrachten zum Schluß die Reihe, die mit Hilfe der in Beispiel 3 betrachteten Folge $\{q^n\}$ ($q \in \mathbb{Q}$) definiert ist, die sog. geometrische Reihe $\sum\limits_{\nu=0}^{\infty} q^\nu$.

Satz 1.7.4: Es sei $q \in \mathbb{Q}$.

(1) Für $|q| < 1$ gilt: $\sum_{\nu=0}^{\infty} q^\nu = \frac{1}{1-q}$.

(2) Für alle anderen Werte von q divergiert $\sum_{\nu=0}^{\infty} q^\nu$.

Beweis als Übung (man benutze: $\sum_{\nu=0}^{n} q^\nu = \frac{1-q^{n+1}}{1-q}$ für $q \neq 1$).

Übungsaufgaben:

1. Gegeben sei die Folge $\{a_n\}$ mit $a_n = \frac{n^2}{n^2+2n}$ $(n \in \mathbb{N})$.
   a) Man zeige: $\lim_{n\to\infty} a_n = 1$.
   b) Für $\varepsilon = 1$, $\varepsilon = 10^{-3}$, $\varepsilon = 10^{-6}$ bestimme man das beste, d.h. kleinste $N_\varepsilon \in \mathbb{N}$, so daß $|a_n - 1| < \varepsilon$ für alle $n > N_\varepsilon$.
2. Für $x \in \mathbb{Q}$ untersuche man die Folge $\{a_n\}$ mit $a_n = \frac{1}{1+(x^2)^n}$ $(n \in \mathbb{N})$ auf Konvergenz und bestimme gegebenenfalls den Grenzwert.
3. Unter welchen Bedingungen konvergiert die Folge $\{c_n\}$ mit:

$$c_n = \frac{\sum_{\nu=0}^{K} a_\nu n^\nu}{\sum_{\nu=0}^{L} b_\nu n^\nu} \qquad (a_\nu, b_\nu \in \mathbb{Q};\ a_K \neq 0,\ b_L \neq 0).$$

4. Man zeige, daß die Folge $\{a_n\}$ mit $a_n = \frac{1}{n^2} + \frac{2}{n^2} + \cdots + \frac{n}{n^2}$ konvergiert und bestimme ihren Grenzwert.
5. Es seien $\{a_n\}$, $\{b_n\}$ Folgen mit positiven Gliedern; es gelte $\lim_{n\to\infty} a_n = 0$ und $\lim_{n\to\infty} b_n = 0$. Man beweise

$$\lim_{n\to\infty} \frac{a_n^2 + b_n^2}{a_n + b_n} = 0.$$

6. Es sei $\{a_n\}$ eine konvergente Folge. Man beweise, daß die Folge $\{b_n\}$ der arithmetischen Mittel:

$$b_n = \frac{1}{n} \sum_{\nu=1}^{n} a_\nu$$

zu demselben Grenzwert konvergiert.

7. Es sei k eine natürliche, q eine rationale Zahl mit $|q| < 1$. Man beweise:

$$\lim_{n \to \infty} n^k \cdot q^n = 0.$$

1.8 Cauchy-Folgen in geordneten Körpern

Einer der zentralen Begriffe der modernen Mathematik ist der Begriff der Cauchy-Folge (C-Folge). Nicht nur beim Aufbau der reellen Zahlen, sondern auch in der Funktionalanalysis, Maßtheorie, Wahrscheinlichkeitstheorie, u.a. spielt dieser Begriff eine wichtige Rolle. Da auch hierfür die Theorien für $\mathbb{Q}$ und $\mathbb{R}$ parallel laufen, legen wir wieder einen geordneten Körper K zugrunde, dessen Einselement wir wieder mit e bezeichnen.

Definition 1.8.1: Eine Folge $\{a_n\}$ in K heißt C-Folge, wenn für jedes $\varepsilon \in K$, $\varepsilon > 0$, ein $N_\varepsilon \in \mathbb{N}$ existiert, so daß:

$$|a_n - a_m| < \varepsilon \quad \text{für alle } n, m > N_\varepsilon.$$

Wir wollen uns im Spezialfall $K = \mathbb{Q}$ die charakteristische Eigenschaft der C-Folgen klarmachen. Dazu sei ein beliebiges $\varepsilon \in \mathbb{Q}$, $\varepsilon > 0$, gegeben und ein N_ε gemäß Definition 1.8.1 bestimmt. Wählen wir ein festes $m > N_\varepsilon$, so liegen alle a_n mit $n > N_\varepsilon$ in dem 2ε-Intervall um a_m:

$$a_m - \varepsilon < a_n < a_m + \varepsilon;$$

auf der Zahlengeraden veranschaulicht:

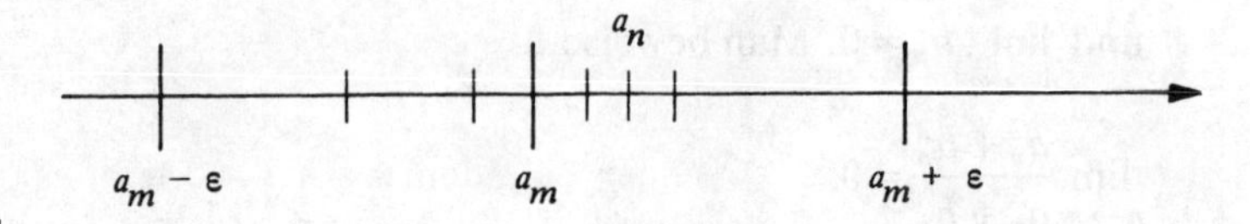

Abb. 1.8.1

Dies bedeutet, daß "schließlich alle Folgenelemente ganz dicht zusammen liegen". Wir sprechen deswegen auch von der "Verdichtungseigenschaft" der C-Folgen und davon, daß sich eine C-Folge an einer ganz bestimmten "Stelle" der linearen Strukur von $\mathbb{Q}$ verdichtet.

Wir beweisen nun einige Sätze über das Rechnen mit C-Folgen in allgemeinen geordneten Körpern K.

Satz 1.8.1: Ist $\{a_n\}$ eine C-Folge in K, so ist $\{a_n\}$ beschränkt.

Beweis: Es gibt eine natürliche Zahl N_e, so daß gilt: $|a_n - a_m| < e$ für alle $m, n > N_e$. Insbesondere gilt für $m = N_e + 1$ und alle $n > N_e$ die Abschätzung $|a_n - a_{N_e+1}| < e$. Hieraus folgt:

$$|a_n| \leqslant |a_n - a_{N_e+1}| + |a_{N_e+1}| < e + |a_{N_e+1}|$$

für alle $n > N_e$. Also ergibt sich:

$$|a_n| \leqslant \max\{|a_1|, \ldots, |a_{N_e}|, e + |a_{N_e+1}|\}$$

für alle n; die Folge $\{a_n\}$ ist daher beschränkt.

Satz 1.8.2 Es seien $\{a_n\}$, $\{b_n\}$ C-Folgen in K. Dann gilt:

(1) $\{a_n + b_n\}$ ist C-Folge;

(2) $\{a_n \cdot b_n\}$ ist C-Folge;

(3) falls ein positives $\delta \in K$ und $N \in \mathbb{N}$ existieren mit $|b_n| \geqslant \delta$ für alle $n > N$, so ist die Folge $\{c_n\}$ mit

$$c_n = \begin{cases} \dfrac{a_n}{b_n} & \text{falls } b_n \neq 0 \\ 0 & \text{falls } b_n = 0 \end{cases}$$

ebenfalls C-Folge.

Beweis als Übung (vgl. Satz 1.6.4).

Satz 1.8.3: Ist $\{a_n\}$ konvergent in K, so ist $\{a_n\}$ eine C-Folge.

Beweis: Es sei $\lim\limits_{n \to \infty} a_n = a \in K$. Zu jedem $\varepsilon \in K, \varepsilon > 0$, gibt es ein $N_\varepsilon \in \mathbb{N}$, so daß $|a_n - a| < \frac{\varepsilon}{2}$ für alle $n > N_\varepsilon$. Ist $n > N_\varepsilon$ und $m > N_\varepsilon$, so ergibt sich $|a_n - a_m| \leqslant |a_n - a| + |a_m - a| < \varepsilon$. Also ist $\{a_n\}$ eine C-Folge.

Es ist nun von größter Wichtigkeit, daß dieser Satz i.a. nicht umkehrbar ist. Es kann nämlich vorkommen, daß eine C-Folge in K keinen Grenzwert hat. Verfügt man jedoch über die zusätzliche Information, daß eine Teilfolge konvergiert, so kann man auch auf die Konvergenz der Gesamtfolge schließen.

Satz 1.8.4: Ist $\{a_n\}$ eine C-Folge in K, und konvergiert eine Teilfolge $\{a_{n_k}\}$ gegen $a \in K$, so konvergiert auch $\{a_n\}$ gegen a.

Beweis: Es sei $\varepsilon \in K$, $\varepsilon > 0$, gegeben. Da $\{a_{n_k}\}$ konvergiert, gibt es ein $K_\varepsilon \in \mathbb{N}$, so daß: $|a_{n_k} - a| < \frac{\varepsilon}{2}$ für alle $k > K_\varepsilon$. Da $\{a_n\}$ eine C-Folge ist, gibt es ein $N_\varepsilon \in \mathbb{N}$, so daß: $|a_n - a_m| < \frac{\varepsilon}{2}$ für alle $n, m > N_\varepsilon$. Wählen wir nun ein $k > K_\varepsilon$ mit $n_k > N_\varepsilon$, so erhalten wir:

$$|a_n - a| = |a_n - a_{n_k} + a_{n_k} - a| \leqslant |a_n - a_{n_k}| + |a_{n_k} - a| <$$
$$< \frac{\varepsilon}{2} + \frac{\varepsilon}{2} = \varepsilon$$

für alle $n > N_\varepsilon$, d.h. es gilt $\lim\limits_{n \to \infty} a_n = a$.

Wir geben nun ein Beispiel einer C-Folge in $\mathbb{Q}$ an, welche keinen rationalen Grenzwert besitzt.

Satz 1.8.5: Die Folge $\{a_n\}$, definiert durch:

$$a_1 = 1, \quad a_{n+1} = \frac{1}{2} a_n + \frac{1}{a_n} \qquad (n \geqslant 1)$$

ist eine C-Folge in $\mathbb{Q}$, hat aber keinen Grenzwert in $\mathbb{Q}$.

Beweis: Wir untersuchen Eigenschaften dieser Folge:

1. Für alle n gilt $1 \leqslant a_n < 2$.
   Zum Beweis dieser Behauptung gehen wir induktiv vor. Die Behauptung ist klar für $n = 1$. Für ein $n \geqslant 1$ gelte $1 \leqslant a_n < 2$. Dann folgt:

$$a_{n+1} = \frac{1}{2} a_n + \frac{1}{a_n} < \frac{1}{2} 2 + 1 = 2;$$

$$a_{n+1} = \frac{1}{2} a_n + \frac{1}{a_n} > \frac{1}{2} 1 + \frac{1}{2} = 1.$$

2. Für alle $n \geqslant 2$ gilt $2 \leqslant a_n^2 \leqslant 2 + \frac{1}{2^n}$. (Aus Satz 1.6.5 folgt dann unmittelbar $\lim\limits_{n \to \infty} a_n^2 = 2$.)

   a) Aus der Ungleichung $(\alpha + \beta)^2 \geqslant 4\alpha\beta$ erhalten wir für $n \geqslant 2$:

   $$a_n^2 = \frac{1}{4}\left(a_{n-1} + \frac{2}{a_{n-1}}\right)^2 \geqslant 2.$$

   b) Zum Nachweis des zweiten Teiles der Ungleichung gehen wir induktiv vor.

   Für $n = 2$ gilt $a_2 = \frac{3}{2}$, also $a_2^2 = \frac{9}{4} \leqslant 2 + \frac{1}{2^2}$.

   Für ein $n \geqslant 2$ gelte $a_n^2 - 2 \leqslant \frac{1}{2^n}$. Dann folgt:

   $$a_{n+1}^2 - 2 = \frac{1}{4}\left(a_n + \frac{2}{a_n}\right)^2 - 2 = \frac{1}{4} a_n^2 + \frac{1}{a_n^2} - 1 =$$

   $$= \frac{1}{2}(a_n^2 - 2) - \frac{1}{4a_n^2}(a_n^4 - 4).$$

   Wegen a) und unserer Induktionsannahme ergibt sich:

   $$a_{n+1}^2 - 2 \leqslant \frac{1}{2}(a_n^2 - 2) \leqslant \frac{1}{2}\frac{1}{2^n} = \frac{1}{2^{n+1}}.$$

3. $\{a_n\}$ ist eine C-Folge.
   Wegen 2. gilt $\lim\limits_{n \to \infty} a_n^2 = 2$. Nach Satz 1.8.3 ist also $\{a_n^2\}$ eine C-Folge. Zu gegebenem $\varepsilon \in \mathbb{Q}$, $\varepsilon > 0$ existiert daher ein $N_\varepsilon \in \mathbb{N}$ mit $|a_m^2 - a_n^2| < \varepsilon$ für alle $m, n > N_\varepsilon$. Aus 1. folgt für alle m, n: $a_m + a_n \geqslant 2$ und daher für $m, n > N_\varepsilon$:

$$|a_m - a_n| < 2|a_m - a_n| \leqslant (a_m + a_n)|a_m - a_n| =$$
$$= |(a_m + a_n)(a_m - a_n)| = |a_m^2 - a_n^2| < \varepsilon.$$

Also ist $\{a_n\}$ eine C-Folge.

4. Es gibt keine rationale Zahl, die die Gleichung $a^2 = 2$ löst.
Wir bemerken zuerst, daß mit n^2 auch n eine gerade Zahl ist. Gibt es ein $a \in \mathbb{Q}$ mit $a^2 = 2$, so gibt es teilerfremde ganze Zahlen p, q mit $a = \frac{p}{q}$. Es folgt $a^2 = \frac{p^2}{q^2} = 2$, also $p^2 = 2q^2$. Nach der Vorbemerkung ist daher p eine gerade Zahl und in der Form $p = 2p_0$ mit $p_0 \in \mathbb{Z}$ darstellbar. Hieraus folgt aber $p^2 = 4p_0^2 = 2q^2$, d.h. q ist ebenfalls eine gerade Zahl; p und q haben demnach den gemeinsamen Faktor 2 im Widerspruch zur Annahme.

5. $\{a_n\}$ hat keinen Grenzwert in $\mathbb{Q}$.
Würde nun ein $a \in \mathbb{Q}$ existieren mit $\lim_{n \to \infty} a_n = a$, so würde aus Satz 1.6.4 und 2. folgen

$$a^2 = \lim_{n \to \infty} a_n \cdot \lim_{n \to \infty} a_n = \lim_{n \to \infty} a_n^2 = 2.$$

Da es aber keine rationale Zahl a gibt mit $a^2 = 2$, kann $\{a_n\}$ nicht gegen einen Grenzwert in $\mathbb{Q}$ konvergieren.

Wir können diesen Sachverhalt nur so interpretieren, daß wir feststellen: Es gibt geordnete Körper und darin C-Folgen, die sich gegen eine Lücke in der linearen Struktur des Körpers verdichten; also Körper, in denen noch "Platz" zwischen den Elementen ist.

Übungsaufgaben:

1. Man zeige, daß die Folge $\{x_n\}$ mit $x_n = \sum_{\nu=n}^{2n} \frac{1}{\nu!}$ eine C-Folge in $\mathbb{Q}$ ist.

2. Es sei $x_n = \sum_{\nu=1}^{n} \frac{(-1)^{\nu+1}}{\nu}$.

   a) Man zeige, daß $\{x_n\}$ eine C-Folge ist.

b) Zu $\varepsilon = 1$, $\varepsilon = 10^{-3}$, $\varepsilon = 10^{-8}$ bestimme man ein N_ε, so daß gilt: $|x_n - x_m| < \varepsilon$ für alle $n, m > N_\varepsilon$.

3. Es sei $\{x_n\}$ eine C-Folge. Man beweise: Konvergiert $\{|x_n|\}$, so konvergiert auch $\{x_n\}$.

1.9 Relationen, Klasseneinteilungen von Mengen

Wir benötigen im folgenden den Begriff der Äquivalenzrelation und Klasseneinteilung. Dazu führen wir zunächst folgenden Begriff ein.

Definition 1.9.1: Es sei M eine beliebige Menge. Die Menge aller geordneten Paare

$$M \times M = \{(x, y): \; x, y \in M\}$$

heißt cartesisches Produkt von M.

Definition 1.9.2: Es sei M eine beliebige Menge. Eine Teilmenge R von $M \times M$ heißt Relation in M. Ist $(x, y) \in R$, so schreiben wir: $x \sim y$.

Beispiele für Relationen in $\mathbb{Q}$ sind die Gleichheitsrelation $=$ und die Kleiner-Relation $<$.

Definition 1.9.3: Eine Relation in der Menge M heißt:

(1) reflexiv, wenn gilt: $x \sim x$ für alle $x \in M$,

(2) symmetrisch, wenn aus $x \sim y$ folgt: $y \sim x$,

(3) transitiv, wenn aus $x \sim y$ und $y \sim z$ folgt: $x \sim z$.

Eine Relation, die gleichzeitig reflexiv, symmetrisch und transitiv ist, wird Äquivalenzrelation genannt.

Beispiel: In $M = \mathbb{Z}$ sei $R = \{(n, m): \; n \in \mathbb{Z}, \; m \in \mathbb{Z}, \; n - m \text{ ist gerade.}\}$. (Die Relation $n \sim m$ heißt hier $n - m$ ist gerade.) Man beachte, daß durch diese Relation eine Einteilung von $\mathbb{Z}$ in zwei "Klassen" definiert wird, nämlich in:

$$\mathbb{Z}_0 = \{n:\ n \in \mathbb{Z},\ n \text{ ist gerade}\},$$

$$\mathbb{Z}_1 = \{n:\ n \in \mathbb{Z},\ n \text{ ist ungerade}\}.$$

Denn es gilt $n \sim m$ genau dann, wenn n und m beide zu $\mathbb{Z}_0$ oder beide zu $\mathbb{Z}_1$ gehören. Ferner haben wir $\mathbb{Z}_0 \cup \mathbb{Z}_1 = \mathbb{Z}$, $\mathbb{Z}_0 \cap \mathbb{Z}_1 = \emptyset$.

Wir kommen jetzt zum Zusammenhang zwischen Äquivalenzrelation und Klasseneinteilung.

Definition 1.9.4: Es sei M eine beliebige Menge. Eine Klasseneinteilung von M ist ein Mengensystem $F = \{M_\alpha\}_{\alpha \in A}$ mit:

(1) $M_\alpha \cap M_\beta = \emptyset$ für $\alpha \neq \beta$,

(2) $M = \bigcup\limits_{\alpha \in A} M_\alpha$.

Definition 1.9.5: In einer Menge M sei eine Äquivalenzrelation $\sim$ gegeben. Für $a \in M$ heißt:

$$M_a = \{x:\ x \in M,\ x \sim a\}$$

die von a erzeugte Äquivalenzklasse.

Entscheidend für den Zusammenhang von Äquivalenzrelationen und Klasseneinteilungen ist:

Satz 1.9.1: Es sei M eine Menge.

(1) Jede Klasseneinteilung von M erzeugt eine Äquivalenzrelation in M.

(2) Bei gegebener Äquivalenzrelation bildet das System der verschiedenen Äquivalenzklassen eine Klasseneinteilung von M.

Beweis:

1. Es sei durch M_α $(\alpha \in A)$ eine Klasseneinteilung von M gegeben. Wir definieren in M eine Relation wie folgt:

$$R = \{(x, y):\ \text{es existiert } \alpha \in A \text{ mit } x, y \in M_\alpha\}.$$

$x \sim y$ heißt also hier: x und y gehören derselben Menge M_α an. Diese Relation ist offensichtlich reflexiv, symmetrisch und transitiv, also eine Äquivalenzrelation.

2. In M sei eine Äquivalenzrelation $\sim$ definiert.
   a) Ist $x \in M$, so gehört x einer Äquivalenzklasse (nämlich z.B. M_x) an. Daher ist die Vereinigung des Äquivalenzklassensystems ganz M.
   b) Es seien $M_a = \{x\colon\ x \in M,\ x \sim a\}$ und $M_b = \{x\colon\ x \in M,\ x \sim b\}$ zwei Äquivalenzklassen mit $M_a \cap M_b \neq \emptyset$. Ist $c \in M_a \cap M_b$, so gilt $c \sim a$ und $c \sim b$, also $a \sim b$, und wir erhalten $M_a = M_b = M_c$.
   Zwei Äquivalenzklassen mit einem gemeinsamen Element sind also identisch; folglich haben zwei verschiedene Äquivalenzklassen einen leeren Durchschnitt.

   Das System der Äquivalenzklassen bildet daher eine Klasseneinteilung von M.

1.10 Konstruktion der reellen Zahlen

Es hat sich in 1.8 herausgestellt, daß der geordnete Körper $\mathbb{Q}$ in mancher Weise unbefriedigend ist:

1. Es gibt C-Folgen in $\mathbb{Q}$, also sich verdichtende Folgen, die keinen Grenzwert in $\mathbb{Q}$ haben.
2. In $\mathbb{Q}$ kann noch nicht einmal eine solch einfache Gleichung wie $x^2 = 2$ gelöst werden.

In der modernen Mathematik spielen geordnete Körper, in denen jede C-Folge konvergiert, eine große Rolle. Wegen der Wichtigkeit dieser Eigenschaft geben wir folgende

Definition 1.10.1: Ein geordneter Körper K heißt vollständig, wenn jede C-Folge in K konvergiert, d.h. in K einen Grenzwert besitzt.

Es stellt sich nun die Frage, ob man nicht $\mathbb{Q}$ erweitern kann, d.h., ob es nicht einen größeren geordneten Zahlkörper $\mathbb{R}$ gibt, der $\mathbb{Q}$ enthält, und darüber hinaus so viele neue Elemente besitzt, daß gilt:

1. $\mathbb{R}$ ist vollständig.
2. Jede Gleichung der Form $x^n = a$ ($a \in \mathbb{Q}$, $a \geqslant 0$; $n \in \mathbb{N}$) ist lösbar in $\mathbb{R}$.

Dieses Problem wurde zuerst auf geniale Weise von Dedekind (1831-1916) gelöst. Dedekind benutzte für seine Konstruktion die nach ihm benannten Schnitte, das sind gewisse Klasseneinteilungen in $\mathbb{Q}$. Wir werden hier den moderneren Begriff der CAUCHY-Folgen zugrunde legen. Dieser Zugang erscheint den Autoren befriedigender, nicht nur wegen der möglichen Verallgemeinerung in anderen Bereichen der Mathematik, sondern vor allem wegen der Tatsache, daß wir uns auf diesem Weg gleich sehr intensiv mit der Folgentechnik befassen können.

Es gibt noch andere Zugänge zur Konstruktion der reellen Zahlen, etwa Intervallschachtelungen. Allen konstruktiven Zugängen ist Folgendes gemeinsam: Die neuen Zahlen müssen mit Hilfe der schon vorhandenen konstruiert werden. Da offenbar die C-Folgen, wie uns das Beispiel in Satz 1.8.5 und allgemein die Verdichtungseigenschaft lehrt, zu einer ganz bestimmten "Stelle" in der linearen Struktur führt, liegt es nahe, C-Folgen in $\mathbb{Q}$ direkt zur Definition der reellen Zahlen zu nehmen.

Dabei ist noch eine Vorsichtsmaßnahme zu treffen. Zwei verschiedene C-Folgen in $\mathbb{Q}$ können sehr wohl dieselbe "Stelle" beschreiben. So haben die Folgen $\{\frac{1}{n}\}$ und $\{\frac{1}{n^2}\}$ beide den Grenzwert 0. Zwei Folgen, die – anschaulich gesprochen – "schließlich gleich" sind, werden wir also nicht unterscheiden dürfen. Wir führen deshalb in der Menge aller C-Folgen aus $\mathbb{Q}$ eine Äquivalenzrelation ein:

Definition 1.10.2: Zwei C-Folgen $\{x_n\}$, $\{y_n\}$ aus $\mathbb{Q}$ heißen äquivalent:

$$\{x_n\} \sim \{y_n\}, \text{ wenn gilt: } \lim_{n\to\infty} (x_n - y_n) = 0.$$

Satz 1.10.1: Die in Definition 1.10.2 eingeführte Relation $\sim$ ist eine Äquivalenzrelation in der Menge der C-Folgen aus $\mathbb{Q}$.

Beweis:

1. Reflexivität: Es gilt $\{x_n\} \sim \{x_n\}$, da $\lim_{n\to\infty} (x_n - x_n) = 0$.

2. Symmetrie: Wenn zwei Folgen $\{x_n\} \sim \{y_n\}$ erfüllen, so ist auch $\{y_n\} \sim \{x_n\}$, da mit $\lim_{n\to\infty} (x_n - y_n) = 0$ selbstverständlich gilt: $\lim_{n\to\infty} (y_n - x_n) = 0$.

3. Transitivität: Es sei $\{x_n\} \sim \{y_n\}$ und $\{y_n\} \sim \{z_n\}$; aus Satz 1.6.4 folgt wegen $x_n - z_n = (x_n - y_n) + (y_n - z_n)$:

$$\lim_{n\to\infty}(x_n - z_n) = \lim_{n\to\infty}(x_n - y_n) + \lim_{n\to\infty}(y_n - z_n) = 0,$$

so daß auch $\{x_n\} \sim \{z_n\}$ ist.

Wir haben damit eine Klasseneinteilung in der Menge aller C-Folgen. Alle C-Folgen in einer Klasse führen, kurz gesagt, zu derselben "Stelle".

Die Äquivalenzklasse, welche zu einer vorgegebenen Folge $\{x_n\}$ gehört, bezeichnen wir mit $C_{\{x_n\}}$. Von besonderer Bedeutung sind die Äquivalenzklassen der konstanten Folgen $\{x_n\}$, wobei für eine feste Zahl $x \in \mathbb{Q}$ gilt: $x_n = x$ für alle $n \in \mathbb{N}$. Diese bezeichnen wir mit $\{x\}$, die dazugehörige Äquivalenzklasse mit $C_{\{x\}}$. Allgemein bezeichnen wir die Äquivalenzklassen mit großen lateinischen Buchstaben: $A, B, C, \ldots, X, Y, Z$. Greifen wir aus einer Äquivalenzklasse X eine C-Folge $\{x_n\}$ als Repräsentant heraus, so schreiben wir kurz $\{x_n\} \in X$. Ist also $\{x_n\} \in X$, so gilt $C_{\{x_n\}} = X$.

Wir kommen nun zur fundamentalen

Definition 1.10.3: Eine reelle Zahl ist eine Äquivalenzklasse von C-Folgen rationaler Zahlen. Die Menge aller reellen Zahlen wird mit $\mathbb{R}$ bezeichnet.

An und für sich hätten wir noch nicht das Recht, schon von Zahlen zu sprechen. Bisher haben wir nur eine komplizierte Menge definiert, nämlich die Menge aller Äquivalenzklassen von C-Folgen aus $\mathbb{Q}$. Für diese neuen Objekte ist noch keine Addition und Multiplikation erklärt, ganz zu schweigen von einer Verifikation der Körpergesetze. Wir können also mit diesen neuen Objekten noch nicht rechnen. Trotzdem bezeichnen wir diese Objekte jetzt schon als Zahlen.

1.11 Die Körpereigenschaften von $\mathbb{R}$

In diesem Paragraphen zeigen wir, daß $\mathbb{R}$ einen Körper bildet. Dazu müssen wir eine Addition und eine Multiplikation für Elemente von $\mathbb{R}$, also für Klassen von C-Folgen definieren und zeigen, daß $\mathbb{R}$ mit diesen Operationen ein Körper ist.

Satz 1.11.1: Es seien $X, Y \in \mathbb{R}$. Mit den Operationen:

(A) $X+Y = C_{\{x_n\}} + C_{\{y_n\}} = C_{\{x_n+y_n\}}$,

(M) $X \cdot Y = C_{\{x_n\}} \cdot C_{\{y_n\}} = C_{\{x_n \cdot y_n\}}$,

wobei $\{x_n\}$, $\{y_n\}$ beliebige Repräsentanten aus X bzw. Y sind, bildet $\mathbb{R}$ einen Körper.

Beweis:

1. Da mit $\{x_n\}$ und $\{y_n\}$ auch $\{x_n+y_n\}$ und $\{x_n \cdot y_n\}$ C-Folgen sind, gilt $X+Y \in \mathbb{R}$ und $X \cdot Y \in \mathbb{R}$. Diese so definierte Addition und Multiplikation ist aber nur sinnvoll, wenn sie unabhängig von der Wahl der Repräsentanten $\{x_n\} \in X$ und $\{y_n\} \in Y$ ist.

   Um dies nachzuweisen, sei $\{x'_n\} \in X$, $\{y'_n\} \in Y$, d.h. $\{x_n\} \sim \{x'_n\}$, $\{y_n\} \sim \{y'_n\}$, bzw. $\lim\limits_{n\to\infty} (x_n - x'_n) = \lim\limits_{n\to\infty} (y_n - y'_n) = 0$.

   a) Aus Satz 1.6.4 folgt

   $$\lim_{n\to\infty} [(x_n+y_n) - (x'_n+y'_n)] = \lim_{n\to\infty} [(x_n - x'_n) + (y_n - y'_n)] = 0,$$

   so daß gilt $\{x_n+y_n\} \sim \{x'_n+y'_n\}$. Wir haben also:

   $$C_{\{x_n+y_n\}} = C_{\{x'_n+y'_n\}}.$$

   b) Es gibt eine positive Konstante $K \in \mathbb{Q}$ mit $|x_n| \leqslant K$, $|y'_n| \leqslant K$ für alle $n \in \mathbb{N}$. Zu einem beliebig vorgegebenen $\varepsilon \in \mathbb{Q}$, $\varepsilon > 0$, existiert ferner ein $N_\varepsilon \in \mathbb{N}$ so, daß $|x_n - x'_n| < \dfrac{\varepsilon}{2K}$ und $|y_n - y'_n| < \dfrac{\varepsilon}{2K}$ für alle $n > N_\varepsilon$. Damit folgt für alle $n > N_\varepsilon$:

   $$\begin{aligned} |x_n y_n - x'_n y'_n| &= |x_n (y_n - y'_n) + y'_n (x_n - x'_n)| \leqslant \\ &\leqslant |x_n|\,|y_n - y'_n| + |y'_n|\,|x_n - x'_n| < \\ &< K\frac{\varepsilon}{2K} + K\frac{\varepsilon}{2K} = \varepsilon. \end{aligned}$$

   Also gilt: $\{x_n \cdot y_n\} \sim \{x'_n \cdot y'_n\}$, und wir erhalten $C_{\{x_n \cdot y_n\}} = C_{\{x'_n \cdot y'_n\}}$.

2. Wir beweisen: $\mathbb{R}$ ist ein Körper gemäß Definition 1.3.1. Es seien $X, Y, Z \in \mathbb{R}$ und $\{x_n\} \in X$, $\{y_n\} \in Y$, $\{z_n\} \in Z$.

   (A.1) $X+Y = C_{\{x_n+y_n\}} = C_{\{y_n+x_n\}} = Y+X$;

(A.2) $X+(Y+Z)=C_{\{x_n+(y_n+z_n)\}}=C_{\{(x_n+y_n)+z_n)\}}=$
$$=(X+Y)+Z;$$

(A.3) wählen wir $\mathbf{0}=C_{\{0\}}$ als Nullelement in $\mathbb{R}$, so gilt für alle $X\in\mathbb{R}$:

$$X+\mathbf{0}=C_{\{x_n+0\}}=C_{\{x_n\}}=X;$$

(A.4) wählen wir $-X=C_{\{-x_n\}}$, so gilt:

$$X+(-X)=C_{\{x_n+(-x_n)\}}=C_{\{0\}}=\mathbf{0}.$$

Die Axiome **(M.1), (M.2), (M.3)** und **(D)** werden analog verifiziert. Beim Nachweis von **(M.3)** wähle man als Einselement in $\mathbb{R}$: $\mathbf{1}=C_{\{1\}}$.

Zum Nachweis von **(M.4)** sei $X\in\mathbb{R}$, $X\neq\mathbf{0}$.

a) Wir behaupten zuerst: Es gibt ein $\delta\in\mathbb{Q}$, $\delta>0$, und ein $N_\delta\in\mathbb{N}$, so daß $|x_n|\geqslant\delta$ für alle $n>N_\delta$.
Wir nehmen an, diese Behauptung sei falsch. Dann gibt es eine streng monoton wachsende Folge $\{n_k\}$ natürlicher Zahlen mit:

$$|x_{n_k}|<\frac{1}{k},\qquad k=1,2,\ldots\ ,$$

d.h. es gilt $\lim\limits_{k\to\infty} x_{n_k}=0$. Aus Satz 1.8.4 folgt also $\{x_n\}\sim\{0\}$ und damit $X=\mathbf{0}$. Dies ist aber ein Widerspruch!

b) Dies ermöglicht nun die Konstruktion von X^{-1}. Die Folge $\{\tilde{x}_n\}$ mit

$$\tilde{x}_n=\begin{cases}\dfrac{1}{x_n} & \text{falls } x_n\neq 0,\\[2ex] 0 & \text{falls } x_n=0\end{cases}$$

ist nach Satz 1.8.2 eine C-Folge, und es ergibt sich für alle $n>N_\delta$:

$$x_n\cdot\tilde{x}_n=x_n\cdot\frac{1}{x_n}=1.$$

Wählen wir daher $X^{-1}=C_{\{\tilde{x}_n\}}$, so gilt:

$$X\cdot X^{-1}=C_{\{x_n\}}\cdot C_{\{\tilde{x}_n\}}=C_{\{x_n\cdot\tilde{x}_n\}}=C_{\{1\}}=\mathbf{1}.$$

Damit ist gezeigt, daß $\mathbb{R}$ einen Körper bildet.

1.12 Die Ordnung in $\mathbb{R}$

Wir wollen jetzt in $\mathbb{R}$ eine Ordnung definieren. Diese wird induziert durch die Ordnung in $\mathbb{Q}$. Dazu führen wir den Begriff "positive C-Folgen" ein.

Definition 1.12.1: Eine C-Folge $\{x_n\}$ aus $\mathbb{Q}$ heißt positiv, wenn eine rationale Zahl $\delta > 0$ und eine natürliche Zahl N_δ existieren mit $x_n \geqslant \delta$ für alle $n > N_\delta$.

Es erweist sich nun, daß die C-Folgen in einer Äquivalenzklasse entweder alle positiv oder alle nicht positiv sind:

Satz 1.12.1: Ist $\{x_n\}$ positiv und $\{x'_n\} \sim \{x_n\}$, so ist auch $\{x'_n\}$ positiv.

Beweis: Es gibt ein $\delta \in \mathbb{Q}$, $\delta > 0$, und ein $N_\delta \in \mathbb{N}$, so daß $x_n \geqslant \delta$ für alle $n > N_\delta$. Aus $\lim\limits_{n \to \infty} (x'_n - x_n) = 0$, folgt ferner die Existenz eines $N'_\delta \in \mathbb{N}$ mit $|x'_n - x_n| < \dfrac{\delta}{2}$ für alle $n > N'_\delta$. Hieraus ergibt sich $x'_n > x_n - \dfrac{\delta}{2} \geqslant \dfrac{\delta}{2}$ für alle $n > \max\{N_\delta, N'_\delta\}$; d.h. $\{x'_n\}$ ist positiv.

Dieser Satz ermöglicht die Definition der Relation $>$ in $\mathbb{R}$.

Definition 1.12.2: Es sei $X \in \mathbb{R}$. Wir setzen $X > \mathbf{0}$, wenn die C-Folgen aus X positiv sind.

Mit dieser Definition gilt:

Satz 1.12.2: $\mathbb{R}$ ist ein geordneter Körper.

Beweis: Es sind die Axiome **(O.1)**-**(O.3)** aus Definition 1.4.1 zu verifizieren.

1. Wir zeigen, daß für eine C-Folge $\{x_n\}$ aus $\mathbb{Q}$ genau eine der Beziehungen gilt:

$$\{x_n\} \sim \{0\}; \quad \{x_n\} \text{ ist positiv}; \quad \{-x_n\} \text{ ist positiv}.$$

   a) Zunächst beweisen wir: Ist die C-Folge $\{x_n\}$ nicht äquivalent zu $\{0\}$, so ist $\{|x_n|\}$ positiv.

Wir nehmen an, $\{|x_n|\}$ ist nicht positiv. Dann gibt es eine streng monoton wachsende Folge $\{n_k\}$ natürlicher Zahlen mit:

$$|x_{n_k}| < \frac{1}{k}, \qquad k = 1, 2, \dots \ ;$$

daher gilt $\lim\limits_{k \to \infty} x_{n_k} = 0$, und mit Satz 1.8.4 folgt $\{x_n\} \sim \{0\}$ im Widerspruch zu unserer Voraussetzung.

b) Ist $\{|x_n|\}$ positiv, so gibt es ein $\delta \in \mathbb{Q}$, $\delta > 0$, und ein $N_\delta \in \mathbb{N}$ mit:

$$|x_n| \geqslant \delta \quad \text{für alle } n > N_\delta \tag{1}$$

und, weil $\{x_n\}$ C-Folge ist, ein $N'_\delta \in \mathbb{N}$ mit:

$$|x_m - x_n| < \frac{\delta}{2} \quad \text{für alle } m, n > N'_\delta. \tag{2}$$

Wählen wir ein $m_0 > \max\{N_\delta, N'_\delta\}$, so haben wir wegen (1):

$$x_{m_0} \geqslant \delta \quad \text{oder} \quad -x_{m_0} \geqslant \delta.$$

Gilt $x_{m_0} \geqslant \delta$, so erhalten wir aus (2):

$$x_{m_0} - x_n \leqslant |x_{m_0} - x_n| < \frac{\delta}{2},$$

also

$$x_n > x_{m_0} - \frac{\delta}{2} \geqslant \frac{\delta}{2}$$

für alle $n \geqslant \max\{N_\delta, N'_\delta\}$, d.h. $\{x_n\}$ ist positiv.
Gilt jedoch $-x_{m_0} \geqslant \delta$, so erhalten wir aus (2):

$$x_n - x_{m_0} \leqslant |x_{m_0} - x_n| < \frac{\delta}{2},$$

also

$$-x_n > -x_{m_0} - \frac{\delta}{2} \geqslant \frac{\delta}{2}$$

für alle $n \geqslant \max\{N_\delta, N'_\delta\}$, d.h. $\{-x_n\}$ ist positiv.

Hieraus ergibt sich nun sofort, daß Axiom **(O.1)** erfüllt ist.

2. Es seien $X, Y \in \mathbb{R}$ mit $0 < X$, $0 < Y$, und es sei $\{x_n\} \in X$, $\{y_n\} \in Y$. Dann gibt es ein $\delta \in \mathbb{Q}$, $\delta > 0$, und ein $N_\delta \in \mathbb{N}$, so daß gilt:

   $$x_n \geqslant \delta, \quad y_n \geqslant \delta \quad \text{für alle} \quad n > N_\delta.$$

   Es ergibt sich nun:

   $$x_n + y_n \geqslant \delta + \delta = 2\delta > 0,$$
   $$x_n \cdot y_n \geqslant \delta \cdot \delta = \delta^2 > 0$$

   für alle $n \geqslant N_\delta$. Das heißt, daß $\{x_n + y_n\}$ und $\{x_n \cdot y_n\}$ positive C-Folgen sind.

   Mit $X > 0$, $Y > 0$ gilt also $X + Y > 0$, $X \cdot Y > 0$, so daß die Axiome **(O.2)**, **(O.3)** erfüllt sind.

Damit gelten in $\mathbb{R}$ alle Definitionen und Sätze aus den Paragraphen 1.4 und 1.6, die wir ja ausdrücklich für allgemeine geordnete Körper formuliert und bewiesen haben.

1.13 Einbettung von $\mathbb{Q}$ in $\mathbb{R}$

Unser Ziel war es, das System $\mathbb{Q}$ der rationalen Zahlen zu erweitern. Wir haben uns in $\mathbb{R}$ einen geordneten Körper geschaffen, dessen Elemente vollkommen neue Objekte sind. Es erhebt sich jetzt die Frage, ob und wie wir in $\mathbb{R}$ unsere "alten" rationalen Zahlen "wiederfinden" können, ob und wie wir $\mathbb{Q}$ in $\mathbb{R}$ "einbetten" können.

Dies geschieht durch eine in sehr natürlicher Weise gegebene eineindeutige Abbildung F aus $\mathbb{Q}$ in $\mathbb{R}$.

Definition 1.13.1: Die Abbildung

$$F\colon\ \mathbb{Q} \to \mathbb{R}$$

werde für $x \in \mathbb{Q}$ erklärt durch $F(x) = C_{\{x\}}$.

Dies ist eine Abbildung $F\colon \mathbb{Q} \to \mathbb{R}$ mit $D(F) = \mathbb{Q}$, $B(F) = \{X\colon\ X \in \mathbb{R}$ mit $X = C_{\{x\}}$ für ein $x \in \mathbb{Q}\}$. Die Eineindeutigkeit der Abbildung ist klar; ist nämlich $x \neq y$, so sind die Folgen $\{x\}$ und $\{y\}$ nicht äquivalent, und daher gilt $F(x) = C_{\{x\}} \neq C_{\{y\}} = F(y)$. Es existiert also die Umkehrabbildung F^{-1} mit $F^{-1}: \mathbb{R} \to \mathbb{Q}$. Dabei ist $D(F^{-1}) = B(F)$, $B(F^{-1}) = \mathbb{Q}$.

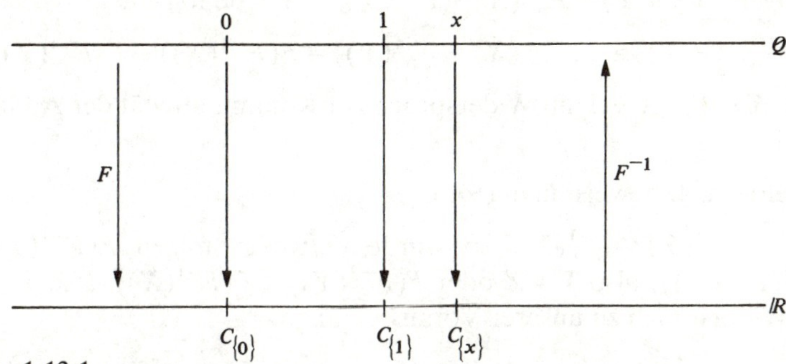

Abb. 1.13.1

Die Abbildungen F bzw. F^{-1} haben nun die fundamentale Eigenschaft, mit den Körper- und Ordnungsstrukturen in ℚ bzw. ℝ "verträglich" zu sein. Es gilt nämlich

Satz 1.13.1: Es seien $x, y \in \mathbb{Q}$. Dann gilt:

(1) $F(x+y) = F(x) + F(y)$,

(2) $F(x \cdot y) = F(x) \cdot F(y)$,

(3) aus $x < y$ folgt: $F(x) < F(y)$.

Es seien $X, Y \in B(F)$, dann gilt:

(4) $F^{-1}(X+Y) = F^{-1}(X) + F^{-1}(Y)$,

(5) $F^{-1}(X \cdot Y) = F^{-1}(X) \cdot F^{-1}(Y)$,

(6) aus $X < Y$ folgt: $F^{-1}(X) < F^{-1}(Y)$.

Bemerkung: (1) und **(4)** können wir auch so interpretieren, daß sowohl unter F wie F^{-1} das Bild einer Summe gleich der Summe der Bilder ist. Analoges gilt für **(2)**, **(5)**. Die Beziehungen **(3)** und **(6)** besagen, daß sowohl unter F wie auch unter F^{-1} die Ordnung erhalten bleibt.

Beweis: Wir haben:

1. $F(x+y) = C_{\{x+y\}} = C_{\{x\}} + C_{\{y\}} = F(x) + F(y)$.
2. $F(x \cdot y) = C_{\{x \cdot y\}} = C_{\{x\}} \cdot C_{\{y\}} = F(x) \cdot F(y)$.

3. Ist $x<y$, so ist die C-Folge $\{y-x\}$ positiv und daher $\mathbf{0}<C_{\{y-x\}}= = F(y-x)=F(y)-F(x)$. Also gilt: $F(x)<F(y)$.
4. Wäre $F^{-1}(X+Y)\neq F^{-1}(X)+F^{-1}(Y)$, so würde folgen:
$$F(F^{-1}(X+Y))\neq F(F^{-1}(X)+F^{-1}(Y))=F(F^{-1}(X))+F(F^{-1}(Y)),$$
d.h. $X+Y\neq X+Y$ im Widerspruch zur Kommutativität der Addition in $\mathbb{R}$.
5. Analog zu 4. beweist man **(5)**.
6. Wäre $F^{-1}(Y)\leqslant F^{-1}(X)$, so würde entweder folgen $F(F^{-1}(Y))= = F(F^{-1}(X))$, also $Y=X$ oder $F(F^{-1}(Y))<F(F^{-1}(X))$, also $Y<X$, im Widerspruch zu unserer Voraussetzung.

Wir wollen uns die Implikationen dieses Satzes klarmachen. Möchte man etwa für $x_1, \ldots, x_n \in \mathbb{Q}$ die Summe $\sum_{i=1}^{n} x_i$ ausrechnen, so kann man stattdessen $\sum_{i=1}^{n} F(x_i)$ in $\mathbb{R}$ ausrechnen. Es ist dann
$$F^{-1}\left(\sum_{i=1}^{n} F(x_i)\right)=\sum_{i=1}^{n} x_i.$$
Soll umgekehrt für $X_1, \ldots, X_n \in B(F)$ etwa das Produkt $\prod_{i=1}^{n} X_i$ ausgerechnet werden, so kann man zuerst $\prod_{i=1}^{n} F^{-1}(X_i)$ in $\mathbb{Q}$ berechnen. Es ist dann:
$$F\left(\prod_{i=1}^{n} F^{-1}(X_i)\right)=\prod_{i=1}^{n} X_i.$$
Es ist also vollkommen gleichgültig, ob wir in $\mathbb{Q}$ nach den Gesetzen in $\mathbb{Q}$ oder mit den Bildern in $B(F)$ nach den Gesetzen in $\mathbb{R}$ rechnen. Aus diesem Grund können wir tatsächlich von einer Einbettung von $\mathbb{Q}$ in $\mathbb{R}$ sprechen. Wir werden im folgenden eine reelle Zahl X mit $X\in B(F)$ als rational-reell oder kurz als rational bezeichnen.

In diesem Zusammenhang beweisen wir folgenden Satz, den wir im nächsten Paragraphen benötigen:

Satz 1.13.2: Es sei $X\in\mathbb{R}$ mit $\mathbf{0}<X$. Dann gibt es eine rationale Zahl $Y\in\mathbb{R}$ mit $\mathbf{0}<Y<X$.

Beweis: Eine C-Folge $\{x_n\} \in X$ ist positiv; es gibt also ein $\delta \in \mathbb{Q}$, $\delta > 0$, und ein $N_\delta \in \mathbb{N}$ mit $x_n \geqslant \delta$ für alle $n > N_\delta$. Die C-Folge $\{x_n - \frac{\delta}{2}\}$ ist dann ebenfalls positiv. Wählen wir nun $Y = F(\frac{\delta}{2}) = C_{\{\frac{\delta}{2}\}}$, so ist $Y \in B(F)$, also rational und außerdem positiv. Ferner ist:

$$X - Y = C_{\{x_n - \frac{\delta}{2}\}} > \mathbf{0}.$$

Also gilt $\mathbf{0} < Y < X$.

Die Abbildungen F und F^{-1} sind "betragserhaltend". Es gilt zunächst:

Satz 1.13.3: Es sei $\{x_n\}$ eine C-Folge aus $\mathbb{Q}$. Dann gilt:

$$|C_{\{x_n\}}| = C_{\{|x_n|\}}.$$

Beweis: Nach Definition des Betrages ist:

$$|C_{\{x_n\}}| = \begin{cases} C_{\{x_n\}} & \text{falls } C_{\{x_n\}} \geqslant \mathbf{0}, \\ -C_{\{x_n\}} & \text{falls } C_{\{x_n\}} < \mathbf{0}. \end{cases}$$

1. Ist $C_{\{x_n\}} = \mathbf{0}$, so gilt $\{x_n\} \sim \{0\}$ und daher $\{|x_n|\} \sim \{0\}$. Also haben wir nach Satz 1.4.5:

   $$|C_{\{x_n\}}| = |\mathbf{0}| = \mathbf{0} = C_{\{|x_n|\}}.$$

2. Ist $C_{\{x_n\}} > \mathbf{0}$, so ist $\{x_n\}$ positiv. Es gibt also ein $\delta \in \mathbb{Q}$, $\delta > 0$, und ein $N_\delta \in \mathbb{N}$ mit $|x_n| = x_n \geqslant \delta$ für alle $n > N_\delta$. Daher gilt $\{|x_n|\} \sim \{x_n\}$, und wir erhalten:

   $$|C_{\{x_n\}}| = C_{\{|x_n|\}}.$$

3. Ist $C_{\{x_n\}} < \mathbf{0}$, so folgt $\mathbf{0} < \mathbf{0} - C_{\{x_n\}} = C_{\{-x_n\}}$, d.h. $\{-x_n\}$ ist positiv. Es gibt also ein $\delta' \in \mathbb{Q}$, $\delta' > 0$ und ein $N_{\delta'} \in \mathbb{N}$ mit $|x_n| = -x_n \geqslant \delta' > 0$ für alle $n > N_{\delta'}$. Daher gilt $\{|x_n|\} \sim \{-x_n\}$, und wir erhalten:

   $$|C_{\{x_n\}}| = -C_{\{x_n\}} = C_{\{-x_n\}} = C_{\{|x_n|\}}.$$

Es folgt sofort:

Satz 1.13.4:

(1) Für alle $x \in \mathbb{Q}$ gilt: $|F(x)| = F(|x|)$.

(2) Für alle $X \in B(F)$ gilt: $|F^{-1}(X)| = F^{-1}(|X|)$.

Beweis:

1. Nach Satz 1.13.3 gilt $|C_{\{x\}}| = C_{\{|x|\}}$, d.h. $|F(x)| = F(|x|)$.
2. Es sei $X \in B(F)$. Nach **(1)** ist einerseits $F(|F^{-1}(X)|) = |F(F^{-1}(X))| = |X|$. Wäre $|F^{-1}(X)| \neq F^{-1}(|X|)$, so würde andererseits folgen: $F(|F^{-1}(X)|) \neq F(F^{-1}(|X|)) = |X|$.

   Dies ist ein Widerspruch. Also gilt **(2)**.

1.14 Die Vollständigkeit von $\mathbb{R}$

Wir wollen jetzt zeigen, daß der geordnete Körper $\mathbb{R}$ vollständig ist, d.h. daß jede C-Folge aus $\mathbb{R}$ einen Grenzwert in $\mathbb{R}$ besitzt. Der Beweis geschieht in mehreren Schritten. Zunächst zeigen wir, daß die Abbildungen F und F^{-1} C-Folgen wieder in C-Folgen überführen.

Satz 1.14.1: Es sei $\{x_n\}$ eine Folge in $\mathbb{Q}$, und es sei $X_n = F(x_n)$ $(n = 1, 2, \ldots)$. Dann gilt: $\{x_n\}$ ist genau dann eine C-Folge in $\mathbb{Q}$, wenn $\{X_n\}$ eine C-Folge in $\mathbb{R}$ ist.

Beweis:

1. Es sei $\{x_n\}$ C-Folge in $\mathbb{Q}$. Zu gegebenem $\varepsilon \in \mathbb{R}$, $\varepsilon > \mathbf{0}$, können wir nach Satz 1.13.2 eine rationale Zahl $\varepsilon' \in \mathbb{R}$ wählen mit: $\mathbf{0} < \varepsilon' < \varepsilon$. Da $\{x_n\}$ eine C-Folge in $\mathbb{Q}$ ist, gibt es zu der positiven Zahl $F^{-1}(\varepsilon') \in \mathbb{Q}$ eine natürliche Zahl N mit:

   $$|x_n - x_m| < F^{-1}(\varepsilon') \quad \text{für alle } n, m > N.$$

   Es folgt nach den Sätzen 1.13.1 und 1.13.4:

   $$\begin{aligned} |X_n - X_m| &= |F(x_n) - F(x_m)| = |F(x_n - x_m)| = \\ &= F(|x_n - x_m|) < F(F^{-1}(\varepsilon')) = \varepsilon' < \varepsilon \end{aligned}$$

   für alle $n, m > N$. Also ist $\{X_n\}$ eine C-Folge in $\mathbb{R}$.

2. Es sei $\{X_n\}$ C-Folge in $\mathbb{R}$. Zu vorgegebenem $\varepsilon \in \mathbb{Q}$, $\varepsilon > 0$, gibt es dann ein $N \in \mathbb{N}$ so daß:

   $$|X_n - X_m| < F(\varepsilon) \quad \text{für alle } n, m > N.$$

Damit ergibt sich wieder nach den Sätzen 1.13.1 und 1.13.4:

$$|x_n - x_m| = |F^{-1}(X_n) - F^{-1}(X_m)| = |F^{-1}(X_n - X_m)| =$$
$$= F^{-1}(|X_n - X_m|) < F^{-1}(F(\varepsilon)) = \varepsilon$$

für alle $n, m > N$. Also ist $\{x_n\}$ eine C-Folge in $\mathbb{Q}$.

Unsere Aufgabe ist es, zu zeigen, daß jede C-Folge in $\mathbb{R}$ konvergiert. Dies beweisen wir zuerst für rationale C-Folgen in $\mathbb{R}$.

Satz 1.14.2: Es sei $\{X_n\}$ eine C-Folge in $\mathbb{R}$, und es sei X_n rational für alle $n \in \mathbb{N}$. Dann existiert ein $X \in \mathbb{R}$ mit $\lim_{n \to \infty} X_n = X$.

Beweis: Es sei $\{X_n\}$ C-Folge in $\mathbb{R}$ mit $X_n \in B(F)$. Wir haben die Existenz einer Zahl $X \in \mathbb{R}$ nachzuweisen mit $\lim_{n \to \infty} X_n = X$. Dazu betrachten wir die Folge $\{x_n\}$ aus $\mathbb{Q}$ mit $x_n = F^{-1}(X_n)$ $(n = 1, 2, \dots)$. Diese ist nach Satz 1.14.1 eine C-Folge in $\mathbb{Q}$, definiert also eine reelle Zahl X. Wir behaupten, daß für diese Zahl gilt $\lim_{n \to \infty} X_n = X$.
Zu einem beliebig vorgegebenem $\varepsilon \in \mathbb{R}$ mit $\varepsilon > \mathbf{0}$ existiert wieder nach Satz 1.13.2 eine rationale Zahl $\varepsilon' \in \mathbb{R}$ mit $\mathbf{0} < \varepsilon' < \varepsilon$. Da $\{x_n\}$ C-Folge in $\mathbb{Q}$ ist, existiert zur Zahl $\varepsilon^* = F^{-1}(\varepsilon') \in \mathbb{Q}$ ein $N \in \mathbb{N}$ so, daß

$$|x_n - x_m| < \frac{\varepsilon^*}{2} \quad \text{für alle } n, m > N.$$

Für ein beliebiges, aber festes m mit $m > N$ betrachten wir nun die Folge $\{y_n^{(m)}\}$, wobei

$$y_n^{(m)} = \varepsilon^* - |x_n - x_m| \quad (n = 1, 2, \dots).$$

Diese Folge – wohlgemerkt als Folge in n bei festem m – ist eine C-Folge in $\mathbb{Q}$, da mit $\{x_n\}$ auch $\{x_n - x_m\}$ C-Folge ist. Sie ist überdies positiv, da:

$$y_n^{(m)} = \varepsilon^* - |x_n - x_m| > \varepsilon^* - \frac{\varepsilon^*}{2} = \frac{\varepsilon^*}{2} > 0$$

für alle $n > N$. Wir haben also:

$$C_{\{y_n^{(m)}\}} = C_{\{\varepsilon^* - |x_n - x_m|\}} > \mathbf{0}.$$

Es folgt daher:

$$C_{\{|x_n - x_m|\}} < C_{\{\varepsilon^*\}} = \varepsilon'$$

und deshalb:

$$|X_m - X| = |C_{\{x_m\}} - C_{\{x_n\}}| = |C_{\{x_m - x_n\}}| = C_{\{|x_m - x_n|\}} < \varepsilon' < \varepsilon.$$

Da $m > N$ beliebig war, gilt für alle $m > N$: $|X_m - X| < \varepsilon$, d.h. wir erhalten $\lim\limits_{n \to \infty} X_n = X$.

Aus diesem Satz ergibt sich jetzt sofort das wichtige Ergebnis, daß sich jede reelle Zahl durch eine rationale reelle Zahl mit beliebiger Genauigkeit approximieren läßt:

Satz 1.14.3: Es sei $X \in \mathbb{R}$ und $\varepsilon \in \mathbb{R}$ mit $\varepsilon > \mathbf{0}$. Dann gibt es eine rationale Zahl $X' \in \mathbb{R}$ mit

$$|X - X'| < \varepsilon.$$

Beweis: Es sei $X \in \mathbb{R}$ und $\{x_n\} \in X$. Nach Satz 1.14.2 gilt $\lim\limits_{n \to \infty} F(x_n) = X$. Es existiert daher ein $N \in \mathbb{N}$ mit $|F(x_n) - X| < \varepsilon$ für alle $n > N$. Wählen wir etwa $X' = F(x_{N+1})$, so gilt $|X - X'| < \varepsilon$.

Wir kommen jetzt zu dem Satz, der das Fundament der gesamten Analysis bildet:

Satz 1.14.4 (Dedekind): $\mathbb{R}$ ist vollständig.

Beweis: Es sei $\{X_n\}$ eine beliebige C-Folge in $\mathbb{R}$. Wir haben die Existenz einer Zahl $X \in \mathbb{R}$ nachzuweisen mit $\lim\limits_{n \to \infty} X_n = X$.

Dazu sei $\{\varepsilon_n\}$ eine Folge in $\mathbb{R}$ mit $\varepsilon_n > \mathbf{0}$, $\lim\limits_{n \to \infty} \varepsilon_n = \mathbf{0}$ (z.B. leistet $\varepsilon_n = F(\frac{1}{n})$ das Verlangte). Nach Satz 1.14.3 existiert für jedes n eine rationale Zahl X'_n mit

$$|X'_n - X_n| < \varepsilon_n.$$

1. Wir zeigen zunächst, daß $\{X'_n\}$ eine C-Folge in $\mathbb{R}$ bildet. Es gilt:

$$|X'_n - X'_m| \leqslant |X'_n - X_n| + |X_n - X_m| + |X'_m - X_m| <$$
$$< \varepsilon_n + |X_n - X_m| + \varepsilon_m.$$

Zu einem beliebig vorgegebenem $\varepsilon \in \mathbb{R}$, $\varepsilon > \mathbf{0}$, existiert (da $\varepsilon_n \to \mathbf{0}$ und $\{X_n\}$ C-Folge ist) ein $N \in \mathbb{N}$ so daß

$$\varepsilon_n < \frac{\varepsilon}{3}, \quad \varepsilon_m < \frac{\varepsilon}{3}, \quad |X_n - X_m| < \frac{\varepsilon}{3}$$

für alle $n, m > N$. Für alle $n, m > N$ gilt dann:

$$|X'_n - X'_m| < \varepsilon.$$

Also ist $\{X'_n\}$ eine C-Folge in $\mathbb{R}$ und nach Satz 1.14.1 $\{F^{-1}(X'_n)\}$ eine C-Folge in $\mathbb{Q}$.

2. Es sei $X = C_{\{F^{-1}(X'_n)\}}$; wir zeigen jetzt $X_n \to X$. Nach Satz 1.14.2 gilt: $X'_n \to X$. Es ergibt sich:

$$|X_n - X| \leq |X_n - X'_n| + |X'_n - X| < \varepsilon_n + |X'_n - X|.$$

Ist nun $\varepsilon \in \mathbb{R}$, $\varepsilon > \mathbf{0}$, vorgegeben, so existiert (da $\varepsilon_n \to \mathbf{0}$ und $X'_n \to X$) ein $N \in \mathbb{N}$ so, daß:

$$\varepsilon_n < \frac{\varepsilon}{2}, \quad |X'_n - X| < \frac{\varepsilon}{2} \quad \text{für alle } n > N.$$

Daraus folgt:

$$|X_n - X| < \frac{\varepsilon}{2} + \frac{\varepsilon}{2} = \varepsilon \quad \text{für alle } n > N,$$

d.h. es gilt $\lim\limits_{n \to \infty} X_n = X$. Nach Satz 1.6.2 ist X eindeutig bestimmt.

Wir werden im folgenden nur noch reelle Zahlen betrachten. Diese werden wir i.a. mit kleinen lateinischen Buchstaben bezeichnen. Für $\mathbf{0}$ schreiben wir 0 und für $\mathbf{1}$ schreiben wir 1.

Neben $\mathbb{N}$, $\mathbb{Z}$, $\mathbb{Q}$ und $\mathbb{R}$ führen wir noch folgende Bezeichnungen ein:

$$\mathbb{N}_0 = \mathbb{N} \cup \{0\},$$

$$\mathbb{Q}^+ = \{x\colon\ x \in \mathbb{Q},\ x > 0\},$$

$$\mathbb{R}^+ = \{x\colon\ x \in \mathbb{R},\ x > 0\}.$$

Nach Satz 1.8.3 und dem Satz von DEDEKIND konvergiert eine Folge in $\mathbb{R}$ genau dann, wenn sie C-Folge ist, d.h. es gilt:

Satz 1.14.5 (CAUCHYsches Konvergenzkriterium): Eine reelle Zahlenfolge ist dann und nur dann konvergent, wenn sie eine C-Folge ist.

Dies bedeutet, daß man die Konvergenz einer Folge nachweisen kann, ohne den Grenzwert zu kennen. Man nennt dieses Kriterium deshalb oft ein "inneres" Kriterium, da in ihm nur die Elemente der Folge vorkommen, nicht aber der Grenzwert.

1.15 Der Hauptsatz über monotone Folgen; die Zahl e

Für die Praxis ist es erforderlich, Kriterien für die Konvergenz einer Folge $\{x_n\}$ zu haben, die weniger allgemein als das CAUCHYsche, dafür aber bequemer zu handhaben sind. Wir behandeln nun ein solches hinreichendes Kriterium für monotone Folgen.

Satz 1.15.1 (Hauptsatz über monotone Folgen):

(1) Eine monoton wachsende und nach oben beschränkte Folge ist konvergent.

(2) Eine monoton fallende und nach unten beschränkte Folge ist konvergent.

Beweis:

1. Es sei $x_n\uparrow$ und $x_n \leqslant \overline{M}$ für alle $n \in \mathbb{N}$. Wir müssen zeigen, daß $\{x_n\}$ eine C-Folge ist. Angenommen, $\{x_n\}$ ist keine C-Folge. Dann gibt es ein $\bar{\varepsilon} > 0$ und beliebig große Indizes m, n, so daß $|x_n - x_m| \geqslant \bar{\varepsilon}$ ist (sonst könnte man zu jedem $\varepsilon > 0$ ein N_ε finden, so daß $|x_n - x_m| < \varepsilon$ wäre für alle $n, m > N_\varepsilon$). Wir nehmen ein Indexpaar m_1, n_1 mit

$$1 < m_1 < n_1 \quad \text{und} \quad |x_{n_1} - x_{m_1}| \geqslant \bar{\varepsilon},$$

dann ein weiteres Indexpaar m_2, n_2 mit

$$m_1 < n_1 < m_2 < n_2 \quad \text{und} \quad |x_{n_2} - x_{m_2}| \geqslant \bar{\varepsilon}$$

usw. Auf diese Weise entstehen Folgen $\{m_i\}$, $\{n_i\}$ mit

$$1 < m_1 < n_1 < m_2 < n_2 < \cdots < m_i < n_i < \cdots$$

und

$$x_{n_i} - x_{m_i} \geqslant \bar{\varepsilon} \quad (i = 1, 2, \ldots).$$

Es folgt

$$x_{n_k} \geqslant x_{m_k} + \bar{\varepsilon} \geqslant x_{n_{k-1}} + \bar{\varepsilon} \geqslant x_{m_{k-1}} + 2\bar{\varepsilon} \geqslant$$
$$\geqslant x_{n_1} + (k-1)\bar{\varepsilon} \geqslant x_{m_1} + k\bar{\varepsilon} \geqslant x_1 + k\bar{\varepsilon}.$$

Für genügend große k ist $x_{n_k} \geqslant x_1 + k\bar{\varepsilon} > \overline{M}$ im Widerspruch zur Voraussetzung. Damit ist **(1)** bewiesen.

2. Es sei $x_n\downarrow$ und $x_n \geqslant \underline{M}$ für alle $n \in \mathbb{N}$. Dann gilt $(-x_n)\uparrow$ und $-x_n \leqslant -\underline{M}$ für alle $n \in \mathbb{N}$. Nach **(1)** konvergiert also die Folge $\{-x_n\}$. Aus Satz 1.6.4 ergibt sich daraus die Konvergenz von $\{x_n\}$.

Man beachte, daß bei diesem Kriterium, wie auch beim CAUCHY-Kriterium, der Grenzwert der Folge nicht eingeht.

Als erste Folgerung aus dem Hauptsatz über monotone Folgen beweisen wir:

Satz 1.15.2: Die Reihe $\sum\limits_{\nu=0}^{\infty} \frac{1}{\nu!}$ konvergiert.

Beweis: Nach Definition der Konvergenz einer Reihe haben wir die Konvergenz der Teilsummen

$$y_n = \sum_{\nu=0}^{n} \frac{1}{\nu!}$$

zu zeigen. Dies geschieht durch Anwendung des Hauptsatzes über monotone Folgen.

1. Es gilt

$$y_{n+1} - y_n = \frac{1}{(n+1)!} > 0,$$

also ist $\{y_n\}$ streng monoton wachsend.

2. Für $\nu \geqslant 2$ gilt $\nu! = 1 \cdot 2 \cdot \cdots \cdot \nu \geqslant 2^{\nu-1}$ und daher für $n \geqslant 2$:

$$y_n = 2 + \sum_{\nu=2}^{n} \frac{1}{\nu!} \leqslant 2 + \sum_{\nu=2}^{n} \frac{1}{2^{\nu-1}} = 1 + \frac{1 - \frac{1}{2^n}}{\frac{1}{2}} < 3;$$

also ist $\{y_n\}$ nach oben beschränkt.

Als nächstes beweisen wir:

Satz 1.15.3: Die Folge $\{x_n\}$ mit $x_n = \left(1 + \frac{1}{n}\right)^n$ ist konvergent.

Beweis Wir berechnen zunächst x_n mit dem binomischen Lehrsatz:

$$x_n = \left(1 + \frac{1}{n}\right)^n = \sum_{\nu=1}^{n} \binom{n}{\nu} \frac{1}{n^\nu} =$$

$$= 1 + \sum_{\nu=1}^{n} \frac{n(n-1) \cdots (n-\nu+1)}{\nu!\, n^\nu} =$$

$$= 1 + \sum_{\nu=1}^{n} \frac{1}{\nu!} \left\{ \prod_{\mu=0}^{\nu-1} \left(1 - \frac{\mu}{n}\right) \right\}. \tag{1}$$

Ferner gilt:

$$0 \leqslant 1 - \frac{\mu}{n} \leqslant 1 - \frac{\mu}{n+1} \leqslant 1 \quad \text{für } \mu = 0, 1, \ldots, n. \tag{2}$$

Jetzt beweisen wir:

1. Monotonie. Aus (1) und (2) folgt:

$$x_{n+1} - x_n = \sum_{\nu=1}^{n+1} \frac{1}{\nu!} \prod_{\mu=0}^{\nu-1} \left(1 - \frac{\mu}{n+1}\right) - \sum_{\nu=1}^{n} \frac{1}{\nu!} \prod_{\mu=0}^{\nu-1} \left(1 - \frac{\mu}{n}\right) =$$

$$= \frac{1}{(n+1)!} \prod_{\mu=0}^{n} \left(1 - \frac{\mu}{n+1}\right) + \sum_{\nu=1}^{n} \frac{1}{\nu!} \left\{ \prod_{\mu=0}^{\nu-1} \left(1 - \frac{\mu}{n+1}\right) - \prod_{\mu=0}^{\nu-1} \left(1 - \frac{\mu}{n}\right) \right\} \geqslant$$

$$\geqslant \frac{1}{(n+1)!} \prod_{\mu=0}^{n} \left(1 - \frac{\mu}{n+1}\right) > 0.$$

Also ist $\{x_n\}$ streng monoton wachsend.

2. Beschränktheit. Aus den Darstellungen (1) und (2) erhalten wir für alle $n \geqslant 2$:

$$2 = x_1 < x_n \leqslant \sum_{\nu=0}^{n} \frac{1}{\nu!} = y_n < 3.$$

Also ist die Folge $\{x_n\}$ beschränkt und folglich mit 1. konvergent.

Satz 1.15.4: Die Folgen $\{x_n\}$ und $\{y_n\}$ sind äquivalent, d.h. es gilt:

$$\lim_{n \to \infty} x_n = \lim_{n \to \infty} y_n.$$

Beweis: Es sei k eine feste natürliche Zahl, und es sei $n \geqslant k$. Aus (1) von Beweis zu Satz 1.15.3 folgt:

$$x_n \geqslant \sum_{\nu=1}^{k} \frac{1}{\nu!} \cdot \left\{ \prod_{\mu=0}^{\nu-1} \left(1 - \frac{\mu}{n}\right) \right\} + 1;$$

lassen wir in dieser Beziehung n gegen Unendlich gehen, so erhalten wir:

$$\lim_{n \to \infty} x_n \geqslant \sum_{\nu=0}^{k} \frac{1}{\nu!} = y_k.$$

Wie wir beim Beweis zu Satz 1.15.3 gesehen haben, ist $x_k \leqslant y_k$; daher erhalten wir für alle natürlichen Zahlen n:

$$x_k \leqslant y_k \leqslant \lim_{n \to \infty} x_n.$$

Aus dem Einschließungskriterium folgt also $\lim_{k \to \infty} y_k = \lim_{k \to \infty} x_k$.

Der gemeinsame Grenzwert der Folgen $\{x_n\}$ und $\{y_n\}$ stellt eine der wichtigsten Zahlen des Analysis dar.

Definition1.15.1: Wir bezeichnen:

$$\lim_{n\to\infty}\left(1+\frac{1}{n}\right)^n = \sum_{\nu=0}^{\infty}\frac{1}{\nu!}=e; \qquad e \text{ heißt EULERsche Zahl.}$$

Es ergeben sich aus den Sätzen 1.15.2-4 die folgenden Abschätzungen:

$$2\leqslant\left(1+\frac{1}{n}\right)\leqslant\sum_{\nu=0}^{n}\frac{1}{\nu!}<e\leqslant 3 \quad \text{für alle } n\in\mathbb{N}.$$

Zum Schluß beweisen wir noch:

Satz 1.15.5: Die Zahl e ist irrational, d.h. nicht rational.

Beweis: Wir betrachten für ein festes $n\in\mathbb{N}$ den Ausdruck:

$$y_{n+m}-y_n=\sum_{\nu=0}^{n+m}\frac{1}{\nu!}-\sum_{\nu=0}^{n}\frac{1}{\nu!}=\sum_{\nu=n+1}^{n+m}\frac{1}{\nu!}\leqslant$$

$$\leqslant\frac{1}{(n+1)!}\sum_{\nu=0}^{m-1}\frac{1}{(n+2)^\nu}=$$

$$=\frac{1}{(n+1)!}\,\frac{1-\dfrac{1}{(n+2)^m}}{1-\dfrac{1}{n+2}}<\frac{1}{(n+1)!}\,\frac{n+2}{n+1}.$$

Wegen $\lim\limits_{m\to\infty} y_{n+m}=e$ gilt daher für jede natürliche Zahl n die wichtige Abschätzung:

$$0<e-y_n\leqslant\frac{1}{(n+1)!}\,\frac{n+2}{n+1}=\frac{1}{n!}\,\frac{n+2}{(n+1)^2}<\frac{1}{n!}\,\frac{1}{n}.$$

Für die Zahl $\theta_n=(e-y_n)\cdot n!\cdot n$ ergibt sich wegen dieser Beziehung $0<\theta_n<1$ und außerdem:

$$e=\frac{\theta_n}{n\cdot n!}+y_n=\frac{\theta_n}{n\cdot n!}+\sum_{\nu=0}^{n}\frac{1}{\nu!}$$

für jede natürliche Zahl n.

Nehmen wir nun an, daß e rational ist, so gibt es $p,\ q \in \mathbb{N}$ mit $e = \frac{p}{q}$. Wegen obiger Beziehung gilt dann für $n = q$:

$$\frac{p}{q} = \frac{\theta_q}{q \cdot q!} + \sum_{\nu=0}^{q} \frac{1}{\nu!}.$$

Multiplikation dieser Gleichung mit dem Faktor $q!$ ergibt links eine ganze Zahl $((q-1)! \cdot p)$, rechts die Summe einer ganzen Zahl $\left(q! \cdot \sum_{\nu=0}^{q} \frac{1}{\nu!}\right)$ und einer zwischen 0 und 1 gelegenen Zahl $\left(\frac{\theta_q}{q}\right)$. Dies ist aber ein Widerspruch. Die Zahl e kann also nicht rational sein.

Übungsaufgaben:

1. Man zeige: Die Folge $\{a_n\}$ mit $a_n = \left(1 + \frac{1}{n}\right)^{n+1}$ ist monoton fallend und beschränkt.
2. Man beweise: Die Folge $\{a_n\}$ mit $a_1 = \frac{1}{4}$; $a_{n+1} = a_n^2 + \frac{1}{4}$ $(n \in \mathbb{N})$ ist monoton wachsend und beschränkt. Man bestimme ihren Grenzwert.
3. Man bestimme folgende Grenzwerte:

   a) $\lim\limits_{n \to \infty} \left(1 + \frac{1}{n}\right)^{2n-1}$, c) $\lim\limits_{n \to \infty} \left(1 - \frac{1}{n^2}\right)^{n}$,

   b) $\lim\limits_{n \to \infty} \left(1 + \frac{1}{2n}\right)^{6n}$, d) $\lim\limits_{n \to \infty} \left(1 - \frac{1}{n}\right)^{n}$.
4. Man beweise, daß die Folge $\{a_n\}$ mit $a_n = \sum_{\nu=n}^{2n} \frac{1}{\nu}$ konvergiert.
5. Man beweise die Konvergenz der Reihen $\sum_{\nu=1}^{\infty} \frac{1}{\nu(\nu+1)}$ und $\sum_{\nu=1}^{\infty} \frac{1}{\nu^2}$.
6. Man beweise die Konvergenz der Reihe $\sum_{\nu=1}^{\infty} \frac{(-1)^{\nu+1}}{\nu}$.

1.16 Dezimalbruchdarstellung reeller Zahlen

Ausgehend von den rationalen Zahlen haben wir über die Äquivalenzklassen von C-Folgen, also mit Hilfe einer infinitesimalen Konstruktion, die reellen Zahlen geschaffen. Wie mathematisch befriedigend diese Definition auch ist, wie gut man auch damit rechnen kann, es stellt sich doch die Frage, wie man nun "wirklich" eine reelle Zahl "praktisch" darstellt.

Dieses Darstellungsproblem ist schon für die natürlichen Zahlen von einer großen Kompliziertheit; seine Lösung stellt eine der großen geistigen Leistungen der Menschheit dar. Um dieses Problem zu erfassen, müssen wir uns zuerst klarmachen, daß wir eine natürliche Zahl streng von ihrer Darstellung zu unterscheiden haben. Wenn wir etwa sagen: Wir betrachten die natürliche Zahl 17, so ist diese Aussage schon mit einer bestimmten Darstellung verknüpft! Genauer müßten wir sagen: Wir betrachten die natürliche Zahl, welche im Dezimalsystem die Darstellung $17 = 1 \cdot 10^1 + 7 \cdot 10^0$ hat. Was sind denn die natürlichen Zahlen wirklich? Es sind die Zahlen, welche man durch fortgesetzte Addition von 1 erhält! Man könnte im Prinzip für jede natürliche Zahl ein Symbol einführen, nur wäre dies in der Praxis undurchführbar, da man erstens nicht genug Symbole erfinden könnte, und zweitens natürlich nicht vernünftig damit rechnen könnte.

Die Römer benutzten eine Darstellung, in der sie nur gewisse natürliche Zahlen durch ein Symbol beschrieben. Ihr System bestand aus den Symbolen:

Römer	Dezimalsystem
I	1
V	5
X	10
L	50
C	100
D	500
M	1 000

und ein Hintereinanderreihen dieser Symbole. In Verbindung mit gewissen Konventionen ermöglichte dies dann die Darstellung von jedenfalls nicht zu großen natürlichen Zahlen. Das Rechnen (Addition, Multiplikation) war aber außerordentlich schwierig.

Der entscheidende Durchbruch gelang erst nach einer langen Entwicklung (Sumerer, Babylonier, Hindus, Araber) mit den sogenannten positionellen Darstellungen. In einer solchen Darstellung, die übrigens erst im Mittelalter durch frühe Spätkapitalisten (Kaufleute) nach Europa importiert wurde, kann man alle natürlichen Zahlen durch einige wenige Symbole ausdrücken.
Am bekanntesten ist die sogenannte Dezimaldarstellung, bei welcher die Symbole:

$$0, 1, 2, \ldots, 9$$

zur Darstellung aller natürlichen Zahlen genügen. In dieser Darstellung gilt der

Satz 1.16.1: Jede natürliche Zahl n läßt sich in der Form darstellen:

$$n = a_\nu \cdot 10^\nu + a_{\nu-1} \cdot 10^{\nu-1} + \cdots + a_0 \cdot 10^0 = a_\nu a_{\nu-1} \cdots a_0,$$

wobei die Zahlen ν, $a_0, \ldots, a_\nu$ durch n eindeutig bestimmt sind und $0 \leqslant a_i \leqslant 9$ $(i = 0, \ldots, \nu)$ sowie $a_\nu \neq 0$ gilt.

Diesen Satz, ebenso wie das Rechnen in Dezimaldarstellung, müssen wir als bekannt voraussetzen. Eine genaue Begründung, auch unter Einbeziehung der außerordentlich interessanten historischen Entwicklung, würde hier zu weit führen. Es sei nur noch erwähnt, daß neben der Grundzahl 10 in der wechselvollen Geschichte der positionellen Darstellung alle möglichen anderen natürlichen Zahlen als Grundzahlen eine Rolle gespielt haben, z.B. 2, 6, 12, 60, 80 u.a. Von diesen ist heute wegen der engen Verbindung zu Rechenautomaten die Grundzahl 2 besonders wichtig.

Wir wenden uns jetzt der Dezimalbruchdarstellung beliebiger reeller Zahlen zu.

Definition 1.16.1:

(1) Es sei $a_\nu \in \mathbb{N}_0$ für $\nu = 0, 1, \ldots$; $a_\nu \leqslant 9$ für $\nu \geqslant 1$.

Dann heißt die Reihe $\pm \sum_{\nu=0}^{\infty} \frac{a_\nu}{10^\nu}$ ein Dezimalbruch.

(2) Ein Dezimalbruch heißt eigentlich, wenn er nicht die Periode 9 hat, d.h. wenn es kein $N \in \mathbb{N}_0$ gibt mit $a_{N+1} = a_{N+2} = \cdots = 9$.

Es folgt sofort:

Satz 1.16.2: Jeder Dezimalbruch konvergiert, stellt also eine eindeutig bestimmte reelle Zahl dar:

$$a = \pm \sum_{\nu=0}^{\infty} \frac{a_\nu}{10^\nu} = \pm a_0, a_1 a_2 \ldots$$

Beweis: Für die Teilsummen $s_n = \pm \sum_{\nu=0}^{n} \frac{a_\nu}{10^\nu}$ gilt:

1. $\{s_n\}$ ist monoton.

2. $$|s_n| = a_0 + \sum_{\nu=1}^{n} \frac{a^\nu}{10^\nu} \leqslant a_0 + \frac{9}{10} \sum_{\nu=0}^{n-1} \frac{1}{10^\nu} = a_0 + \frac{9}{10} \cdot \frac{1 - \frac{1}{10^n}}{1 - \frac{1}{10}} < a_0 + 1.$$

Damit ist $\{s_n\}$ nach dem Hauptsatz über monotone Folgen konvergent. Es können jedoch zwei verschiedene Dezimalbrüche dieselbe reelle Zahl darstellen. Hat nämlich ein Dezimalbruch a die Periode 9, so existiert ein $N \in \mathbb{N}_0$ mit $a_{N+1} = a_{N+2} = \cdots = 9$ und $a_N \leqslant 8$ und daher folgt

$$a = \sum_{\nu=0}^{N} \frac{a_\nu}{10^\nu} + 9 \cdot \sum_{\nu=N+1}^{\infty} \frac{1}{10^\nu} = \sum_{\nu=0}^{N} \frac{a_\nu}{10^\nu} + \frac{9}{10^{N+1}} \cdot \sum_{\nu=0}^{\infty} \frac{1}{10^\nu} =$$

$$= \sum_{\nu=0}^{N} \frac{a_\nu}{10^\nu} + \frac{9}{10^{N+1}} \cdot \frac{1}{1 - \frac{1}{10}} = \sum_{\nu=0}^{N-1} \frac{a_\nu}{10^\nu} + \frac{a_N + 1}{10^N},$$

d.h. $a_0, a_1 \ldots a_{N-1} a_N 999 \ldots = a_0, a_1 \ldots a_{N-1}(a_N + 1)000 \ldots$

Beschränken wir uns jedoch auf eigentliche Dezimalbrüche, so gilt:

Satz 1.16.3: Jede reelle Zahl ist auf genau eine Art durch einen eigentlichen Dezimalbruch darstellbar.

Beweis:

1. Wir geben zuerst eine Konstruktion an, nach der jede reelle Zahl durch einen eigentlichen Dezimalbruch dargestellt werden kann.
   a) Es sei $a \geqslant 0$. Wir bestimmen $a_0, a_1, \ldots$ sukzessive aus den Ungleichungen:

$$a_0 \leqslant a < a_0 + 1,$$

$$a_0 + \frac{a_1}{10} \leqslant a < a_0 + \frac{a_1}{10} + \frac{1}{10},$$

$$a_0 + \frac{a_1}{10} + \frac{a_2}{10^2} \leqslant a < a_0 + \frac{a_1}{10} + \frac{a_2}{10^2} + \frac{1}{10^2},$$

$$\vdots$$

Für $s_n = \sum_{\nu=0}^{n} \frac{a_\nu}{10^\nu}$ gilt $s_n \leqslant a < s_n + \frac{1}{10^n}$. Da $\{s_n\}$ konvergiert, gilt $\lim_{n\to\infty} s_n = a$, d.h. wir haben: $a = a_0{,}a_1a_2 \dots$

Bei dieser Konstruktion kann die Periode 9 nicht auftreten. Liegt nämlich die Periode 9 vor, so existiert ein $N \in \mathbb{N}_0$ mit $a_N \leqslant 8$ und

$$a = a_0{,}a_1 \dots a_{N-1}a_N999 \dots = a_0{,}a_1 \dots a_{N-1}(a_N+1)000 \dots$$

Für s_N ist dann $s_N < a = s_N + \frac{1}{10^N}$, im Widerspruch zu unserer Konstruktion.

b) Ist $a < 0$, so konstruieren wir den Dezimalbruch $|a| = a_0{,}a_1a_2 \dots$ und setzen $a = -a_0{,}a_1a_2 \dots$

2. Wir zeigen jetzt, daß die Darstellung durch einen eigentlichen Dezimalbruch eindeutig ist.

a) Es sei $a \geqslant 0$. Wir nehmen an, daß a durch zwei verschiedene, eigentliche Dezimalbrüche dargestellt wird: $a = a_0{,}a_1a_2 \dots = \tilde{a}_0{,}\tilde{a}_1\tilde{a}_2 \dots$ Dann gibt es ein kleinstes $N \in \mathbb{N}_0$ mit $a_N \neq \tilde{a}_N$, etwa $a_N < \tilde{a}_N$. Dann ist, da keine Periode 9 vorliegt:

$$a = \sum_{\nu=0}^{N} \frac{a_\nu}{10^\nu} + \sum_{\nu=N+1}^{\infty} \frac{a_\nu}{10^\nu} < \sum_{\nu=0}^{N} \frac{a_\nu}{10^\nu} + 9 \cdot \sum_{\nu=N+1}^{\infty} \frac{1}{10^\nu} =$$

$$= \sum_{\nu=0}^{N-1} \frac{a_\nu}{10^\nu} + \frac{a_N+1}{10^N} \leqslant \sum_{\nu=0}^{N} \frac{\tilde{a}_\nu}{10^\nu} \leqslant a.$$

Dies ist ein Widerspruch.

b) Ist $a < 0$, so haben wir $a = -a_0, a_1 a_2 \ldots$, wobei $|a| = a_0, a_1 a_2 \ldots$ Letztere Darstellung ist aber eindeutig.

In vielen Fällen ist der volle Dezimalbruch für eine reelle Zahl nicht bekannt, etwa für e und $\sqrt{2}$. Für die meisten Zwecke genügt es aber, mit einer Annäherung zu rechnen.

1.17 Das Rechnen mit Näherungswerten

In der Numerischen Mathematik und in der Physik ist man sehr oft gezwungen, mit Näherungswerten zu rechnen. Dies wird etwa dann erforderlich, wenn in eine Rechnung Zahlen eingehen, welche durch Messung (also durch Beobachtungen) ermittelt worden sind, und die daher naturgemäß nur mit einer gewissen Genauigkeit bekannt sind. In der Mathematik tritt diese Notwendigkeit immer dann auf, wenn in eine numerische Rechnung eine irrationale Zahl eingeht. Die Irrationalzahl muß dann durch eine geeignete rationale ersetzt werden.

Der Tradition folgend, geben wir:

Definition 1.17.1: Es bezeichnet

(1) $\overline{a}$ den exakten Wert,

(2) a den Näherungswert,

(3) $\Delta a = \overline{a} - a$ den Fehler,

(4) $\dfrac{\Delta a}{a}$ den relativen Fehler.

Beim Rechnen mit Näherungswerten handelt es sich also darum, Aussagen über den Fehler zu gewinnen; d.h. man muß Abschätzungen für Δa angeben. Hat man etwa $|\Delta a| < \delta$ gefunden, so gilt für den exakten Wert $\overline{a} = a + \Delta a$:

$$a - \delta < \overline{a} < a + \delta.$$

In diesem Paragraphen wollen wir erläutern, wie man solche Fehlerabschätzungen gewinnen kann.

Das Problem ist besonders einfach, wenn die Darstellung von $\bar{a}$ durch einen Dezimalbruch bekannt ist. Ist etwa $\bar{a} = a_0,a_1a_2 \ldots$, und bricht man diesen nach der n-ten Dezimalstelle ab, so entsteht ein rationaler Näherungswert $a = a_0,a_1a_2 \ldots a_n$. Gemäß der Konstruktion des Dezimalbruches gilt $a \leqslant \bar{a} < a + \frac{1}{10^n}$. Wir haben also hier $0 \leqslant \Delta a < \frac{1}{10^n}$.

Entsprechend gilt, wenn $\bar{a} = -a_0,a_1a_2 \ldots$ durch $a = -a_0,a_1a_2 \ldots a_n$ approximiert wird $-a \leqslant -\bar{a} < -a + \frac{1}{10^n}$, so daß hier gilt $-\frac{1}{10^n} < \Delta a = \bar{a} - a < 0$.

In beiden Fällen ergibt sich also:

$$|\Delta a| < \frac{1}{10^n}.$$

Im allgemeinen ist jedoch der Dezimalbruch einer Zahl nicht von vorne herein bekannt (z.B. e, $\sqrt{2}$). In einem solchen Fall nimmt man eine geeignete C-Folge $\{x_n\}$ aus $\mathbb{Q}$, welche gegen $\bar{a}$ konvergiert und versucht, eine (möglichst genaue) Abschätzung für $|\bar{a} - x_n|$ anzugeben. Ein allgemeines Rezept hierzu gibt es nicht; ist jedoch eine Abschätzung gefunden, so kann man leicht die Genauigkeit, mit welcher die rationale Zahl x_n die Zahl $\bar{a}$ approximiert, verfolgen. Wir untersuchen dies für die Reihenentwicklung von e.

Für die Folge $\{y_n\}$ mit $y_n = \sum_{\nu=0}^{n} \frac{1}{\nu!}$ gilt bekanntlich $\lim_{n \to \infty} y_n = e$.

Beim Beweis von Satz 1.15.5 haben wir folgende Abschätzung erhalten:

$$0 < e - y_n < \frac{1}{n \cdot n!}.$$

Durch den leicht zu handhabenden Ausdruck $\frac{1}{n \cdot n!}$ läßt sich also der Abstand von y_n und e sehr leicht verfolgen und daher e mit gewünschter Genauigkeit durch ein y_n ersetzen. Hierzu geben wir folgende Tabelle an:

n	$n!$	$y_n = \sum_{\nu=0}^{n} \frac{1}{\nu!}$	$\frac{1}{n \cdot n!}$	Fehlerabschätzung: $0 < e - y_n < \delta$ δ
1	1	2	1	
2	2	$\frac{5}{2}$	$\frac{1}{4}$	
3	6	$\frac{16}{6}$	$\frac{1}{18}$	
4	24	$\frac{65}{24}$	$\frac{1}{96}$	
5	120	$\frac{326}{120}$	$\frac{1}{600}$	$\frac{1}{6} \cdot 10^{-2}$
6	720	$\frac{1.957}{720}$	$\frac{1}{4.320}$	$\frac{1}{4} \cdot 10^{-3}$
7	5.040	$\frac{13.700}{5.040}$	$\frac{1}{35.280}$	$\frac{1}{3} \cdot 10^{-4}$
8	40.320	$\frac{109.601}{40.320}$	$\frac{1}{322.560}$	$\frac{1}{3} \cdot 10^{-5}$
9	362.880	$\frac{986.410}{362.880}$	$\frac{1}{3.265.920}$	$\frac{1}{3} \cdot 10^{-6}$
10	3.628.800	$\frac{9.864.101}{3.628.800}$	$\frac{1}{32.659.200}$	$\frac{1}{3} \cdot 10^{-7}$
11	39.916.800	$\frac{108.505.112}{39.916.800}$	$\frac{1}{439.084.800}$	$\frac{1}{4} \cdot 10^{-8}$

Tabelle 1.17.1

Berechnet man den Dezimalbruch für y_{11} (durch Ausführung der Division), so muß dieser mit dem Dezimalbruch für e bis einschließlich der 8. Stelle nach dem Komma übereinstimmen. Man erhält:

$$y_{11} = 2{,}718\,281\,826\,198\ldots,$$

also

$$2{,}718\,281\,826\,1 < y_{11} < 2{,}718\,281\,826\,2.$$

Wegen $y_n < e < y_n + \dfrac{1}{n \cdot n!}$ ergibt sich also für $n = 11$:

$$2{,}718\,281\,826\,1 < e < y_{11} + 0{,}25 \cdot 10^{-8} = 2{,}718\,281\,828\,7\ldots$$

Als nächstes untersuchen wir nun, wie sich der absolute Fehler bei arithmetischen Operationen fortpflanzt.

Es seien a bzw. b Näherungswerte für $\bar{a}$ bzw. $\bar{b}$. Wir haben für $\bar{a} \pm \bar{b}$ den Näherungswert $a \pm b$, für $\bar{a} \cdot \bar{b}$ den Näherungswert $a \cdot b$ und für $\frac{\bar{a}}{\bar{b}}$ den Näherungswert $\frac{a}{b}$. Dann gelten die folgenden beiden Sätze:

Satz 1.17.2: Es gilt:

(1) $|\Delta(a \pm b)| \leqslant |\Delta a| + |\Delta b|$,

(2) $|\Delta(a \cdot b)| \leqslant |\bar{a}| \cdot |\Delta b| + |b| \cdot |\Delta a|$,

(3) falls $\bar{b} \neq 0$ und $b \neq 0$:

$$\left|\Delta\left(\frac{a}{b}\right)\right| \leqslant \frac{|b| \cdot |\Delta a| + |a| \cdot |\Delta b|}{|b \cdot \bar{b}|}.$$

Beweis:

1. $|\Delta(a \pm b)| = |(\bar{a} \pm \bar{b}) - (a \pm b)| \leqslant |\bar{a} - a| + |\bar{b} - b| = |\Delta a| + |\Delta b|$.

2. $|\Delta(a \cdot b)| = |\bar{a} \cdot \bar{b} - a \cdot b| = |\bar{a}(\bar{b} - b) + b(\bar{a} - a)| \leqslant$

$\leqslant |\bar{a}| \cdot |\bar{b} - b| + |b| \cdot |\bar{a} - a| = |\bar{a}| \cdot |\Delta b| + |b| \cdot |\Delta a|$.

3. $$\left|\Delta\left(\frac{a}{b}\right)\right| = \left|\frac{\bar{a}}{\bar{b}} - \frac{a}{b}\right| = \left|\frac{\bar{a}\,b - a\,\bar{b}}{b\,\bar{b}}\right| = \left|\frac{b(\bar{a} - a) - a(\bar{b} - b)}{b\,\bar{b}}\right| \leqslant$$

$$\leqslant \frac{|b|\,|\bar{a} - a| + |a|\,|\bar{b} - b|}{|b\,\bar{b}|} = \frac{|b|\,|\Delta a| + |a|\,|\Delta b|}{|b\,\bar{b}|}.$$

Die Ergebnisse für die Multiplikation und Division lassen sich in besonders einfacher Form angeben, wenn wir statt des absoluten Fehlers den relativen Fehler betrachten.

Satz 1.17.3: Es seien $\bar{a}$, $\bar{b}$, a, b alle verschieden von 0. Dann gilt:

(1) $$\frac{\Delta(a\,b)}{\bar{a}\,\bar{b}} = \frac{\Delta a}{\bar{a}} + \frac{\Delta b}{\bar{b}} - \frac{\Delta a}{\bar{a}} \cdot \frac{\Delta b}{\bar{b}},$$

$$\textbf{(2)}\quad \frac{\Delta\left(\dfrac{a}{b}\right)}{\dfrac{\bar{a}}{\bar{b}}} = \frac{\Delta a}{\bar{a}} - \frac{a}{\bar{a}} \cdot \frac{\Delta b}{b}.$$

Beweis:

1. $$\frac{\Delta(ab)}{\bar{a}\,\bar{b}} = \frac{\bar{a}\,\bar{b} - ab}{\bar{a}\,\bar{b}} = \frac{\bar{a}\,\bar{b} - (\bar{a} - \Delta a)(\bar{b} - \Delta b)}{\bar{a}\,\bar{b}} =$$

$$= \frac{\bar{a}\,\Delta b + \bar{b}\,\Delta a - \Delta a\,\Delta b}{\bar{a}\,\bar{b}} = \frac{\Delta a}{\bar{a}} + \frac{\Delta b}{\bar{b}} - \frac{\Delta a}{\bar{a}} \cdot \frac{\Delta b}{\bar{b}}.$$

2. Aus $\Delta\left(\dfrac{a}{b}\right) = \dfrac{\bar{a}}{\bar{b}} - \dfrac{a}{b} = \dfrac{a + \Delta a}{b + \Delta b} - \dfrac{a}{b} = \dfrac{b\,\Delta a - a\,\Delta b}{b\,(b + \Delta b)} = \dfrac{b\,\Delta a - a\,\Delta b}{b\,\bar{b}}$

folgt nach Division durch $\dfrac{\bar{a}}{\bar{b}}$:

$$\frac{\Delta\left(\dfrac{a}{b}\right)}{\dfrac{\bar{a}}{\bar{b}}} = \frac{\Delta a}{\bar{a}} - \frac{a}{\bar{a}}\,\frac{\Delta b}{b}.$$

2. Funktionen einer reellen Variablen

2.1 Mächtigkeit von Mengen

Betrachten wir zwei Mengen X, Y mit je endlich vielen Elementen:

$$X = \{x_1, \ldots, x_n\},$$
$$Y = \{y_1, \ldots, y_m\},$$

(sogenannte "endliche Mengen"), so ist es möglich, diese beiden Mengen bezüglich ihrer Größe, d.h. ihrer Anzahlen zu vergleichen, indem man feststellt, welche der Relationen $m < n$, $m = n$, $m > n$ gilt. Sind X, Y Mengen mit unendlich vielen Elementen, so versagt diese Art des Vergleichs. Wir geben deshalb unserem Vergleich bei endlichen Mengen im Falle $m = n$ eine andere Wendung. Es gilt offenbar genau dann $m = n$, wenn eine eineindeutige Abbildung A existiert

$$A\colon\ X \to Y$$

gegeben etwa durch

$$A(x_i) = y_i \quad (i = 1, \ldots, m = n)$$

mit

$$D(A) = X, \quad B(A) = Y.$$

Diese Charakterisierung gleicher Elementanzahlen, welche im Fall endlicher Mengen nichts Neues bringt, überträgt sich nun auf allgemeine Mengen.

Definition 2.1.1: Zwei Mengen X, Y heißen von gleicher Mächtigkeit, wenn es eine eineindeutige Abbildung

$$A\colon\ X \to Y$$

gibt, mit:

$$D(A) = X, \quad B(A) = Y.$$

Beispiel 1: Die Mengen $X = \mathbb{N} = \{1, 2, 3, \dots\}$, $Y = \{2, 4, 6, \dots\}$ sind von gleicher Mächtigkeit. Wir wählen etwa für A:

$$A(x) = 2x \quad \text{für } x \in X.$$

Beispiel 2: Die Mengen $X = \mathbb{R}$, $Y = (a, b) \subset \mathbb{R}$ sind von gleicher Mächtigkeit. Wir wählen etwa für A die Abbildung, welche man durch Hintereinanderschaltung der Projektionen

$$x \to P(x) \to A(x)$$

gemäß folgender Abbildung erhält:

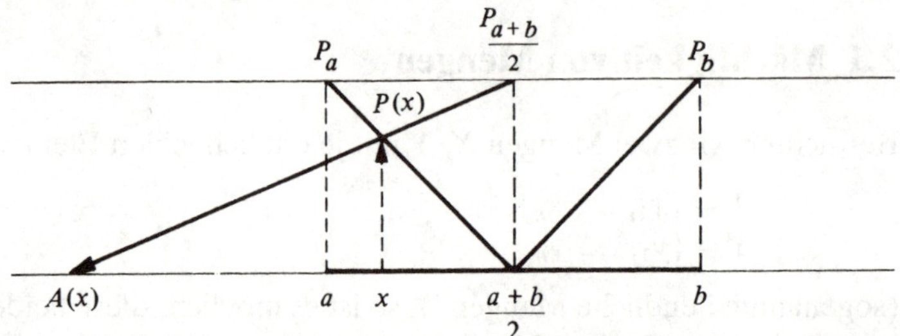

Abb. 2.1.1

Die Beispiele 1 und 2 zeigen, daß bei einer unendlichen Menge eine echte Teilmenge noch "genau so viele" Elemente haben kann, wie die Ausgangsmenge. Diese Möglichkeit, welche bei endlichen Mengen nicht gegeben ist, richtet bei Anfängern i.a. erhebliche Verwirrung an. Es sei hier ausdrücklich bemerkt, daß diese Verwirrung legitim ist, und daß wir hier tatsächlich ein Beispiel dafür haben, daß in der Mathematik die naive Anschauung nur unter Anwendung äußerster Sicherheitsvorkehrungen benutzt werden darf.

Die Mächtigkeit einer endlichen Menge ist nach obigem einfach die Anzahl ihrer Elemente (aus formalen Gründen bezeichnet man die leere Menge ebenfalls als endlich). Es ist nun zweckmäßig, auch für die Mächtigkeit von gewissen unendlichen Mengen eine Abkürzung zu haben, die aber jetzt keine natürliche Zahl mehr sein kann.

Definition 2.1.2: Eine Menge heißt:

(1) abzählbar, wenn sie von der gleichen Mächtigkeit wie die Menge $\mathbb{N}$ der natürlichen Zahlen ist;

(2) höchstens abzählbar, wenn sie endlich oder abzählbar ist;

(3) überabzählbar, wenn sie weder endlich noch abzählbar ist.

Es ergibt sich sofort die folgende Charakterisierung abzählbarer Mengen.

Satz 2.1.1: Eine Menge X ist genau dann abzählbar, wenn sie als Folge mit paarweise verschiedenen Gliedern geschrieben werden kann.

Beweis:

1. Es sei X abzählbar. Dann gibt es eine eineindeutige Abbildung A: $X \to \mathbb{N}$ mit $D(A) = X$, $B(A) = \mathbb{N}$. Zu jedem $n \in \mathbb{N}$ existiert also genau ein $x_n \in X$ mit $A(x_n) = n$. Wir erhalten so eine Folge $\{x_n\}$ mit paarweise verschiedenen Gliedern, welche gerade die Elemente von X sind.
2. Läßt sich die Menge X als Folge mit paarweise verschiedenen Elementen schreiben, so ist X trivialerweise von gleicher Mächtigkeit wie $\mathbb{N}$ und damit auch abzählbar.

Mit Hilfe dieses Ergebnisses beweisen wir nun:

Satz 2.1.2: Die Menge $\mathbb{Q}$ der rationalen Zahlen ist abzählbar.

Beweis: Es genügt zu zeigen, daß die positiven rationalen Zahlen abzählbar sind. Kann man nämlich die positiven rationalen Zahlen als Folge $\{a_n\}$ mit paarweise verschiedenen Elementen schreiben, so kommt in der Folge

$$0, a_1, -a_1, a_2, -a_2, \dots$$

jede rationale Zahl vor.
Wir betrachten nun das Schema der positiven Brüche $\frac{p}{q}$, wobei $p, q \in \mathbb{N}$:

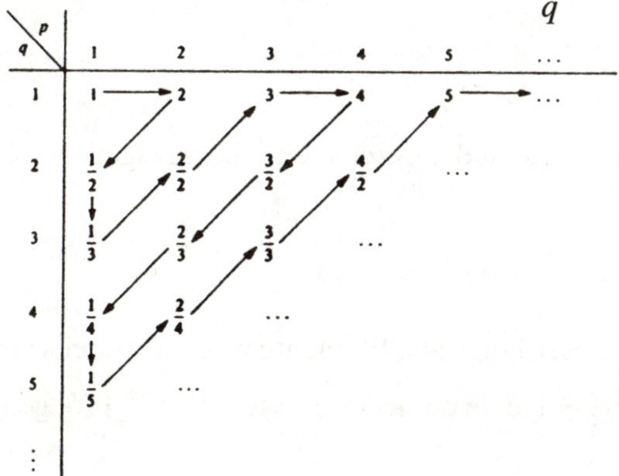

Abb. 2.1.2

Hierin kommen alle positiven rationalen Zahlen vor (sogar abzählbar oft); diese können daher – durch Verfolgung der Pfeile und Weglassen bereits aufgetretener Zahlen – zu einer Folge mit paarweise verschiedenen Elementen geordnet werden:

$$1,\ 2,\ \frac{1}{2},\ \frac{1}{3},\ 3,\ 4,\ \frac{3}{2},\ \frac{2}{3},\ \frac{1}{4},\ \frac{1}{5},\ 5,\ \ldots$$

Damit ist die Behauptung bewiesen.

Mit derselben Beweisidee folgt:

Satz 2.1.3: Die Vereinigung von abzählbar vielen abzählbaren Mengen X_i $(i=1, 2, \ldots)$ ist wieder abzählbar.

Beweis: Es sei

$$X_i = \{x_1^{(i)}, x_2^{(i)}, x_3^{(i)}, \ldots\} \quad (i=1, 2, \ldots).$$

Schreiben wir die Elemente wie folgt untereinander:

$$\begin{array}{lccccc}
X_1: & x_1^{(1)} & & x_2^{(1)} & & x_3^{(1)} & & x_4^{(1)} & \ldots \\
& & \nearrow & & \nearrow & & \nearrow & & \\
X_2: & x_1^{(2)} & & x_2^{(2)} & & x_3^{(2)} & & \ldots & \\
& & \nearrow & & \nearrow & & & & \\
X_3: & x_1^{(3)} & & x_2^{(3)} & & x_3^{(3)} & & \ldots & \\
& & \nearrow & & & & & & \\
X_4: & x_1^{(4)} & & \ldots & & & & & \\
. & . & & . & & . & & &
\end{array}$$

und dann von neuem in der durch die Pfeile angegebenen Reihenfolge, so erhalten wir die Folge:

$$x_1^{(1)},\ x_1^{(2)},\ x_2^{(1)},\ x_1^{(3)},\ x_2^{(2)},\ x_3^{(1)},\ x_1^{(4)},\ \ldots$$

Lassen wir in dieser Folge alle Elemente weg, die bereits aufgetreten sind, so entsteht eine Folge, in der jedes Element von $\bigcup_{i=1}^{\infty} X_i$ genau einmal vorkommt.

Unmittelbar ergibt sich

Satz 2.1.4: Eine Teilmenge einer abzählbaren Menge ist höchstens abzählbar.

Beweis als Übung.

Als nächstes zeigen wir nun, daß es auch Mengen gibt, welche nicht abzählbar sind.

Satz 2.1.5: Die Menge der reellen Zahlen $x \in [0, 1]$ (und folglich die Menge $\mathbb{R}$) ist überabzählbar.

Beweis: Jede reelle Zahl $x \in [0, 1]$ wird durch genau einen eigentlichen Dezimalbruch

$$x = 0{,}a_1 a_2 a_3 \ldots$$

dargestellt. Nehmen wir an, daß die Menge [0, 1] abzählbar ist, so lassen sich ihre Elemente in einer Folge:

$$\begin{aligned}
x_0 &= 1 \\
x_1 &= 0{,}a_1^{(1)} a_2^{(1)} a_3^{(1)} \ldots \\
x_2 &= 0{,}a_1^{(2)} a_2^{(2)} a_3^{(2)} \ldots \\
x_3 &= 0{,}a_1^{(3)} a_2^{(3)} a_3^{(3)} \ldots \\
&\vdots
\end{aligned}$$

aufschreiben, wo stets: $a_i^{(k)} \in \{0, 1, \ldots, 9\}$. Wir können dann eine reelle Zahl $x \in (0, 1)$ konstruieren, welche in dieser Folge nicht vorkommt. Es sei nämlich

$$x = 0{,}b_1 b_2 b_3 \ldots$$

wobei

$$b_n = \begin{cases} 1 & \text{falls} \quad a_n^{(n)} \neq 1 \\ 2 & \text{falls} \quad a_n^{(n)} = 1. \end{cases}$$

Dann gilt $x \neq x_n$ für alle n, da x mit x_n an der n-ten Dezimalstelle nicht übereinstimmt. Damit haben wir eine neue Zahl konstruiert, die entgegen unserer Annahme in der Aufzählung nicht vorkommt. Die Menge [0, 1] ist also nicht abzählbar.

Bemerkung: Das eben benutzte Beweisverfahren heißt "CANTORsches Diagonalverfahren".

Definition 2.1.3: Ist M eine Menge, welche die gleiche Mächtigkeit wie $\mathbb{R}$ hat, so sagt man, M habe die Mächtigkeit des Kontinuums.

Aus Beispiel 2 folgt, daß jedes Intervall $(a, b) \subset \mathbb{R}$ und somit jedes Intervall $I \subset \mathbb{R}$ die Mächtigkeit des Kontinuums hat.

Übungsaufgaben:

1. Man zeige: Jede unendliche Menge besitzt eine abzählbare Teilmenge.
2. Man zeige: Eine Menge X ist genau dann unendlich, wenn es eine echte Teilmenge mit gleicher Mächtigkeit gibt.
3. Man zeige: Ein Intervall $[a, b]$ ist als Vereinigung abzählbar vieler punktfremder Intervalle darstellbar.
4. Man zeige: Die Menge aller Folgen, deren Glieder aus Nullen und Einsen bestehen, ist nicht abzählbar.

2.2 Metrische Räume

Beim weiteren Ausbau der Analysis werden wir sehr oft Begriffe und Schlußweisen antreffen, die wir schon bei dem Körper der reellen Zahlen $\mathbb{R}$ benutzt haben. Das liegt daran, daß wir für einen großen Teil der Betrachtungen über $\mathbb{R}$ gar nicht alle Eigenschaften von $\mathbb{R}$ benötigen. In vielen Details der Theorie benutzen wir nur die Tatsache, daß $\mathbb{R}$ ein sogenannter metrischer Raum ist, d.h. eine Menge, auf der für je zwei Elemente x, y ein Abstand $d(x, y)$ definiert ist, nämlich:

$$d(x, y) = |x - y|.$$

Um dies klar herauszustellen, und um später dieselben Betrachtungen nicht noch einmal machen zu müssen, führen wir schon hier den für die moderne Analysis grundlegenden Begriff des metrischen Raumes ein.

Definition 2.2.1: Eine nichtleere Menge M heißt metrischer Raum, wenn je zwei Elementen $x, y \in M$ eine reelle Zahl $d(x, y)$ zugeordnet ist, so daß folgende Axiome gelten:

(D.1)	$d(x, y) \geqslant 0$ für alle $x, y \in M$ $d(x, y) = 0$ genau dann, wenn $x = y$	Nichtnega- tivität
(D.2)	$d(x, y) = d(y, x)$ für alle $x, y \in M$	Symmetrie
(D.3)	$d(x, y) \leqslant d(x, z) + d(z, y)$ für alle $x, y, z \in M$	Dreiecks- ungleichung

$d(x, y)$ heißt Abstand der Elemente x und y.

Bemerkung 1: Ein metrischer Raum besteht demnach aus einer Menge M und einem auf M definierten Abstand d. Wir bezeichnen einen metrischen Raum deswegen oft mit (M, d) oder, wenn keine Verwechslung zu befürchten ist, auch einfach mit M.

Bemerkung 2: (D.2) drückt die Symmetrie des Abstandes aus.

Bemerkung 3: (D.3) wird auch die Dreiecksungleichung genannt. Zeichnen wir uns nämlich in der Ebene 3 Punkte x, y, z, so drückt **(D.3)** den klassischen geometrischen Satz aus:

Die Länge einer Dreiecksseite ist kleiner oder gleich der Summe der Länge der beiden anderen.

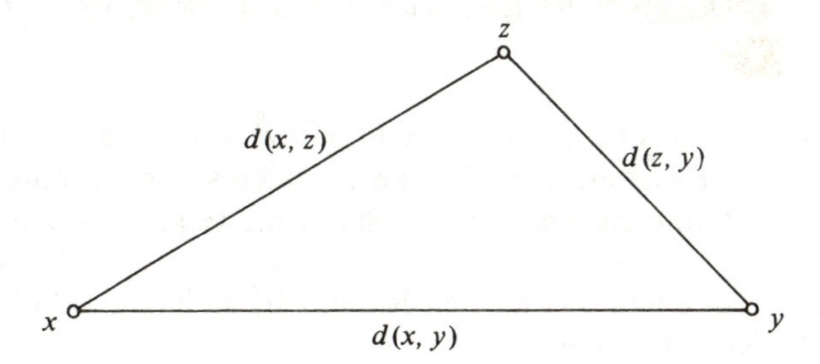

Abb. 2.2.1

Wir zeigen nun, daß mit dieser Definition $\mathbb{R}$ tatsächlich ein metrischer Raum ist.

Satz 2.2.1: Mit der Abstandsdefinition

$$d(x, y) = |x - y|$$

ist $\mathbb{R}$ ein metrischer Raum.

Beweis: Die Eigenschaften **(D.1), (D.2)** sind klar. **(D.3)** folgt aus:

$$|x-y| = |(x-z)+(z-y)| \leqslant |x-z| + |y-z|.$$

Beispiel: Es sei M eine beliebige, nichtleere Menge. Setzen wir

$$d(x, y) = \begin{cases} 0 & \text{falls } x = y \\ 1 & \text{falls } x \neq y \end{cases},$$

so ist sofort zu sehen, daß (M, d) ein metrischer Raum ist. Es ist daher möglich, aus jeder nichtleeren Menge einen metrischen Raum zu erzeugen. Die hier benutzte Metrik ist allerdings sehr trivial und nur wenig praktikabel (mit Hilfe dieser Metrik ist es im Grunde nur möglich, festzustellen, ob zwei Elemente übereinstimmen oder verschieden sind).

Um einen ersten Eindruck zu geben, welche Verallgemeinerungen in einem metrischen Raum möglich sind, zeigen wir, daß wir auch in einem metrischen Raum die Konvergenz einer Folge definieren können:

Definition 2.2.2: Es sei (M, d) ein metrischer Raum. Eine Folge $\{x_n\}$ aus M heißt konvergent zum Grenzpunkt $x \in M$, wenn zu jedem $\varepsilon > 0$ ein N_ε existiert, so daß für alle $n > N_\varepsilon$ gilt:

$d(x_n, x) < \varepsilon$.

Wir schreiben wieder $\lim\limits_{n\to\infty} x_n = x$ oder $x_n \to x$ $(n \to \infty)$ oder $x_n \to x$.

Für $M = \mathbb{R}$ ist dies genau unsere alte Konvergenzdefinition für $\mathbb{R}$ (Definition 1.6.3). Es ist erstaunlich, daß wir auch sofort für einen beliebigen metrischen Raum das Analogon zu Satz 1.6.2 zeigen können.

Satz 2.2.2: In einem metrischen Raum (M, d) hat eine Folge höchstens einen Grenzpunkt.

Beweis: Wir nehmen an, die Folge $\{x_n\}$ habe zwei Grenzpunkte x und x'. Dann ist $\varepsilon = \frac{1}{2} d(x, x') > 0$, und es gibt ein N_ε mit $d(x_n, x) < \varepsilon$ für alle $n > N_\varepsilon$ und ein N'_ε mit $d(x_n, x') < \varepsilon$ für alle $n > N'_\varepsilon$. Für alle $n > \max\{N_\varepsilon, N'_\varepsilon\}$ gilt dann:

$$2\varepsilon = d(x, x') \leqslant d(x, x_n) + d(x_n, x') < 2\varepsilon.$$

Dieser Widerspruch löst sich nur, wenn $x = x'$ gilt.

Zum Schluß definieren wir noch den Begriff der Beschränktheit einer Teilmenge eines metrischen Raumes.

Definition 2.2.3: Es sei (M, d) ein metrischer Raum. Eine Teilmenge $X \subset M$ heißt beschränkt, wenn ein $R \in \mathbb{R}$ und ein $x_0 \in M$ so existieren, daß gilt

$$d(x, x_0) < R \quad \text{für alle } x \in X.$$

Übungsaufgaben:

1. Es sei (M, d) ein metrischer Raum. Man beweise, daß für alle x, y, z gilt:
$$|d(x, z) - d(z, y)| \leq d(x, y).$$
2. Es sei (M, d) ein metrischer Raum. Man beweise die "Vierecksungleichung": Für alle $x, x', y, y' \in M$ gilt:
$$|d(x, y) - d(x', y')| \leq d(x, x') + d(y, y').$$
3. Es sei M eine Menge. Für jedes Paar $x, y \in M$ sei $\delta(x, y)$ erklärt mit den Eigenschaften:
   a) $\delta(x, y) = 0$ genau dann, wenn $x = y$,
   b) $\delta(x, y) \leq \delta(x, z) + \delta(y, z)$.
   Man beweise, daß (M, δ) ein metrischer Raum ist.
4. Es sei (M, d) ein metrischer Raum.
   a) Es sei $\delta(x, y) = \min\{d(x, y), 1\}$. Man zeige, daß (M, δ) ein metrischer Raum ist.
   b) Es sei $\delta(x, y) = \dfrac{d(x, y)}{1 + d(x, y)}$. Man zeige, daß (M, δ) ein metrischer Raum ist.

2.3 Umgebungen, offene, abgeschlossene und kompakte Mengen

Wir betrachten in diesem Abschnitt einen metrischen Raum $M=(M, d)$ und behandeln die wichtigsten strukturellen Eigenschaften von Teilmengen in M.
Zur Veranschaulichung unserer Ergebnisse ist es oft nützlich, sich unter M den Raum $\mathbb{R}$ vorzustellen. Es ist jedoch wichtig, zu beachten, daß die Definitionen und Sätze für allgemeine metrische Räume gelten, von denen viele geometrische Eigenschaften besitzen, die nur sehr wenig mit der anschaulichen Struktur von $\mathbb{R}$ gemeinsam haben.
Wir beginnen mit der Definition einer Umgebung eines Punktes in einem metrischen Raum.

Definition 2.3.1: Es sei (M, d) ein metrischer Raum und $x_0 \in M$.

(1) Es sei $\varepsilon > 0$. Die Menge

$$U_\varepsilon(x_0) := \{x\colon\; x \in M,\;\; d(x, x_0) < \varepsilon\}$$

heißt ε-Umgebung von x_0 (oder Kugel mit dem Radius ε und dem Mittelpunkt x_0).

(2) Eine Menge $U \subset M$ heißt Umgebung von x_0, wenn ein $\varepsilon > 0$ existiert mit

$$U_\varepsilon(x_0) \subset U.$$

Es ergibt sich sofort das folgende notwendige und hinreichende Kriterium über die Konvergenz in einem metrischen Raum.

Satz 2.3.1: Eine Folge $\{x_n\}$ im metrischen Raum (M, d) konvergiert genau dann gegen $x \in M$, wenn zu jeder Umgebung $U(x)$ von x ein $N_{U(x)} \in \mathbb{N}$ existiert mit $x_n \in U(x)$ für alle $n > N_{U(x)}$.

Beweis:

1. Es gelte $\lim\limits_{n \to \infty} x_n = x$, und es sei eine Umgebung $U(x)$ von x gegeben. Wir können ein $\varepsilon > 0$ so finden, daß $U_\varepsilon(x) \subset U(x)$. Zu ε existiert dann ein $N_\varepsilon \in \mathbb{N}$ mit

$$d(x_n, x) < \varepsilon \quad \text{für alle } n > N_\varepsilon.$$

Das bedeutet aber, wenn wir $N_{U(x)} = N_\varepsilon$ wählen

$$x_n \in U_\varepsilon(x) \subset U(x) \quad \text{für alle } n > N_{U(x)}.$$

2. Erfüllt die Folge $\{x_n\}$ die im Satz genannte Umgebungseigenschaft, so gibt es speziell zu jedem $\varepsilon > 0$ ein $N_\varepsilon \in \mathbb{N}$ mit

$$x_n \in U_\varepsilon(x) \quad \text{für alle } n > N_\varepsilon.$$

Es gilt also $d(x_n, x) < \varepsilon$ für alle $n > N_\varepsilon$, und das bedeutet $\lim\limits_{n \to \infty} x_n = x$.

Wir sehen hier, daß der Begriff einer Umgebung offenbar besonders gut geeignet ist, die Grundtatsache der Konvergenz zu beschreiben, nämlich daß "schließlich", d.h. für genügend große n, alle Punkte x_n nahe beim Grenzpunkt x liegen müssen.

Bemerkung 1: Für $M = \mathbb{R}$ ist $U_\varepsilon(x_0)$ das Intervall $(x_0 - \varepsilon, x_0 + \varepsilon)$:

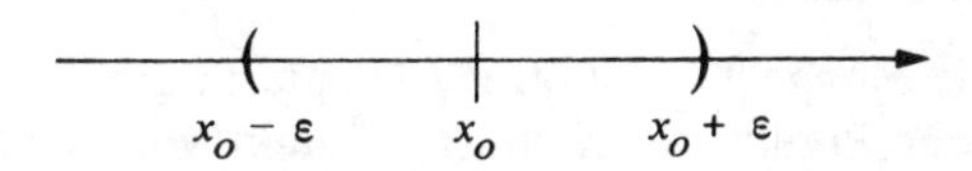

Abb. 2.3.1

Die wichtigsten Eigenschaften von Umgebungen werden gegeben in

Satz 2.3.2: Es sei (M, d) ein metrischer Raum und $x_0 \in M$.

(1) Ist $U(x_0)$ eine Umgebung von x_0, und $U \subset M$ eine beliebige Menge mit $U(x_0) \subset U$, so ist auch U eine Umgebung von x_0.

(2) Sind $U^i(x_0)$ $(i = 1, \ldots, n)$ Umgebungen von x_0, so ist auch $\bigcap\limits_{i=1}^{n} U^i(x_0)$ eine Umgebung von x_0.

Beweis:

1. Es existiert ein $\varepsilon > 0$, so daß gilt $U_\varepsilon(x_0) \subset U(x_0) \subset U$, d.h. aber, daß U Umgebung von x_0 ist.

2. Es existieren $\varepsilon_i > 0$ $(i = 1, \ldots, n)$ mit $U_{\varepsilon_i}(x_0) \subset U^i(x_0)$. Wählen wir $\varepsilon = \min\limits_{1 \leqslant i \leqslant n} \{\varepsilon_i\}$ so gilt offensichtlich

$$U_\varepsilon(x_0) \subset U_{\varepsilon_i}(x_0) \subset U^i(x_0) \quad (i = 1, \ldots, n).$$

Hieraus folgt

$$U_\varepsilon(x_0) \subset \bigcap_{i=1}^{n} U^i(x_0).$$

Also ist dieser Durchschnitt eine Umgebung von x_0.

Mit Hilfe von Umgebungen gelingt es nun, besonders ausgezeichnete Teilmengen von M zu definieren, nämlich die sogenannten offenen und abgeschlossenen Teilmengen. Zur Definition von offenen Mengen ist es zweckmäßig, den Begriff "innerer Punkt" einzuführen.

Definition 2.3.2: Es sei (M, d) ein metrischer Raum und X eine Teilmenge von M.

(1) Ein Punkt x_0 heißt innerer Punkt von X, wenn es eine ε-Umgebung $U_\varepsilon(x_0)$ von x_0 gibt mit $U_\varepsilon(x_0) \subset X$.

(2) Die Menge aller inneren Punkte von X wird mit X^0 bezeichnet.

(3) Die Menge X heißt offen (genauer: offen in (M, d)), wenn jeder Punkt von X innerer Punkt von X ist (d.h. wenn $X = X^0$ gilt).

Bemerkung 2: Nach Definition 2.3.1 **(2)** folgt sofort, daß eine Menge genau dann offen ist, wenn sie Umgebung jedes ihrer Punkte ist. Speziell ist M offen.

Satz 2.3.3: Es sei (M, d) ein metrischer Raum, es sei $x_0 \in M$ und $U_\varepsilon(x_0)$ eine ε-Umgebung von x_0. Dann ist $U_\varepsilon(x_0)$ eine offene Menge.

Beweis: Es sei $x_1 \in U_\varepsilon(x_0)$. Dann ist $\varepsilon_1 = \varepsilon - d(x_0, x_1) > 0$, und es gilt für $x \in U_{\varepsilon_1}(x_1)$:

$$d(x, x_0) \leqslant d(x, x_1) + d(x_1, x_0) < \varepsilon - d(x_0, x_1) + d(x_1, x_0) = \varepsilon;$$

d.h. es gilt $U_{\varepsilon_1}(x_1) \subset U_\varepsilon(x_0)$. Damit enthält also $U_\varepsilon(x_0)$ mit jedem Punkt $x_1 \in U_\varepsilon(x_0)$ auch schon eine ganze Umgebung von x_1.

Hieraus folgt sofort für $M = \mathbb{R}$, daß jedes Intervall (a, b) offen ist. Denn es gilt:

$$(a, b) = U_{\frac{b-a}{2}}\left(\frac{a+b}{2}\right).$$

Die Intervalle (a, ∞), $(-\infty, b)$, $(-\infty, \infty)$ sind ebenfalls offen.

Die Intervalle $[a, \infty)$, $(a, b]$, $[a, b]$, $(-\infty, b]$, $[a, b)$ sind nicht offen (einmal ist a, einmal ist b kein innerer Punkt der Menge).

Beispiel 1: Es sei (M, d) ein metrischer Raum. Dann ist die leere Menge $\emptyset$ offen in (M, d). Da nämlich $\emptyset$ kein Element enthält, gilt für jeden (nämlich keinen) Punkt von $\emptyset$, daß er innerer Punkt ist; also ist $\emptyset$ offen.

Satz 2.3.4: Es sei (M, d) ein metrischer Raum.

(1) Die Vereinigung beliebig vieler offener Mengen in (M, d) ist offen.

(2) Der Durchschnitt endlich vieler offener Mengen in (M, d) ist offen.

Beweis:

1. Es sei F eine Familie offener Mengen und $\tilde{X} = \bigcup_{X \in F} X$. Ist $\tilde{X} = \emptyset$, so sind wir fertig. Ist $\tilde{X} \neq \emptyset$ und gilt $x_0 \in \tilde{X}$, so gibt es eine Menge $X_0 \in F$ mit $x_0 \in X_0$. Da X_0 offen ist, ist X_0 eine Umgebung von x_0. Wegen $X_0 \subset \tilde{X}$ ist nach Satz 2.3.2 auch $\tilde{X}$ eine Umgebung von x_0.
Da $x_0 \in \tilde{X}$ beliebig war, ist die Menge $\tilde{X}$ Umgebung jedes ihrer Punkte, so daß nach Bemerkung 2 die Menge $\tilde{X}$ offen ist.
2. Es seien $X_1, \ldots, X_n$ offene Mengen und $X^* := \bigcap_{i=1}^{n} X_i$. Ist $X^* = \emptyset$, so sind wir fertig. Ist $X^* \neq \emptyset$ und gilt $x_0 \in X^*$, so ist $x_0 \in X_i$ für alle $i = 1, \ldots, n$. Da die Mengen X_i offen sind, sind diese Mengen Umgebungen von x_0, und nach Satz 2.3.2 ist auch X^* eine Umgebung von x_0. Da $x_0 \in X^*$ beliebig war, ist die Menge X^* Umgebung jedes ihrer Punkte, so daß nach Bemerkung 2 die Menge X^* offen ist.

Bemerkung 3: Der Durchschnitt von mehr als endlich vielen offenen Mengen braucht nicht offen zu sein. Zum Beispiel sind in $\mathbb{R}$ die Mengen

$$X_n = \left(-1 - \frac{1}{n}, 1 + \frac{1}{n}\right)$$

für jedes $n \in \mathbb{N}$ offen. Der Durchschnitt dieser abzählbar vielen Mengen ist

$$X = \bigcap_{n=1}^{\infty} X_n = [-1, 1].$$

Diese Menge ist nicht offen in $\mathbb{R}$.

Wie wir wissen, sind die Intervalle

$$(a, b), \quad (-\infty, b), \quad (a, \infty), \quad (-\infty, \infty)$$

offene Punktmengen. Der folgende Satz zeigt, daß jede offene Teilmenge von $\mathbb{R}$ aus diesen einfachsten offenen Mengen aufgebaut ist.

Satz 2.3.5: Es sei O eine nichtleere, offene Teilmenge von $\mathbb{R}$. Dann ist O die Vereinigung von höchstens abzählbar vielen offenen Intervallen $I_1, I_2, \ldots$ Diese sind paarweise disjunkt, d.h. es gilt $I_n \neq I_m$ für $n \neq m$. Die Darstellung von O in dieser Form ist (bis auf Umnumerierung) eindeutig.

Ohne Beweis.

Neben den offenen Mengen spielen die abgeschlossenen Mengen eine wichtige Rolle.

Definition 2.3.3: Es sei (M, d) ein metrischer Raum und X eine Teilmenge von M. Die Menge X heißt abgeschlossen (genauer: abgeschlossen in (M, d)), wenn das Komplement von X bzgl. M (also die Menge $C_M(X) = M \setminus X$) offen ist in (M, d).

Beispiel 2: Wir betrachten die Menge $\mathbb{R}$, versehen mit der üblichen Metrik.
Jedes Intervall $X = [a, b]$ ist eine abgeschlossene Menge. Es ist nämlich

$$C_{\mathbb{R}}(X) = (-\infty, a) \cup (b, \infty)$$

die Vereinigung von zwei offenen Mengen und damit offen.

Die Intervalle $(-\infty, b]$, $[a, \infty)$, $(-\infty, \infty)$ sind ebenfalls abgeschlossen.
Die Intervalle $[a, b)$, $(a, b]$ sind nicht abgeschlossen (und auch nicht offen).

Beispiel 3: Es sei (M, d) ein metrischer Raum. Da $\emptyset$ und M offen sind und

$$C_M(\emptyset) = M \quad \text{sowie} \quad C_M(M) = \emptyset$$

ist, sind $\emptyset$ und M auch abgeschlossen. Die Begriffe "offen" bzw. "abgeschlossen" schließen sich also nicht gegenseitig aus.

In Analogie zu Satz 2.3.4 gilt das folgende Ergebnis.

Satz 2.3.6: Es sei (M, d) ein metrischer Raum.

(1) Der Durchschnitt beliebig vieler abgeschlossener Mengen in (M, d) ist abgeschlossen.

(2) Die Vereinigung endlich vieler abgeschlossener Mengen in (M, d) ist abgeschlossen.

Der Beweis folgt unmittelbar aus Satz 2.3.4 durch Anwendung der Regeln von DE MORGAN.

Bemerkung 4: Die Vereinigung von mehr als endlich vielen abgeschlossenen Mengen braucht nicht abgeschlossen zu sein. Zum Beispiel sind in $\mathbb{R}$ die Mengen

$$X_n = \left[-1 + \frac{1}{n}, 1 - \frac{1}{n} \right]$$

für jedes $n \in \mathbb{N}$ abgeschlossen. Die Vereinigung dieser abzählbar vielen Mengen ist

$$X = \bigcup_{n=1}^{\infty} X_n = (-1, 1).$$

Diese Menge ist nicht abgeschlossen in $\mathbb{R}$.

Neben den offenen und abgeschlossenen Mengen spielen die sogenannten kompakten Mengen eine wichtige Rolle. Ihre Definition ist etwas komplizierter und erfordert zuerst den Begriff einer offenen Überdeckung.

Definition 2.3.4: Es sei (M, d) ein metrischer Raum und X eine Teilmenge von M. Eine Familie F von offenen Mengen $S \subset M$ heißt offene Überdeckung von X, wenn gilt: $X \subset \bigcup_{S \in F} S$.

Dies ermöglicht nun die Definition von kompakten Mengen.

Definition 2.3.5: Es sei (M, d) ein metrischer Raum. Eine Menge $X \subset M$ heißt kompakt, wenn jede offene Überdeckung F von X eine endliche Teilüberdeckung $S_1, \ldots, S_n$ enthält mit $X \subset \bigcup_{i=1}^{n} S_i$.

Als erste wichtige Eigenschaft von kompakten Mengen zeigen wir:

Satz 2.3.7: Jede kompakte Teilmenge X eines metrischen Raumes M ist beschränkt und abgeschlossen.

Beweis:

1. Es sei $x_0 \in X$ beliebig. Die Mengen

$$U_n(x_0) = \{x\colon\ x \in M,\ d(x, x_0) < n\} \qquad (n \in \mathbb{N})$$

bilden eine offene Überdeckung von M und damit von X. Da X kompakt ist, existiert ein $N \in \mathbb{N}$ mit

$$X \subset \bigcup_{n=1}^{N} U_n(x_0) = U_N(x_0).$$

Für alle $x \in X$ gilt daher $d(x, x_0) < N$, und nach Definition 2.2.2 ist X beschränkt.

2. a) Ist $X = M$, so ist X abgeschlossen.

   b) Für $X \neq M$ zeigen wir, daß unter den Voraussetzungen des Satzes $C_M(X)$ offen ist. Es sei $\bar{x} \in M$, $\bar{x} \notin X$. Für jedes $x \in X$ betrachten wir die Umgebung $U_{\frac{1}{2}d(x, \bar{x})}(x)$.

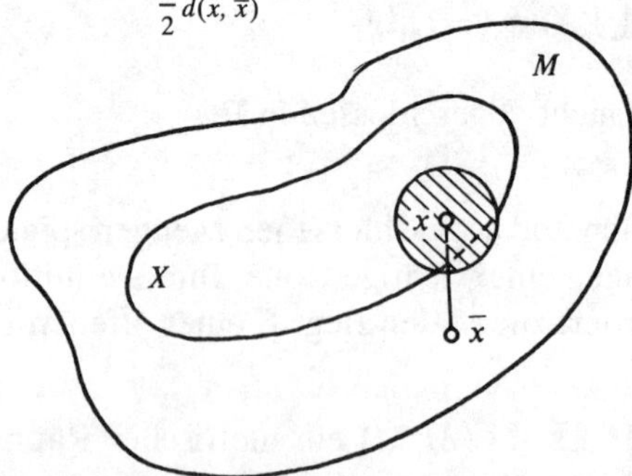

Abb. 2.3.2

Diese Umgebungen bilden eine offene Überdeckung von X, aus der wir wegen der Kompaktheit von X eine endliche Teilüberdeckung von X herausgreifen können:

$$U_{\frac{1}{2}d(x_i,\,\overline{x})}(x_i) \quad (i=1, \ldots, n).$$

Setzen wir

$$\varepsilon = \min_{i=1,\ldots,n} \{\tfrac{1}{2} d(x_i, \overline{x})\},$$

so ist $U_\varepsilon(\overline{x})$ eine Umgebung von $\overline{x}$ mit

$$U_\varepsilon(\overline{x}) \cap \left(\bigcup_{i=1}^{n} U_{\frac{1}{2}d(x_i,\,\overline{x})}(x_i)\right) = \emptyset.$$

Damit ist $\overline{x}$ ein innerer Punkt von $C_M(X)$.

Übungsaufgaben:

1. Welche Intervalle in $\mathbb{R}$ sind kompakt?
2. Man zeige: Die Menge der natürlichen Zahlen bildet mit der Abstandsdefinition

   $$d(n, m) = |n - m| \quad (n.\ m \in \mathbb{N})$$

   einen metrischen Raum, in welchem jede Teilmenge sowohl offen als auch abgeschlossen ist.
3. Für welche $a \geqslant 1$ ist die Menge

   $$X_a = \bigcup_{n=1}^{\infty} \left[\frac{1}{a^{n+1}}, \frac{1}{a^{n-1}} \right]$$

   kompakt?
4. Es sei M ein metrischer Raum und $x \in M$. Man zeige: $\{x\}$ ist abgeschlossen.
5. Es sei (M, d) ein metrischer Raum und $x_0 \in M$. Man zeige: für jedes $\varepsilon \geqslant 0$ ist die Menge $\{x:\ x \in M,\ d(x, x_0) > \varepsilon\}$ offen.
6. Es sei F eine Familie kompakter Teilmengen eines metrischen Raumes M. Man beweise, daß $\bigcap_{S \in F} S$ ebenfalls kompakt ist.
7. Man beweise, daß die Vereinigung endlich vieler kompakter Teilmengen eines metrischen Raumes kompakt ist.
   Ist auch die Vereinigung von mehr als endlich vielen kompakten Mengen stets kompakt?

2.4 Häufungspunkte

Der Umgebungsbegriff erlaubt uns nun, den für den weiteren Ausbau der Analysis wichtigen Begriff des Häufungspunktes einer Menge zu geben. Auch diesem Paragraphen legen wir einen beliebigen metrischen Raum $M = (M, d)$ zugrunde.

Definition 2.4.1: Es sei (M, d) ein metrischer Raum und X eine Teilmenge von M.

(1) Ein Punkt $h \in M$ heißt Häufungspunkt (im Falle $M = \mathbb{R}$ auch Häufungswert) von X, wenn in jeder Umgebung von h unendlich viele Elemente von X liegen.

(2) Wir setzen $H(X) = \{h\colon\ h \text{ ist Häufungspunkt von } X\}$.

Wir bemerken, daß ein Häufungspunkt einer Menge nicht Element der Menge sein muß.

Beispiel 1: Wir betrachten hierzu für $M = \mathbb{R}$ die abzählbare Menge $X = \{x\colon x \in \mathbb{Q}, 0 < x < 1\} \cup \{2\}$. Hier ist $H(X) = [0, 1]$. Die Menge der Häufungswerte ist nicht abzählbar.

Beispiel 2: Wir betrachten für $M = \mathbb{R}$ die Menge $X = \{1, \frac{1}{2}, \frac{1}{3}, \ldots\}$. Hier ist $H(X) = \{0\}$.

Es gilt sofort:

Satz 2.4.1: Es sei $X \subset M$; $h \in M$ ist genau dann Häufungspunkt von X, wenn in jeder Umgebung von h ein $x \in X$ existiert mit $x \neq h$.

Beweis als Übung.

Sehr oft wird auch die Aussage von Satz 2.4.1 als Definition eines Häufungspunktes genommen.

Ferner gilt:

Satz 2.4.2: Es sei $X \subset M$; $h \in M$ ist genau dann Häufungspunkt von X, wenn eine Folge $\{x_n\}$ existiert mit $x_n \in X$, $x_n \neq h$, $x_n \to h$.

Beweis:

1. Gibt es eine solche Folge, so ist h nach Definition 2.4.1 ein Häufungspunkt von X.
2. Ist $h \in H(X)$, so gibt es nach Satz 2.4.1 zu jedem $n \in \mathbb{N}$ ein $x_n \in X$ mit $x_n \neq h$ und $x_n \in U_{\frac{1}{n}}(h)$. Es gilt also $0 < d(x_n, h) < \frac{1}{n}$, und damit $x_n \to h$.

Offene und abgeschlossene Mengen stehen in einem interessanten Zusammenhang mit der Menge ihrer Häufungspunkte. Zunächst erlaubt die Menge der Häufungspunkte eine genaue Charakterisierung von abgeschlossenen Mengen.

Satz 2.4.3: Eine Menge $X \subset M$ ist genau dann abgeschlossen, wenn gilt: $H(X) \subset X$.

Beweis:

1. Es sei X abgeschlossen.
   a) Ist $H(X) = \emptyset$, so gilt $H(X) \subset X$.
   b) Es sei $H(X) \neq \emptyset$ und $h \in H(X)$. Wir nehmen an, $h \notin X$. Da $C_M(X)$ offen ist, gibt es eine Umgebung $U(h)$ mit $U(h) \subset C_M(X)$. Dann kann jedoch h kein Häufungspunkt von X sein. Dies ist ein Widerspruch; also gilt $h \in X$ und damit $H(X) \subset X$.
2. Es gelte $H(X) \subset X$. Wir nehmen an, X sei nicht abgeschlossen; dann ist $C_M(X)$ nicht offen. Also existiert ein $\bar{x} \in C_M(X)$, so daß jede Umgebung von $\bar{x}$ auch Punkte von X enthält. Dies heißt aber, es ist $\bar{x} \in H(X)$ und damit $\bar{x} \in X$. Dies ist ein Widerspruch zu $\bar{x} \in C_M(X)$.

Satz 2.4.4: Für jede Menge $X \subset M$ ist $H(X)$ abgeschlossen.

Beweis als Übung.

Die Bedeutung des Begriffs der Kompaktheit geht sofort hervor aus

Satz 2.4.5: Es sei $X \subset M$, X kompakt. Dann hat jede unendliche Menge $X_0 \subset X$ wenigstens einen Häufungspunkt in X.

Beweis: Wir nehmen an, es gäbe in X keinen Häufungspunkt von X_0. Dann gibt es zu jedem $x \in X$ eine Umgebung $U_{\varepsilon_x}(x)$, die höchstens einen

Punkt von X_0 enthält (nämlich x, falls $x \in X_0$). Diese Umgebungen bilden eine offene Überdeckung von X, aus der man sicher keine endliche Teilüberdeckung auswählen kann, da ja dann gewisse Punkte der (unendlichen) Menge X_0 und damit von X nicht überdeckt würden. Dies ist ein Widerspruch zur Kompaktheit von X.

Übungsaufgaben:

1. Es sei m eine feste natürliche Zahl. Man konstruiere eine Menge reeller Zahlen mit genau m Häufungswerten.
2. Es sei $X = \{x\colon\ x = (-1)^n \cdot (1 + \frac{1}{n});\ n \in \mathbb{N}\}$. Man bestimme $H(X)$.
3. Man zeige: Die Menge $\{1, \frac{1}{2}, \frac{1}{3}, \ldots\}$ ist weder offen noch abgeschlossen.
4. Man zeige: Für jede Menge X ist $H(X) \cup X$ abgeschlossen.
5. Es sei $X = \{x\colon\ x = \frac{1}{n} + \frac{1}{m};\ n, m \in \mathbb{N}\}$. Man bestimme $H(X)$.
6. Es seien $X_1, X_2 \subset \mathbb{R}$. Man beweise: $H(X_1 \cup X_2) = H(X_1) \cup H(X_2)$.

2.5 Der Satz von Bolzano-Weierstrass für $\mathbb{R}$

Die Einführung von Häufungspunkten erhebt die Frage, welche Teilmengen eines metrischen Raumes M überhaupt einen Häufungspunkt besitzen. Neben Satz 2.4.5 gilt hier für $M = \mathbb{R}$ der Satz von Bolzano-Weierstrass, der für Teilmengen von $\mathbb{R}$ genau dieselbe Rolle spielt, wie der Satz von Dedekind für Folgen aus $\mathbb{R}$.

In Definition 2.2.3 haben wir die Beschränktheit einer Teilmenge X in einem allgemeinen metrischen Raum M erklärt. Ist speziell $M = \mathbb{R}$, so ergibt sich aus dieser Definition sofort, daß X genau dann eine beschränkte Teilmenge von $\mathbb{R}$ ist, wenn ein $R > 0$ so existiert, daß gilt

$$|x| \leqslant R \quad \text{für alle } x \in X.$$

In $\mathbb{R}$ sind außer dem Begriff der Beschränktheit auch noch die Begriffe "Beschränktheit nach oben" bzw. "Beschränktheit nach unten" von Wichtigkeit.

Definition 2.5.1: Eine nichtleere Menge $X \subset \mathbb{R}$ heißt:

(1) nach oben beschränkt, wenn eine Konstante $\overline{K} \in \mathbb{R}$ existiert mit $x \leqslant \overline{K}$ für alle $x \in X$; $\overline{K}$ heißt obere Schranke von X;

(2) nach unten beschränkt, wenn eine Konstante $\underline{K} \in \mathbb{R}$ existiert mit $x \geqslant \underline{K}$ für alle $x \in X$; $\underline{K}$ heißt untere Schranke von X.

Offensichtlich ist eine Menge $X \subset \mathbb{R}$ genau dann beschränkt, wenn sie gleichzeitig nach oben und unten beschränkt ist.

Hiermit gilt nun

Satz 2.5.1 (BOLZANO-WEIERSTRASS): Jede beschränkte unendliche Menge $X \subset \mathbb{R}$ hat wenigstens einen Häufungswert.

Beweis: Da X beschränkt ist, existiert eine Konstante K mit $|x| \leqslant K$ für alle $x \in X$. Da X unendlich viele Elemente enthält, liegen in $[-K, 0]$ oder $[0, K]$ unendlich viele Elemente aus X. Es sei $I_1 = [a_1, b_1]$ eines der beiden Teilintervalle mit dieser Eigenschaft. Wir betrachten die Intervalle $[a_1, \frac{1}{2}(a_1 + b_1)]$, $[\frac{1}{2}(a_1 + b_1), b_1]$. In wenigstens einem liegen unendlich viele Elemente aus X. Wir wählen wieder eins dieser Intervalle mit dieser Eigenschaft und nennen es $I_2 = [a_2, b_2]$. So fortfahrend, erhalten wir eine Folge von ineinander geschachtelten Intervallen $I_n = [a_n, b_n]$ mit den Intervallängen:

$$|I_1| = K, \quad |I_2| = \frac{K}{2}, \ldots, \quad |I_n| = \frac{K}{2^{n-1}}.$$

Offensichtlich gilt: $a_n \uparrow$, $a_n \leqslant b_1$, $b_n \downarrow$ und $b_n \geqslant a_1$, d.h. beide Folgen konvergieren nach dem Hauptsatz über monotone Folgen und wegen $b_n - a_n = \frac{K}{2^{n-1}}$ zu demselben Grenzwert $h = \lim\limits_{n \to \infty} a_n = \lim\limits_{n \to \infty} b_n$. Diese Zahl h ist Häufungswert von X. Ist nämlich $\varepsilon > 0$ gegeben, so wählen wir n so groß, daß $\frac{K}{2^{n-1}} < \varepsilon$.

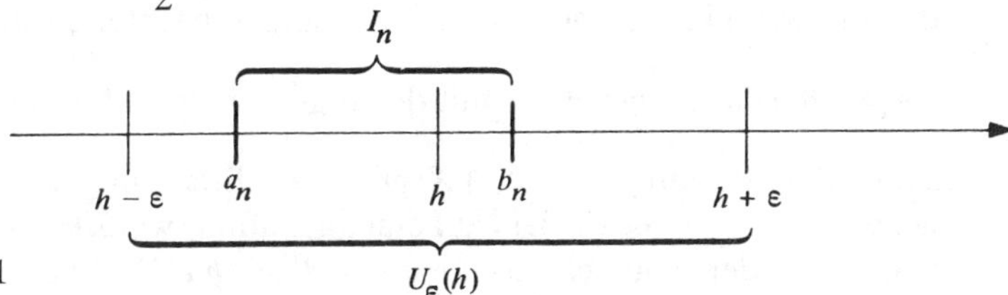

Abb. 2.5.1

Da $a_n \leqslant h \leqslant b_n$ ist, liegt das Intervall $I_n = [a_n, b_n]$ mit der Gesamtlänge $\frac{K}{2^{n-1}}$ ganz in $U_\varepsilon(h) = (h - \varepsilon, h + \varepsilon)$. Da in I_n unendlich viele Punkte von X liegen, liegen also in $U_\varepsilon(h)$ unendlich viele Punkte von X.

2.6 Der Satz von Heine-Borel für $\mathbb{R}$

In 2.3 hatten wir für allgemeine metrische Räume den Begriff der Kompaktheit von Mengen eingeführt. Für den Spezialfall $M = \mathbb{R}$ lassen sich die kompakten Mengen genau charakterisieren:

Satz 2.6.1 (Heine-Borel): Eine Menge $X \subset \mathbb{R}$ ist genau dann kompakt, wenn X beschränkt und abgeschlossen ist.

Beweis:

1. Es sei X kompakt. Dann ist X nach Satz 2.3.7 beschränkt und abgeschlossen.
2. Es sei X beschränkt und abgeschlossen und F eine offene Überdeckung von X. Wir nehmen an, wir könnten aus dieser Überdeckung keine endliche Teilüberdeckung herausgreifen. Da X beschränkt ist, existiert eine Konstante K mit $|x| \leqslant K$ für alle $x \in X$. Wenigstens für eines der Intervalle $[-K, 0]$, $[0, K]$ gibt es dann keine endliche Teilüberdeckung der darin enthaltenen Teilmengen von X. Wir wählen ein solches Intervall und nennen es $I_1 = [a_1, b_1]$. Dann betrachten wir die Intervalle $\left[a_1, \frac{a_1 + b_1}{2}\right]$, $\left[\frac{a_1 + b_1}{2}, b_1\right]$; wenigstens für eines gibt es keine endliche Teilüberdeckung der darin enthaltenen Teilmengen von X. Wir wählen ein solches Intervall und nennen es $I_2 = [a_2, b_2]$. So fortfahrend erhalten wir eine Folge von ineinandergeschachtelten Intervallen $I_n = [a_n, b_n]$ der Länge $\frac{K}{2^{n-1}}$ mit der Eigenschaft, daß es keine endliche Teilüberdeckung von $I_n \cap X$ gibt. Die Intervalle I_n ziehen sich (siehe Beweis von Satz 2.5.1) auf einen Häufungswert h von X zusammen; wegen der Abgeschlossenheit von X gilt $h \in X$. Da die Familie F

die Menge X überdeckt, gibt es wenigstens eine Menge $S \in F$ mit $h \in S$. Da S offen ist, existiert eine ε-Umgebung $U_\varepsilon(h)$ mit $U_\varepsilon(h) \subset S$. Ist nun $\frac{K}{2^{n-1}} < \varepsilon$, so gilt wegen $a_n \leqslant h \leqslant b_n$ (Abbildung 2.5.1):

$$I_n \cap X \subset I_n \subset U_\varepsilon(h) \subset S.$$

Dies ist ein Widerspruch zur Konstruktionsannahme, daß $I_n \cap X$ nur durch unendlich viele Mengen von F überdeckt werden kann. Also ist X kompakt.

2.7 Supremum und Infimum von Mengen

Wir betrachten weiterhin $\mathbb{R}$ und studieren Eigenschaften, die außer der metrischen Struktur von $\mathbb{R}$ auch die Ordnungsstruktur von $\mathbb{R}$ voraussetzen.
Im Abschnitt 2.5 haben wir für Teilmengen von $\mathbb{R}$ obere und untere Schranken eingeführt. Ist etwa K eine obere Schranke von X, so ist auch jede größere Zahl eine obere Schranke, aber natürlich nicht jede kleinere Zahl. Dies stellt die Frage nach einer "besten", d.h. kleinsten oberen Schranke.

Definition 2.7.1: Es sei $X \subset \mathbb{R}$ eine nichtleere und nach oben beschränkte Menge. Eine Zahl $\bar{\xi} \in \mathbb{R}$ heißt kleinste obere Schranke von X oder Supremum von X, wenn

(1) $\bar{\xi}$ eine obere Schranke von X ist,

(2) für jede obere Schranke $\bar{K}$ von X gilt $\bar{K} \geqslant \bar{\xi}$.

Wir benutzen die Bezeichnung $\bar{\xi} = \sup X$.

Es folgt sofort:

Satz 2.7.1: Eine Menge $X \subset \mathbb{R}$ hat höchstens eine kleinste obere Schranke.

Beweis: Wir nehmen an, $\bar{\xi}_1$, $\bar{\xi}_2$ seien zwei kleinste obere Schranken von X. Dann gilt nach **(1)** und **(2)**: $\bar{\xi}_2 \geqslant \bar{\xi}_1$, $\bar{\xi}_1 \geqslant \bar{\xi}_2$, d.h. $\bar{\xi}_1 = \bar{\xi}_2$.

Mit Hilfe des folgenden Satzes ist es möglich, das Supremum einer Menge zu charakterisieren.

Satz 2.7.2: Es sei $X \subset \mathbb{R}$ eine nichtleere und nach oben beschränkte Menge. Dann gilt $\bar{\xi} = \sup X$ genau dann, wenn

(1) $\bar{\xi}$ eine obere Schranke von X ist,

(2) zu jedem $\varepsilon > 0$ ein $x_\varepsilon \in X$ existiert mit $\bar{\xi} - \varepsilon < x_\varepsilon \leqslant \bar{\xi}$.

Beweis:

1. Es sei $\bar{\xi} = \sup X$. Dann ist nach Definition 2.7.1 die Zahl $\bar{\xi}$ eine obere Schranke von X. Ferner ist $\bar{\xi} - \varepsilon$ für jedes $\varepsilon > 0$ keine obere Schranke von X, d.h. es muß auch zu jedem $\varepsilon > 0$ ein $x_\varepsilon \in X$ existieren mit $\bar{\xi} - \varepsilon < x_\varepsilon \leqslant \bar{\xi}$.

2. Es gelten die im Satz angegebenen Bedingungen **(1)** und **(2)**. Dann ist $\bar{\xi}$ eine obere Schranke von X. Es sei $\bar{K}$ ebenfalls eine obere Schranke von X. Wäre $\bar{K} < \bar{\xi}$, etwa $\bar{K} = \bar{\xi} - \varepsilon_0$ mit einem $\varepsilon_0 > 0$, so existiert nach **(2)** ein $x_{\varepsilon_0} \in X$ mit $\bar{K} < x_{\varepsilon_0} \leqslant \bar{\xi}$, d.h. $\bar{K}$ kann keine obere Schranke von X sein. Es folgt also $\bar{K} \geqslant \bar{\xi}$ und damit $\bar{\xi} = \sup X$.

Es ist klar, daß eine nach oben nicht beschränkte Menge keine kleinste obere Schranke besitzt,da sie gar keine obere Schranke besitzt. In diesem Fall definieren wir:

Definition 2.7.2: Ist X nicht nach oben beschränkt, so setzen wir $\sup X = \infty$.

Eine kleinste obere Schranke kann also nur für nach oben beschränkte Mengen existieren. Daß auch in diesem Fall das Problem der Existenz einer kleinsten oberen Schranke keineswegs trivial ist, sieht man, wenn man etwa nur Mengen in $\mathbb{Q}$ betrachtet.

Beispiel: Die Menge $X = \{x\colon\ x \in \mathbb{Q},\ x \geqslant 0,\ x^2 < 2\}$ hat keine kleinste obere Schranke in $\mathbb{Q}$.
Wir nehmen an, eine Zahl $\bar{\xi} \in \mathbb{Q}$ sei kleinste obere Schranke von X. Wäre $\bar{\xi} < \sqrt{2}$, so gäbe es ein $x_0 \in \mathbb{Q}$ mit $\bar{\xi} < x_0 < \sqrt{2}$, d.h. $x_0 \in X$, und $\bar{\xi}$ wäre nicht obere Schranke von X. Wäre $\bar{\xi} > \sqrt{2}$, so gäbe es ein $K \in \mathbb{Q}$ mit $\sqrt{2} < K < \bar{\xi}$. Wegen $x^2 < 2 < K^2$ würde gelten $x < K$ für alle $x \in X$, d.h. $\bar{\xi}$ wäre nicht kleinste obere Schranke von X.

Es bleibt nur $\overline{\xi} = \sqrt{2}$. Dies wäre eine Widerspruch zu $\overline{\xi} \in \mathbb{Q}$.

Dieses Phänomen kann in $\mathbb{R}$ nicht vorkommen. Auf Grund des Satzes von DEDEKIND – über den Hauptsatz über monotone Folgen – können wir beweisen:

Satz 2.7.3: Jede nichtleere und nach oben beschränkte Menge $X \subset \mathbb{R}$ besitzt eine kleinste obere Schranke.

Beweis: Da X nach oben beschränkt ist, existiert ein $b_0 \in \mathbb{R}$ mit $x \leqslant b_0$ für alle $x \in X$. Es sei $a_0 \in X$. Ist a_0 obere Schranke, so ist a_0 kleinste obere Schranke, und wir sind fertig. Ist a_0 nicht kleinste obere Schranke, so betrachten wir die Intervalle $\left[a_0, \frac{a_0+b_0}{2}\right], \left[\frac{a_0+b_0}{2}, b_0\right]$. Ist $\frac{a_0+b_0}{2}$ obere Schranke, so wählen wir das linke Intervall, andernfalls das rechte. Das gewählte Intervall bezeichnen wir mit $I_1 = [a_1, b_1]$. So fortfahrend, indem wir von den zwei durch Halbierung entstehenden Intervallen immer dasjenige auswählen, in dem der rechte Endpunkt, aber nicht der linke Endpunkt obere Schranke ist, erhalten wir eine Folge von ineinandergeschachtelten Intervallen $I_n = [a_n, b_n]$, in denen b_n obere Schranke ist, a_n nicht. Da $a_n \uparrow$, $a_n \leqslant b_0$, $b_n \downarrow$, $b_n \geqslant a_0$, $b_n - a_n = \frac{b_0 - a_0}{2^n} \to 0$, existieren die Grenzwerte und sind gleich: $\lim_{n \to \infty} a_n = \lim_{n \to \infty} b_n = \overline{\xi}$. Wir zeigen, daß $\overline{\xi}$ kleinste obere Schranke ist.
Es sei x ein beliebiges Element von X. Wegen $x \leqslant b_n$ für $n \in \mathbb{N}$ gilt $x \leqslant \overline{\xi}$, d.h. $\overline{\xi}$ ist obere Schranke. Da a_n keine obere Schranke ist, gibt es zu jedem $n \in \mathbb{N}$ ein $x_n \in X$ mit $a_n < x_n$. Aus $a_n < x_n \leqslant \overline{\xi}$ folgt $\lim_{n \to \infty} x_n = \overline{\xi}$ daher kann keine Zahl $\xi' < \overline{\xi}$ obere Schranke sein, d.h. $\overline{\xi}$ ist kleinste obere Schranke.

Es kann gezeigt werden, daß auch umgekehrt der Satz von DEDEKIND aus diesem Satz von der kleinsten oberen Schranke gefolgert werden kann. Sehr oft wird dieser Satz auch als Axiom zu den Körper- und Ordnungseigenschaften von $\mathbb{R}$ hinzugenommen. Dies ersetzt aber nach Ansicht der Autoren für den Anfänger nicht die tatsächliche Konstruktion der reellen Zahlen.

Für die Anwendungen wichtig ist noch

Satz 2.7.4: Es sei X eine nichtleere Teilmenge von $\mathbb{R}$, $\bar{\xi} = \sup X < \infty$. Dann gilt mindestens eine der folgenden Aussagen:

(1) $\bar{\xi} \in X$;

(2) $\bar{\xi} \in H(X)$.

Beweis:

1. Gilt $\bar{\xi} \in X$, so gilt **(1)**.
2. Gilt $\bar{\xi} \notin X$, und ist $\bar{\xi}$ auch kein Häufungswert von X, so gibt es ein $\bar{\varepsilon} > 0$, so daß in $(\bar{\xi} - \bar{\varepsilon},\ \bar{\xi} + \bar{\varepsilon})$ kein $x \in X$ liegt. Dann ist aber $\bar{\xi} - \bar{\varepsilon}$ obere Schranke von X, im Widerspruch zur Definition von $\bar{\xi}$.

Analog definieren wir für untere Schranken:

Definition 2.7.3: Es sei X eine nichtleere und nach unten beschränkte Menge. Eine Zahl $\underline{\xi} \in \mathbb{R}$ heißt größte untere Schranke von X oder Infimum von X, wenn

(1) $\underline{\xi}$ eine untere Schranke von X ist,

(2) für jede untere Schranke $\underline{K}$ von X gilt $\underline{K} \leqslant \underline{\xi}$.

Wir benutzen die Bezeichnung $\underline{\xi} = \inf X$.

Definition 2.7.4: Ist X nicht nach unten beschränkt, so setzen wir $\inf X = -\infty$.

Mit diesen Definitionen gelten sinngemäß alle Sätze über kleinste obere Schranken für die größten unteren Schranken.

Wir erwähnen noch:

Satz 2.7.5: Die Menge $X \subset \mathbb{R}$ sei kompakt. Dann gilt:

(1) $\sup X \in X$;

(2) $\inf X \in X$.

Beweis: Da X abgeschlossen ist, gilt $H(X) \subset X$, d.h. $X \cup H(X) = X$. Nach Satz 2.7.4 sind $\sup X$ und $\inf X$ in $X \cup H(X)$ enthalten; es gilt also $\sup X \in X$, $\inf X \in X$.

Übungsaufgaben:

1. Es sei y eine feste reelle Zahl und $X_y = \{x\colon\; x = y^n;\; n \in \mathbb{N}\}$. Man bestimme in Abhängigkeit von y $\inf X_y$ und $\sup X_y$.

2. Man bestimme $\inf X$ und $\sup X$ für:

   a) $X = \{x\colon\; x = \dfrac{1}{n} + \dfrac{1}{m};\; n, m \in \mathbb{N}\}$,

   b) $X = \{x\colon\; x = \dfrac{m-n}{m+n};\; n, m \in \mathbb{N}\}$.

   Außerdem untersuche man, ob gilt: $\inf \mathrm{X} \in X$, $\sup X \in X$.

3. Es seien X_1, X_2 nichtleere, beschränkte Mengen reeller Zahlen, und es sei

   $X = \{x\colon\; x = x_1 + x_2;\; x_1 \in X_1,\, x_2 \in X_2\}$.

   Man beweise:

   $\inf X = \inf X_1 + \inf X_2$,

   $\sup X = \sup X_1 + \sup X_2$.

4. Es sei X eine nichtleere, beschränkte Menge reeller Zahlen, und es sei für eine feste Zahl $a > 0$:

   $X_a = \{x\colon\; x = a \cdot y;\, y \in X\}$.

   Man beweise:

   $\inf X_a = a \cdot \inf X$,

   $\sup X_a = a \cdot \sup X$.

2.8 Verdichtungspunkte; Limes superior und Limes inferior von Folgen

Für allgemeine metrische Räume haben wir in die Definition der Konvergenz die Existenz eines (nach Satz 2.2.2 eindeutigen) Grenzpunktes einbezogen. Zur Untersuchung nichtkonvergenter Folgen geben wir für einen beliebigen metrischen Raum $M=(M, d)$ folgende

Definition 2.8.1: Es sei (M, d) ein metrischer Raum und $\{x_n\}$ eine Folge aus M.

(1) Ein Punkt $v \in M$ heißt Verdichtungspunkt (im Fall $M=\mathbb{R}$ auch Verdichtungswert) der Folge $\{x_n\}$, wenn in jeder Umgebung von v unendlich viele Elemente von $\{x_n\}$ liegen.

(2) Wir setzen
$V(\{x_n\})=\{v\colon\ v \text{ ist Verdichtungspunkt von } \{x_n\}\}$.

Beispiel 1: Es sei $M=\mathbb{R}$. Wir betrachten die Folge $\{x_n\}$ mit

$x_n=(-1)^n+\dfrac{1}{n}$ $(n \in \mathbb{N})$. Hier gilt offenbar $V(\{x_n\})=\{-1, 1\}$.

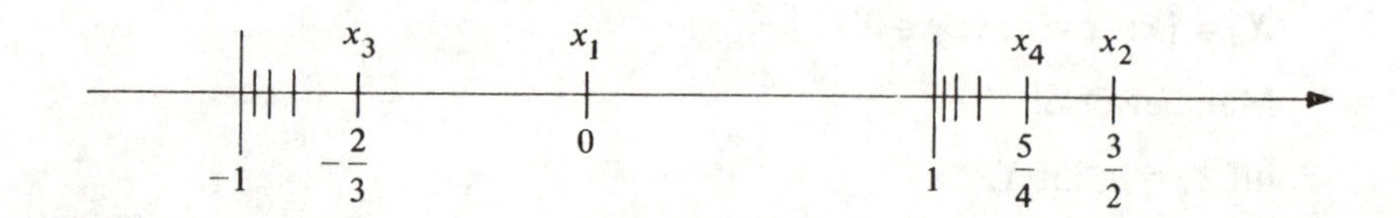

Abb. 2.8.1

Beispiel 2: Es sei $M=\mathbb{R}$ und $\{x_n\}$ die Folge der rationalen Zahlen in $(0, 1)$. Hier ist jede reelle Zahl in $[0, 1]$ Verdichtungswert, d.h. es ist $V(\{x_n\})=[0, 1]$.

Aus Definition 2.8.1 folgt sofort

Satz 2.8.1: Es sei $\{x_n\}$ eine Folge aus M. Genau dann ist v Verdichtungspunkt von $\{x_n\}$, wenn eine Teilfolge $\{x_{n_i}\}$ existiert mit $x_{n_i} \to v$.

Beweis als Übung.

Man muß genau unterscheiden zwischen Häufungspunkten von Mengen und Verdichtungspunkten von Folgen. In der Literatur herrscht hier terminologisch eine enorme Verwirrung, wir weisen daraufhin, daß in manchen Lehrbüchern für einen Verdichtungspunkt einer Folge auch die Bezeichnung "Häufungspunkt einer Folge" verwendet wird. Dadurch gibt es Mißverständnisse, die hauptsächlich wegen des folgenden Phänomens zustande kommen: Wir können einer Folge $\{x_n\}$ eindeutig eine Menge $X(\{x_n\}) = \{x\colon\ x = x_n$ für ein $n \in \mathbb{N}\}$ zuordnen. Jedoch sind im allgemeinen Verdichtungspunkte der Folge nicht Häufungspunkte der zugeordneten Menge! Der Grund liegt darin, daß für eine Folge ein Verdichtungspunkt dadurch zustande kommen kann, daß eine Zahl unendlich oft auftritt, während dies für Häufungspunkte einer Menge ausgeschlossen ist.

Beispiel 3: Es sei $M = \mathbb{R}$. Wir betrachten die Folge $\{x_n\}$ mit $x_n = (-1)^n$ $(n \in \mathbb{N})$. Hier ist $X(\{x_n\}) = \{-1, 1\}$; $V(\{x_n\}) = \{-1,1\}$; aber keiner der Verdichtungswerte von $\{x_n\}$ ist Häufungswert der Menge $X(\{x_n\})$ (die ja nur aus 2 Elementen besteht).

Für den Rest des Paragraphen beschränken wir uns auf $M = \mathbb{R}$, da wir im folgenden wieder wesentlichen Gebrauch von der Ordnungsstruktur in $\mathbb{R}$ machen werden.

Wir beschäftigen uns zuerst mit der Frage, welche Folgen aus $\mathbb{R}$ Verdichtungswerte haben. In Analogie zum Satz von BOLZANO-WEIERSTRASS für Mengen gilt

Satz 2.8.2: Eine beschränkte Folge $\{x_n\}$ hat wenigstens einen Verdichtungswert.

Beweis: Wir betrachten die beschränkte Menge $X(\{x_n\})$.

1. Ist diese Menge endlich, so gibt es wenigstens eine konstante Teilfolge: $x_{n_i} = v$. Dann gilt $x_{n_i} \to v$, d.h. v ist Verdichtungswert.
2. Ist die Menge unendlich, so hat sie einen Häufungswert h. Gegen h konvergiert dann eine Teilfolge von $\{x_n\}$ d.h. h ist Verdichtungswert.

Es stellt sich nun die Frage, ob es einen größten und einen kleinsten Verdichtungswert gibt. Hierzu zeigen wir zuerst:

Satz 2.8.3: Ist $\{x_n\}$ beschränkt, so ist $V(\{x_n\})$ abgeschlossen und damit kompakt.

Beweis:

1. Hat $V(\{x_n\})$ keinen Häufungswert, so ist $V(\{x_n\})$ nach Satz 2.4.3 abgeschlossen.
2. Es sei h ein Häufungswert von $V(\{x_n\})$. Dann gibt es zwei Möglichkeiten:

   a) $h \in V(\{x_n\})$. In diesem Fall sind wir fertig.

   b) $h \notin V(\{x_n\})$. Dann gibt es zu jedem $k \in \mathbb{N}$ ein $v_k \in V(\{x_n\})$ mit $|v_k - h| < \dfrac{1}{k}$. Da v_k Verdichtungswert von $\{x_n\}$ ist, gibt es ein x_{n_k} mit $|v_k - x_{n_k}| < \dfrac{1}{k}$. Es folgt:

   $$|x_{n_k} - h| \leqslant |x_{n_k} - v_k| + |v_k - h| < \frac{2}{k},$$

   d.h. h ist ein Verdichtungswert von $\{x_n\}$.

Wir können nun folgendes definieren.

Definition 2.8.2: Die Folge $\{x_n\}$ sei beschränkt. Wir setzen:

(1) $\overline{\lim\limits_{n \to \infty}}\, x_n = \sup V(\{x_n\})$,

(2) $\underline{\lim\limits_{n \to \infty}}\, x_n = \inf V(\{x_n\})$.

Die wichtigste Eigenschaft dieser speziellen Verdichtungswerte wird im folgenden Satz angegeben.

Satz 2.8.4: Die Folge $\{x_n\}$ sei beschränkt. Dann existiert zu jedem $\varepsilon > 0$ ein K_ε, so daß für alle $k > K_\varepsilon$ gilt:

$$\underline{\lim_{n \to \infty}}\, x_n - \varepsilon < x_k < \overline{\lim_{n \to \infty}}\, x_n + \varepsilon.$$

Beweis: Nach Voraussetzung gibt es eine Konstante K mit $|x_n| \leqslant K$ für alle $n \in \mathbb{N}$.

1. Wir beweisen die rechte Ungleichung. Dazu nehmen wir an, daß zu einem $\bar{\varepsilon} > 0$ kein $K_{\bar{\varepsilon}}$ mit der genannten Eigenschaft existiert. Dann gibt es unendlich viele $m \in \mathbb{N}$ mit $x_m \geqslant \overline{\lim_{n \to \infty}} x_n + \bar{\varepsilon}$. Da die Folge andererseits beschränkt ist, hat sie nach Satz 2.8.2 einen Verdichtungswert $v \geqslant \overline{\lim_{n \to \infty}} x_n + \bar{\varepsilon}$. Dies ist jedoch ein Widerspruch zu Definition 2.8.2.

2. Analog läßt sich die linke Ungleichung beweisen.

Mit Hilfe von Limes inferior und Limes superior lassen sich die konvergenten Folgen genau charakterisieren; es gilt:

Satz 2.8.5: Eine beschränkte Folge $\{x_n\}$ ist genau dann konvergent, wenn gilt:

$$\underline{\lim_{n \to \infty}} x_n = \overline{\lim_{n \to \infty}} x_n .$$

Beweis als Übung.
Um auch für nichtbeschränkte Folgen kurze Bezeichnungen zu haben, geben wir zum Schluß

Definition 2.8.3: Es sei $\{x_n\}$ eine beliebige Folge.

(1) Gibt es zu jedem $K \in \mathbb{R}$ ein N_K mit $x_n > K$ für alle $n > N_k$, so schreiben wir: $\lim_{n \to \infty} x_n = +\infty$ oder $x_n \to \infty$ $(n \to \infty)$ oder $x_n \to \infty$.

(2) Gibt es zu jedem $K \in \mathbb{R}$ ein N_K mit $x_n < K$ für alle $n > N_K$, so schreiben wir: $\lim_{n \to \infty} x_n = -\infty$ oder $x_n \to -\infty$ $(n \to \infty)$ oder $x_n \to -\infty$.

(3) Gilt für eine Teilfolge: $x_{n_i} \to +\infty$, so setzen wir: $\overline{\lim_{n \to \infty}} x_n = +\infty$.

(4) Gilt für eine Teilfolge: $x_{n_i} \to -\infty$, so setzen wir: $\underline{\lim_{n \to \infty}} x_n = -\infty$.

Übungsaufgaben:

1. Man bestimme alle Verdichtungswerte der Folge $\{x_n\}$ mit:

   a) $x_n = (-1)^{n+1} \dfrac{n+1}{3n+2}$,

   b) $x_n = (-1)^{\frac{1}{2}n(n+1)} \cdot n^{1-(-1)^n}$.

2. Es seien $\{x_n\}$, $\{y_n\}$ beschränkte Folgen reeller Zahlen mit $x_n < y_n$. Man beweise:

   $$\varliminf_{n\to\infty} x_n \leqslant \varliminf_{n\to\infty} y_n; \quad \varlimsup_{n\to\infty} x_n \leqslant \varlimsup_{n\to\infty} y_n.$$

3. Es sei $\{x_n\}$ eine Folge reeller Zahlen und $\alpha \in \mathbb{R}$. Man beweise:

   a) Ist $\alpha < \varlimsup\limits_{n\to\infty} x_n$, so folgt $\alpha < x_n$ für unendlich viele n.

   b) Ist $\alpha < x_n$ für unendlich viele n, so folgt $\alpha \leqslant \varlimsup\limits_{n\to\infty} x_n$.

   c) Ist $\alpha > \varlimsup\limits_{n\to\infty} x_n$, so gibt es ein N mit $\alpha > x_n$ für alle $n > N$.

   d) Gibt es ein N mit $\alpha > x_n$ für alle $n > N$, so gilt: $\alpha \geqslant \varlimsup\limits_{n\to\infty} x_n$.

   Man formuliere analoge Aussagen für $\varliminf\limits_{n\to\infty} x_n$.

4. Es seien $\{x_n\}$, $\{y_n\}$ beschränkte Folgen. Man beweise:

   a) $\varlimsup\limits_{n\to\infty} (x_n + y_n) \leqslant \varlimsup\limits_{n\to\infty} x_n + \varlimsup\limits_{n\to\infty} y_n$,

   b) $\varlimsup\limits_{n\to\infty} (x_n - y_n) \leqslant \varlimsup\limits_{n\to\infty} x_n - \varliminf\limits_{n\to\infty} y_n$.

5. Es seien $\{x_n\}$, $\{y_n\}$ beschränkte Folgen mit $x_n > 0$, $y_n > 0$. Man beweise:

   $$\varliminf_{n\to\infty} (x_n y_n) \geqslant (\varliminf_{n\to\infty} x_n) \cdot (\varliminf_{n\to\infty} y_n).$$

6. Es sei $\{x_n\}$ eine Folge mit $x_n \neq 0$ für alle n. Man beweise:

   Aus $\varlimsup\limits_{n\to\infty} \left| \dfrac{x_{n+1}}{x_n} \right| < 1$ folgt $\lim\limits_{n\to\infty} x_n = 0$.

2.9 Abbildungen, Stetigkeit, gleichmäßige Stetigkeit

Das Hauptinteresse der Analysis besteht in der Untersuchung von Funktionen, d.h. Abbildungen eines metrischen Raumes in einen Körper. Diese Abbildungen sind nicht nur in der Mathematik von großer Wichtigkeit, sondern in allen Gebieten der Naturwissenschaften.
Wir werden in den folgenden Abschnitten hauptsächlich Funktionen $f\colon \mathbb{R} \to \mathbb{R}$ (reellwertige Funktionen einer reellen Variablen) studieren, später dann auch Funktionen betrachten, die aus anderen Mengen in andere Mengen abbilden. Es erweist sich daher bei den meisten Untersuchungen als zweckmäßig, eine allgemeine Betrachtungsweise zugrunde zu legen und Funktionen $f\colon X \to Y$ zu behandeln, wobei X und Y metrische Räume sind. Durch eine solche scheinbare Abstraktion wird im Grunde eine Vereinfachung und Vereinheitlichung der gesamten Diskussion von Funktionen erreicht.

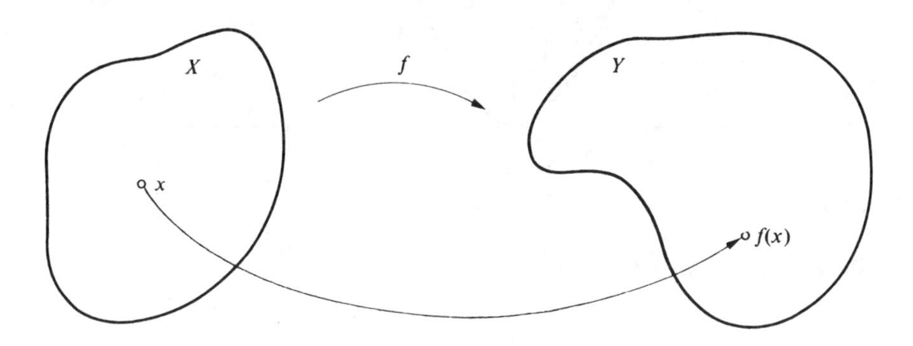

Abb. 2.9.1

Wir studieren hauptsächlich Ergebnisse für Funktionen folgender Typen:

(1) $f\colon X \to Y$, (X, Y metrische Räume);

(2) $f\colon X \to \mathbb{R}$, (X metrischer Raum);

(3) $f\colon \mathbb{R} \to \mathbb{R}$.

Es ist klar, daß jedes Ergebnis für Funktionen des 1. Typs auch ein Ergebnis für Funktionen des 2. Typs und jedes Ergebnis für Funktionen des 2. Typs auch ein Ergebnis für Funktionen des 3. Typs ist.

Im Falle f: $\mathbb{R} \to \mathbb{R}$ kann man den "Verlauf" einer solchen Funktion graphisch veranschaulichen. Dazu benutzt man i.a. ein rechtwinkliges Koordinatensystem in der Ebene $\mathbb{R} \times \mathbb{R}$ und zeichnet alle Paare von reellen Zahlen $(x, y) \in \mathbb{R} \times \mathbb{R}$, wobei $x \in D(f)$, $y = f(x)$. Wir bezeichnen dann die Menge $S_f = \{(x, y):\ x \in D(f),\ y = f(x)\}$ als Schaubild oder Graph von f.

Beispiel 1: $D(f) = \mathbb{R}$, $f(x) = x^2$.

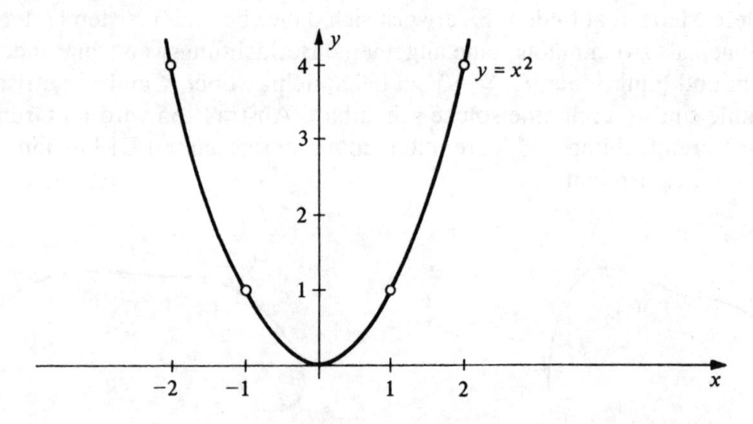

Abb. 2.9.2

Beispiel 2: $D(f) = C_{\mathbb{R}}\{0\}$, $f(x) = \dfrac{1}{x}$.

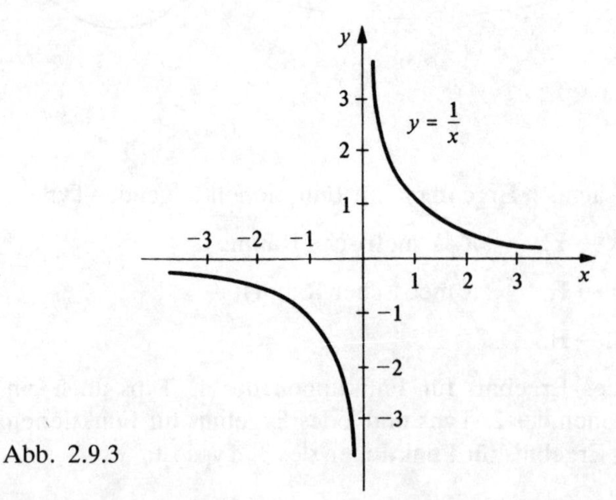

Abb. 2.9.3

Beispiel 3:

$$D(f) = [0, 1], \quad f(x) = \begin{cases} 0 & \text{falls } x \text{ rational} \\ 1 & \text{falls } x \text{ irrational} \end{cases}.$$

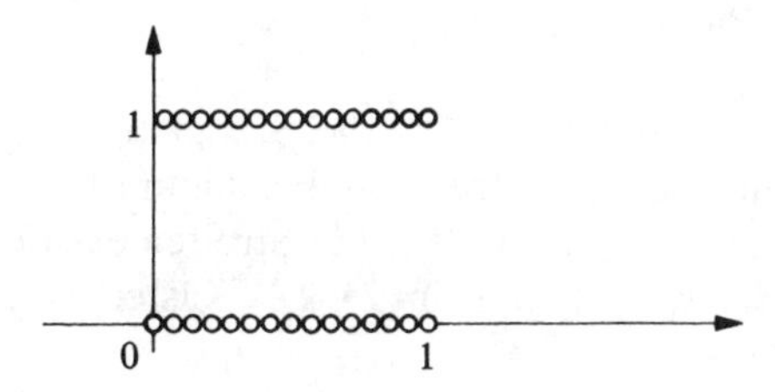

Abb. 2.9.4

Der erste wichtige Begriff dieser Art von Abbildungen ist der Begriff der Stetigkeit.

Definition 2.9.1: Es seien X, Y metrische Räume, f: $X \to Y$.

(1) f heißt stetig an $x_0 \in D(f)$, wenn zu jedem $\varepsilon > 0$ ein $\delta_\varepsilon > 0$ existiert, so daß für alle $x \in D(f) \cap U_{\delta_\varepsilon}(x_0)$ folgt: $f(x) \in U_\varepsilon(f(x_0))$.

(2) f heißt stetig auf $X_0 \subset D(f)$, wenn f stetig ist an allen Punkten $x_0 \in X_0$.

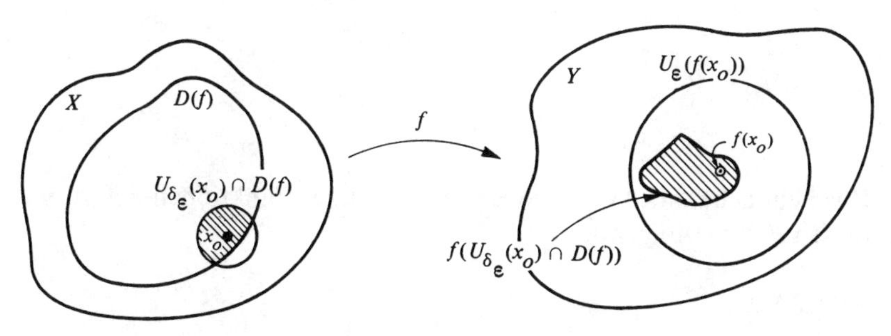

Abb. 2.9.5

Für den wichtigsten Fall $X = Y = \mathbb{R}$ ist dies die klassische ε-δ_ε-Definition der Stetigkeit einer Funktion:

Definition 2.9.2:

(1) Die Funktion f: $\mathbb{R} \to \mathbb{R}$ heißt stetig an $x_0 \in D(f)$, wenn zu jedem $\varepsilon > 0$ ein $\delta_\varepsilon > 0$ existiert, so daß aus $|x - x_0| < \delta_\varepsilon$, $x \in D(f)$ stets folgt: $|f(x) - f(x_0)| < \varepsilon$.

(2) f heißt stetig auf $X_0 \subset D(f)$, wenn f stetig ist an allen Punkten $x_0 \in X_0$.

In diesem Falle können wir uns die Stetigkeit auch am Schaubild der Funktion klarmachen. Unsere Stetigkeitsdefinition besagt nämlich, daß bei vorgegebenem 2ε-Streifen ein $2\delta_\varepsilon$-Streifen existieren muß, so daß die Funktion für $|x - x_0| < \delta_\varepsilon$ ganz im 2ε-$2\delta_\varepsilon$-Kästchen verläuft:

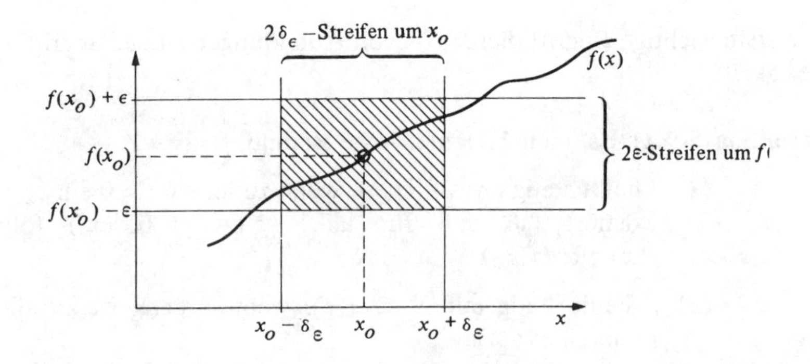

Abb. 2.9.6

Zwei einfache, aber wichtige Beispiele stetiger Funktionen liefert uns für diesen Fall der folgende

Satz 2.9.1:

(1) Die Funktion f: $\mathbb{R} \to \mathbb{R}$, die durch $D(f) = \mathbb{R}$, $f(x) = a$ definiert ist, ist stetig auf $\mathbb{R}$.

(2) Die Funktion f: $\mathbb{R} \to \mathbb{R}$, die durch $D(f) = \mathbb{R}$, $f(x) = x$ definiert ist, ist stetig auf $\mathbb{R}$.

Beweis:

1. Es seien $x_0 \in \mathbb{R}$ und $\varepsilon > 0$ gegeben. Für jedes $\delta_\varepsilon > 0$ folgt aus $|x - x_0| < \delta_\varepsilon$ die Ungleichung: $|f(x) - f(x_0)| = |a - a| < \varepsilon$. Also ist f stetig an x_0; da x_0 beliebig war, ergibt sich **(1)**.
2. Es seien $x_0 \in \mathbb{R}$ und $\varepsilon > 0$ gegeben. Wählen wir $\delta_\varepsilon = \varepsilon$, so folgt aus $|x - x_0| < \delta_\varepsilon$ die Ungleichung: $|f(x) - f(x_0)| = |x - x_0| < \varepsilon$. Also ist f stetig an x_0; da x_0 beliebig war, ergibt sich **(2)**.

Der folgende Satz ist von großem praktischen Interesse, weil er die Stetigkeit mit der Konvergenz von Folgen koppelt.

Satz 2.9.2: Es seien X, Y metrische Räume, f: $X \to Y$. Genau dann ist f stetig an $x_0 \in D(f)$, wenn für jede Folge $\{x_n\}$ aus $D(f)$ mit $x_n \to x_0$ gilt: $f(x_n) \to f(x_0)$.

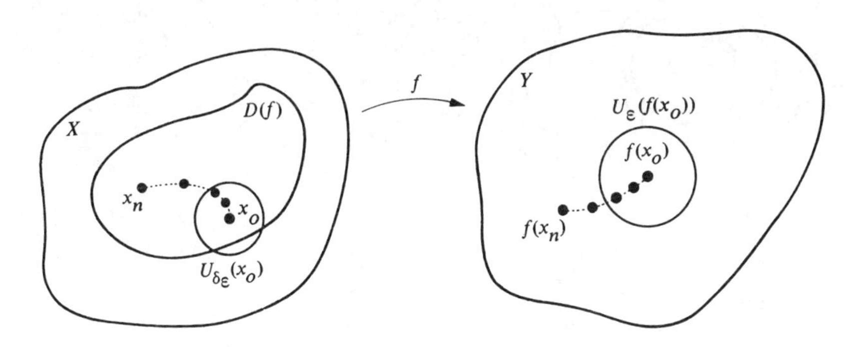

Abb. 2.9.7

Beweis:

1. Es sei f stetig an x_0, $\varepsilon > 0$ gegeben. Dann existiert ein $\delta_\varepsilon > 0$, so daß aus $x \in U_{\delta_\varepsilon}(x_0) \cap D(f)$ folgt: $f(x) \in U_\varepsilon(f(x_0))$. Es sei $\{x_n\}$ nun eine beliebige Folge aus $D(f)$ mit $x_n \to x_0$. Zu $\delta_\varepsilon > 0$ existiert dann ein N_{δ_ε}, so daß für alle $n > N_{\delta_\varepsilon}$ gilt: $x_n \in U_{\delta_\varepsilon}(x_0)$. Für alle $n > N_{\delta_\varepsilon}$ gilt dann $f(x_n) \in U_\varepsilon(f(x_0))$. Dies heißt aber $f(x_n) \to f(x_0)$.
2. Für jede Folge $\{x_n\}$ aus $D(f)$ mit $x_n \to x_0$ gelte $f(x_n) \to f(x_0)$. Wir nehmen an, f ist nicht stetig an x_0. Dann gibt es ein $\bar{\varepsilon} > 0$, zu welchem kein $\delta_{\bar{\varepsilon}} > 0$ existiert, so daß aus $x \in U_{\delta_{\bar{\varepsilon}}}(x_0) \cap D(f)$ folgt:

$f(x) \in U_{\bar{\varepsilon}}(f(x_0))$. Zu jedem $n \in \mathbb{N}$ gibt es dann ein $x_n \in D(f)$ mit $x_n \in U_{\frac{1}{n}}(x_0)$, aber $f(x_n) \notin U_{\bar{\varepsilon}}(f(x_0))$. Es gilt dann: $x_n \to x_0$, aber $f(x_n) \not\to f(x_0)$ im Widerspruch zur Voraussetzung.

Als Anwendung beweisen wir für zusammengesetzte Abbildungen:

Satz 2.9.3: Es seien X, Y, Z metrische Räume und

f: $X \to Y$
g: $Y \to Z$, wobei $B(f) \subset D(g)$.

Dann gilt: Ist f stetig an $x_0 \in D(f)$, g stetig an $f(x_0)$, so ist $g \circ f$ stetig an x_0.

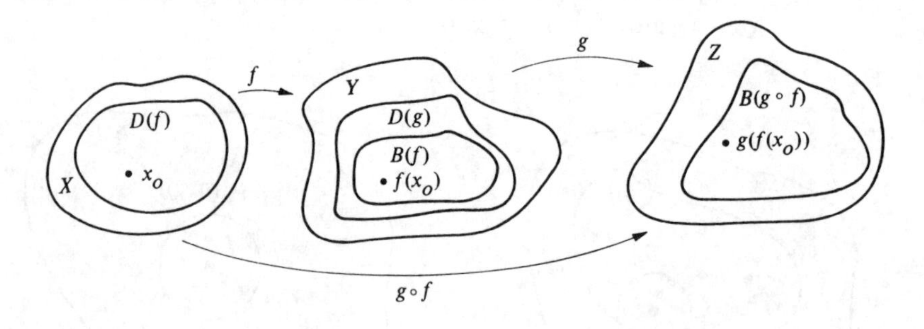

Abb. 2.9.8

Beweis: Es sei $\{x_n\}$ eine Folge aus $D(f)$ mit $x_n \to x_0$. Wegen der Stetigkeit von f an x_0 folgt dann $f(x_n) \to f(x_0)$ und wegen der Stetigkeit von g an $f(x_0)$:

$$(g \circ f)(x_n) = g(f(x_n)) \to g(f(x_0)) = (g \circ f)(x_0).$$

Damit ist der Satz bewiesen.

Zur Motivierung des Begriffes der "gleichmäßigen Stetigkeit" einer Funktion betrachten wir für $X = Y = \mathbb{R}$ auf $D(f) = \mathbb{R}^+$ die Funktion $f(x) = \frac{1}{x}$. Diese ist an jedem $x_0 \in \mathbb{R}^+$ stetig. Ist nämlich $\{x_n\}$ eine beliebige Folge aus $\mathbb{R}^+$ mit $x_n \to x_0$, so gilt:

$$f(x_n) = \frac{1}{x_n} \to \frac{1}{x_0} = f(x_0).$$

Doch ist die Konvergenz nicht gleichmäßig in dem Sinn, daß für vorgegebenes $\varepsilon > 0$ ein $\delta_\varepsilon > 0$ existiert, so daß $f(x) \in U_\varepsilon(f(x_0))$, falls nur $x \in U_{\delta_\varepsilon}(x_0)$, ganz gleich wo $x_0 \in \mathbb{R}^+$ liegt. Denn für vorgegebenes $\varepsilon > 0$ muß, damit die Funktion für $|x - x_0| < \delta_\varepsilon$ im 2ε-Streifen verläuft, δ_ε immer kleiner gewählt werden, je näher x_0 bei 0 liegt (siehe Abb. 2.9.9); d.h. es gibt kein $\delta_\varepsilon > 0$, das wir für alle Punkte $x_0 \in \mathbb{R}^+$ verwenden könnten.

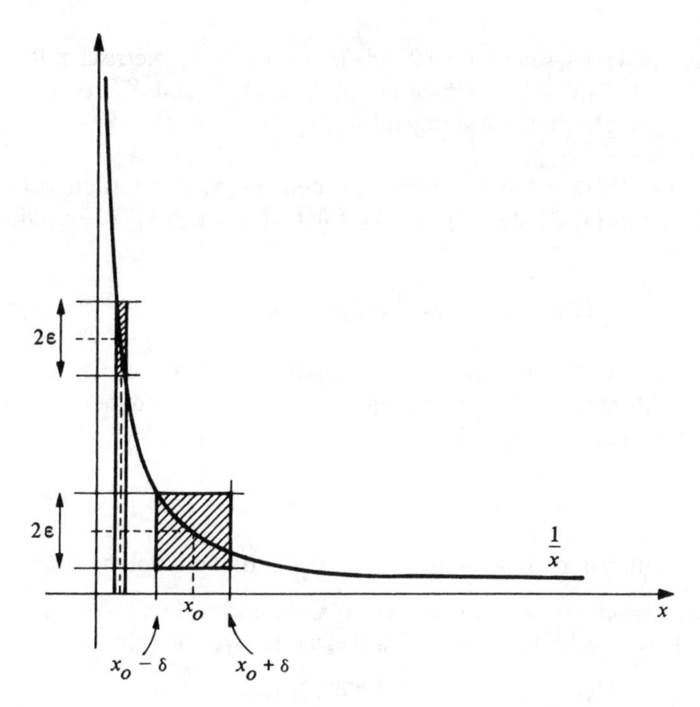

Abb. 2.9.9

Dies gibt Anlaß zur

Definition 2.9.3: Es seien $X = (X, d_X)$, $Y = (Y, d_Y)$ metrische Räume, $f\colon X \to Y$. Die Funktion f heißt gleichmäßig stetig auf $X_0 \subset D(f)$, wenn es zu jedem $\varepsilon > 0$ ein Universal-$\delta_\varepsilon > 0$ gibt, so daß aus $x_1, x_2 \in X_0$, $d_X(x_1, x_2) < \delta_\varepsilon$ folgt: $d_Y(f(x_1), f(x_2)) < \varepsilon$.

Wir bemerken, daß (im Gegensatz zur Stetigkeit) die gleichmäßige Stetigkeit eine Eigenschaft von f auf einer ganzen Menge X_0 ist. Stetigkeit ist also eine lokale, gleichmäßige Stetigkeit eine globale Eigenschaft von f. Aus der gleichmäßigen Stetigkeit einer Funktion auf einer Menge X_0 folgt natürlich sofort die Stetigkeit der "auf X_0 eingeschränkten Funktion" g mit

$$D(g)=X_0, \quad g(x)=f(x)$$

in jedem Punkt von X_0, aber i.a. nicht umgekehrt. Jedoch im besonders wichtigen Fall, daß X_0 kompakt ist, gilt

Satz 2.9.4: Es seien $X=(X, d_X)$, $Y=(Y, d_Y)$ metrische Räume und $f: X \to Y$. Ist f stetig auf $X_0 \subset D(f)$ und X_0 kompakt, so ist f gleichmäßig stetig auf X_0.

Beweis: Es sei $\varepsilon>0$ gegeben. Zu jedem $\xi \in X_0$ existiert ein $\delta_\varepsilon(\xi)>0$, so daß aus $d_X(x, \xi)<\delta_\varepsilon(\xi)$, $x \in X_0$ folgt $d_Y(f(x), f(\xi))<\frac{1}{2}\varepsilon$. Die offenen Mengen:

$$U(\xi)=\{x:\ d_X(x, \xi)<\tfrac{1}{2}\delta_\varepsilon(\xi)\}$$

überdecken X_0. Wegen der Kompaktheit von X_0 reichen endlich viele dieser Mengen zur Überdeckung von X_0 aus. Es gibt daher eine natürliche Zahl n und $\xi_1, \ldots, \xi_n \in X_0$ mit

$$X_0 \subset \bigcup_{i=1}^{n} U(\xi_i).$$

Wir wählen nun $\delta_\varepsilon=\min\limits_{1 \leqslant i \leqslant n}\{\frac{1}{2}\delta_\varepsilon(\xi_i)\}$ und behaupten, daß dies ein Universal-δ_ε ist. Dazu seien $x_1, x_2 \in X_0$ und $d_X(x_1, x_2)<\delta_\varepsilon$. Zu x_1 existiert ein geeignetes ξ_{i_1} (mit $1 \leqslant i_1 \leqslant n$), für welches gilt:

$$d_X(x_1, \xi_{i_1})<\tfrac{1}{2}\delta_\varepsilon(\xi_{i_1})<\delta_\varepsilon(\xi_{i_1}),$$

woraus folgt:

$$d_Y(f(x_1), f(\xi_{i_1}))<\tfrac{1}{2}\varepsilon.$$

Ferner erhält man:

$$d_X(x_2, \xi_{i_1}) \leqslant d_X(x_1, x_2)+d_X(x_1, \xi_{i_1})<\delta_\varepsilon+\tfrac{1}{2}\delta_\varepsilon(\xi_{i_1}) \leqslant$$
$$\leqslant \tfrac{1}{2}\delta_\varepsilon(\xi_{i_1})+\tfrac{1}{2}\delta_\varepsilon(\xi_{i_1})=\delta_\varepsilon(\xi_{i_1}).$$

Es gilt also auch:

$$d_Y(f(x_2), f(\xi_{i_1})) < \tfrac{1}{2}\varepsilon.$$

Insgesamt ergibt sich nun:

$$d_Y(f(x_1), f(x_2)) \leqslant d_Y(f(x_1), f(\xi_{i_1})) + d_Y(f(x_2), f(\xi_{i_1})) <$$

$$< \tfrac{1}{2}\varepsilon + \tfrac{1}{2}\varepsilon = \varepsilon.$$

Also ist f gleichmäßig stetig auf X_0.

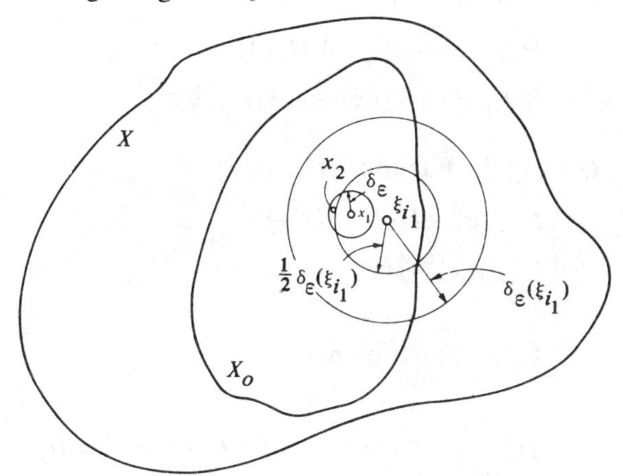

Abb. 2.9.10

2.10 Reellwertige Funktionen auf metrischen Räumen

Im vorigen Paragraphen haben wir Abbildungen f eines metrischen Raumes X in einen metrischen Raum Y untersucht. Wir wollen jetzt eine Spezialisierung vornehmen, indem wir für den Bildraum $Y = \mathbb{R}$ setzen. In

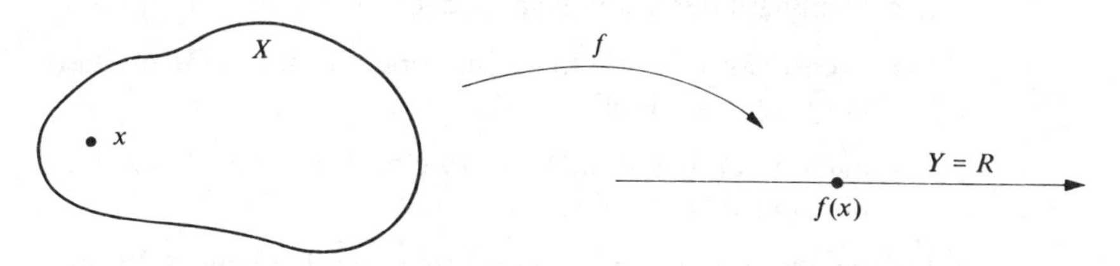

Abb. 2.10.1

diesem Fall sind die Bilder $f(x)$ reelle Zahlen, und wir sprechen von einer reellwertigen Funktion oder kürzer Funktion.

Für reellwertige Funktionen können wir nun algebraische Operationen definieren.

Definition 2.10.1: Es sei X ein metrischer Raum, $f, g\colon X \to \mathbb{R}$. Dann definieren wir als:

(1) $f+g$ die Funktion mit:

$$D(f+g) = D(f) \cap D(g);$$

$$(f+g)(x) = f(x) + g(x).$$

(2) $f \cdot g$ die Funktion mit:

$$D(f \cdot g) = D(f) \cap D(g);$$

$$(f \cdot g)(x) = f(x) \cdot g(x).$$

(3) $\dfrac{f}{g}$ die Funktion mit:

$$D\left(\frac{f}{g}\right) = D(f) \cap \{x\colon\ x \in D(g),\ g(x) \neq 0\};$$

$$\left(\frac{f}{g}\right)(x) = \frac{f(x)}{g(x)}.$$

In Analogie zur Beschränktheit einer Folge definieren wir nun die Beschränktheit einer Funktion.

Definition 2.10.2: Es sei X ein metrischer Raum, $f\colon X \to \mathbb{R}$. Die Funktion f heißt auf der Teilmenge $X_0 \subset D(f)$:

(1) nach oben beschränkt, wenn eine Konstante $\overline{M}$ existiert mit $f(x) \leq \overline{M}$ für alle $x \in X_0$;

(2) nach unten beschränkt, wenn eine Konstante $\underline{M}$ existiert mit $f(x) \geq \underline{M}$ für alle $x \in X_0$;

(3) beschränkt, wenn sie gleichzeitig nach oben und unten beschränkt ist.

Offensichtlich ist eine Funktion f auf X_0 genau dann beschränkt, wenn eine Konstante M existiert mit $|f(x)| \leqslant M$ für alle $x \in X_0$.

Es gilt sofort:

Satz 2.10.1: Es sei X ein metrischer Raum, f, g: $X \to \mathbb{R}$. Sind f und g beschränkt auf X_0, dann sind auch $f+g$ und $f \cdot g$ beschränkt auf X_0.

Beweis als Übung.

Für die durch arithmetische Operationen entstehenden Funktionen können wir sofort den folgenden Stetigkeitssatz beweisen:

Satz 2.10.2: Es sei X ein metrischer Raum, f, g: $X \to \mathbb{R}$, ferner seien f, g stetig an $x_0 \in D(f) \cap D(g)$. Dann gilt:

(1) $f+g$ ist stetig an x_0;

(2) $f \cdot g$ ist stetig an x_0;

(3) $\dfrac{f}{g}$ ist stetig an x_0, falls $g(x_0) \neq 0$.

Beweis: Wir benutzen Satz 2.9.2. Für eine beliebige Folge $\{x_n\}$ aus $D(f) \cap D(g)$ mit $\lim\limits_{n \to \infty} x_n = x_0$ gilt:

1. $$\lim_{n \to \infty} ((f+g)(x_n)) = \lim_{n \to \infty} (f(x_n) + g(x_n)) = \lim_{n \to \infty} f(x_n) + \lim_{n \to \infty} g(x_n) =$$
$$= f(x_0) + g(x_0) = (f+g)(x_0);$$

2. $$\lim_{n \to \infty} ((f \cdot g)(x_n)) = \lim_{n \to \infty} (f(x_n) \cdot g(x_n)) = \lim_{n \to \infty} f(x_n) \cdot \lim_{n \to \infty} g(x_n) =$$
$$= f(x_0) \cdot g(x_0) = (f \cdot g)(x_0);$$

3. falls noch $x_n \in D\left(\dfrac{f}{g}\right)$, d.h. $g(x_n) \neq 0$ ist

$$\lim_{n \to \infty} \left(\frac{f}{g}(x_n)\right) = \lim_{n \to \infty} \frac{f(x_n)}{g(x_n)} = \frac{\lim\limits_{n \to \infty} f(x_n)}{\lim\limits_{n \to \infty} g(x_n)} = \frac{f(x_0)}{g(x_0)} = \left(\frac{f}{g}\right)(x_0).$$

Wir beweisen nun einen wichtigen Satz über die Bildmenge einer stetigen Funktion.

Satz 2.10.3: Es sei X ein metrischer Raum, $f\colon X \to \mathbb{R}$. Ist $X_0 \subset D(f)$, X_0 kompakt und f auf X_0 stetig, so ist auch $f(X_0)$ kompakt.

Beweis:

1. Wir zeigen zuerst, daß $f(X_0)$ beschränkt ist. Zu $\varepsilon > 0$ existiert wegen der gleichmäßigen Stetigkeit von f auf X_0 ein $\delta_\varepsilon > 0$, so daß für jeden Punkt $x_0 \in X_0$ gilt: Ist $x \in U_{\delta_\varepsilon}(x_0) \cap X_0$, so ist $f(x) \in U_\varepsilon(f(x_0))$. Die Umgebungen $U_{\delta_\varepsilon}(x_0)$ bilden eine offene Überdeckung von X_0; wegen der Kompaktheit von X_0 existiert eine endliche Teilüberdeckung $U_{\delta_\varepsilon}(x_1), \ldots, U_{\delta_\varepsilon}(x_n)$. Es folgt, daß $f(X_0) \subset \bigcup_{i=1}^{n} U_\varepsilon(f(x_i))$ ist. Daher ist $f(X_0)$ beschränkt.
2. Wir zeigen jetzt, daß $f(X_0)$ abgeschlossen ist, also $H(f(X_0)) \subset f(X_0)$ gilt.
   a) Ist $H(f(X_0)) = \emptyset$, so sind wir fertig.
   b) Es sei $y_0 \in H(f(X_0))$. Dann existiert eine Folge $\{y_n\}$ aus $f(X_0)$ mit $y_n \to y_0$. Zu jedem y_n gibt es wenigstens ein x_n mit $f(x_n) = y_n$. Ist die Menge $X(\{x_n\})$ endlich, so gilt wegen $y_n \to y_0$ für eine Teilfolge $\{y_{n_i}\}$: $y_{n_i} = y_0$, d.h.: $y_0 \in f(X_0)$. Ist $X(\{x_n\})$ eine unendliche Menge, so existiert ein Häufungspunkt $x_0 \in X_0$ und daher eine Teilfolge $x_{n_i} \to x_0$. Wegen der Stetigkeit an x_0 folgt: $y_{n_i} = f(x_{n_i}) \to f(x_0)$. Daher gilt: $y_0 = f(x_0)$ und damit $y_0 \in f(X_0)$.

Ist eine Funktion $f\colon X \to \mathbb{R}$ auf $X_0 \subset D(f)$ beschränkt, so existiert $\sup_{X_0} f(x) = \sup f(X_0)$ und $\inf_{X_0} f(x) = \inf f(X_0)$. Es ist in vielen Fällen wichtig zu wissen, ob $\sup_{X_0} f(x)$ und $\inf_{X_0} f(x)$ auf X_0 angenommen werden d.h. ob es Punkte $x_0 \in X_0$ gibt mit $f(x_0) = \sup_{X_0} f(x)$ bzw. $f(x_0) = \inf_{X_0} f(x)$. Daß dies nicht immer der Fall ist, zeigt

Beispiel 1: Es sei $X = \mathbb{R}$, $D(f) = \mathbb{R}$ und $f(x) = x$.

Für $X_0 = (0, 1)$ wird $\sup_{X_0} f(x) = 1$ und $\inf_{X_0} f(x) = 0$ nicht angenommen.

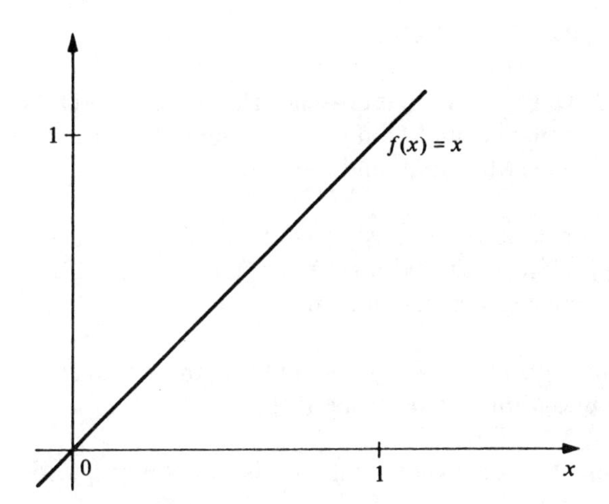

Abb. 2.10.2

Beispiel 2: Es sei $X = \mathbb{R}$, $D(f) = [0, 1]$ und

$$f(x) = \begin{cases} \frac{1}{2} & \text{für } x = 0 \\ x & \text{für } x \in (0, 1). \\ \frac{1}{2} & \text{für } x = 1 \end{cases}$$

Für $X_0 = D(f)$ werden dann $\sup\limits_{X_0} f(x) = 1$ und $\inf\limits_{X_0} f(x) = 0$ nicht angenommen.

Im Beispiel 1 verursacht offenbar die Nichtabgeschlossenheit von X_0, daß $\sup\limits_{X_0} f(x)$ und $\inf\limits_{X_0} f(x)$ nicht angenommen werden, in Beispiel 2 die Nichtstetigkeit von f.

Die folgende Definition ist daher wichtig:

Definition 2.10.3: Es sei X ein metrischer Raum, f: $X \to \mathbb{R}$. Die Funktion f hat an der Stelle $x_0 \in X_0 \subset D(f)$

(1) ein absolutes Maximum bezüglich X_0, wenn für alle $x \in X_0$ gilt: $f(x) \leqslant f(x_0)$, d.h. wenn gilt: $f(x_0) = \sup\limits_{X_0} f(x)$;

(2) ein absolutes Minimum bezüglich X_0, wenn für alle $x \in X_0$ gilt: $f(x) \geqslant f(x_0)$, d.h. wenn gilt: $f(x_0) = \inf\limits_{X_0} f(x)$.

Hiermit gilt:

Satz 2.10.4: Es sei X ein metrischer Raum, f: $X \to \mathbb{R}$. Ist $X_0 \subset D(f)$, X_0 kompakt und f auf X_0 stetig, dann hat f bezüglich X_0 ein absolutes Maximum und Minimum.

Beweis: Nach Satz 2.10.3 ist $f(X_0)$ kompakt. Daher gilt nach Satz 2.7.5 $\sup f(X_0) \in f(X_0)$, ebenso $\inf f(X_0) \in f(X_0)$; dies heißt aber gerade, daß diese beiden Werte angenommen werden.

Neben dem absoluten Maximum und Minimum spielen auch die relativen Maxima und Minima eine große Rolle:

Definition 2.10.4: Es sei X ein metrischer Raum, f: $X \to \mathbb{R}$. Die Funktion f hat an der Stelle $x_0 \in X_0 \subset D(f)$

(1) ein relatives oder lokales Maximum bezüglich X_0, wenn eine Umgebung $U(x_0)$ von x_0 existiert, so daß für alle $x \in X_0 \cap U(x_0)$ gilt $f(x) \leqslant f(x_0)$,

(2) ein relatives oder lokales Minimum bezüglich X_0, wenn eine Umgebung $U(x_0)$ von x_0 existiert, so daß für alle $x \in X_0 \cap U(x_0)$ gilt $f(x) \geqslant f(x_0)$.

Bemerkung: Maximum und Minimum fassen wir unter der gemeinsamen Bezeichnung Extremum zusammen.

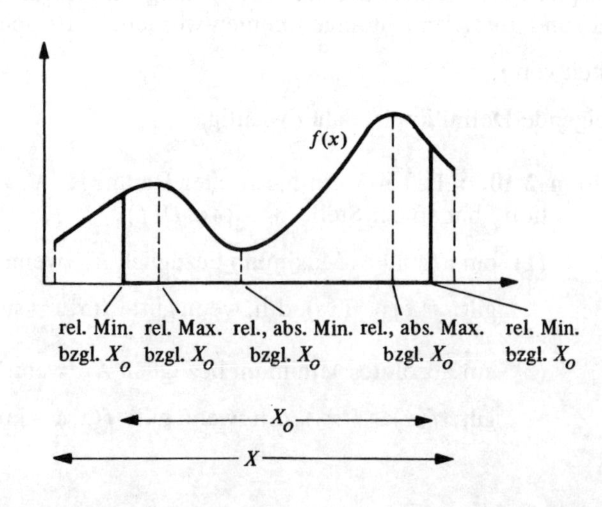

Abb. 2.10.3

Übungsaufgaben:

1. Es sei (M, d) ein metrischer Raum und $x_0 \in M$. Man beweise, daß die Funktion $f\colon\ M \to \mathbb{R}$ mit $f(x) = d(x, x_0)$ auf M stetig ist. Ist f sogar gleichmäßig stetig?
2. Es sei M ein metrischer Raum und M_0 eine abgeschlossene Teilmenge von M. Die Funktion $f\colon\ M_0 \to \mathbb{R}$ sei stetig auf M_0. Man beweise, daß die Menge $X = \{x\colon\ x \in M_0, f(x) = 0\}$ abgeschlossen ist.
3. Es sei M ein metrischer Raum. Die Funktion $f\colon\ M \to \mathbb{R}$ sei stetig auf M. Man beweise, daß für alle $\alpha, \beta \in \mathbb{R}$ die Mengen

   $$X_\alpha = \{x\colon\ x \in M, f(x) > \alpha\}, \qquad X^\beta = \{x\colon\ x \in M, f(x) < \beta\}$$

   offen sind.

2.11 Reellwertige Funktionen einer reellen Variablen

Für diesen Paragraphen wie für den Rest des Kapitels nehmen wir nun noch eine weitere Spezialisierung vor, indem wir auch $X = \mathbb{R}$ setzen. Wir betrachten also Funktionen $f\colon\ \mathbb{R} \to \mathbb{R}$. Diese heißen auch reellwertige Funktionen einer reellen Variablen.

Wir betrachten zuerst die wichtige Klasse der Polynome und rationalen Funktionen.

Definition 2.11.1:

(1) Eine Funktion $P\colon\ \mathbb{R} \to \mathbb{R}$, welche durch $D(P) = \mathbb{R}$,

$$P(x) = \sum_{\nu=0}^{n} a_\nu x^\nu \quad (a_\nu \in \mathbb{R},\ n \in \mathbb{N}_0)$$

erklärt ist, heißt ein Polynom. Ist $a_n \neq 0$, so heißt n der Grad des Polynoms.

(2) Sind P, Q Polynome, so heißt die Funktion $R\colon\ \mathbb{R} \to \mathbb{R}$, welche durch $D(R) = \{x\colon\ x \in \mathbb{R}, Q(x) \neq 0\}$,

$$R(x) = \frac{P(x)}{Q(x)}$$

erklärt ist, eine rationale Funktion.

Polynome sind also Spezialfälle von rationalen Funktionen ($Q(x)=1$ für $x \in \mathbb{R}$). Aus Satz 2.10.2 folgt sofort

Satz 2.11.1: Rationale Funktionen sind auf ihrem Definitionsbereich stetig.

Für reellwertige Funktionen einer reellen Variablen können wir, über die allgemeinen Ergebnisse hinausgehend, den sogenannten Zwischenwertsatz beweisen, der für die Anwendungen von größter Wichtigkeit ist.

Wir zeigen zunächst:

Satz 2.11.2: Die Funktion f sei definiert und stetig auf $[a, b]$, und es gelte: $f(a) \cdot f(b) < 0$ (d.h. $f(a)$ und $f(b)$ haben verschiedene Vorzeichen). Dann gibt es mindestens ein $\xi \in (a, b)$ mit $f(\xi)=0$.

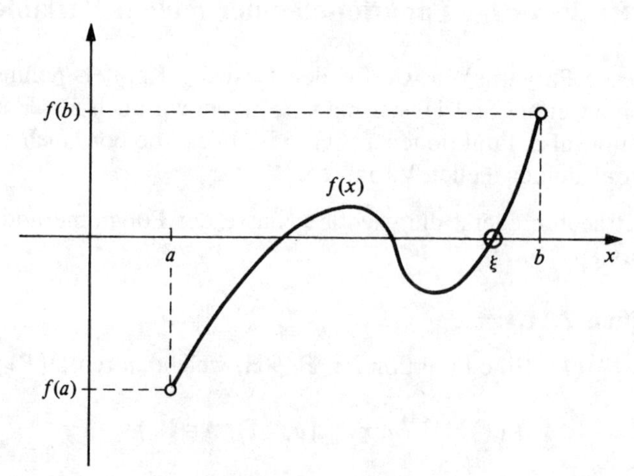

Abb. 2.11.1

Beweis: Es sei etwa $f(a)<0$, $f(b)>0$. Wir betrachten die Menge:

$$A=\{x\colon\ x \in [a, b], f(x) \leqslant 0\}.$$

Offensichtlich ist $A \neq \emptyset$ (weil $a \in A$); es sei $\xi = \sup A$. Dann gilt: $a < \xi < b$. Wir behaupten: $f(\xi)=0$.

1. Wir nehmen an, $f(\xi)>0$. Dann existiert wegen der Stetigkeit von f an ξ eine Umgebung $U_\delta(\xi)$ mit $f(x)>0$ für $x \in U_\delta(\xi)$. Es gilt dann $\sup A < \xi$, im Widerspruch zur Definition von ξ.

2. Wir nehmen an, $f(\xi)<0$. Dann existiert wie oben eine Umgebung $U_{\delta'}(\xi)$ mit $f(x)<0$ für $x \in U_{\delta'}(\xi)$. Es gilt dann $\sup A > \xi$, im Widerspruch zur Definition von ξ.

Als einfache Konsequenz ergibt sich der folgende wichtige

Satz 2.11.3 (Zwischenwertsatz): Die Funktion f sei definiert und stetig auf $[a, b]$. Es sei η eine Zahl mit:

$$\inf_{[a,b]} f(x) \leqslant \eta \leqslant \sup_{[a,b]} f(x).$$

Dann gibt es mindestens ein $\xi \in [a, b]$ mit $f(\xi) = \eta$.

Beweis: Nach Satz 2.10.4 gibt es Stellen $\xi_1, \xi_2 \in [a, b]$ mit $f(\xi_1) = \inf_{[a,b]} f(x)$, $f(\xi_2) = \sup_{[a,b]} f(x)$, so daß wir nur noch den Fall: $\inf_{[a,b]} f(x) < \eta < \sup_{[a,b]} f(x)$ behandeln müssen. Dazu betrachten wir die Funktion F mit

$$F(x) = f(x) - \eta, \quad D(F) = D(f).$$

Da $F(\xi_1) = f(\xi_1) - \eta < 0$, $F(\xi_2) = f(\xi_2) - \eta > 0$ ist, existiert nach Satz 2.11.2 ein ξ zwischen ξ_1 und ξ_2 mit $F(\xi) = 0$; d.h. mit $f(\xi) = \eta$.

2.12 Grenzwerte von Funktionen

Wir untersuchen jetzt den engen Zusammenhang der Stetigkeit von Funktionen mit dem Begriff des Grenzwertes von Funktionen.

Definition 2.12.1: Es sei f auf (a, b) definiert, dabei sei $a = -\infty$ oder $a \in \mathbb{R}$ und $b \in \mathbb{R}$ oder $b = \infty$. Ferner sei $g = -\infty$ oder $g \in \mathbb{R}$ oder $g = +\infty$. Wir definieren den Grenzwert:

(1) $\lim\limits_{\substack{x \to a \\ x \in (a,b)}} f(x) = g$ oder $\lim\limits_{x \to a} f(x) = g$, wenn für jede Folge

$\{x_n\}$ aus (a, b) mit $\lim\limits_{n \to a} x_n = a$ gilt: $\lim\limits_{n \to \infty} f(x_n) = g$.

(2) $\lim\limits_{\substack{x\to b\\ x\in(a,b)}} f(x)=g$ oder $\lim\limits_{x\to b} f(x)=g$, wenn für jede Folge

$\{x_n\}$ aus (a, b) mit $\lim\limits_{n\to\infty} x_n=b$ gilt: $\lim\limits_{n\to\infty} f(x_n)=g$.

Selbstverständlich könnten wir eine Definition von Grenzwerten auch dann geben, wenn der Definitionsbereich $D(f)$ eine beliebige Punktmenge und x_0 ein Häufungspunkt von $D(f)$ ist. Doch steht der Gewinn an Allgemeinheit in keinem Verhältnis zum Aufwand, der durch die vielen, dann notwendigen Fallunterscheidungen verursacht wird.

Beispiel 1: Es sei $0\leq a<b<\infty$. Wir betrachten auf (a, b) für ein festes $m\in\mathbb{N}$ die Funktion

$$f(x)=\frac{x^m-b^m}{x-b}.$$

Ist $x_n\in(a, b)$, $x_n\to b$, so gilt:

$$f(x_n)=\frac{x_n^m-b^m}{x_n-b}=b^{m-1}\cdot\frac{\left(\frac{x_n}{b}\right)^m-1}{\frac{x_n}{b}-1}=$$

$$=b^{m-1}\cdot\sum_{\nu=0}^{m-1}\left(\frac{x_n}{b}\right)^\nu\to b^{m-1}\cdot\sum_{\nu=0}^{m-1}1=m\cdot b^{m-1}.$$

Also ist $\lim\limits_{x\to b} f(x)=m\cdot b^{m-1}$.

Beispiel 2: Wir betrachten auf $(0, \infty)$ die Funktion $f(x)=\dfrac{1}{x}$.

1. Ist $x_n\in(0, \infty)$, $x_n\to 0$, so gilt $f(x_n)=\dfrac{1}{x_n}\to\infty$, also ist $\lim\limits_{x\to\infty}\dfrac{1}{x}=\infty$.

2. Ist $x_n\in(0, \infty)$, $x_n\to\infty$, so gilt $f(x_n)=\dfrac{1}{x_n}\to 0$, also ist $\lim\limits_{x\to\infty}\dfrac{1}{x}=0$.

Unsere Definition 2.12.1 erlaubt uns, den rechts- und linksseitigen Grenzwert einzuführen.

Definition 2.12.2:

(1) Es sei $a < x_0$, und die Funktion f sei definiert auf (a, x_0). Ist $\lim\limits_{\substack{x \to x_0 \\ x \in (a, x_0)}} f(x) = g$, so nennen wir g den linksseitigen Grenzwert von f an x_0 und schreiben

$$g = \lim_{x \to x_0-} f(x) = f(x_0-).$$

(2) Es sei $x_0 < b$, und die Funktion f sei definiert auf (x_0, b). Ist $\lim\limits_{\substack{x \to x_0 \\ x \in (x_0, b)}} f(x) = g$, so nennen wir g den rechtsseitigen Grenzwert von f an x_0 und schreiben

$$g = \lim_{x \to x_0+} f(x) = f(x_0+).$$

(3) Existieren $f(x_0-)$ und $f(x_0+)$ und gilt $f(x_0-) = f(x_0+) = g$, so nennen wir g den Grenzwert von f an x_0 und schreiben

$$g = \lim_{x \to x_0} f(x).$$

Beispiel 3: Wir betrachten auf $(-\infty, 0) \cup (0, \infty)$ die Funktion

$$f(x) = x + \frac{x}{|x|}.$$

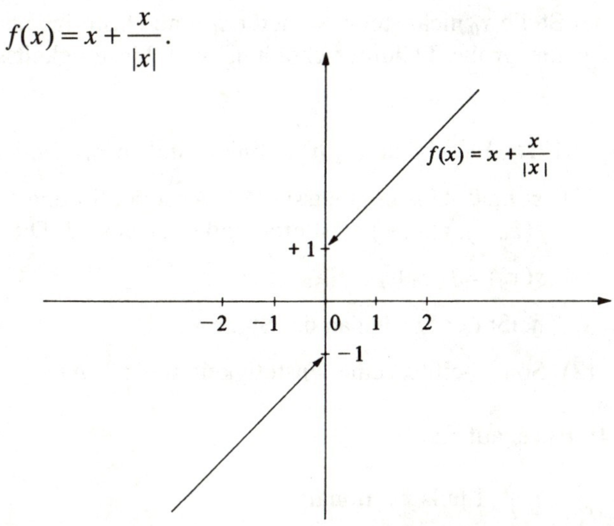

Abb. 2.12.1

1. Ist $x_n \in (-\infty, 0)$, $x_n \to 0$, so erhalten wir: $f(x_n) = x_n - 1 \to -1$, es ist also $f(0-) = -1$.
2. Ist $x_n \in (0, \infty)$, $x_n \to 0$, so erhalten wir: $f(x_n) = x_n + 1 \to 1$, es is also $f(0+) = 1$.

Mit Hilfe von Definition 2.12.2 können wir den Begriff der links- und rechtsseitigen Stetigkeit einführen:

Definition 2.12.3: Es sei f auf (a, b) definiert und $x_0 \in (a, b)$. Die Funktion f heißt:

(1) linksseitig stetig an x_0, wenn $f(x_0-) = f(x_0)$ ist;

(2) rechtsseitig stetig an x_0, wenn $f(x_0+) = f(x_0)$ ist.

Es folgt sofort mit Definition 2.12.3 und Satz 2.9.2 der

Satz 2.12.1: Es sei f auf (a, b) definiert. Genau dann ist f stetig an der Stelle $x_0 \in (a, b)$, wenn f an x_0 rechts- und linksseitig stetig ist, d.h. wenn gilt:

$$\lim_{x \to x_0} f(x) = f(x_0).$$

Ist f an einer Stelle x_0 nicht stetig, so heißt x_0 eine Unstetigkeitsstelle von f. Die folgende grobe Fallunterscheidung von Unstetigkeitsstellen ist nützlich.

Definition 2.12.4: Es sei f auf (a, b) definiert und an $x_0 \in (a, b)$ unstetig.

(1) x_0 heißt Unstetigkeitsstelle 1. Art oder Sprungstelle, wenn $f(x_0-)$, $f(x_0+)$ existieren und endlich sind. Die Differenz

$$s(x_0) = f(x_0+) - f(x_0-)$$

heißt der Sprung an der Stelle x_0.

(2) Sonst heißt x_0 eine Unstetigkeitsstelle 2. Art.

Beispiel 4: Es sei auf $\mathbb{R}$:

$$f(x) = \begin{cases} 1 \text{ falls } x \text{ rational,} \\ 0 \text{ falls } x \text{ irrational.} \end{cases}$$

Dann ist jedes $x_0 \in \mathbb{R}$ eine Unstetigkeitsstelle 2. Art, da weder $f(x_0+)$ noch $f(x_0-)$ existieren.

Beispiel 5: Erweitern wir die Definition von f in Beispiel 3 durch $f(0)=0$, so ist $x_0=0$ eine Unstetigkeitsstelle 1. Art.

Übungsaufgaben:

1. Man bestimme folgende Grenzwerte:

a) $\lim\limits_{x \to 2+} \dfrac{2x+1}{x^2-3x+2}$;

c) $\lim\limits_{x \to 1} \left(\dfrac{1}{x+3} - \dfrac{2}{3x+5}\right) \cdot \dfrac{1}{x-1}$;

b) $\lim\limits_{x \to \infty} \left(\dfrac{3x}{x-1} - \dfrac{2x}{x+1}\right)$;

d) $\lim\limits_{x \to 0+} \dfrac{(1+x)^3-2}{x}$.

2. Es seien $n, k \in \mathbb{N}$. Man bestimme:

$$\lim_{x \to 1} \frac{(x^n-1)(x^{n-1}-1)\cdots(x^{n-k+1}-1)}{(x-1)(x^2-1)\cdots(x^k-1)}.$$

3. Es sei $x \in \mathbb{R}$; unter $[x]$ versteht man diejenige ganze Zahl mit $x-1<[x]\leqslant x$. Man bestimme das Stetigkeitsverhalten der Funktionen:

a) $f(x)=[x]$, $D(f)=\mathbb{R}$,

b) $f(x)=x-[x]$, $D(f)=\mathbb{R}$.

4. Die Funktion f sei auf $\mathbb{R}$ definiert durch:

$$f(x)=\begin{cases} \dfrac{x^2-x}{x^2-3x+2} & \text{falls } x \notin \mathbb{N} \\ \dfrac{4x-6}{x+1} & \text{falls } x \in \mathbb{N} \end{cases}.$$

Man bestimme alle Unstetigkeitsstellen von f.

5. Es seien f, g auf $[a, b]$ beschränkt und $f(x)\geqslant 0$, $g(x)\geqslant 0$. Man beweise:

a) $\sup\limits_{[a,b]} (f(x)\cdot g(x)) \leqslant \sup\limits_{[a,b]} f(x) \cdot \sup\limits_{[a,b]} g(x)$;

b) $\inf\limits_{[a,b]} (f(x)\cdot g(x)) \geqslant \inf\limits_{[a,b]} f(x) \cdot \inf\limits_{[a,b]} g(x)$.

2.13 Monotone Funktionen

Wir wollen jetzt die Klasse der monotonen Funktionen betrachten.

Definition 2.13.1: Die Funktion $f\colon \mathbb{R}\to\mathbb{R}$ heißt auf einer Menge $X\subset D(f)$

(1) monoton wachsend, wenn für alle

$x_1, x_2\in X$ mit $x_1<x_2$ gilt $f(x_1)\leq f(x_2)$;

(2) streng monoton wachsend, wenn für alle

$x_1, x_2\in X$ mit $x_1<x_2$ gilt $f(x_1)<f(x_2)$;

(3) monoton fallend, wenn für alle

$x_1, x_2\in X$ mit $x_1<x_2$ gilt $f(x_1)\geq f(x_2)$;

(4) streng monoton fallend, wenn für alle

$x_1, x_2\in X$ mit $x_1<x_2$ gilt $f(x_1)>f(x_2)$.

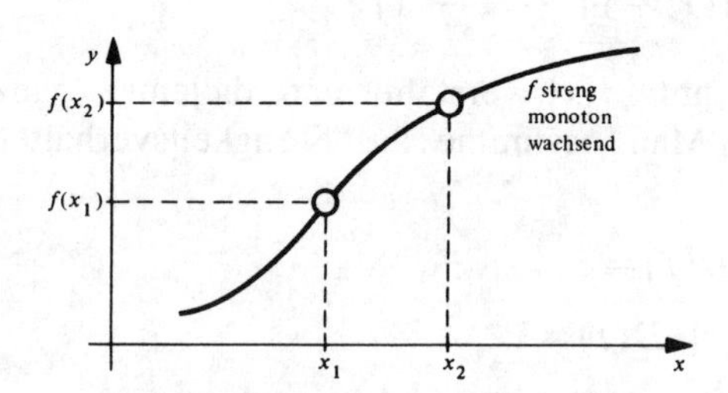

Abb. 2.13.1

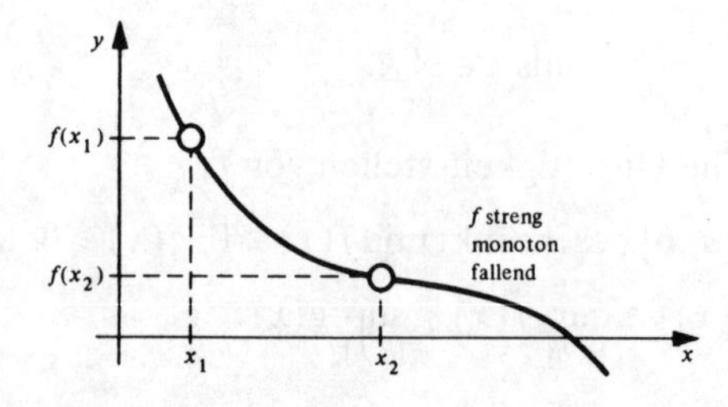

Abb. 2.13.2

Wir sagen, daß f auf X monoton ist, wenn f auf X monoton wachsend oder monoton fallend ist, und wir sagen, daß f auf X streng monoton ist, wenn f auf X streng monoton wachsend oder streng monoton fallend ist.

Die Funktion f ist genau dann monoton wachsend, wenn die Funktion $-f$ monoton fallend ist. Es reicht daher aus, Ergebnisse über monotone Funktionen für monoton wachsende Funktionen zu beweisen.

Die Funktion f ist auf X offensichtlich genau dann gleichzeitig monoton wachsend und monoton fallend, wenn eine Konstante $c \in \mathbb{R}$ so existiert, daß $f(x) = c$ für alle $x \in X$.

Die Klasse der monotonen Funktionen ist unter anderem dadurch ausgezeichnet, daß sich das Unstetigkeitsverhalten vollkommen beschreiben läßt. Eine monotone Funktion hat höchstens Unstetigkeitsstellen 1. Art.

Satz 2.13.1: Es sei f auf (a, b) monoton. Dann existieren in jedem Punkt $x_0 \in (a, b)$ die links- und rechtsseitigen Grenzwerte $f(x_0-)$, $f(x_0+)$, und es gilt, falls f

(1) monoton wachsend ist: $f(x_0-) \leqslant f(x_0) \leqslant f(x_0+)$;

(2) monoton fallend ist: $f(x_0+) \leqslant f(x_0) \leqslant f(x_0-)$.

Beweis: Ohne Beschränkung der Allgemeinheit sei f monoton wachsend.

1. Es existiert ein $N \in \mathbb{N}$, so daß $a < x_0 - \dfrac{1}{n} < x_0$ für alle $n \geqslant N$. Betrachten wir die Folge

$$\left\{ f\left(x_0 - \frac{1}{n} \right) \right\}_{n=N}^{\infty}$$

so ist diese wegen der Monotonie von f monoton wachsend und nach oben durch $f(x_0)$ beschränkt. Nach dem Hauptsatz über monotone Folgen ist sie also konvergent. Wir setzen

$$g_0 = \lim_{n \to \infty} f\left(x_0 - \frac{1}{n} \right).$$

Offensichtlich gilt

$$f\left(x_0 - \frac{1}{n} \right) \leqslant g_0 \leqslant f(x_0) \quad \text{für alle } n \in \mathbb{N},\ n > N.$$

2. Wir zeigen, daß für eine beliebige Folge $\{x_n\}$ mit $a < x_n < x_0$, $x_n \to x_0$ ebenfalls $f(x_n) \to g_0$ gilt.
   a) Zunächst ist

   $$f(x_n) \leqslant g_0 \quad \text{für alle } n \in \mathbb{N}.$$

   Denn zu jedem $n \in \mathbb{N}$ gibt es ein $k_n \in \mathbb{N}$, $k_n > N$ mit $x_n < x_0 - \dfrac{1}{k_n}$, und wegen der Monotonie von f folgt nach 1.

   $$f(x_n) \leqslant f\left(x_0 - \frac{1}{k_n}\right) \leqslant g_0.$$

   b) Es sei jetzt ein $\varepsilon > 0$ vorgegeben. Nach 1. existiert dann ein $n_\varepsilon \in \mathbb{N}$ so, daß gilt

   $$g_0 - \varepsilon < f\left(x_0 - \frac{1}{n_\varepsilon}\right) \leqslant g_0.$$

   Wegen $x_n \to x_0$ gibt es ein N_ε mit $x_0 - \dfrac{1}{n_\varepsilon} < x_n < x_0$ für alle $n > N_\varepsilon$.
   Für alle $n > N_\varepsilon$ folgt wegen der Monotonie von f und mit a)

   $$g_0 - \varepsilon < f\left(x_0 - \frac{1}{n_\varepsilon}\right) \leqslant f(x_n) \leqslant g_0,$$

   d.h. es ist

   $$-\varepsilon < f(x_n) - g_0 \leqslant 0 \quad \text{für alle } n > N_\varepsilon,$$

   und das bedeutet $\lim\limits_{n \to \infty} f(x_n) = g_0$.

3. Wegen 2. existiert der linksseitige Grenzwert $f(x_0-)$, und es ist

   $$f(x_0-) = g_0 \leqslant f(x_0).$$

In analoger Weise wird die Existenz von $f(x_0+)$ und die Ungleichung $f(x_0+) \geqslant f(x_0)$ bewiesen.

Das folgende Beispiel zeigt, daß eine monotone Funktion auch auf einem endlichen Intervall schon unendlich viele Sprungstellen haben kann.

Beispiel: Wir betrachten auf $(0, 1)$ die Funktion f, welche für

$$x \in \left[\frac{1}{n+1}, \frac{1}{n}\right) \quad (n \in \mathbb{N}) \text{ durch } f(x) = \frac{1}{n+1}$$

definiert ist. Diese hat für jedes $n \in \mathbb{N}$, $n \geqslant 2$ eine Sprungstelle an $\frac{1}{n}$.

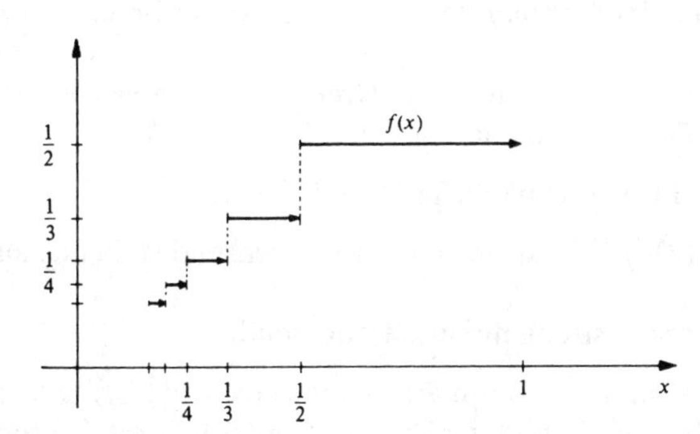

Abb. 2.13.3

Mehr als abzählbar viele Sprungstellen kann eine monotone Funktion jedoch nicht besitzen.

Satz 2.13.2: Ist f monoton auf (a, b), so hat f höchstens abzählbar viele Sprungstellen.

Beweis:

1. Es sei f monoton wachsend. Wir bezeichnen die Menge der Sprungstellen von f auf (a, b) mit $S(f)$.

   Ist $S(f) = \emptyset$, so sind wir fertig.
   Ist $S(f) \neq \emptyset$ und $x \in S(f)$, so nennen wir

   $$I(x) = (f(x-), f(x+))$$

   das zu x gehörige Sprungintervall. Sind $x_1, x_2 \in S(f)$ und ist $x_1 \neq x_2$, so gilt wegen der Monotonie: $I(x_1) \cap I(x_2) = \emptyset$. Wählen wir aus jedem Sprungintervall eine rationale Zahl r_x, so haben wir eine eineindeutige Abbildung von $S(f)$ in eine Teilmenge von $\mathbb{Q}$. Also ist $S(f)$ endlich oder abzählbar.

2. Der Beweis verläuft analog für monoton fallende Funktionen.

2.14 Monotone Funktionen und Umkehrfunktionen

Da Funktionen spezielle Abbildungen sind, kann man natürlich wieder von eineindeutigen Funktionen (vgl. Definition 1.2.3) und im Zusammenhang damit von Umkehrfunktionen (vgl. Definition 1.2.4) sprechen. Besitzt f eine Umkehrfunktion, so bezeichnen wir diese auch wieder mit f^{-1}. Entscheidend ist hier der Begriff der Monotonie:

Satz 2.14.1: Die Funktion f sei streng monoton wachsend (fallend) auf $D(f)$. Dann gilt:

(1) Die Umkehrfunktion f^{-1} existiert;

(2) f^{-1} ist streng monoton wachsend (fallend) auf $B(f)$.

Beweis: Es sei f streng monoton wachsend.

1. Nach Definition 1.2.4 müssen wir zeigen, daß f: $D(f) \to B(f)$ eine eineindeutige Abbildung ist. Dazu seien x, $\bar{x} \in D(f)$ mit $f(x) = f(\bar{x})$. Wäre $x < \bar{x}$, so folgte wegen der Monotonie: $f(x) < f(\bar{x})$; wäre $\bar{x} < x$, so folgte: $f(\bar{x}) < f(x)$. Also gilt: $x = \bar{x}$. f ist also eine eineindeutige Abbildung, und es existiert f^{-1} mit $D(f^{-1}) = B(f)$.
2. Es seien y_1, $y_2 \in D(f^{-1})$ mit $y_1 < y_2$. Es gibt dann eindeutig x_1, $x_2 \in D(f)$ mit $y_1 = f(x_1)$, $y_2 = f(x_2)$. Wir müssen zeigen: $x_1 < x_2$. Aus $x_1 \geqslant x_2$ würde folgen: $y_1 = f(x_1) \geqslant f(x_2) = y_2$.

Der Beweis für eine monoton fallende Funktion verläuft analog.

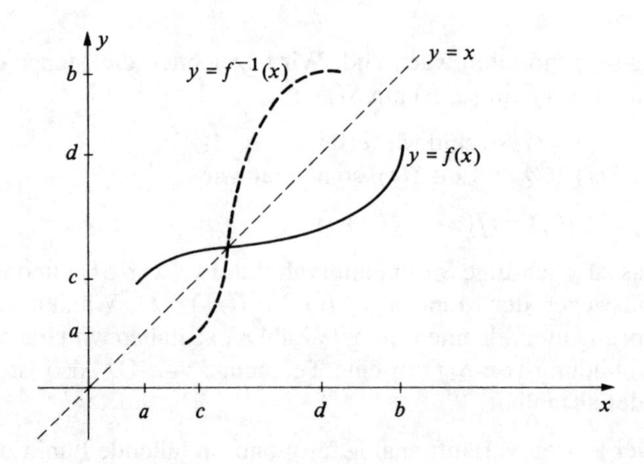

Abb. 2.14.1

Bemerkung 1: Zeichnet man die Funktion $y=f(x)$ in einem Schaubild, so entsteht das Schaubild von $y=f^{-1}(x)$ durch Spiegelung an der Geraden $y=x$ (siehe Abbildung 2.14.1).

Satz 2.14.2: Die Funktion f sei streng monoton wachsend (fallend) und stetig auf $D(f)$ und $D(f)$ kompakt. Dann ist f^{-1} stetig auf $B(f)$.

Beweis: Die Existenz der Umkehrfunktion f^{-1} ist klar nach Satz 2.14.1. Zum Nachweis der Stetigkeit sei $y_0 \in D(f^{-1})$ und $\{y_n\}$ eine Folge mit $y_n \in D(f^{-1})$ und $y_n \to y_0$ $(n \to \infty)$. Zu zeigen ist: $f^{-1}(y_n) \to f^{-1}(y_0)$.

Wir betrachten die Folge $\{x_n\}$ mit: $x_n = f^{-1}(y_n) \in D(f)$ $(n=1, 2, \ldots)$. Diese Folge ist beschränkt und besitzt, da $D(f)$ kompakt ist, wenigstens einen Verdichtungswert $x_0 \in D(f)$. Für eine Teilfolge $\{x_{n_i}\}$ mit $x_{n_i} \to x_0$ gilt einerseits $f(x_{n_i}) = y_{n_i} \to y_0$ und andererseits wegen der Stetigkeit von f an x_0: $f(x_{n_i}) \to f(x_0)$. Also muß gelten: $f(x_0) = y_0$.

Weil f eineindeutig ist, kann $\{x_n\}$ keinen anderen, d.h. von x_0 verschiedenen Verdichtungswert $\tilde{x}_0$ haben (denn für einen solchen müßte gelten $f(\tilde{x}_0) = y_0$ also $\tilde{x}_0 = x_0$). Daher ist die Folge $\{x_n\}$ konvergent gegen x_0, und wir erhalten:

$$f^{-1}(y_n) = x_n \to x_0 = f^{-1}(y_0);$$

d.h. f^{-1} ist stetig an y_0; weil y_0 beliebig war, ist f^{-1} stetig auf $D(f^{-1})$.

Bemerkung 2: Speziell gilt dieser Satz für jede Funktion, die auf einem Intervall $[a, b]$ streng monoton und stetig ist. Hieraus folgt sofort die Gültigkeit auch für beliebige endliche oder unendliche Intervalle (a, b).

3 Potenz, Exponentialfunktion, Logarithmus

Dieses Kapitel soll ganz der Diskussion dieser wichtigsten reellen Funktionen gewidmet sein. Wir haben schon in 1.3 für ein Element b eines Körpers die Zahl b^n erklärt. Jetzt wollen wir zeigen, daß für $b \in \mathbb{R}$, $b > 0$, auch für beliebige $\varrho \in \mathbb{R}$ eine Zahl b^ϱ so erklärt werden kann, daß für $\varrho = n$ unsere alte Definition von b^n wieder herauskommt. Wir werden die Definition von b^ϱ schrittweise und konstruktiv geben, wobei wir bei jedem Schritt die wichtigsten Rechenregeln, Monotoniegesetze und Stetigkeitsaussagen mitbeweisen werden.

Die Autoren sind der Meinung, daß dieser konstruktive Zugang für den Anfänger verständlicher und damit überzeugender ist als die oft benutzte Einführung über die Exponentialreihe, die ja – auch historisch – am Ende einer langen Entwicklung steht. Im übrigen gibt unser Zugang Gelegenheit, die bisherigen Definitionen und Sätze praktisch anzuwenden und zu üben.

3.1 Potenzen mit ganzzahligen Exponenten

Wir gehen aus von Potenzen mit ganzzahligen Exponenten:

Definition 3.1.1: Es sei $b \in \mathbb{R}$, $m \in \mathbb{Z}$. Wir setzen:

(1) $b^m = \prod_{\nu=1}^{m} b,$ falls $m > 0$,

(2) $b^m = \frac{1}{b^{-m}},$ falls $m < 0$, $b \neq 0$,

(3) $b^0 = 1$.

Wir nennen b die Basis, m den Exponenten der Potenz b^m.

Bemerkung: Aufgrund dieser Definition wird also dem Ausdruck 0^0 formal der Wert 1 zugeordnet.

Für Potenzen mit ganzzahligen Exponenten gelten die Rechengesetze:

Satz 3.1.1: Es seien $0 \neq b,\ b_1,\ b_2 \in \mathbb{R};\ m,\ m_1,\ m_2 \in \mathbb{Z}$. Dann gilt:

(1) $b^{m_1} \cdot b^{m_2} = b^{m_1 + m_2}$;

(2) $b_1^m \cdot b_2^m = (b_1 \cdot b_2)^m$;

(3) $(b^{m_1})^{m_2} = b^{(m_1 \cdot m_2)}$.

Beweis als Übung.

Wir werden nun versuchen, zwei verschiedene Potenzen miteinander zu vergleichen. Wichtig hierfür ist nur der Vergleich von Potenzen, die sich entweder nur in der Basis oder nur im Exponenten unterscheiden. Für die ganze Theorie werden wir dementsprechend zwei Monotoniegesetze erhalten.

Satz 3.1.2: Es sei $0 \leq b_1,\ b_2 \in \mathbb{R};\ 0 < m \in \mathbb{Z}$. Dann gilt

$b_1^m < b_2^m$ genau dann, wenn $b_1 < b_2$.

Beweis als Übung (vollständige Induktion).

Satz 3.1.3: Es sei $1 < b \in \mathbb{R};\ m_1,\ m_2 \in \mathbb{Z}$. Dann gilt

$b^{m_1} < b^{m_2}$ genau dann, wenn $m_1 < m_2$.

Beweis:

1. Wir zeigen zunächst: für $m \in \mathbb{Z}$ gilt $1 < b^m$ genau dann, wenn $m > 0$.

   a) Ist $m > 0$, so folgt aus Satz 3.1.2: $1 < b^m$.

   b) Ist $m = 0$, so folgt: $1 = b^m$.

   c) Ist $m < 0$, so folgt: $1 < b^{-m}$ und damit $b^m < 1$.

2. Wegen $b^{m_2} = b^{m_1} \cdot b^{m_2 - m_1}$ gilt $b^{m_1} < b^{m_2}$ genau dann, wenn $1 < b^{m_2 - m_1}$. Nach 1. ist das aber genau dann der Fall, wenn $m_2 - m_1 > 0$, d.h. $m_1 < m_2$ ist.

3.2 Potenzen mit rationalen Exponenten

Wir definieren zuerst für $b \geqslant 0$ und $n \in \mathbb{N}$ die Wurzel $b^{\frac{1}{n}}$.

Satz 3.2.1: Es sei $0 \leqslant b \in \mathbb{R}$, $n \in \mathbb{N}$. Dann existiert genau ein $x \geqslant 0$ mit $x^n = b$.

Wir schreiben: $x = b^{\frac{1}{n}} = \sqrt[n]{b}$.

Beweis: Wir betrachten die Funktion f mit $f(x) = x^n$, $D(f) = [0, \infty)$.

1. Der Wertebereich dieser Funktion ist $B(f) = [0, \infty)$. Zunächst ist nämlich $f(0) = 0$ und $f(x) \geqslant 0$ für alle $x \in [0, \infty)$. Ist ferner ein beliebiges $\eta \in (0, \infty)$ gegeben, so folgt nach der Bernoullischen Ungleichung

$$(1+\eta)^n \geqslant 1 + n\eta \geqslant 1 + \eta > \eta.$$

Nach Satz 2.11.1 ist f stetig auf $[0, 1+\eta]$; nach dem Zwischenwertsatz existiert also ein $\xi \in [0, 1+\eta]$ mit $f(\xi) = \eta$. Da η beliebig war, folgt $B(f) = [0, \infty)$.

2. Die Funktion f ist nach Satz 3.1.2 streng monoton wachsend auf $D(f) = [0, \infty)$. Folglich existiert nach dem Satz 2.14.1 zu jedem Wert $b \in B(f) = [0, \infty)$ genau ein $x \in D(f) = [0, \infty)$ mit $f(x) = x^n = b$.

Es gelten wieder zwei Monotoniegesetze:

Satz 3.2.2: Es sei $0 \leqslant b_1, b_2 \in \mathbb{R}$; $n \in \mathbb{N}$. Dann gilt

$$b_1^{\frac{1}{n}} < b_2^{\frac{1}{n}} \text{ genau dann, wenn } b_1 < b_2.$$

Beweis: Nach Satz 3.1.2 gilt $b_1^{\frac{1}{n}} < b_2^{\frac{1}{n}}$ genau dann, wenn

$$b_1 = \left(b_1^{\frac{1}{n}}\right)^n < \left(b_2^{\frac{1}{n}}\right)^n = b_2.$$

Satz 3.2.3: Es sei $1 < b \in \mathbb{R}$; $n_1, n_2 \in \mathbb{N}$. Dann gilt

$$b^{\frac{1}{n_1}} < b^{\frac{1}{n_2}} \text{ genau dann, wenn } \frac{1}{n_1} < \frac{1}{n_2}.$$

Beweis: Wegen:

$$b^{n_2} = \left\{ \left(b^{\frac{1}{n_1}} \right)^{n_1} \right\}^{n_2} = \left\{ b^{\frac{1}{n_1}} \right\}^{n_1 n_2},$$

$$b^{n_1} = \left\{ \left(b^{\frac{1}{n_2}} \right)^{n_2} \right\}^{n_1} = \left\{ b^{\frac{1}{n_2}} \right\}^{n_1 n_2}$$

gilt nach Satz 3.1.2 $b^{\frac{1}{n_1}} < b^{\frac{1}{n_2}}$ genau dann, wenn $b^{n_2} < b^{n_1}$. Weil $1 < b$ folgt aus Satz 3.1.3 $b^{n_2} < b^{n_1}$ genau dann, wenn $n_2 < n_1$, d.h. $\frac{1}{n_1} < \frac{1}{n_2}$.

Als nächstes beweisen wir:

Satz 3.2.4: Es sei $0 < b \in \mathbb{R}$; $p \in \mathbb{Z}$, $q \in \mathbb{N}$. Dann gilt für alle $\lambda \in \mathbb{N}$:

$$\left(b^{\frac{1}{q}} \right)^p = \left(b^{\frac{1}{\lambda q}} \right)^{\lambda p}.$$

Beweis: Es gilt:

$$\left(b^{\frac{1}{q}} \right)^p = \left(\left\{ \left(b^{\frac{1}{\lambda q}} \right)^{\lambda q} \right\}^{\frac{1}{q}} \right)^p = \left(\left\{ \left[\left(b^{\frac{1}{\lambda q}} \right)^{\lambda} \right]^q \right\}^{\frac{1}{q}} \right)^p =$$

$$= \left(\left(b^{\frac{1}{\lambda q}} \right)^{\lambda} \right)^p = \left(b^{\frac{1}{\lambda q}} \right)^{\lambda p}.$$

Dieser Satz ermöglicht nun die Definition von b^r für rationale Zahlen r.

Definition 3.2.1: Es sei $0 < b \in \mathbb{R}$; $r \in \mathbb{Q}$ mit $r = \frac{p}{q}$, $p \in \mathbb{Z}$, $q \in \mathbb{N}$. Wir setzen:

$$b^r = b^{\frac{p}{q}} = \left(b^{\frac{1}{q}} \right)^p.$$

Nach Satz 3.2.4 ist offenbar b^r unabhängig von der speziellen Darstellung von r in der Form $r = \frac{p}{q}$.

Für Potenzen mit rationalen Exponenten gelten wieder die Rechengesetze:

Satz 3.2.5: Es seien $0<b,\ b_1,\ b_2 \in \mathbb{R};\ r,\ r_1,\ r_2 \in \mathbb{Q}$. Dann gilt:

(1) $b^{r_1} \cdot b^{r_2} = b^{r_1+r_2}$;

(2) $b_1^r \cdot b_2^r = (b_1 \cdot b_2)^r$;

(3) $(b^{r_1})^{r_2} = b^{(r_1 \cdot r_2)}$.

Beweis als Übung.

Es gelten wieder zwei Monotoniegesetze:

Satz 3.2.6: Es sei $0<b_1,\ b_2 \in \mathbb{R};\ 0<r \in \mathbb{Q}$. Dann gilt

$$b_1^r < b_2^r \text{ genau dann, wenn } b_1 < b_2.$$

Beweis: Ist $r=\frac{p}{q}$ mit $p \in \mathbb{N},\ q \in \mathbb{N}$, so gilt nach Satz 3.2.2 $b_1<b_2$ genau dann, wenn $b_1^{\frac{1}{q}} < b_2^{\frac{1}{q}}$; dies ist nach Satz 3.1.2 genau dann der Fall, wenn $\left(b_1^{\frac{1}{q}}\right)^p < \left(b_2^{\frac{1}{q}}\right)^p$.

Satz 3.2.7: Es sei $1<b \in \mathbb{R};\ r_1,\ r_2 \in \mathbb{Q}$. Dann gilt

$$b^{r_1} < b^{r_2} \text{ genau dann, wenn } r_1 < r_2.$$

Beweis:

1. Wir zeigen zunächst: Für $r \in \mathbb{Q}$ gilt $1<b^r$ genau dann, wenn $r>0$.

   Dazu sei $r=\frac{p}{q}$ mit $p \in \mathbb{Z},\ q \in \mathbb{N}$. Nach Satz 3.2.2 gilt $1<b^{\frac{1}{q}}$.

   a) Ist $r>0$, also $p \in \mathbb{N}$, so folgt $1<\left(b^{\frac{1}{q}}\right)^p = b^r$.

   b) Ist $r=0$, also $p=0$, so folgt $1=b^r$.

   c) Ist $r<0$, also $-p \in \mathbb{N}$, so folgt $1<\left(b^{\frac{1}{q}}\right)^{-p}$ oder $1>\left(b^{\frac{1}{q}}\right)^p = b^r$.

2. Wegen $b^{r_2} = b^{r_1} \cdot b^{r_2 - r_1}$ gilt $b^{r_1} < b^{r_2}$ genau dann, wenn $1 < b^{r_2 - r_1}$. Nach 1. ist das aber genau dann der Fall, wenn $r_2 - r_1 > 0$, d.h. $r_1 < r_2$ ist.

Übungsaufgaben:

1. Es sei $0 \leqslant a,\ b \in \mathbb{R}$. Man beweise:

$$(a\,b)^{\frac{1}{2}} \leqslant \frac{1}{2} \cdot (a+b).$$

2. Es sei $0 \leqslant a_1, \ldots, a_n \in \mathbb{R}$. Man beweise:

$$(a_1 \cdot a_2 \cdot \cdots \cdot a_n)^{\frac{1}{n}} \leqslant \frac{1}{n} \cdot (a_1 + a_2 + \cdots + a_n).$$

3. Es sei $a_1, \ldots, a_n;\ b_1, \ldots, b_n \in \mathbb{R}$. Man beweise die SCHWARZsche Ungleichung:

$$\left| \sum_{\nu=1}^{n} a_\nu b_\nu \right| \leqslant \left(\sum_{\nu=1}^{n} a_\nu^2 \right)^{\frac{1}{2}} \cdot \left(\sum_{\nu=1}^{n} b_\nu^2 \right)^{\frac{1}{2}}.$$

4. Es sei $a_1, \ldots, a_n;\ b_1, \ldots, b_n \in \mathbb{R}$. Man beweise die MINKOWSKIsche Ungleichung:

$$\left(\sum_{\nu=1}^{n} (a_\nu + b_\nu)^2 \right)^{\frac{1}{2}} \leqslant \left(\sum_{\nu=1}^{n} a_\nu^2 \right)^{\frac{1}{2}} + \left(\sum_{\nu=1}^{n} b_\nu^2 \right)^{\frac{1}{2}}.$$

5. Es sei $0 < a \in \mathbb{R}$. Man beweise: $\lim\limits_{n \to \infty} a^{\frac{1}{n}} = 1$.

6. Man beweise: $\lim\limits_{n \to \infty} n^{\frac{1}{n}} = 1$.

7. Die Folge $\{a_n\}$ sei definiert durch:

$$a_1 = 1; \quad a_{n+1} = \sqrt{3\,a_n} \quad (n \geqslant 1).$$

Man beweise, daß $\{a_n\}$ konvergiert und bestimme $\lim\limits_{n \to \infty} a_n$.

3.3 Potenz- und Exponentialfunktion mit rationalen Exponenten

Für $0 < b \in \mathbb{R}$ und $r \in \mathbb{Q}$ ist jetzt die Potenz b^r definiert. Je nachdem, ob wir b oder r als veränderlich auffassen, sprechen wir von Potenzfunktion oder Exponentialfunktion.

Definition 3.3.1:

(1) Es sei $r \in \mathbb{Q}$. Die Funktion $f(x) = x^r$ mit $D(f) = (0, \infty)$ heißt Potenzfunktion.

(2) Es sei $b > 0$. Die Funktion $f(x) = b^x$ mit $D(f) = \mathbb{Q}$ heißt Exponentialfunktion.

Wir zeigen sofort die Stetigkeit dieser beiden Funktionen.

Satz 3.3.1: Es sei $r \in \mathbb{Q}$. Dann ist die Potenzfunktion $f(x) = x^r$ stetig auf $(0, \infty)$.

Beweis: Es sei $r = \frac{p}{q}$ mit $p \in \mathbb{Z}$, $q \in \mathbb{N}$. Die Funktion $x^{\frac{1}{q}}$ ist nach dem Beweis zu Satz 3.2.1 stetig und damit auch die zusammengesetzte Funktion $\left(x^{\frac{1}{q}}\right)^p = x^r$.

Satz 3.3.2: Es sei $0 < b \in \mathbb{R}$. Dann ist die Exponentialfunktion $f(x) = b^x$ stetig auf $\mathbb{Q}$.

Beweis: Ist $b = 1$, so ist $f(x) = 1$ für alle $x \in \mathbb{Q}$ und damit ist f stetig auf $\mathbb{Q}$. Es sei daher $b \neq 1$.

1. Wir zeigen die Stetigkeit an 0, d.h. wir beweisen, daß für jede Folge $\{x_n\}$ rationaler Zahlen mit $x_n \to 0$ gilt: $b^{x_n} \to b^0 = 1$.

   a) Es sei $b > 1$. Nach Übungsaufgabe 5. aus 3.2 gilt: $b^{\frac{1}{n}} \to 1$ und $\left(\frac{1}{b}\right)^{\frac{1}{n}} \to 1$. Zu $\varepsilon > 0$ gibt es daher ein N_ε, so daß

   $$1 - \varepsilon < b^{-\frac{1}{m}} < b^{\frac{1}{m}} < 1 + \varepsilon$$

für alle $m > N_\varepsilon$. Wir wählen ein solches m. Da $x_n \to 0$, existiert ein $N'_{\frac{1}{m}}$, so daß $-\frac{1}{m} < x_n < \frac{1}{m}$ für alle $n > N'_{\frac{1}{m}}$. Für diese n gilt dann nach Satz 3.2.7:

$$b^{-\frac{1}{m}} < b^{x_n} < b^{\frac{1}{m}},$$

und es folgt für alle $n > N'_{\frac{1}{m}}$:

$$|b^{x_n} - 1| < \varepsilon,$$

d.h. es gilt: $b^{x_n} \to 1$.

b) Es sei $b < 1$. Dann gilt:

$$b^{x_n} = \frac{1}{\left(\frac{1}{b}\right)^{x_n}} \to \frac{1}{1} = 1.$$

2. Wir zeigen jetzt die Stetigkeit an einer beliebigen Stelle $x \in \mathbb{Q}$. Ist $\{x_n\}$ eine Folge rationaler Zahlen mit $x_n \to x$, so folgt wegen $x_n - x \to 0$:

$$b^{x_n} - b^x = b^x \cdot (b^{x_n - x} - 1) \to b^x \cdot 0 = 0,$$

d.h. es gilt $b^{x_n} \to b^x$.

3.4 Potenz- und Exponentialfunktion mit reellen Exponenten

Die Exponentialfunktion $f(x) = b^x$ $(b > 0)$ ist nach dem bisherigen nur auf $\mathbb{Q}$, d.h. nur für rationale Argumente x erklärt. Wir versuchen nun, die Definition der Exponentialfunktion auf ganz $\mathbb{R}$ zu erweitern, also $f(x) = b^x$ auch für irrationales x zu definieren. Da b^x auf $\mathbb{Q}$ stetig ist, liegt es nahe, b^x auch für irrationales x durch "stetigen Anschluß" zu definieren: Ist x irrational und $\{x_n\}$ eine Folge rationaler Zahlen mit $x_n \to x$, so versuchen wir, $b^x = \lim_{n \to \infty} b^{x_n}$ zu setzen. Diese Definition ist natürlich nur dann möglich und sinnvoll, wenn erstens $\lim_{n \to \infty} b^{x_n}$ immer existiert und zweitens unabhängig von der speziellen Wahl der Folge $\{x_n\}$ ist. Dazu zeigen wir:

Satz 3.4.1: Es sei $0 < b \in \mathbb{R}$; $x_n, x'_n \in \mathbb{Q}$ für $n \in \mathbb{N}$.

(1) Existiert $\lim\limits_{n \to \infty} x_n$, so auch $\lim\limits_{n \to \infty} b^{x_n}$.

(2) Ist $\lim\limits_{n \to \infty} x_n = \lim\limits_{n \to \infty} x'_n$, so gilt $\lim\limits_{n \to \infty} b^{x_n} = \lim\limits_{n \to \infty} b^{x'_n}$.

Beweis: Es sei $\{x_n\}$ eine konvergente Folge mit $x_n \in \mathbb{Q}$ $(n = 1, 2, \dots)$.

1. a) Es sei $b = 1$. In diesem Fall ist die Aussage **(1)** trivial.

b) Es sei $b > 1$. Da die Folge $\{x_n\}$ beschränkt ist, gibt es eine Konstante $K \in \mathbb{Q}$, $K > 0$ mit

$$-K < x_n < K \quad \text{für alle } n \in \mathbb{N}.$$

Aus Satz 3.2.7 folgt dann, wenn wir $b^K = M$ setzen

$$0 < \frac{1}{M} < b^{x_n} < M \quad \text{für alle } n \in \mathbb{N}.$$

Nach Satz 3.3.2 existiert zu jedem $\varepsilon > 0$ ein $\delta > 0$, so daß gilt: $|b^x - 1| < \frac{\varepsilon}{M}$ für alle $x \in \mathbb{Q}$ mit $|x| < \delta$. Da $\{x_n\}$ eine C-Folge ist, gibt es ein N_δ, so daß $|x_m - x_n| < \delta$ für alle $n, m > N_\delta$; hieraus folgt:

$$|b^{x_m - x_n} - 1| < \frac{\varepsilon}{M},$$

und wir erhalten für alle $n, m > N_\delta$:

$$|b^{x_m} - b^{x_n}| = b^{x_n} \cdot |b^{x_m - x_n} - 1| < M \cdot \frac{\varepsilon}{M} = \varepsilon.$$

Also ist $\{b^{x_n}\}$ eine C-Folge und damit konvergent. Ferner ergibt sich $\lim\limits_{n \to \infty} b^{x_n} \neq 0$.

c) Es sei $0 < b < 1$. Dann gibt es ein $c > 1$ mit

$$b = \frac{1}{c} \text{ und } b^{x_n} = \frac{1}{c^{x_n}}.$$

Nach b) konvergiert die Folge $\{c^{x_n}\}$ gegen einen Grenzwert ungleich Null. Daher konvergiert auch $\{b^{x_n}\}$.

2. Wegen $(x_n' - x_n) \to 0$ gilt $b^{x_n' - x_n} \to 1$. Aus der Konvergenz von $\{b^{x_n}\}$ folgt daher:

$$b^{x_n} - b^{x_n'} = b^{x_n} \cdot \{1 - b^{x_n' - x_n}\} \to 0.$$

Hieraus ergibt sich **(2)**.

Dieser Satz erlaubt jetzt die folgende

Definition 3.4.1: Es sei $b > 0$, $x \in \mathbb{R}$. Wir setzen

$$b^x = \lim_{n \to \infty} b^{x_n},$$

wobei $\{x_n\}$ eine beliebige Folge rationaler Zahlen mit $x_n \to x$ ist.

Bemerkung: Diese Definition gilt auch, wenn $x \in \mathbb{Q}$. In diesem Fall kommt wegen der Stetigkeit von b^x auf $\mathbb{Q}$ der "alte" Wert heraus.

Jetzt ist also die Exponentialfunktion b^x für beliebiges $x \in \mathbb{R}$ definiert. Wir wollen nun noch die Stetigkeit auf $\mathbb{R}$ zeigen. Dazu müssen wir für eine beliebige Folge $\{x_n\}$ aus $\mathbb{R}$ mit $x_n \to x \in \mathbb{R}$ zeigen, daß gilt: $b^{x_n} \to b^x$. Nur für den Spezialfall, daß x_n, $x \in \mathbb{Q}$ sind, haben wir dies schon in Satz 3.3.2 bewiesen.

Satz 3.4.2: Es sei $0 < b \in \mathbb{R}$. Dann ist die Exponentialfunktion $f(x) = b^x$ stetig auf $\mathbb{R}$.

Beweis: Es sei $x \in \mathbb{R}$ und $\{x_n\}$ eine beliebige Folge aus $\mathbb{R}$ mit $x_n \to x$. Zu jedem $n \in \mathbb{N}$ gibt es ein $x_n' \in \mathbb{Q}$, so daß gleichzeitig gilt:

$$|x_n - x_n'| < \frac{1}{n}, \tag{1}$$

$$|b^{x_n} - b^{x_n'}| < \frac{1}{n}. \tag{2}$$

Aus (1) folgt $x_n' \to x$, nach Definition 3.4.1 gilt also $b^{x_n'} \to b^x$ und aus (2) ergibt sich $b^{x_n} \to b^x$.

Wir sind jetzt in der Lage, die Rechengesetze für Potenzen mit beliebigen reellen Exponenten zu verifizieren.

Satz 3.4.3: Es seien $0 < b,\ b_1,\ b_2 \in \mathbb{R};\ x,\ x_1,\ x_2 \in \mathbb{R}$. Dann gilt:

(1) $b^{x_1} \cdot b^{x_2} = b^{x_1 + x_2};$

(2) $b_1^x \cdot b_2^x = (b_1 \cdot b_2)^x;$

(3) $(b^{x_1})^{x_2} = b^{x_1 \cdot x_2}.$

Beweis: Wir wählen Folgen $\{r_n\}$, $\{r'_n\}$, $\{r''_n\}$ aus $\mathbb{Q}$ mit

$$\lim_{n \to \infty} r_n = x, \quad \lim_{n \to \infty} r'_n = x_1, \quad \lim_{n \to \infty} r''_n = x_2.$$

Dann gilt:

1. $b^{x_1} \cdot b^{x_2} = \lim\limits_{n \to \infty} b^{r'_n} \cdot \lim\limits_{n \to \infty} b^{r''_n} = \lim\limits_{n \to \infty} (b^{r'_n} \cdot b^{r''_n}) = \lim\limits_{n \to \infty} b^{r'_n + r''_n} = b^{x_1 + x_2};$

2. $b_1^x \cdot b_2^x = \lim\limits_{n \to \infty} b_1^{r_n} \cdot \lim\limits_{n \to \infty} b_2^{r_n} = \lim\limits_{n \to \infty} (b_1^{r_n} \cdot b_2^{r_n}) = \lim\limits_{n \to \infty} (b_1 b_2)^{r_n} =$
$= (b_1 b_2)^x;$

3. a) Für festes n und m gilt: $(b^{r'_n})^{r''_m} = b^{r'_n \cdot r''_m}$, und wir erhalten aus Definition 3.4.1 und Satz 3.3.1:

$$(b^{x_1})^{r''_m} = (\lim_{n \to \infty} b^{r'_n})^{r''_m} = \lim_{n \to \infty} (b^{r'_n})^{r''_m} = \lim_{n \to \infty} b^{r'_n \cdot r''_m} = b^{x_1 \cdot r''_m}.$$

b) Hieraus folgt nun mit Satz 3.4.2

$$(b^{x_1})^{x_2} = \lim_{m \to \infty} (b^{x_1})^{r''_m} = \lim_{m \to \infty} b^{x_1 r''_m} = b^{x_1 x_2}.$$

Nach dem Vorangehenden ist b^ϱ definiert für beliebiges $b > 0$, $b \in \mathbb{R}$ und $\varrho \in \mathbb{R}$. Damit ist jetzt auch die Potenzfunktion $f(x) = x^\varrho$ für beliebige Exponenten $\varrho \in \mathbb{R}$ auf $D(f) = (0, \infty)$ erklärt.

Wir beweisen nun noch die Monotoniegesetze:

Satz 3.4.4 (Monotonie der Potenzfunktion): Es sei $0 < x_1,\ x_2 \in \mathbb{R};$ $0 < \varrho \in \mathbb{R}$. Dann gilt $x_1^\varrho < x_2^\varrho$ genau dann, wenn $x_1 < x_2$.

Beweis:

1. Es sei $x_1 < x_2$, $0 < r_n \in \mathbb{Q}$ mit $r_n \to \varrho$. Nach Satz 3.2.6 folgt $x_1^{r_n} < x_2^{r_n}$ und hieraus $x_1^\varrho \leq x_2^\varrho$. Hätte man $x_1^\varrho = x_2^\varrho$, so auch $\left(x_1^\varrho\right)^{\frac{1}{\varrho}} = \left(x_2^\varrho\right)^{\frac{1}{\varrho}}$, d.h. $x_1 = x_2$ im Widerspruch zur Voraussetzung. Es gilt also $x_1^\varrho < x_2^\varrho$.

2. Es sei $x_1^\varrho < x_2^\varrho$. Nach 1. folgt $\left(x_1^\varrho\right)^{\frac{1}{\varrho}} < \left(x_2^\varrho\right)^{\frac{1}{\varrho}}$, d.h. $x_1 < x_2$.

Satz 3.4.5 (Monotonie der Exponentialfunktion): Es sei $1 < b \in \mathbb{R}$ und $x_1, x_2 \in \mathbb{R}$. Dann gilt $b^{x_1} < b^{x_2}$ genau dann, wenn $x_1 < x_2$.

Beweis:

1. Wir zeigen zunächst: für $x \in \mathbb{R}$ gilt $b^x > 1$ genau dann, wenn $x > 0$.
   a) Es sei $x > 0$. Wir wählen eine monoton wachsende Folge $\{r_n\}$ mit $0 < r_n \in \mathbb{Q}$ und $r_n \rightarrow x$. Dann gilt nach Satz 3.2.7 für alle n:

   $$1 < b^{r_1} \leqslant b^{r_n} \leqslant b^x.$$

   b) Es sei $b^x > 1$. Dann ist sicher $x \neq 0$. Nehmen wir an: $x < 0$, dann gilt nach a):

   $$\frac{1}{b} = \left(b^x\right)^{-\frac{1}{x}} > 1$$

   im Widerspruch zur Voraussetzung $b > 1$. Also gilt $x > 0$.
2. Aus $b^{x_2} = b^{x_1} \cdot b^{x_2 - x_1}$ folgt $b^{x_1} < b^{x_2}$ genau dann, wenn $b^{x_2 - x_1} > 1$, also nach 1. genau dann, wenn $x_2 - x_1 > 0$ oder $x_2 > x_1$ ist.

3.5 Der Logarithmus

Die Funktion $f(x) = b^x$ $(1 < b \in \mathbb{R})$ ist jetzt definiert auf $\mathbb{R}$; sie ist dort stetig und streng monoton wachsend. Aus $\lim\limits_{n \rightarrow \infty} b^{-n} = 0$, $\lim\limits_{n \rightarrow \infty} b^n = \infty$ und der Monotonie folgt sofort: $\lim\limits_{x \rightarrow -\infty} b^x = 0$, $\lim\limits_{x \rightarrow \infty} b^x = \infty$. Für die Exponentialfunktion $f(x) = b^x$ gilt also: $B(f) = (0, \infty)$. Dort existiert nach Satz 2.14.1, Satz 2.14.2 und Bemerkung 2 in Abschnitt 2.14 die stetige und streng monoton wachsende Umkehrfunktion f^{-1}.

Definition 3.5.1: Es sei $1 < b$. Die Umkehrfunktion von $f(x) = b^x$ heißt Logarithmus zur Basis b. Wir schreiben:

$$f^{-1}(x) = \log_b x.$$

Es ist $D(f^{-1}) = (0, \infty)$.

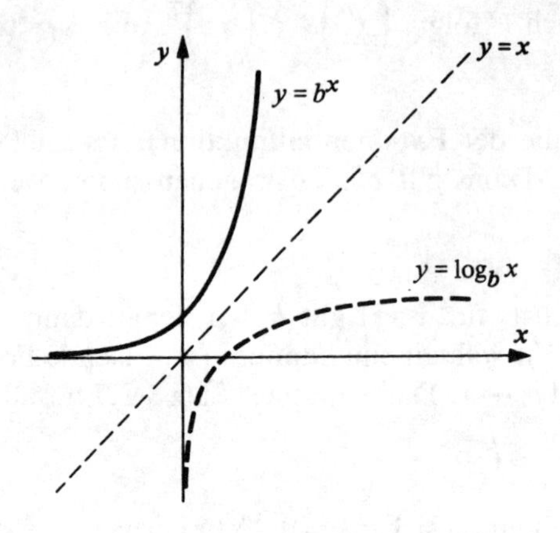

Abb. 3.5.1

Aus den Rechenregeln für allgemeine Potenzen folgt sofort der

Satz 3.5.1: Es sei $0 < x,\ x_1,\ x_2 \in \mathbb{R}$. Dann gilt:

(1) $\log_b(x_1 x_2) = \log_b x_1 + \log_b x_2$;

(2) $\log_b 1 = 0, \quad \log_b \frac{1}{x} = -\log_b x, \quad \log_b b = 1$;

(3) $\log_b x^\alpha = \alpha \cdot \log_b x \quad (\alpha \in \mathbb{R})$.

Beweis als Übung.

Bemerkung: Ist speziell $b = e$, so schreiben wir auch $\log_e x = \ln x$.

3.6 Stetigkeit der allgemeinen Potenz

Wir haben gezeigt, daß die Potenzfunktion x^α für $\alpha \in \mathbb{Q}$ auf $(0, \infty)$ stetig ist. Für einen beliebigen reellen Exponenten α steht der Beweis noch aus. Wir führen ihn unter Anwendung der Logarithmusfunktion.

Satz 3.6.1: Für jedes $\alpha \in \mathbb{R}$ ist die Potenzfunktion $f(x) = x^\alpha$ stetig auf $(0, \infty)$.

Beweis: Wir wählen ein beliebiges $b>1$. Es sei $x>0$, $x_n>0$ mit $x_n \to x$. Dann ist

$$x_n^\alpha = b^{\log_b (x_n)^\alpha} = b^{\alpha \cdot \log_b x_n}.$$

Wegen der Stetigkeit von $\log_b x$ folgt $\alpha \log_b x_n \to \alpha \log_b x$ und wegen der Stetigkeit der Exponentialfunktion:

$$x_n^\alpha = b^{\alpha \cdot \log_b x_n} \to b^{\alpha \cdot \log_b x} = b^{\log_b (x^\alpha)} = x^\alpha.$$

3.7 Die Exponentialfunktion und die Zahl e

Nehmen wir als Basis der Exponentialfunktion b^x speziell $b=e$, so heißt der zugehörige Logarithmus $\log_e x = \ln x$ der natürliche Logarithmus. Logischerweise sollten wir dann auch von e^x als der natürlichen Exponentialfunktion reden. Doch ist das nicht üblich. Wenn wir im folgenden von der Exponentialfunktion sprechen, ohne weitere Angabe der Basis, so meinen wir immer e^x.
Im Moment ist noch nicht einzusehen, weshalb ausgerechnet die Zahl e, die doch gar nicht "natürlich" ist, eine so hervorragende Rolle spielen soll. Wir werden dies spätestens bei der Differentiation von b^x und $\log_b x$ verstehen. Zur Vorbereitung dieser Differentiation wenden wir uns noch einmal der Zahl e zu und beweisen einige interessante Grenzbeziehungen.

Satz 3.7.1: Es sei $\{x_n\}$ eine Folge mit $0< |x_n| <1$ und $\lim\limits_{n \to \infty} x_n = 0$. Dann gilt:

$$\lim_{n \to \infty} (1+x_n)^{\frac{1}{x_n}} = e.$$

Bemerkung 1: Für den Spezialfall $x_n = \dfrac{1}{n}$ ist der Satz richtig; denn so ist e definiert.

Beweis: Wir setzen $s_n = \dfrac{1}{x_n}$. Dann zerfällt s_n in höchstens zwei Teilfolgen:

$$s_n': \quad s_n' > 1, \quad s_n' \to \infty;$$

$$s_n'': \quad s_n'' < -1, \quad s_n'' \to -\infty.$$

Es genügt also zu zeigen

$$\lim_{n\to\infty}\left(1+\frac{1}{s_n'}\right)^{s_n'} = \lim_{n\to\infty}\left(1+\frac{1}{s_n''}\right)^{s_n''} = e.$$

1. Wir betrachten zuerst $\{s_n'\}$. Zu jedem n gibt es ein $k_n \in \mathbb{N}$ mit $k_n \leqslant s_n' < k_n + 1$. Es folgt

$$\left(1+\frac{1}{k_n+1}\right)^{k_n} < \left(1+\frac{1}{s_n'}\right)^{s_n'} < \left(1+\frac{1}{k_n}\right)^{k_n+1}$$

oder

$$\left(1+\frac{1}{k_n+1}\right)^{k_n+1}\left(1+\frac{1}{k_n+1}\right)^{-1} < \left(1+\frac{1}{s_n'}\right)^{s_n'} <$$

$$< \left(1+\frac{1}{k_n}\right)^{k_n}\left(1+\frac{1}{k_n}\right).$$

Da $k_n \to +\infty$, konvergieren die äußeren Folgen beide gegen $e \cdot 1$. Nach Satz 1.6.5 gilt also

$$\lim_{n\to\infty}\left(1+\frac{1}{s_n'}\right)^{s_n'} = e.$$

2. Wir betrachten $\{s_n''\}$. Es gilt wegen $(|s_n''|-1) \to +\infty$:

$$\left(1+\frac{1}{s_n''}\right)^{s_n''} = \left(1-\frac{1}{|s_n''|}\right)^{-|s_n''|} = \left(\frac{|s_n''|}{|s_n''|-1}\right)^{|s_n''|} =$$

$$= \left(1+\frac{1}{|s_n''|-1}\right)^{|s_n''|} =$$

$$= \left(1+\frac{1}{|s_n''|-1}\right)^{|s_n''|-1}\left(1+\frac{1}{|s_n''|-1}\right) \to e \cdot 1.$$

Hieraus ergibt sich sofort folgende interessante Darstellung der Exponentialfunktion e^x.

Satz 3.7.2: Für jedes $x \in \mathbb{R}$ gilt:

$$\lim_{n \to \infty} \left(1 + \frac{x}{n}\right)^n = e^x.$$

Beweis:

1. Ist $x = 0$, so gilt für alle $n \in \mathbb{N}$: $\left(1 + \frac{0}{n}\right)^n = 1 = e^0$.

2. Ist $x \neq 0$, so sei n so groß, daß $\left|\frac{x}{n}\right| < 1$. Es folgt aus $\left|\frac{x}{n}\right| \to 0$, der Stetigkeit der Potenzfunktion und $\left(1 + \frac{x}{n}\right)^{\frac{n}{x}} \to e$:

$$\left(1 + \frac{x}{n}\right)^n = \left\{\left(1 + \frac{x}{n}\right)^{\frac{n}{x}}\right\}^x \to e^x.$$

Bemerkung 2: Für die Exponentialfunktion schreiben wir auch:

$$e^x = \exp(x).$$

Übungsaufgaben:

1. Man bestimme die Konstanten a_0, a_1, a_2 so, daß für
   $f(x) = \ln(a_0 + a_1 x + a_2 x^2)$
   gilt: $f(0) = 0$, $f(1) = 1$, $f(2) = 2$.
2. Es sei $1 < b_1, b_2 \in \mathbb{R}$. Man beweise: Für alle $x > 0$ gilt mit $M = \log_{b_1} b_2$:
   $\log_{b_1} x = M \cdot \log_{b_2} x$.
3. Man beweise:

   a) Für $b > 0$ gilt $\lim\limits_{x \to 0} \frac{b^x - 1}{x} = \ln b$.

   b) Es gilt: $\lim\limits_{x \to 0} \frac{\ln(1 + x)}{x} = 1$.

4. Die hyperbolischen Funktionen sind definiert durch:

$$\sinh x = \tfrac{1}{2}(e^x - e^{-x}) \quad (x \in \mathbb{R}); \qquad \cosh x = \tfrac{1}{2}(e^x + e^{-x}) \quad (x \in \mathbb{R});$$

$$\tanh x = \frac{\sinh x}{\cosh x} \quad (x \in \mathbb{R}); \qquad \coth x = \frac{\cosh x}{\sinh x} \quad (x \in \mathbb{R},\ x \neq 0)$$

a) Man untersuche das Stetigkeits- und Monotonieverhalten dieser Funktionen.

b) Man beweise: Für alle reellen Zahlen x gilt $\cosh^2 x - \sinh^2 x = 1$.

5. a) Man beweise folgende Additionstheoreme:

$$\sinh(x_1 + x_2) = \sinh x_1 \cosh x_2 + \cosh x_1 \sinh x_2,$$

$$\cosh(x_1 + x_2) = \cosh x_1 \cosh x_2 + \sinh x_1 \sinh x_2.$$

b) Man beweise ähnliche Additionstheoreme für die Funktionen $\tanh x$ und $\coth x$.

4 Differentialrechnung

4.1 Motivierung

Die Differentialrechnung geht wie viele Gebiete der Analysis auf ein geometrisches Problem zurück, nämlich auf das Problem, an eine Kurve in der Ebene Tangenten zu konstruieren.

Wir betrachten eine auf $[a, b]$ definierte Funktion f, die durch f gegebene Kurve im Schaubild und einen Punkt $P_0 = (x_0, f(x_0))$.

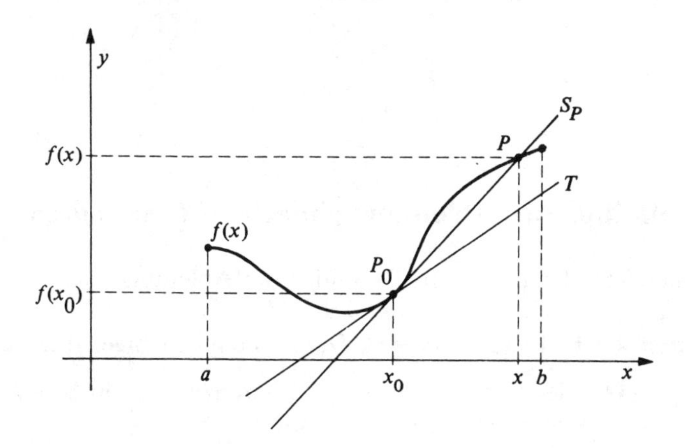

Abb. 4.1.1

Als erstes machen wir uns klar, daß eine Tangente an die Kurve im Punkt P_0 nicht a priori existiert, sondern daß wir sie definieren müssen. Hierzu folgen wir der klassischen Idee, nach der die Tangente als Grenzlage von Sekanten definiert wird. Dazu betrachten wir einen Nachbarpunkt

$P=(x, f(x))$ und die Sekante S_P durch P_0 und P. Diese Sekante wird dann eindeutig bestimmt durch das Steigungsmaß

$$m_P = \frac{f(x)-f(x_0)}{x-x_0}.$$

Existiert nun

$$\lim_{x \to x_0} \frac{f(x)-f(x_0)}{x-x_0} = f'(x_0),$$

und ist $f'(x_0) \in \mathbb{R}$, so definieren wir die Gerade durch $(x_0, f(x_0))$ mit diesem Steigungsmaß $f'(x_0)$ – der Ableitung von f an x_0 – als Tangente im Punkt P_0.

Für die Physik und die anderen Naturwissenschaften spielt die Differentiationstheorie eine zentrale Rolle, da viele Naturgesetze durch sog. Differentialgleichungen, das sind Gleichungen, in denen Ableitungen von Funktionen vorkommen, beschrieben werden.

4.2 Definition der Ableitung; einfache Eigenschaften

Wir geben jetzt die analytische Definition der Ableitung.

Definition 4.2.1: Es sei f: $\mathbb{R} \to \mathbb{R}$, $D(f) = I$ ein beliebiges Intervall.

(1) Die Funktion f heißt differenzierbar an $x_0 \in I$, wenn folgender Grenzwert existiert:

$$\lim_{x \to x_0} \frac{f(x)-f(x_0)}{x-x_0} = \frac{df}{dx}(x_0);$$

ist x_0 linker Endpunkt von I, so heißt f an x_0 auch rechtsseitig differenzierbar;
ist x_0 rechter Endpunkt von I, so heißt f an x_0 auch linksseitig differenzierbar.

(2) Die Funktion f': $\mathbb{R} \to \mathbb{R}$ mit

$$D(f') = \left\{ x_0\colon \ \frac{df}{dx}(x_0) \text{ existiert} \right\} \text{ und } f'(x_0) = \frac{df}{dx}(x_0)$$

heißt Ableitung von f.

(3) Ist f' stetig auf $X \subset D(f')$, so heißt f stetig differenzierbar auf X.

Die höheren Ableitungen einer Funktion werden rekursiv definiert:

$$f'' = (f')', \ldots, f^{(n)} = (f^{(n-1)})'.$$

Die Funktion f selbst wird auch als 0-te Ableitung bezeichnet: $f = f^{(0)}$.

Satz 4.2.1:

(1) Die Funktion f mit $f(x) = a$ (a eine Konstante) ist differenzierbar auf $\mathbb{R}$, und es gilt $f'(x) = 0$.

(2) Die Funktion f mit $f(x) = x^n$ ($n \in \mathbb{N}$) ist differenzierbar auf $\mathbb{R}$, und es gilt $f'(x) = n \cdot x^{n-1}$.

Beweis:

1. Der Beweis von **(1)** ist trivial.
2. Es sei $x_0 \in \mathbb{R}$. Dann gilt wie im Beispiel 1 aus 2.12:

$$\lim_{x \to x_0} \frac{f(x) - f(x_0)}{x - x_0} = \lim_{x \to x_0} \frac{x^n - x_0^n}{x - x_0} = n \cdot x_0^{n-1}.$$

Da x_0 beliebig war, ist f differenzierbar auf $\mathbb{R}$, außerdem gilt die angegebene Formel für die Ableitung.

Ein Beispiel einer stetigen Funktion, die an einer Stelle nicht differenzierbar ist, betrachten wir in

Satz 4.2.2: Die Funktion f mit $f(x) = |x|$, $D(f) = \mathbb{R}$, ist an $x_0 = 0$ nicht differenzierbar.

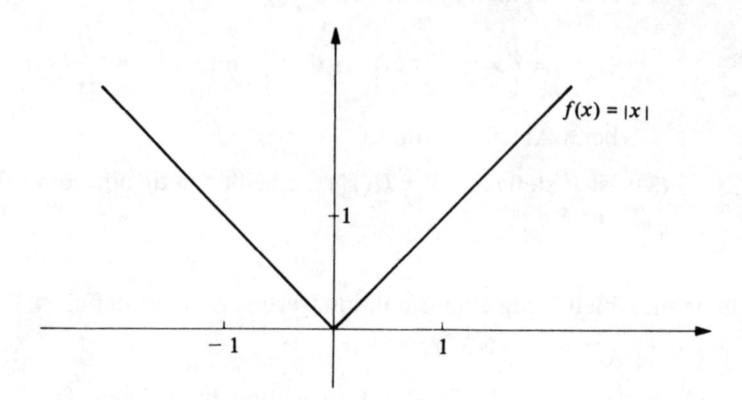

Abb. 4.2.1

Beweis: Es gilt:

$$\lim_{x\to 0+}\frac{f(x)-f(x_0)}{x-x_0}=\lim_{x\to 0+}\frac{|x|-|0|}{x-0}=\lim_{x\to 0+}\frac{x}{x}=1,$$

$$\lim_{x\to 0-}\frac{f(x)-f(x_0)}{x-x_0}=\lim_{x\to 0-}\frac{|x|-|0|}{x-0}=\lim_{x\to 0-}\frac{-x}{x}=-1,$$

so daß der Grenzwert an der Stelle 0 nicht existiert. f ist also nicht differenzierbar an $x_0=0$.

Wir bemerken noch ohne Beweis, daß es stetige (!) Funktionen gibt, die an keiner Stelle differenzierbar sind. Jedoch zieht die Differenzierbarkeit immer die Stetigkeit nach sich.

Satz 4.2.3: Die Funktion f sei definiert auf I und differenzierbar an $x_0 \in I$. Dann ist f stetig an x_0.

Beweis: Für jede Folge $\{x_n\}$ mit $x_n \to x_0$, $x_n \in I$, $x_n \neq x_0$ gilt nach Voraussetzung:

$$\frac{f(x_n)-f(x_0)}{x_n-x_0} \to f'(x_0).$$

Es folgt:

$$f(x_n)-f(x_0)=(x_n-x_0)\cdot\frac{f(x_n)-f(x_0)}{x_n-x_0}\to 0\cdot f'(x_0)=0.$$

Dieser Satz ist auch eine einfache Folgerung aus:

Satz 4.2.4 (Zerlegungssatz): Die Funktion f, definiert auf I, ist genau dann differenzierbar an $x_0\in I$, wenn eine Zahl $c\in\mathbb{R}$, eine Umgebung $U(x_0)$ von x_0 und eine in $I\cap U(x_0)$ definierte Funktion f_0 so existieren, daß für alle $x\in I\cap U(x_0)$ gilt:

(1) $f_0(x_0)=\lim\limits_{x\to x_0} f_0(x)=0,$

(2) $f(x)=f(x_0)+c\cdot(x-x_0)+|x-x_0|\cdot f_0(x).$

Es gilt: $c=f'(x_0)$.

Beweis:

1. Es sei f differenzierbar an x_0. Die Funktion f_0 mit $D(f_0)=I$ und:

$$f_0(x)=\begin{cases}\left[\dfrac{f(x)-f(x_0)}{x-x_0}-f'(x_0)\right]\cdot\dfrac{x-x_0}{|x-x_0|} & \text{falls } x\neq x_0\\[2ex] 0 & \text{falls } x=x_0\end{cases}$$

ist (weil f an x_0 differenzierbar ist) stetig an x_0, und es gilt die Darstellung:

$$f(x)=f(x_0)+f'(x_0)(x-x_0)+|x-x_0|\cdot f_0(x).$$

2. Es gelte **(1)** und **(2)**. Aus $\lim\limits_{x\to x_0} f_0(x)=0$ folgt dann:

$$\lim_{x\to x_0}\frac{f(x)-f(x_0)}{x-x_0}=\lim_{x\to x_0}\left\{c+\frac{|x-x_0|}{x-x_0}\cdot f_0(x)\right\}=c.$$

Also ist f differenzierbar an x_0, und es ist $f'(x_0)=c$.

Eine weitere Folgerung aus dem Zerlegungssatz ist:

Satz 4.2.5: Die Funktion f sei definiert auf I und differenzierbar an x_0. Dann gibt es zu jedem $\varepsilon > 0$ ein $\delta > 0$, so daß für alle $x \in I$ mit $|x - x_0| < \delta$ gilt

$$|f(x) - f(x_0)| < \{|f'(x_0)| + \varepsilon\} \cdot |x - x_0|.$$

Beweis: Nach Satz 4.2.4 existiert eine Umgebung $U(x_0)$ und eine in $I \cap U(x_0)$ definierte Funktion f_0, so daß für alle $x \in I \cap U(x_0)$ gilt

$$f_0(x_0) = \lim_{x \to x_0} f_0(x) = 0,$$

$$f(x) - f(x_0) = f'(x_0) \cdot (x - x_0) + |x - x_0| \cdot f_0(x).$$

Zu $\varepsilon > 0$ können wir ein $\delta > 0$ so wählen, daß gilt

$$I \cap U_\delta(x_0) = \{x\colon\ x \in I,\ |x - x_0| < \delta\} \subset I \cap U(x_0),$$

$$|f_0(x)| < \varepsilon \quad \text{für alle } x \in I \cap U_\delta(x_0).$$

Es folgt für alle $x \in I \cap U_\delta(x_0)$

$$\begin{aligned} |f(x) - f(x_0)| &= |f'(x_0) \cdot (x - x_0) + |x - x_0| \cdot f_0(x)| \leqslant \\ &\leqslant \{|f'(x_0)| + |f_0(x)|\} \cdot |x - x_0| < \\ &< \{|f'(x_0)| + \varepsilon\} \cdot |x - x_0|. \end{aligned}$$

Damit ist der Satz bewiesen.

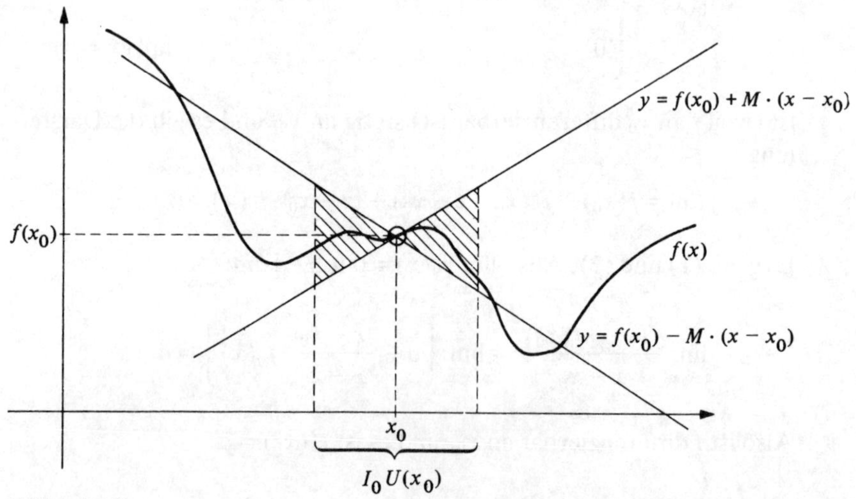

Abb. 4.2.2

Das Ergebnis dieses Satzes besagt anschaulich, daß mit der Konstanten $M = |f'(x_0)| + \varepsilon$ für alle $x \in I$, $|x - x_0| < \delta$ gilt

$$f(x_0) - M \cdot |x - x_0| < f(x) < f(x_0) + M \cdot |x - x_0| .$$

Das Schaubild einer an x_0 differenzierbaren Funktion f liegt also in einer Umgebung von x_0 zwischen den Geraden:

$$y = f(x_0) - M \cdot (x - x_0) \quad \text{und} \quad y = f(x_0) + M \cdot (x - x_0).$$

(siehe Abb. 4.2.2).

4.3 Ableitungsregeln

In diesem Paragraphen wollen wir die Formeln für die Ableitungen der durch arithmetische Operationen entstandenen Funktionen, der zusammengesetzten Funktionen und der Umkehrfunktionen kennenlernen.

Satz 4.3.1: Die Funktionen f und g seien definiert auf I und differenzierbar an $x_0 \in I$. Dann gilt:

(1) $f + g$ ist differenzierbar an x_0, und es ist:

$$(f+g)'(x_0) = f' + g'(x_0);$$

(2) $f \cdot g$ ist differenzierbar an x_0, und es ist:

$$(f \cdot g)'(x_0) = f'(x_0) \cdot g(x_0) + f(x_0) \cdot g'(x_0);$$

(3) Ist $g(x_0) \neq 0$, so ist auch $\frac{f}{g}$ differenzierbar an x_0, und es ist:

$$\left(\frac{f}{g}\right)'(x_0) = \frac{f'(x_0)\,g(x_0) - f(x_0)\,g'(x_0)}{g^2(x_0)}.$$

Beweis:

1. Es sei $\{x_n\}$ eine Folge aus I mit $x_n \neq x_0$, $x_n \to x_0$. Dann gilt:

$$\frac{(f+g)(x_n) - (f+g)(x_0)}{x_n - x_0} = \frac{f(x_n) - f(x_0)}{x_n - x_0} + \frac{g(x_n) - g(x_0)}{x_n - x_0} \to$$

$$\to f'(x_0) + g'(x_0).$$

2. Es sei $\{x_n\}$ eine Folge aus I mit $x_n \neq x_0$, $x_n \to x_0$. Dann gilt $f(x_n) \to f(x_0)$ (weil f an x_0 stetig ist), und wir erhalten:

$$\frac{(f\cdot g)(x_n)-(f\cdot g)(x_0)}{x_n-x_0}=\frac{f(x_n)\,g(x_n)-f(x_0)\,g(x_0)}{x_n-x_0}=$$

$$=\frac{f(x_n)-f(x_0)}{x_n-x_0}\cdot g(x_0)+\frac{g(x_n)-g(x_0)}{x_n-x_0}\cdot f(x_n)\to$$

$$\to f'(x_0)\cdot g(x_0)+g'(x_0)\cdot f(x_0).$$

3. a) Wir zeigen zuerst, daß $\frac{1}{g}$ an x_0 differenzierbar ist, und daß gilt:

$$\left(\frac{1}{g}\right)'(x_0)=-\frac{g'(x_0)}{g^2(x_0)}.$$

Dazu sei $\{x_n\}$ eine Folge aus I mit $x_n \to x_0$, $x_n \neq x_0$. Wegen der Stetigkeit von g an x_0 gilt: $g(x_n) \to g(x_0)$, und wegen $g(x_0) \neq 0$ ist $g(x_n) \neq 0$ für alle genügend großen n. Für diese n erhalten wir dann:

$$\frac{\frac{1}{g}(x_n)-\frac{1}{g}(x_0)}{x_n-x_0}=\frac{\frac{1}{g(x_n)}-\frac{1}{g(x_0)}}{x_n-x_0}=$$

$$=-\frac{g(x_n)-g(x_0)}{x_n-x_0}\cdot\frac{1}{g(x_n)\cdot g(x_0)}\to$$

$$\to -g'(x_0)\cdot\frac{1}{g^2(x_0)}.$$

b) Mit **(2)** folgt nun:

$$\left(\frac{f}{g}\right)'(x_0)=f'(x_0)\cdot\frac{1}{g(x_0)}-f(x_0)\cdot\frac{g'(x_0)}{g^2(x_0)}=$$

$$=\frac{f'(x_0)\,g(x_0)-f(x_0)\,g'(x_0)}{g^2(x_0)}.$$

Durch mehrfache Anwendung dieses Satzes erhält man mit Hilfe von Satz 4.2.1:

Satz 4.3.2: Ein Polynom $P(x) = \sum_{\nu=0}^{n} a_\nu x^\nu$ ist differenzierbar auf $\mathbb{R}$, und es gilt:

$$P'(x) = \sum_{\nu=1}^{n} \nu \cdot a_\nu x^{\nu-1}.$$

Ein sehr viel komplizierteres Ergebnis ist die sogenannte Kettenregel für die Differentiation zusammengesetzter Funktionen.

Satz 4.3.3: Es sei $h = g \circ f$ definiert auf I. Ist f differenzierbar an $x_0 \in I$ und g differenzierbar an $y_0 = f(x_0)$, so ist $h = g \circ f$ differenzierbar an x_0. Ferner gilt

$$h'(x_0) = (g \circ f)'(x_0) = g'(f(x_0)) \cdot f'(x_0).$$

Beweis: Es sei $\{x_n\}$ eine Folge aus I mit: $x_n \to x_0$, $x_n \neq x_0$.

1. Gibt es ein $\delta > 0$ mit $f(x) \neq f(x_0)$ für $0 < |x - x_0| < \delta$, $x \in I$, so ist $f(x_n) \neq f(x_0)$ für alle genügend großen n, und es folgt

$$\frac{h(x_n) - h(x_0)}{x_n - x_0} = \frac{g(f(x_n)) - g(f(x_0))}{f(x_n) - f(x_0)} \cdot \frac{f(x_n) - f(x_0)}{x_n - x_0} \to$$

$$\to g'(f(x_0)) \cdot f'(x_0).$$

2. Existiert ein solches δ nicht, dann gibt es eine Folge $\{\tilde{x}_n\}$ aus I mit $\tilde{x}_n \to x_0$, $\tilde{x}_n \neq x_0$ und $f(\tilde{x}_n) = f(x_0)$. Aus

$$\frac{f(\tilde{x}_n) - f(x_0)}{\tilde{x}_n - x_0} = 0 \qquad \text{für alle } n \in \mathbb{N}$$

folgt dann: $f'(x_0) = 0$.
Die vorgegebene Folge $\{x_n\}$ zerfällt möglicherweise in zwei Teilfolgen $\{x_n'\}$ und $\{x_n''\}$ mit:

x_n': $f(x_n') = f(x_0)$. Dafür folgt:

$$\frac{h(x_n') - h(x_0)}{x_n' - x_0} = \frac{g(f(x_n')) - g(f(x_0))}{x_n' - x_0} = 0.$$

x_n'': $f(x_n'') \neq f(x_0)$. Hierfür folgt wie unter 1. wegen $f'(x_0) = 0$:

$$\frac{h(x_n'') - h(x_0)}{x_n'' - x_0} \to g'(f(x_0)) \cdot f'(x_0) = 0.$$

Für beide Teilfolgen ergibt sich als Grenzwert des Differenzenquotienten der Wert 0, d.h. $h'(x_0)$ existiert und ist gleich 0.

Beispiel 1: Gegeben sei die Funktion h mit: $h(x) = (3x^2 + 7x)^3$ und $D(h) = \mathbb{R}$.
Es ist: $h = g \circ f$, wobei $y = f(x) = 3x^2 + 7x$, $g(y) = y^3$. Hierfür ergibt sich $f'(x) = 6x + 7$ und $g'(y) = 3y^2$. Also erhalten wir nach der Kettenregel:

$$h'(x) = g'(f(x)) \cdot f'(x) = 3(3x^2 + 7x)^2 (6x + 7).$$

Wir beweisen noch folgende Regel für die Differentiation von Umkehrfunktionen:

Satz 4.3.4: Die Funktion f sei auf I stetig und streng monoton; ferner sei f differenzierbar an $x_0 \in I$. Gilt $f'(x_0) \neq 0$, so ist die Umkehrfunktion f^{-1} differenzierbar an $y_0 = f(x_0)$, und es gilt:

$$(f^{-1})'(y_0) = \frac{1}{f'(x_0)}.$$

Beweis: Es sei $\{y_n\}$ eine Folge aus $D(f^{-1})$ mit $y_n \neq y_0$, $y_n \to y_0$. Ferner sei $x_n = f^{-1}(y_n)$. Offensichtlich gilt $x_n \neq x_0$ und $x_n \to x_0$. Wir erhalten:

$$\frac{f^{-1}(y_n) - f^{-1}(y_0)}{y_n - y_0} = \frac{x_n - x_0}{f(x_n) - f(x_0)} = \frac{1}{\dfrac{f(x_n) - f(x_0)}{x_n - x_0}} \to$$

$$\to \frac{1}{f'(x_0)}.$$

Daraus folgt die Behauptung.

4.4 Ableitung von $\log_b x$, b^x, x^α

Mit Hilfe der in Kapitel 3 bereitgestellten Ergebnisse über diese elementaren Funktionen können wir mühelos ihre Ableitungen berechnen.

Satz 4.4.1: Für $x > 0$ gilt:

$$(\log_b x)' = \frac{1}{x} \cdot \log_b e.$$

Beweis: Es sei $0 < |h_n| < x$, $h_n \to 0$. Wir erhalten:

$$\frac{\log_b(x+h_n) - \log_b x}{h_n} = \frac{1}{h_n} \cdot \log_b\left(1 + \frac{h_n}{x}\right) =$$

$$= \frac{1}{x} \cdot \log_b\left(1 + \frac{h_n}{x}\right)^{\frac{x}{h_n}} \to \frac{1}{x} \cdot \log_b e.$$

Speziell ergibt sich für $b = e$:

Satz 4.4.2: Für $x > 0$ gilt:

$$(\ln x)' = \frac{1}{x}.$$

Jetzt verstehen wir auch die Sonderrolle von e. Da im Differenzenquotienten für $\log_b$ die Folge

$$\left(1 + \frac{h_n}{x}\right)^{\frac{x}{h_n}}$$

eingeht und der Grenzwert dieser Folge e ist, ergibt sich für $b = e$ die einfachste Formel für die Ableitung.

Satz 4.4.3: Für $x \in \mathbb{R}$ gilt:

Beweis: Es sei $y = e^x$; dann ist $x = \ln y$ und nach Satz 4.3.4 gilt:

$$\frac{dy}{dx} = \frac{1}{\frac{dx}{dy}} = \frac{1}{\frac{1}{y}} = y = e^x.$$

Für die Ableitung der allgemeinen Exponentialfunktion ergibt sich:

Satz 4.4.4: Für $x \in \mathbb{R}$, $b > 0$ gilt:

$$(b^x)' = b^x \cdot \ln b.$$

Beweis: Es gilt:

$$(b^x)' = (e^{x \cdot \ln b})' = e^{x \cdot \ln b} \cdot \ln b = b^x \cdot \ln b.$$

Für die Ableitung der allgemeinen Potenz ergibt sich

Satz 4.4.5: Für $\alpha \in \mathbb{R}$, $x > 0$ gilt:

$$(x^\alpha)' = \alpha \cdot x^{\alpha - 1}.$$

Beweis: Es gilt:

$$(x^\alpha)' = (e^{\alpha \cdot \ln x})' = \frac{\alpha}{x} \cdot e^{\alpha \cdot \ln x} = \alpha \cdot x^{\alpha - 1}.$$

Übungsaufgaben:

1. Man berechne ohne Benutzung von Differentiationsregeln direkt aus der Definition für

   a) $f(x) = \dfrac{1+x}{1-x}$ $(x \in \mathbb{R},\ x \neq 1)$ die Ableitung $f'(2)$;

   b) $f(x) = \sqrt{3x-1}$ $\left(x > \dfrac{1}{3}\right)$ die Ableitung $f'(4)$.

2. Man bilde die Ableitungen folgender Funktionen:

   a) $(6x^2 + 7x + 4)^4$,

   b) $3x^4 \cdot (\ln x)^2$,

   c) $\dfrac{e^{x+1} - 1}{e^{x+1} + 1}$,

   d) $\ln\{(4e^{2x} + 3)^{1/2} + 2e^x\}$,

   e) x^x,

   f) $x^{x + \ln x}$.

3. Man berechne die Ableitungen der hyperbolischen Funktionen (siehe 3.7 Übungsaufgabe 4).

4. Es seien c_1, c_2 beliebige Konstanten. Man beweise daß die Funktion $y(x) = c_1 e^{-x} + c_2 e^{-2x}$ der Differentialgleichung $y''(x) + 3y'(x) + 2y(x) = 0$ genügt.

5. Die Funktionen $f_1, \ldots, f_n$ seien auf (a, b) differenzierbar, und es gelte $f_i(x) \neq 0$ für $x \in (a, b)$, $i = 1, 2, \ldots, n$. Man beweise:

$$\frac{\left\{\prod_{i=1}^{n} f_i(x)\right\}'}{\prod_{i=1}^{n} f_i(x)} = \sum_{i=1}^{n} \frac{f_i'(x)}{f_i(x)}.$$

6. Man beweise: Für alle $n \in \mathbb{N}$, $x \neq 0$ gilt:

$$\left(x^{n-1} \cdot e^{\frac{1}{x}}\right)^{(n)} = (-1)^n \cdot \frac{e^{\frac{1}{x}}}{x^{n+1}}.$$

7. Die Funktionen f und g seien auf (a, b) mindestens n-mal differenzierbar. Man beweise:

$$(f(x) \cdot g(x))^{(n)} = \sum_{\nu=0}^{n} \binom{n}{\nu} \cdot f^{(\nu)}(x) \cdot g^{(n-\nu)}(x).$$

4.5 Der Satz von ROLLE

In diesem Paragraphen wollen wir den für den weiteren Ausbau der Differentialrechnung wichtigen Satz von ROLLE behandeln.
Wir betrachten zuerst lokale Extrema und beweisen das folgende notwendige Kriterium:

Satz 4.5.1: Es sei f definiert auf $[a, b]$ und differenzierbar an $x_0 \in (a, b)$. Hat f an der Stelle x_0 ein lokales Maximum oder ein lokales Minimum, so gilt notwendig $f'(x_0) = 0$.

Beweis:

1. Hat f an x_0 ein lokales Maximum, so gilt für alle genügend großen n:

$$f(x_0+\tfrac{1}{n})\leqslant f(x_0) \quad \text{und} \quad f(x_0-\tfrac{1}{n})\leqslant f(x_0).$$

Hieraus folgt:

$$f'(x_0)=\lim_{n\to\infty}\frac{f(x_0+\frac{1}{n})-f(x_0)}{\frac{1}{n}}\leqslant 0;$$

$$f'(x_0)=\lim_{n\to\infty}\frac{f(x_0-\frac{1}{n})-f(x_0)}{(-\frac{1}{n})}\geqslant 0.$$

Also haben wir $f'(x_0)=0$.

2. Hat f an x_0 ein lokales Minimum, so verläuft der Beweis analog.

Mit Hilfe dieses Satzes beweisen wir nun:

Satz 4.5.2 (ROLLE): Die Funktion f sei stetig auf $[a, b]$ und differenzierbar auf (a, b), und es gelte $f(a)=f(b)$. Dann gibt es wenigstens ein $\xi\in(a, b)$ mit $f'(\xi)=0$.

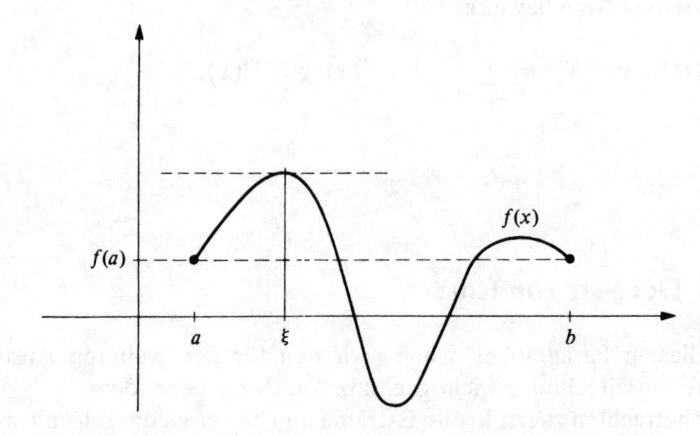

Abb. 4.5.1

Beweis: Ist $f(x)=f(a)$ für alle $x\in[a, b]$, so gilt für jedes $\xi\in(a, b)$: $f'(\xi)=0$, und wir sind fertig.

Andernfalls gibt es eine Stelle $\xi \in (a, b)$, an der f ihr absolutes Maximum oder ihr absolutes Minimum annimmt. Nach Satz 4.5.1 gilt für dieses ξ, daß $f'(\xi) = 0$.

Der Satz von ROLLE besagt anschaulich, daß das Schaubild von f an einer Stelle ξ eine horizontale Tangente besitzt (Abb. 4.5.1).

4.6 Der 1. Mittelwertsatz der Differentialrechnung

Mit Hilfe des Satzes von ROLLE beweisen wir nun einen der wichtigsten Sätze der Differentialrechnung.

Satz 4.6.1 (1. Mittelwertsatz): Die Funktion f sei stetig auf $[a, b]$ und differenzierbar auf (a, b). Dann gibt es mindestens eine Stelle $\xi \in (a, b)$ mit:

$$\frac{f(b) - f(a)}{b - a} = f'(\xi).$$

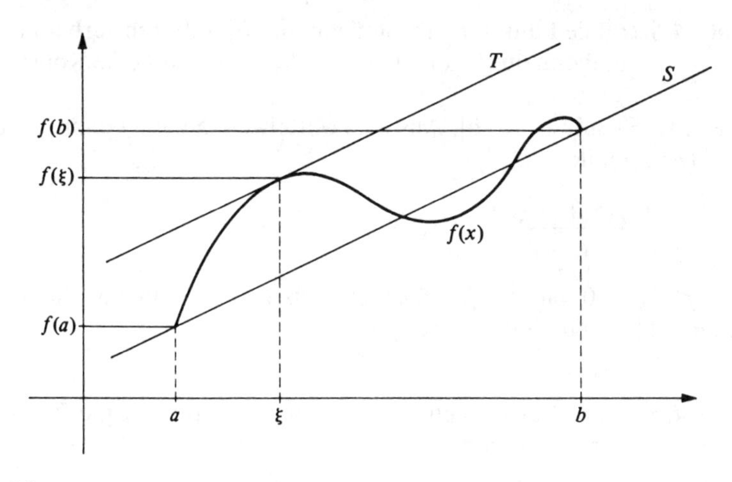

Abb. 4.6.1

Bemerkung: Dieser Satz besagt geometrisch, daß es mindestens ein $\xi \in (a, b)$ gibt, derart, daß die Tangente T im Kurvenpunkt $(\xi, f(\xi))$ und die Sekante S durch die Punkte $(a, f(a))$ und $(b, f(b))$ parallel verlaufen.

Beweis: Wir wenden den Satz von ROLLE auf die Funktion

$$F(x)=f(x)-\frac{f(b)-f(a)}{b-a}(x-a) \qquad (x\in[a,\,b])$$

an; es gilt $F(a)=F(b)=f(a)$. Außerdem ist F stetig auf $[a,\,b]$, differenzierbar auf $(a,\,b)$, so daß also die Voraussetzungen des Satzes von ROLLE erfüllt sind. Es gibt daher ein $\xi\in(a,\,b)$ mit $F'(\xi)=0$. Wegen

$$F'(x)=f'(x)-\frac{f(b)-f(a)}{b-a}$$

ergibt sich

$$f'(\xi)=\frac{f(b)-f(a)}{b-a}.$$

Man beachte, daß i.a. über die genaue Lage von $\xi\in(a,\,b)$ keine Auskunft gegeben werden kann.

Als nächstes beweisen wir einige Sätze, welche Folgerungen aus dem Mittelwertsatz sind.

Satz 4.6.2: Die Funktion f sei stetig auf $[a,\,b]$, differenzierbar auf $(a,\,b)$, und es gelte $f'(x)=0$ auf $(a,\,b)$. Dann ist f eine Konstante.

Beweis: Es sei $x_0\in(a,\,b]$. Aus dem Mittelwertsatz folgt dann: Es gibt ein $\xi_0\in(a,\,x_0)$ mit:

$$\frac{f(x_0)-f(a)}{x_0-a}=f'(\xi_0).$$

Aus $f'(\xi_0)=0$ folgt $f(x_0)=f(a)$. Da x_0 beliebig wählbar ist, hat f auf dem Intervall $[a,\,b]$ überall den Wert $f(a)$.

Satz 4.6.3: Die Funktionen f und g seien stetig auf $[a,\,b]$, differenzierbar auf $(a,\,b)$, und es gelte:

$$f'(x)=g'(x) \qquad \text{für alle } x\in(a,\,b).$$

Dann unterscheiden sich f und g durch eine additive Konstante.

Beweis: Wir betrachten die Funktion $F=f-g$. Es gilt für jedes $x\in(a,\,b)$: $F'(x)=0$. Also ist $F=f-g$ eine Konstante.

Satz 4.6.4: Die Funktion f sei stetig auf $[a, b]$ und differenzierbar auf (a, b).

(1) Gilt $f'(x) > 0$ für alle $x \in (a, b)$, so ist f streng monoton wachsend.

(2) Gilt $f'(x) < 0$ für alle $x \in (a, b)$, so ist f streng monoton fallend.

Beweis:

1. Es sei $f'(x) > 0$ für alle $x \in (a, b)$, und es sei $a \leqslant x_1 < x_2 \leqslant b$. Wir wenden den Mittelwertsatz auf f in $[x_1, x_2]$ an und erhalten für ein geeignetes $\xi \in (x_1, x_2)$:

   $$f(x_2) - f(x_1) = f'(\xi)(x_2 - x_1) > 0.$$

   Also gilt $f(x_1) < f(x_2)$. Hieraus ergibt sich **(1)**.

2. Analog beweist man **(2)**.

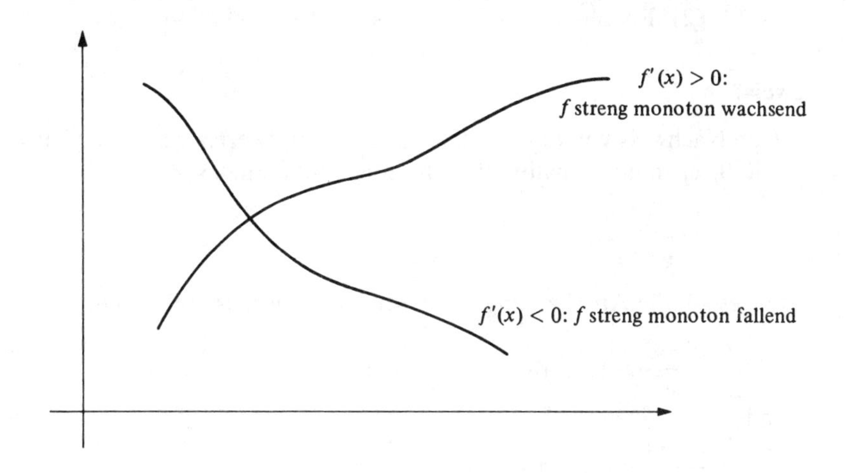

Abb. 4.6.2

Satz 4.6.5: Es sei f stetig auf $[a, b]$, differenzierbar auf (a, b) und $\lim\limits_{x \to b-} f'(x)$ existiere in $\mathbb{R}$. Dann ist f an b linksseitig differenzierbar und $f'(b) = \lim\limits_{x \to b-} f'(x)$.

Beweis: Es sei $\{x_n\}$ eine beliebige Folge aus (a, b) mit $x_n \to b$. Dann gibt es nach dem Mittelwertsatz ein $\xi_n \in (x_n, b)$ mit

$$\frac{f(b)-f(x_n)}{b-x_n}=f'(\xi_n),$$

und es folgt:

$$f'(b)=\lim_{n\to\infty}\frac{f(b)-f(x_n)}{b-x_n}=\lim_{n\to\infty}f'(\xi_n)=\lim_{x\to b-}f'(x).$$

Ein analoger Satz gilt selbstverständlich auch für den linken Endpunkt.

Der Mittelwertsatz erweist sich oft als geeignet zur Abschätzung von Funktionen. Hierzu geben wir zwei Beispiele:

Satz 4.6.6:

(1) Für alle x, $0<x<1$, gilt: $1+x<e^x<\dfrac{1}{1-x}$.

(2) Für alle $x>0$ gilt: $\dfrac{x}{1+x}<\ln(1+x)<x$.

Beweis:

1. Zum Nachweis von **(1)** wenden wir den Mittelwertsatz auf e^t im Intervall $[0, x]$ an und erhalten für ein geeignetes ξ mit $0<\xi<x$:

$$\frac{e^x-e^0}{x}=e^{\xi}.$$

Für e^{ξ} gilt die Abschätzung $1<e^{\xi}<e^x$, und hieraus ergibt sich:

$$\frac{e^x-1}{x}>1, \quad \text{also:} \quad e^x>1+x$$

und

$$\frac{e^x-1}{x}<e^x, \quad \text{also:} \quad e^x<\frac{1}{1-x}.$$

2. Zum Nachweis von **(2)** wenden wir den Mittelwertsatz auf $\ln(1+t)$ im Intervall $[0, x]$ an und erhalten für ein geeignetes ξ mit $0<\xi<x$:

$$\frac{\ln(1+x)-\ln 1}{x}=\frac{1}{1+\xi}.$$

Für $\frac{1}{1+\xi}$ gilt folgende Abschätzung: $\frac{1}{1+x} < \frac{1}{1+\xi} < 1$, und hieraus ergibt sich:

$$\frac{\ln(1+x)}{x} > \frac{1}{1+x}, \quad \text{also:} \quad \ln(1+x) > \frac{x}{1+x}$$

und

$$\frac{\ln(1+x)}{x} < 1, \qquad \text{also:} \quad \ln(1+x) < x.$$

Übungsaufgaben:

1. Gegeben sei die Funktion $f(x) = x^3 - 3x + 4$. Für $a = 1$, $b = 2$ bestimme man ein $\xi \in (a, b)$, für welches $\frac{f(b) - f(a)}{b - a} = f'(\xi)$ gilt.

2. Durch Anwendung des Mittelwertsatzes beweise man:
   a) Für alle $x > 0$ gilt: $\sqrt{1+x} < 1 + \frac{1}{2}x$.
   b) Für $\alpha < \beta$ gilt: $e^{\alpha}(\beta - \alpha) < e^{\beta} - e^{\alpha} < e^{\beta}(\beta - \alpha)$.

3. Man beweise, daß die Funktion $f(x) = \frac{x-1}{x \cdot \ln x}$ für $x > 1$ monoton fällt.

4. Die Funktion f sei stetig auf $[a, b]$, differenzierbar auf (a, b), und es gelte $f(a) = f(b) = 0$. Man beweise: Zu jedem $\lambda \in \mathbb{R}$ gibt es ein $\xi \in (a, b)$ mit $f'(\xi) = \lambda \cdot f(\xi)$.

5. Die Funktion g sei definiert durch

   $$g(x) = \begin{cases} 1 & \text{falls } x > 0, \\ -1 & \text{falls } x \leqslant 0. \end{cases}$$

   Gibt es eine Funktion f mit $f'(x) = g(x)$?

6. Die Funktionen f und g seien auf (a, b) differenzierbar, und es gelte: $f'(x) = g(x)$, $g'(x) = f(x)$. Ferner sei $f(x_0) = 1$, $g(x_0) = 0$ für ein $x_0 \in (a, b)$. Man beweise: Für alle $x \in (a, b)$ gilt $f^2(x) - g^2(x) = 1$.

4.7 Der 2. Mittelwertsatz der Differentialrechnung

Wir beweisen jetzt eine Verallgemeinerung des 1. Mittelwertsatzes.

Satz 4.7.1 (2. Mittelwertsatz): Die Funktionen f und g seien stetig auf $[a, b]$ und differenzierbar auf (a, b). Ferner sei $g'(x) \neq 0$ für $x \in (a, b)$. Dann gilt:

(1) $g(a) \neq g(b)$;

(2) es gibt ein $\xi \in (a, b)$ mit:

$$\frac{f'(\xi)}{g'(\xi)} = \frac{f(b)-f(a)}{g(b)-g(a)}.$$

Beweis:

1. Da $g'(x) \neq 0$ für $x \in (a, b)$, folgt $g(a) \neq g(b)$ nach Satz 4.5.2.
2. Wir betrachten die auf $[a, b]$ stetige und auf (a, b) differenzierbare Funktion F mit:

$$F(x) = f(x) - \frac{f(b)-f(a)}{g(b)-g(a)}[g(x)-g(a)].$$

Es gilt: $F(a) = F(b) = f(a)$ und

$$F'(x) = f'(x) - \frac{f(b)-f(a)}{g(b)-g(a)} g'(x).$$

Nach dem Satz von Rolle gibt es ein $\xi \in (a, b)$ mit der Eigenschaft $F'(\xi) = 0$, d.h.:

$$\frac{f'(\xi)}{g'(\xi)} = \frac{f(b)-f(a)}{g(b)-g(a)}.$$

Bemerkung: Wählen wir als spezielle, zulässige Funktion: $g(x) = x$, so erhalten wir den 1. Mittelwertsatz.

4.8 Die Regeln von de l'Hospital

In 2.12 haben wir uns mit Grenzwerten von Funktionen beschäftigt. Sehr oft ist die tatsächliche Berechnung von Grenzwerten äußerst schwierig. So stößt man häufig auf das Problem, den Grenzwert eines Quotienten

$$h(x)=\frac{f(x)}{g(x)}$$

für den Fall zu bestimmen, daß $f(x)$ und $g(x)$ beide den Grenzwert 0 oder beide den Grenzwert ∞ haben. Zur Ermittlung von Grenzwerten solchen Typs stehen uns nun die Mittel der Differentialrechnung zur Verfügung, und es lassen sich nach de l'Hospital einfache Regeln aufstellen.

Satz 4.8.1: Es sei $-\infty \leqslant a<b \leqslant +\infty$ und $-\infty \leqslant l \leqslant +\infty$. Ferner seien f und g differenzierbar auf (a, b), es gelte $g'(x) \neq 0$ auf (a, b) und

$$\lim_{x\to b}\frac{f'(x)}{g'(x)}=l.$$

Dann folgt aus

(1) $\lim\limits_{x\to b} f(x)=\lim\limits_{x\to b} g(x)=0$ oder

(2) $\lim\limits_{x\to b} g(x)=\infty$

die Aussage: $\lim\limits_{x\to b}\dfrac{f(x)}{g(x)}=l.$

Beweis:

1. Es sei $-\infty \leqslant l<\infty$ und l', l^+ beliebige Zahlen mit $l<l'<l^+<\infty$. Nach Voraussetzung existiert ein $X' \in (a, b)$ mit der Eigenschaft:

$$\frac{f'(x')}{g'(x')}<l' \quad \text{für alle } x' \in (X', b).$$

Es sei nun $x' \in (X', b)$ fest gewählt. Nach dem zweiten Mittelwertsatz gibt es zu jedem $x \in (x', b)$ ein $\xi \in (x', x)$ mit:

$$\frac{f(x)-f(x')}{g(x)-g(x')}=\frac{f'(\xi)}{g'(\xi)}<l'.$$

a) Gilt **(1)**, so folgt für beliebiges $x' \in (X', b)$:

$$\frac{f(x')}{g(x')}=\lim_{x\to b}\frac{f(x)-f(x')}{g(x)-g(x')}\leqslant l'<l^+.$$

b) Aus **(2)** folgt die Existenz eines $X'' \in (x', b)$ mit der Eigenschaft $g(x)>\max\{0, g(x')\}$ für alle $x \in (X'', b)$. Es ergibt sich für ein solches x wegen $\frac{g(x)-g(x')}{g(x)}>0$:

$$\frac{f(x)-f(x')}{g(x)-g(x')}\cdot\frac{g(x)-g(x')}{g(x)}<l'\cdot\left(1-\frac{g(x')}{g(x)}\right)$$

und hieraus:

$$\frac{f(x)}{g(x)}<l'\cdot\left(1-\frac{g(x')}{g(x)}\right)+\frac{f(x')}{g(x)}.$$

Wegen $\lim\limits_{x\to b} g(x)=\infty$ gibt es daher ein $X''' \in (X'', b)$ mit der Eigenschaft:

$$\frac{f(x)}{g(x)}<l^+ \quad \text{für alle } x\in(X''', b).$$

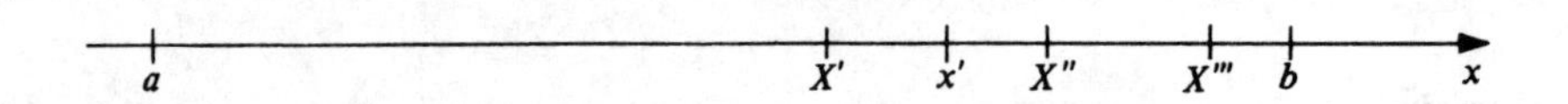

Abb. 4.8.1

In beiden Fällen existiert also zu jedem $l^+>l$ ein $X^+\in(a, b)$ mit

$$\frac{f(x)}{g(x)}<l^+ \quad \text{für alle } x\in(X^+, b).$$

2. Analog zeigt man für $-\infty < l \leqslant \infty$, daß in beiden Fällen zu jedem $l^- < l$ ein $X^- \in (a, b)$ existiert mit

$$\frac{f(x)}{g(x)} > l^- \quad \text{für alle } x \in (X^-, b).$$

3. a) Ist $l = -\infty$, so folgt aus 1.: $\lim\limits_{x \to b} \dfrac{f(x)}{g(x)} = -\infty$.

   b) Ist $l = +\infty$, so folgt aus 2.: $\lim\limits_{x \to b} \dfrac{f(x)}{g(x)} = +\infty$.

   c) Ist $l \in \mathbb{R}$ und $\varepsilon > 0$ beliebig vorgegeben, so setzen wir: $l^- = l - \varepsilon$, $l^+ = l + \varepsilon$. Mit $X_\varepsilon = \max\{X^-, X^+\}$ gilt dann

$$l - \varepsilon < \frac{f(x)}{g(x)} < l + \varepsilon \quad \text{für alle } x \in (X_\varepsilon, b),$$

   hieraus folgt

$$\lim_{x \to b} \frac{f(x)}{g(x)} = l.$$

Damit ist der Satz vollständig bewiesen.

Bemerkung 1: Ein analoger Satz gilt selbstverständlich für den Grenzübergang $x \to a$.

Bemerkung 2: Führt die einmalige Anwendung des Satzes nicht zum Ziel, so kann man ihn, falls die entsprechenden Voraussetzungen für f' und g' erfüllt sind, noch einmal anwenden; usw.

Bemerkung 3: Viele Fälle, in denen die zu behandelnde Funktion $h(x)$ nicht von vornherein in der Form $h(x) = \dfrac{f(x)}{g(x)}$ gegeben ist, lassen sich auf diesen Fall zurückführen.

Beispiel 1: Es gilt:

$$\lim_{x \to 0} \frac{\ln(1+x)}{x} = \lim_{x \to 0} \frac{\frac{1}{1+x}}{1} = 1.$$

Beispiel 2: Es seien a, $b > 0$. Dann gilt:

$$\lim_{x \to 0} \frac{a^x - b^x}{x} = \lim_{x \to 0} \frac{a^x \cdot \ln a - b^x \cdot \ln b}{1} = \ln \frac{a}{b}.$$

Beispiel 3: Es gilt:

$$\lim_{x \to 0+} x \cdot \ln x = -\lim_{x \to 0+} \frac{\ln \frac{1}{x}}{\frac{1}{x}} = -\lim_{x \to 0+} \frac{x \cdot \left(-\frac{1}{x^2}\right)}{\left(-\frac{1}{x^2}\right)} = 0.$$

Beispiel 4: Es gilt:

$$\lim_{x \to 0} \frac{e^x - x - 1}{x^2} = \lim_{x \to 0} \frac{e^x - 1}{2x} = \lim_{x \to 0} \frac{e^x}{2} = \frac{1}{2}.$$

Beispiel 5: Für jedes $\alpha > 0$ gilt:

$$\lim_{x \to \infty} \frac{\ln x}{x^\alpha} = \lim_{x \to \infty} \frac{1}{x \cdot \alpha \cdot x^{\alpha - 1}} = \lim_{x \to \infty} \frac{1}{\alpha \cdot x^\alpha} = 0.$$

Beispiel 6: Es gilt:

$$\lim_{x \to 0} \left\{ \frac{1}{x} - \frac{1}{e^x - 1} \right\} = \lim_{x \to 0} \frac{e^x - 1 - x}{x(e^x - 1)} = \lim_{x \to 0} \frac{e^x - 1}{e^x + xe^x - 1} =$$

$$= \lim_{x \to 0} \frac{e^x}{e^x + e^x + x \cdot e^x} = \frac{1}{2}.$$

Beispiel 7: Es gilt mit Beispiel 3:

$$\lim_{x \to 0+} x^x = \lim_{x \to 0+} e^{x \cdot \ln x} = e^{\lim_{x \to 0+} x \cdot \ln x} = e^0 = 1.$$

Übungsaufgaben:

1. Man bestimme folgende Grenzwerte

a) $\lim\limits_{x\to 2} \dfrac{3x^2-6x}{x^2-3x+2}$, c) $\lim\limits_{x\to 0} \sqrt{\dfrac{x^2+x}{e^x-1}}$,

b) $\lim\limits_{x\to\infty} \dfrac{\ln(1+e^x)}{x}$, d) $\lim\limits_{x\to 1} \dfrac{x^x-x}{1-x+\ln x}$.

2. Man beweise: Für jedes $\alpha \in \mathbb{R}$ gilt $\lim\limits_{x\to\infty} \dfrac{x^\alpha}{e^x} = 0$.

3. Man bestimme folgende Grenzwerte:

a) $\lim\limits_{x\to 0} \left(\cosh x\right)^{\frac{1}{x^2}}$, b) $\lim\limits_{x\to 0} \left(\dfrac{1}{\sinh^2 x} - \dfrac{1}{x^2}\right)$.

4. Die Funktion f sei auf $\mathbb{R}$ definiert durch:

$$f(x) = \begin{cases} e^{-\frac{1}{x^2}} & \text{falls } x \neq 0 \\ 0 & \text{falls } x = 0 \end{cases}.$$

Man zeige: Für jedes $n \in \mathbb{N}$ existiert $f^{(n)}(0)$, und es gilt $f^{(n)}(0) = 0$.

5. Es sei $c > 0$. Man bestimme den Grenzwert:

$$\lim_{x\to c} \frac{(x-c)^2}{x\cdot(\ln x - 2) - c\cdot(\ln c - 2)}.$$

5 Integralrechnung

5.1 Die Idee des RIEMANNschen Integrals

Neben der Differentialrechnung bildet die Integralrechnung den zweiten tragenden Pfeiler der Analysis. Wie die Differentialrechnung, so geht auch die Integralrechnung auf ein geometrisches Problem zurück, nämlich auf das Problem, den Flächeninhalt von Punktmengen F der Ebene zu berechnen, die von Kurven begrenzt werden. Dieses Problem läßt sich auf den Spezialfall zurückführen, daß die Punktmenge F durch eine auf einem Intervall $[a, b]$ positive, beschränkte Funktion f definiert wird.

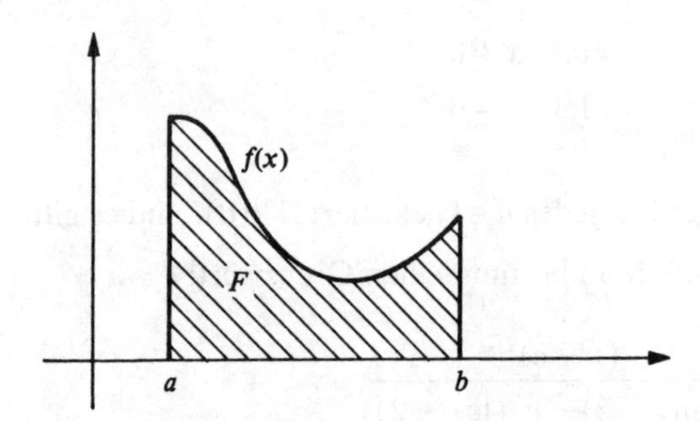

Abb.5.1.1

Wie bei der Differentialrechnung, so müssen wir uns auch jetzt zuerst klarmachen, daß ein Flächeninhalt von F nicht a priori definiert ist und nur berechnet werden müßte. Wir müssen vielmehr definieren, was wir unter einem Flächeninhalt verstehen. Dabei wollen wir selbstverständlich den geläufigen und bewährten Flächeninhalt von Rechtecken berücksichtigen. Ist $f(x) = c > 0$ auf $[a, b]$, so wollen wir weiterhin als Flächeninhalt von F das Produkt $(b - a) \cdot c$ nehmen (Abb. 5.1.2).

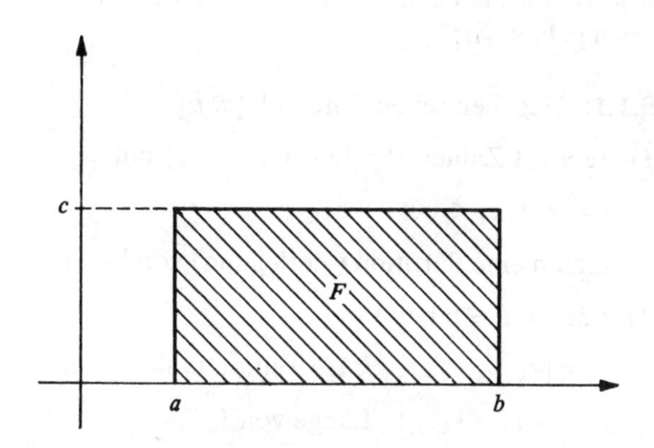

Abb. 5.1.2

Betrachten wir aber die Funktion f mit

$$f(x) = \begin{cases} 1 & \text{falls} \quad x \in [a, b], \quad x \text{ rational} \\ 0 & \text{falls} \quad x \in [a, b], \quad x \text{ irrational} \end{cases},$$

wobei F aus parallelen, getrennten, wenn auch dicht liegenden Segmenten der Länge 1 besteht, so ist es klar, daß wir erhebliche Anstrengungen machen müssen, um für F einen Flächeninhalt zu erklären, falls dies überhaupt möglich ist (Abb. 5.1.3).

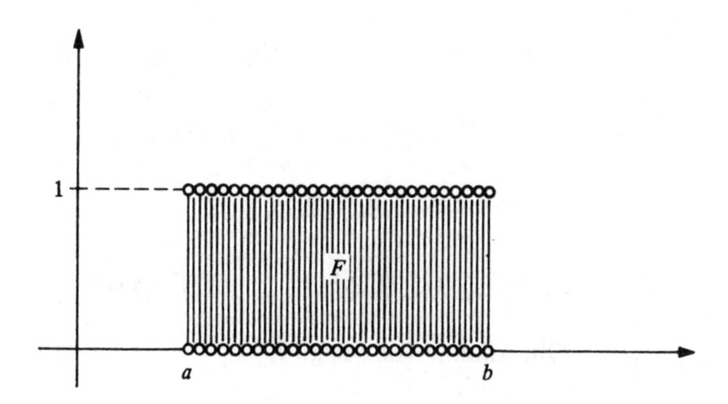

Abb. 5.1.3

Wir wollen kurz die äußerst einfache, geniale Idee von RIEMANN darstellen. Dazu geben wir:

Definition 5.1.1: Gegeben sei ein Intervall $[a, b]$.

(1) Je $n+1$ Zahlen $P = \{x_0, x_1, \ldots, x_n\}$ mit

$$a = x_0 < x_1 < \ldots < x_n = b$$

bilden eine Partition (Zerlegung) von $[a, b]$.

(2) Für $1 \leq k \leq n$ heißt

$I_k = [x_{k-1}, x_k]$: k-tes Teilintervall der Partition,

$\Delta x_k = x_k - x_{k-1}$: Länge von I_k.

(3) Die Zahl

$$\|P\| = \max_{1 \leq k \leq n} \{\Delta x_k\}$$

heißt Norm von P.

Offensichtlich gilt: $\sum_{k=1}^{n} \Delta x_k = b - a$.

Definition 5.1.2: Die Funktion f sei beschränkt auf $[a, b]$, und es sei $P = \{x_0, x_1, \ldots, x_n\}$ eine Partition von $[a, b]$. Wir setzen:

(1) $m_k(f) = \inf_{I_k} f(x)$; $M_k(f) = \sup_{I_k} f(x)$;

$m(f) = \inf_{[a, b]} f(x)$; $M(f) = \sup_{[a, b]} f(x)$.

(2) $\underline{S}_P(f) = \sum_P m_k(f) \cdot \Delta x_k = \sum_{k=1}^{n} m_k(f) \cdot \Delta x_k$:

Untersumme von f bzgl. P.

(3) $\overline{S}_P(f) = \sum_P M_k(f) \cdot \Delta x_k = \sum_{k=1}^{n} M_k(f) \cdot \Delta x_k$:

Obersumme von f bzgl. P.

Wir veranschaulichen uns diese Begriffe für eine positive Funktion f in der folgenden Abbildung.

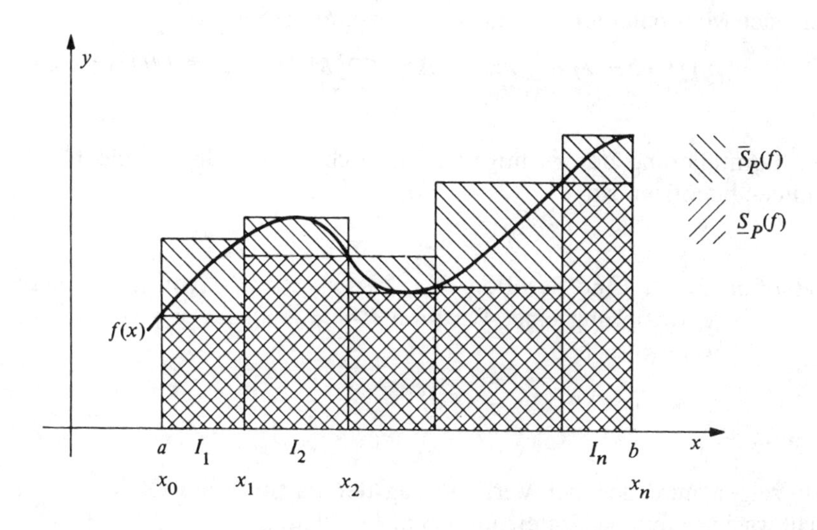

Abb.5.1.4

Die Partition P erzeugt eine untere (einbeschriebene) und obere (umbeschriebene) Treppenfunktion, deren zugehörige Flächeninhalte gerade $\underline{S}_P(f)$ und $\overline{S}_P(f)$ sind. Dabei gilt offensichtlich $\underline{S}_P(f) \leqslant \overline{S}_P(f)$. Streben nun für immer feiner werdende Unterteilungen $\underline{S}_P(f)$ und $\overline{S}_P(f)$ einem gemeinsamen Wert zu, was einer Approximation der Funktion f von unten und oben durch Treppenfunktionen entspricht, so definieren wir nach RIEMANN diesen gemeinsamen Wert als Flächeninhalt von F.

5.2 Eigenschaften von Ober- und Untersummen

Wir beweisen zuerst folgende Abschätzungen:

Satz 5.2.1: Die Funktion f sei beschränkt auf $[a, b]$, und es sei P eine Partition von $[a, b]$. Dann gilt:

$$m(f) \cdot (b-a) \leqslant \underline{S}_P(f) \leqslant \overline{S}_P(f) \leqslant M(f) \cdot (b-a).$$

Beweis: Da $m(f) \leqslant m_k(f) \leqslant M_k(f) \leqslant M(f)$ für $k = 1, 2, \ldots, n$ ist, ergibt sich nach Multiplikation mit Δx_k und Aufsummieren:

$$m(f) \cdot (b-a) \leqslant \sum_P m_k(f) \cdot \Delta x_k \leqslant \sum_P M_k(f) \cdot \Delta x_k \leqslant M(f)(b-a).$$

Zur Formulierung der wichtigsten Eigenschaft von Unter- und Obersummen benötigen wir

Definition 5.2.1: Eine Partition $P' = \{x'_0, x'_1, \ldots, x'_{n'}\}$ von $[a, b]$ heißt Verfeinerung einer Partition $P = \{x_0, x_1, \ldots, x_n\}$ von $[a, b]$, wenn gilt:

$$\{x_0, \ldots, x_n\} \subset \{x'_0, \ldots, x'_{n'}\}.$$

Wir zeigen nun, daß bei Verfeinerung der Partition die Obersummen nicht wachsen und die Untersummen nicht fallen.

Satz 5.2.2: Die Funktion f sei beschränkt auf $[a, b]$, es seien P und P' Partitionen von $[a, b]$ und P' eine Verfeinerung von P. Dann gilt:

(1) $\overline{S}_{P'}(f) \leqslant \overline{S}_P(f)$;

(2) $\underline{S}_{P'}(f) \geqslant \underline{S}_P(f)$.

Beweis:

1. P' entsteht aus P durch Hinzunahme von endlich vielen weiteren Unterteilungspunkten. Wir können P' also aus P durch sukzessive Hinzunahme von jeweils einem weiteren Unterteilungspunkt konstruieren. Gilt bei jedem dieser Schritte, daß die Obersumme nicht größer wird, die Untersumme nicht kleiner wird, so gilt dies auch für das Endresultat.

2. Wir setzen also voraus, daß $P' = \{x'_0, x'_1, \ldots, x'_{n+1}\}$ durch Hinzunahme eines weiteren Punktes zu $P = \{x_0, x_1, \ldots, x_n\}$ entsteht. Für diesen gelte $x'_k \in (x_{k-1}, x_k)$. Wir setzen:

$$I'_k = [x_{k-1}, x'_k], \quad I'_{k+1} = [x'_k, x_k].$$

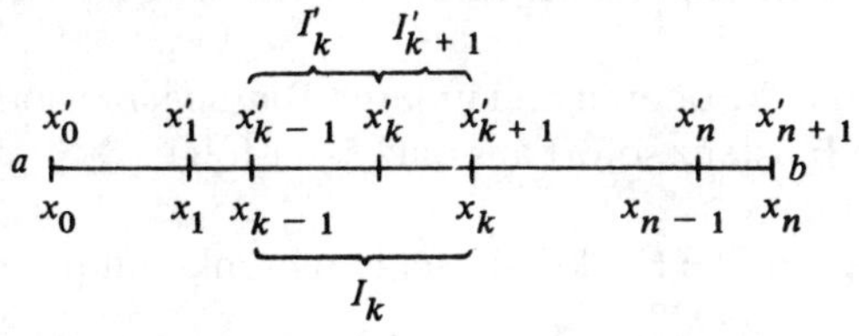

$I'_k \quad I'_{k+1}$

$a \; x'_0 \; x'_1 \; x'_{k-1} \; x'_k \; x'_{k+1} \; x'_n \; x'_{n+1} \; b$

$x_0 \; x_1 \; x_{k-1} \; x_k \; x_{n-1} \; x_n$

I_k

Abb. 5.2.1

a) Es sei $M'_k(f) = \sup\limits_{I'_k} f(x)$, $M'_{k+1}(f) = \sup\limits_{I'_{k+1}} f(x)$. Der Beitrag von I_k zu $\overline{S}_P(f)$ war $M_k(f) \cdot (x_k - x_{k-1})$. Für $\overline{S}_{P'}(f)$ ist dieser Beitrag jetzt:

$$\begin{aligned} M'_k(f) \cdot (x'_k - x'_{k-1}) + M'_{k+1}(f) \cdot (x'_{k+1} - x'_k) &\leqslant \\ \leqslant M_k(f) \cdot (x'_k - x'_{k-1}) + M_k(f) \cdot (x'_{k+1} - x'_k) &= \\ = M_k(f) \cdot (x'_{k+1} - x'_{k-1}) = M_k(f) \cdot (x_k - x_{k-1}) &. \end{aligned}$$

Der Beitrag der anderen Intervalle bleibt unverändert. Es folgt also durch Aufsummieren $\overline{S}_{P'}(f) \leqslant \overline{S}_P(f)$; dies beweist **(1)**.

b) Analog beweist man **(2)**.

Hieraus folgt sofort eine Verschärfung von Satz 5.2.1:

Satz 5.2.3: Die Funktion f sei beschränkt auf $[a, b]$. Es seien P_1, P_2 beliebige Partitionen von $[a, b]$, dann gilt:

$$\underline{S}_{P_1}(f) \leqslant \overline{S}_{P_2}(f).$$

Beweis: Die Partition $P = P_1 \cup P_2$ ist eine Verfeinerung sowohl von P_1 als auch von P_2. Daher erhalten wir:

$$\underline{S}_{P_1}(f) \leqslant \underline{S}_P(f) \leqslant \overline{S}_P(f) \leqslant \overline{S}_{P_2}(f).$$

5.3 Untere und obere Riemann-Darboux-Integrale

Wir können nun die oberen und unteren Riemann-darboux-Integrale definieren, deren Existenz sofort aus Satz 5.2.1 folgt:

Definition 5.3.1: Die Funktion f sei beschränkt auf $[a, b]$.

(1) Als unteres Riemann-Darboux-Integral bezeichnen wir:

$$\underline{\int_a^b} f(x)\,dx = \sup_P \underline{S}_P(f).$$

(2) Als oberes Riemann-Darboux-Integral bezeichnen wir:

$$\overline{\int_a^b} f(x)\,dx = \inf_P \overline{S}_P(f).$$

Mit Hilfe von Satz 5.2.3 können wir sofort beweisen:

Satz 5.3.1: Die Funktion f sei beschränkt auf $[a, b]$; dann gilt:

$$\underline{\int_a^b} f(x)\,dx \leqslant \overline{\int_a^b} f(x)\,dx.$$

Beweis: Für beliebige Partitionen P_1, P_2 gilt $\underline{S}_{P_1}(f) \leqslant \overline{S}_{P_2}(f)$. Halten wir P_2 fest, so folgt $\sup_{P_1} \underline{S}_{P_1}(f) \leqslant \overline{S}_{P_2}(f)$. Hieraus ergibt sich:

$$\underline{\int_a^b} f(x)\,dx = \sup_{P_1} \underline{S}_{P_1}(f) \leqslant \inf_{P_2} \overline{S}_{P_2}(f) = \overline{\int_a^b} f(x)\,dx.$$

Damit ist der Satz bewiesen.

Aus Definition 5.3.1 folgt sofort, daß es zu beliebigem $\varepsilon > 0$ eine Partition P gibt mit der Eigenschaft:

$$\underline{S}_P(f) > \underline{\int_a^b} f(x)\,dx - \varepsilon; \quad \overline{S}_P(f) < \overline{\int_a^b} f(x)\,dx + \varepsilon.$$

Jedoch ist nicht selbstverständlich, daß diese Beziehung auch für alle Partitionen P gilt, deren Norm genügend klein ist.

Satz 5.3.2: Die Funktion f sei beschränkt auf $[a, b]$. Zu jedem $\varepsilon > 0$ existiert ein $\delta_\varepsilon > 0$, so daß für alle Partitionen P mit $\|P\| < \delta_\varepsilon$ gilt:

$$\textbf{(1)}\quad \underline{S}_P(f) > \underline{\int_a^b} f(x)\,dx - \varepsilon,$$

$$\textbf{(2)}\quad \overline{S}_P(f) < \overline{\int_a^b} f(x)\,dx + \varepsilon.$$

Beweis:

1. Es sei $\varepsilon > 0$ gegeben. Dann existiert eine Partition P_1 mit

$$\overline{S}_{P_1}(f) < \overline{\int_a^b} f(x)\,dx + \frac{\varepsilon}{2}.$$

Es sei n_1 die Anzahl der Unterteilungspunkte $x_k^{(1)}$ von P_1 in (a, b), $\delta_1 = \min\limits_{1 \leq k \leq n_1 + 1} \{\Delta x_k^{(1)}\}$. Wir behaupten, daß

$$\delta_\varepsilon = \min\left\{\delta_1, \quad \frac{\varepsilon}{6M(f)\,n_1}\right\}$$

ein δ_ε ist, dessen Existenz in Satz 5.3.2 behauptet wird.
Es sei also P eine beliebige Partition mit $\|P\| < \delta_\varepsilon$, $P_2 = P \cup P_1$ die gemeinsame Verfeinerung von P und P_1. Wegen der Definition von δ_1 und wegen $\delta_\varepsilon \leq \delta_1$ enthält jedes Intervall von P höchstens einen Punkt von P_1 als inneren Punkt. Die Intervalle von P zerfallen also in zwei Klassen:

K': Intervalle von P, die einen Punkt von P_1 als inneren Punkt enthalten,

K'': Intervalle von P, die keinen Punkt von P_1 als inneren Punkt enthalten.

Dementsprechend zerfallen die Intervalle von P_2 in zwei Klassen:

K_2': Intervalle von P_2, entstanden aus den Intervallen aus K'.

K_2'': Intervalle von P_2 identisch mit den Intervallen aus K''.

In $\overline{S}_P(f)-\overline{S}_{P_2}(f)$ heben sich die Beiträge von K'' bzw. K_2'' gegenseitig weg. Da K' höchstens n_1 Intervalle enthält, K_2' also höchstens $2n_1$ Intervalle enthält und der Beitrag jedes solchen Intervalls zu $\overline{S}_P(f)$ bzw. $\overline{S}_{P_2}(f)$ nicht größer als $M(f)\cdot\delta_\varepsilon$ ist, folgt:

$$|\overline{S}_P(f)-\overline{S}_{P_2}(f)|\leqslant 3n_1 M(f)\,\delta_\varepsilon\leqslant\frac{\varepsilon}{2}$$

nach Definition von δ_ε. Da P_2 Verfeinerung von P und P_1 ist, gilt $\overline{S}_{P_2}(f)\leqslant\overline{S}_P(f)$, $\overline{S}_{P_2}(f)\leqslant\overline{S}_{P_1}(f)$, d.h.:

$$\overline{S}_P(f)=\overline{S}_{P_2}(f)+(\overline{S}_P(f)-\overline{S}_{P_2}(f))\leqslant\overline{S}_{P_1}(f)+\frac{\varepsilon}{2}<$$
$$<\overline{\int_a^b} f(x)\,dx+\frac{\varepsilon}{2}+\frac{\varepsilon}{2}.$$

Hieraus folgt **(2)**.

2. Analog wird **(1)** bewiesen.

Für eine spätere, wichtige Anwendung beweisen wir noch die Additivität des unteren und oberen Integrals bezüglich des Integrations-Intervalls.

Satz 5.3.3: Die Funktion f sei beschränkt auf $[a, b]$, und es sei $a<c<b$. Dann gilt

(1) $\underline{\int_a^b} f(x)\,dx=\underline{\int_a^c} f(x)\,dx+\underline{\int_c^b} f(x)\,dx;$

(2) $\overline{\int_a^b} f(x)\,dx=\overline{\int_a^c} f(x)\,dx+\overline{\int_c^b} f(x)\,dx.$

Beweis:

1. a) Es sei P eine beliebige Partition von $[a, b]$, P' die durch Hinzunahme von c (wenn nötig) erzeugte Verfeinerung. Bezeichnen wir in $\underline{S}_{P'}(f)$ durch Angabe der Endpunkte a, c, b die jeweils in der betreffenden Summe vorkommenden Intervalle, so folgt:

$$\underset{a}{\overset{b}{\underline{S}}}{}_P(f) \leqslant \underset{a}{\overset{b}{\underline{S}}}{}_{P'}(f) = \underset{a}{\overset{c}{\underline{S}}}{}_{P'}(f) + \underset{c}{\overset{b}{\underline{S}}}{}_{P'}(f) \leqslant \underline{\int_a^c} f(x)\,dx + \underline{\int_c^b} f(x)\,dx$$

und damit

$$\underline{\int_a^b} f(x)\,dx \leqslant \underline{\int_a^c} f(x)\,dx + \underline{\int_c^b} f(x)\,dx.$$

b) Es sei $\varepsilon > 0$. Dann gibt es Partitionen P_1 von $[a, c]$ und P_2 von $[c, b]$ mit

$$\underline{S}_{P_1}(f) \geqslant \underline{\int_a^c} f(x)\,dx - \frac{\varepsilon}{2}, \qquad \underline{S}_{P_2}(f) \geqslant \underline{\int_c^b} f(x)\,dx - \frac{\varepsilon}{2}.$$

Für die Partition $P = P_1 \cup P_2$ von $[a, b]$ folgt:

$$\underline{S}_P(f) = \underline{S}_{P_1}(f) + \underline{S}_{P_2}(f) \geqslant \underline{\int_a^c} f(x)\,dx + \underline{\int_c^b} f(x)\,dx - \varepsilon$$

und daraus

$$\underline{\int_a^b} f(x)\,dx \geqslant \underline{\int_a^c} f(x)\,dx + \underline{\int_c^b} f(x)\,dx - \varepsilon.$$

Da ε beliebig ist, folgt dann die Behauptung zusammen mit a).

2. Der Beweis von **(2)** verläuft analog.

Mit Hilfe vollständiger Induktion folgt sofort:

Satz 5.3.4: Die Funktion f sei beschränkt auf $[a, b]$, und es sei ferner $P = \{x_0, x_1, \ldots, x_n\}$ eine beliebige Partition von $[a, b]$. Dann gilt:

(1) $$\underline{\int_a^b} f(x)\,dx = \sum_{k=1}^{n} \underline{\int_{x_{k-1}}^{x_k}} f(x)\,dx,$$

(2) $$\overline{\int_a^b} f(x)\,dx = \sum_{k=1}^{n} \overline{\int_{x_{k-1}}^{x_k}} f(x)\,dx.$$

5.4 Das RIEMANNsche Integral

Mit Hilfe des oberen und unteren RIEMANN-DARBOUX-Integrals definieren wir jetzt das RIEMANNsche Integral:

Definition 5.4.1: Die Funktion f sei beschränkt auf $[a, b]$. Gilt

$$\underline{\int_a^b} f(x)\,dx = \overline{\int_a^b} f(x)\,dx,$$

so heißt f RIEMANN-integrierbar (R-integrierbar) auf $[a, b]$. Der gemeinsame Wert heißt das (bestimmte) RIEMANN-Integral von f auf $[a, b]$ und wird mit

$$\int_a^b f(x)\,dx$$

bezeichnet.

Ist $f(x) \geqslant 0$ auf $[a, b]$ und f R-integrierbar, so können wir jetzt mit Recht die Zahl $\int_a^b f(x)\,dx$ als den Flächeninhalt der Punktmenge "unter der Kurve" bezeichen.
Das RIEMANNsche Integral stellt also unsere konstruktive Definition des Flächeninhaltes dar. Die Frage, ob der Flächeninhalt der Punktmenge "unter der Kurve" existiert, ist jetzt äquivalent mit der Frage, ob die Funktion f R-integrierbar ist.

Beispiel 1: Wir betrachten auf $[a, b]$ die Funktion f mit $f(x) = 1$ für alle $x \in [a, b]$. Für jede Partition P von $[a, b]$ gilt offenbar:

$$\overline{S}_P(f) = b - a; \quad \underline{S}_P(f) = b - a.$$

Hieraus ergibt sich $\underline{\int_a^b} 1\,dx = \overline{\int_a^b} 1\,dx = b - a$. Also ist f auf $[a, b]$ R-integrierbar, und es gilt

$$\int_a^b 1\,dx = b - a.$$

Beispiel 2: Wir betrachten auf $[a, b]$ die Funktion f mit

$$f(x) = \begin{cases} 1 & \text{falls } x \in [a, b],\ x \text{ rational} \\ 0 & \text{falls } x \in [a, b],\ x \text{ irrational} \end{cases}$$

(siehe Abb. 5.1.3). Für jede Partition P von $[a, b]$ gilt offenbar:

$$\overline{S}_P(f) = b - a; \quad \underline{S}_P(f) = 0.$$

Hieraus ergibt sich: $\underline{\int_a^b} f(x)\,dx = 0 \neq \overline{\int_a^b} f(x)\,dx = b - a$. Also ist f auf $[a, b]$ nicht R-integrierbar.

Für die Praxis ist es erforderlich, ein Kriterium zu haben, mit dessen Hilfe man die Integrierbarkeit einer gegebenen Funktion entscheiden kann. Der folgende Satz liefert uns dazu eine notwendige und hinreichende Bedingung.

Satz 5.4.1 (RIEMANNsches Integrabilitätskriterium): Die beschränkte Funktion f ist auf $[a, b]$ genau dann R-integrierbar, wenn zu jedem $\varepsilon > 0$ eine Partition P existiert mit

$$\overline{S}_P(f) - \underline{S}_P(f) < \varepsilon.$$

Beweis:

1. Die ε-Bedingung sei erfüllt. Es gilt zunächst für alle Partitionen P von $[a, b]$

$$0 \leqslant \overline{\int_a^b} f(x)\,dx - \underline{\int_a^b} f(x)\,dx \leqslant \overline{S}_P(f) - \underline{S}_P(f).$$

   Da speziell zu $\varepsilon > 0$ eine Partition P mit $\overline{S}_P(f) - \underline{S}_P(f) < \varepsilon$ existiert, folgt, daß f R-integrierbar ist.

2. Es sei f R-integrierbar auf $[a, b]$ und $\varepsilon > 0$ gegeben. Dann gibt es Partitionen P_1 und P_2 mit

$$\overline{S}_{P_1}(f) < \int_a^b f(x)\,dx + \frac{\varepsilon}{2}; \quad \underline{S}_{P_2}(f) > \int_a^b f(x)\,dx - \frac{\varepsilon}{2}.$$

Für die Partition $P = P_1 \cup P_2$ ergibt sich dann:

$$\overline{S}_P(f) - \underline{S}_P(f) \leqslant \overline{S}_{P_1}(f) - \underline{S}_{P_2}(f) < \varepsilon.$$

Mit Hilfe dieses Satzes können wir nun die Integrierbarkeit zweier wichtiger Klassen von Funktionen beweisen.

Satz 5.4.2: Die Funktion f sei monoton auf $[a, b]$. Dann ist f R-integrierbar auf $[a, b]$.

Beweis:

1. Es sei f monoton wachsend. Für jede Partition P von $[a, b]$ gilt dann:

$$\begin{aligned}\overline{S}_P(f) - \underline{S}_P(f) &= \sum_P \{M_k(f) - m_k(f)\}\, \Delta x_k \leqslant \\ &\leqslant \|P\| \cdot \sum_{k=1}^{n} \{f(x_k) - f(x_{k-1})\} = \\ &= \|P\| \cdot \{f(b) - f(a)\}.\end{aligned}$$

   a) Gilt $f(a) = f(b)$, so folgt $\overline{S}_P(f) = \underline{S}_P(f)$ für jede Partition P.

   b) Ist $f(a) < f(b)$, so wählen wir zu $\varepsilon > 0$ die Partition P so, daß gilt

   $\|P\| < \dfrac{\varepsilon}{f(b) - f(a)}$. Es folgt dann $\overline{S}_P(f) - \underline{S}_P(f) < \varepsilon$.

2. Ist f monoton fallend, so verläuft der Beweis analog.

Satz 5.4.3: Die Funktion f sei stetig auf $[a, b]$. Dann ist f R-integrierbar auf $[a, b]$.

Beweis: Nach Satz 2.9.4 ist f gleichmäßig stetig auf $[a, b]$. Zu jedem $\varepsilon > 0$ gibt es daher ein $\delta_\varepsilon > 0$, so daß für alle $t_1, t_2 \in [a, b]$ mit $|t_1 - t_2| < \delta_\varepsilon$ folgt:

$$|f(t_1) - f(t_2)| < \frac{\varepsilon}{b - a}.$$

Nun wählen wir eine Partition $P=\{x_0, x_1, \ldots, x_n\}$ von $[a, b]$ mit $\|P\|<\delta_\varepsilon$. Es gibt dann nach Satz 2.10.4 geeignete Stellen $\overline{\xi}_k$, $\underline{\xi}_k \in [x_{k-1}, x_k]$ mit $M_k(f)=f(\overline{\xi}_k)$, $m_k(f)=f(\underline{\xi}_k)$, und es folgt:

$$\overline{S}_P(f)-\underline{S}_P(f)=\sum_P \{M_k(f)-m_k(f)\}\,\Delta x_k=$$

$$=\sum_{k=1}^{n} \{f(\overline{\xi}_k)-f(\underline{\xi}_k)\}\,\Delta x_k<$$

$$<\frac{\varepsilon}{b-a}\cdot\sum_{k=1}^{n}\Delta x_k=\varepsilon.$$

Übungsaufgaben:

1. Man bestimme alle auf $[a, b]$ definierten Funktionen mit der Eigenschaft, daß für alle Partitionen P von $[a, b]$ gilt $\underline{S}_P(f)=\overline{S}_P(f)$.
2. Man bestimme alle auf $[a, b]$ definierten Funktionen f mit der Eigenschaft: Zu f gibt es Partitionen P_f und P'_f von $[a, b]$ mit $\underline{S}_{P_f}(f)=$ $=\overline{S}_{P'_f}(f)$.
3. Eine Funktion f heißt auf $[-a, a]$ gerade, wenn $f(x)=f(-x)$ und ungerade, wenn $f(x)=-f(-x)$ für $x\in[-a, a]$. Es sei f R-integrierbar auf $[0, a]$. Man zeige:

   a) Ist f gerade auf $[-a, a]$, so ist f R-integrierbar auf $[-a, a]$, und es gilt

   $$\int_{-a}^{a} f(x)\,dx=2\int_{0}^{a} f(x)\,dx.$$

   b) Ist f ungerade auf $[-a, a]$, so ist f R-integrierbar auf $[-a, a]$, und es gilt

   $$\int_{-a}^{a} f(x)\,dx=0.$$

4. Die Funktion f sei integrierbar auf $[a, b]$, und mit einer Konstanten M gelte $f(x)\leqslant M$ für alle $x\in[a, b]$. Man beweise

   $$\int_{a}^{b} f(x)\,dx\leqslant M\cdot(b-a).$$

5. Die Funktion f sei auf $[0, 1]$ definiert durch:

$$f(x) = \begin{cases} 1 & \text{falls } x = 0 \\ 0 & \text{falls } x \text{ irrational.} \\ \dfrac{1}{q} & \text{falls } x = \dfrac{p}{q};\ p, q \in \mathbb{N}, \text{ teilerfremd} \end{cases}$$

Man zeige:

a) f ist stetig an irrationalen und unstetig an rationalen Stellen $x \in [0, 1]$.

b) f ist R-integrierbar auf $[0, 1]$, und es gilt $\int\limits_0^1 f(x)\,dx = 0$.

5.5 Riemannsche Summen

Wir wissen jetzt, daß jede stetige Funktion R-integrierbar ist. Doch ist vorläufig von dieser Erkenntnis bis zur tatsächlichen Berechnung von $\int\limits_a^b f(x)\,dx$ noch ein weiter Weg. Wir müßten dazu etwa explizit alle Obersummen berechnen und von dieser Zahlenmenge das Infimum bilden. In einigen Fällen kann die Berechnung durch die sogenannten Riemannschen Summen erleichtert werden.

Definition 5.5.1: Die Funktion f sei beschränkt auf dem Intervall $[a, b]$, $P = \{x_0, x_1, \ldots, x_n\}$ sei eine Partition von $[a, b]$. Ferner sei $\xi = \{\xi_1, \xi_2, \ldots, \xi_n\}$ eine Menge von Punkten mit der Eigenschaft $\xi_k \in [x_{k-1}, x_k] = I_k$ für $k = 1, \ldots, n$. Dann heißt:

$$S_P(f, \xi) = \sum_P f(\xi_k)\,\Delta x_k = \sum_{k=1}^{n} f(\xi_k)\,\Delta x_k$$

eine Riemannsche Summe zur Partition P.

Wir machen uns klar, daß es zu einer Partition P unendlich viele Riemannsche Summen gibt. Auf den ersten Blick erscheint diese Theorie noch komplizierter als die Theorie der Ober- und Untersummen, von denen es wenigstens zu einer Partition nur je eine gibt. Doch bietet die freie Auswahl der Zwischenpunkte ξ_k manchmal numerische Vorteile. Wir

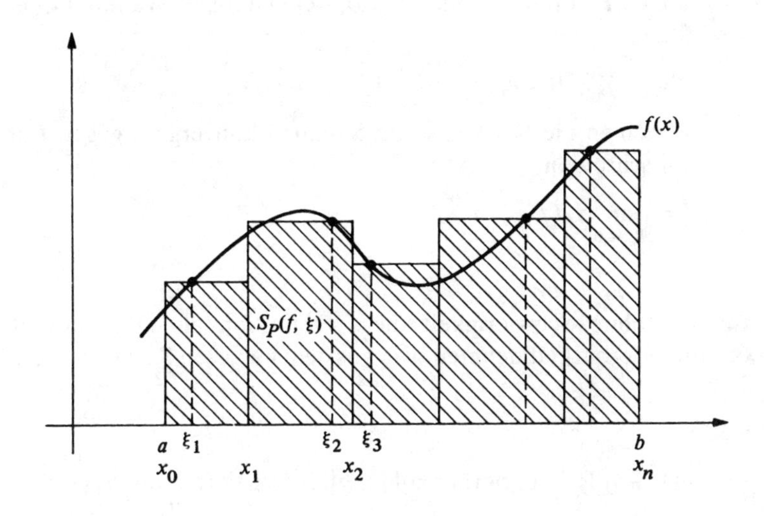

Abb. 5.5.1

bemerken ferner noch, daß i.a. eine Ober- oder Untersumme keine RIEMANNsche Summe ist, da die Zahlen $M_k(f)$ und $m_k(f)$ in I_k nicht angenommen zu werden brauchen.

Satz 5.5.1: Die Funktion f sei beschränkt auf $[a, b]$. Für jede Partition P von $[a, b]$ gilt bei beliebiger Wahl der $\xi_k \in I_k$ $(k=1, \ldots, n)$:

$$\underline{S}_P(f) \leqslant S_P(f, \xi) \leqslant \overline{S}_P(f).$$

Beweis: Für jedes k gilt:

$$m_k(f) \leqslant f(\xi_k) \leqslant M_k(f).$$

Multipliziert man mit Δx_k und summiert über $k=1, \ldots, n,$ so folgt die Behauptung.

Wir wollen jetzt die Konvergenz RIEMANNscher Summen definieren.

Definition 5.5.2: Die Funktion f sei beschränkt auf $[a, b]$. Existiert eine Zahl $I \in \mathbb{R}$ und zu jedem $\varepsilon > 0$ ein $\delta_\varepsilon > 0$ so, daß für alle Partitionen P von $[a, b]$ mit $\|P\| < \delta_\varepsilon$ bei beliebiger Wahl der $\xi_k \in I_k$ folgt:

$$|S_P(f, \xi) - I| < \varepsilon,$$

so heißen die RIEMANNschen Summen konvergent gegen I und wir schreiben:

$$I = \lim_{\|P\| \to 0} S_P(f, \xi).$$

Wir könnten ohne Schwierigkeit diese Definition als Definition der RIEMANN-Integrierbarkeit nehmen, wie aus dem nächsten Satz hervorgeht.

Satz 5.5.2:

(1) Ist f R-integrierbar auf $[a, b]$, so existiert $\lim\limits_{\|P\| \to 0} S_P(f, \xi)$, und es gilt:

$$\lim_{\|P\| \to 0} S_P(f, \xi) = \int_a^b f(x)\, dx.$$

(2) Existiert $\lim\limits_{\|P\| \to 0} S_P(f, \xi)$, so ist f R-integrierbar auf $[a, b]$, und es gilt:

$$\int_a^b f(x)\, dx = \lim_{\|P\| \to 0} S_P(f, \xi).$$

Beweis:

1. Es sei f R-integrierbar auf $[a, b]$. Nach Satz 5.3.2 gibt es zu jedem $\varepsilon > 0$ ein $\delta_\varepsilon > 0$, so daß für alle Partitionen P mit $\|P\| < \delta_\varepsilon$ gilt:

$$\int_a^b f(x)\, dx - \varepsilon < \underline{S}_P(f), \quad \overline{S}_P(f) < \int_a^b f(x)\, dx + \varepsilon.$$

Mit Satz 5.5.1 folgt hieraus für beliebige Wahl der ξ_k:

$$\left| \int_a^b f(x)\, dx - S_P(f, \xi) \right| < \varepsilon.$$

2. Es sei $\lim\limits_{\|P\|\to 0} S_P(f, \xi) = I$. Zu jedem $\varepsilon > 0$ gibt es dann ein $\delta_{\frac{\varepsilon}{2}} > 0$, so daß für alle Partitionen P mit $\|P\| < \delta_{\frac{\varepsilon}{2}}$ gilt:

$$I - \frac{\varepsilon}{2} < S_P(f, \xi) < I + \frac{\varepsilon}{2}.$$

Wir betrachten eine Partition $P = \{x_0, \ldots, x_n\}$ mit $\|P\| < \delta_{\frac{\varepsilon}{2}}$.

a) In jedem Intervall I_k $(k = 1, \ldots, n)$ wählen wir ein ξ_k so, daß gilt $f(\xi_k) > M_k(f) - \dfrac{\varepsilon}{2(b-a)}$. Für diese Wahl der Zwischenpunkte ergibt sich dann:

$$I + \frac{\varepsilon}{2} > S_P(f, \xi) = \sum_P f(\xi_k)\,\Delta x_k > \overline{S}_P(f) - \frac{\varepsilon}{2} \geqslant \overline{\int_a^b} f(x)\,dx - \frac{\varepsilon}{2}.$$

Also gilt: $I > \overline{\int_a^b} f(x)\,dx - \varepsilon$.

b) Analog zeigt man: $I < \underline{\int_a^b} f(x)\,dx + \varepsilon$.

Da $\varepsilon > 0$ beliebig war, ergibt sich:

$$\overline{\int_a^b} f(x)\,dx \leqslant I \leqslant \underline{\int_a^b} f(x)\,dx.$$

Aus Satz 5.3.1 folgt dann

$$I = \overline{\int_a^b} f(x)\,dx = \underline{\int_a^b} f(x)\,dx = \int_a^b f(x)\,dx.$$

Wir machen uns klar, daß der Nachweis der Konvergenz von RIEMANN-Summen $S_P(f, \xi)$ außerordentlich schwierig ist, da man ja, bei vorgegebenen $\varepsilon > 0$, alle Partitionen und bei fester Partition noch jede Wahl der Zwischenpunkte in Betracht ziehen muß. Wissen wir jedoch, daß f auf $[a, b]$ R-integrierbar ist, so genügt es, eine einfache Folge von RIEMANN-Summen zu betrachten.

Satz 5.5.3: Es sei f R-integrierbar auf $[a, b]$, $\{P^{(n)}\}$ eine Folge von Partitionen mit $\lim_{n\to\infty} \|P^{(n)}\| = 0$, und $\xi^{(n)}$ eine feste Wahl von Zwischenpunkten zur Partition $P^{(n)}$. Dann gilt:

$$\int_a^b f(x)\,dx = \lim_{n\to\infty} S_{P^{(n)}}(f, \xi^{(n)}).$$

Beweis: Nach Satz 5.5.2 und Definition 5.5.2 existiert zu $\varepsilon > 0$ ein $\delta_\varepsilon > 0$, so daß für alle Partitionen mit $\|P\| < \delta_\varepsilon$, bei beliebiger Wahl der Zwischenpunkte, gilt:

$$\left| S_P(f, \xi) - \int_a^b f(x)\,dx \right| < \varepsilon.$$

Wegen $\lim_{n\to\infty} \|P^{(n)}\| = 0$ existiert ein N_{δ_ε} mit $\|P^{(n)}\| < \delta_\varepsilon$ für alle $n > N_{\delta_\varepsilon}$. Für $n > N_{\delta_\varepsilon}$ folgt dann

$$\left| S_{P^{(n)}}(f, \xi^{(n)}) - \int_a^b f(x)\,dx \right| < \varepsilon.$$

Beispiel 1: Es soll $\int_0^1 (x^2 - x)\,dx$ berechnet werden. Da $f(x) = x^2 - x$ auf $[0, 1]$ stetig ist, existiert das Integral, und zu seiner Berechnung können wir Satz 5.5.3 benutzen. Wir betrachten dazu die Folge $\{P^{(n)}\}$ von Partitionen des Intervalls $[0, 1]$ mit: $x_k^{(n)} = \frac{k}{n}$ für $k = 0, \ldots, n$. Es gilt offensichtlich: $\|P^{(n)}\| \to 0$. Ferner wählen wir $\xi_k^{(n)} = \frac{k}{n}$ für $k = 1, \ldots, n$. Dann folgt:

$$S_{P^{(n)}}(f, \xi^{(n)}) = \sum_{P^{(n)}} f(\xi_k^{(n)})\,\Delta x_k^{(n)} =$$

$$= \sum_{k=1}^{n} \left(\frac{k^2}{n^2} - \frac{k}{n}\right)\left(\frac{k}{n} - \frac{k-1}{n}\right) =$$

$$= \frac{1}{n} \cdot \sum_{k=1}^{n} \left(\frac{k^2}{n^2} - \frac{k}{n}\right) = \frac{1}{n^3} \cdot \sum_{k=1}^{n} k^2 - \frac{1}{n^2} \cdot \sum_{k=1}^{n} k =$$

$$= \frac{1}{n^3} \cdot \frac{n(n+1)(2n+1)}{6} - \frac{1}{n^2} \cdot \frac{n(n+1)}{2} \to$$

$$\to \frac{2}{6} - \frac{1}{2} = -\frac{1}{6}.$$

Es gilt also nach Satz 5.5.3:

$$\int_0^1 (x^2 - x)\,dx = -\frac{1}{6}.$$

Beispiel 2: Für ein $a > 1$ soll $\int_1^a \frac{1}{x}\,dx$ berechnet werden. Dieses Integral existiert, da $f(x) = \frac{1}{x}$ in $[1, a]$ stetig ist. Wir betrachten die Folge $\{P^{(n)}\}$ von Partitionen des Intervalls $[1, a]$ mit:

$$x_k^{(n)} = a^{\frac{k}{n}}, \quad k = 0, 1, \ldots, n.$$

Es ist:

$$\Delta x_k^{(n)} = x_k^{(n)} - x_{k-1}^{(n)} = a^{\frac{k}{n}} - a^{\frac{k-1}{n}} = a^{\frac{k-1}{n}} \cdot \left(a^{\frac{1}{n}} - 1\right),$$

so daß also $\|P^{(n)}\| \to 0$ gilt. Ferner wählen wir $\xi_k^{(n)} = x_{k-1}^{(n)}$. Dann folgt mit Beispiel 2 aus 4.8:

$$S_{P^{(n)}}(f, \xi^{(n)}) = \sum_{P^{(n)}} f(\xi_k^{(n)})\,\Delta x_k^{(n)} = \sum_{k=1}^{n} a^{-\frac{k-1}{n}} \cdot a^{\frac{k-1}{n}} \left(a^{\frac{1}{n}} - 1\right) =$$

$$= n\left(a^{\frac{1}{n}} - 1\right) = \frac{a^{\frac{1}{n}} - 1}{\frac{1}{n}} \to \ln a;$$

es gilt also mit Satz 5.5.3:

$$\int_1^a \frac{1}{x}\,dx = \ln a.$$

5.6 Eigenschaften des Riemannschen Integrals

Wir haben bisher das Integral $\int_a^b f(x)\,dx$ nur für $a<b$ definiert. Um im folgenden Fallunterscheidungen zu vermeiden, geben wir nun dem Symbol $\int_a^b f(x)\,dx$ auch für $a \geqslant b$ einen Sinn.

Definition 5.6.1:

(1) Ist $a=b$ und $f(a)$ definiert, so setzen wir $\int_a^a f(x)\,dx=0$.

(2) Ist $a>b$ und f R-integrierbar auf $[b, a]$, so setzen wir

$$\int_a^b f(x)\,dx = -\int_b^a f(x)\,dx.$$

Wir beweisen jetzt die wichtigsten Eigenschaften des Riemannschen Integrals. Es zeigt sich dabei, daß es zweckmäßig ist, sowohl die Theorie der Ober- und Untersummen, als auch die Theorie der Riemann-Summen zur Verfügung zu haben.

Als erstes beweisen wir die Homogenität des Integrals.

Satz 5.6.1: Es sei f R-integrierbar auf $[a, b]$ und $c \in \mathbb{R}$. Dann ist auch cf R-integrierbar auf $[a, b]$, und es gilt:

$$\int_a^b (cf(x))\,dx = c\cdot\int_a^b f(x)\,dx.$$

Beweis: Für $c=0$ ist der Satz trivialerweise richtig. Es sei also $c \neq 0$. Dann gibt es nach Satz 5.5.2 zu $\varepsilon>0$ ein $\delta_\varepsilon>0$ mit

$$\left|\sum_P f(\xi_k)\,\Delta x_k - \int_a^b f(x)\,dx\right| < \frac{\varepsilon}{|c|}$$

für jede Partition P mit $\|P\| < \delta_\varepsilon$, bei beliebiger Wahl der Zwischenpunkte ξ_k. Multiplikation mit $|c|$ ergibt:

$$\left| \sum_P (cf(\xi_k))\,\Delta x_k - c \cdot \int_a^b f(x)\,dx \right| < \varepsilon.$$

Hieraus folgt unsere Behauptung.

Nun beweisen wir die Additivität des Integrals.

Satz 5.6.2: Es seien f und g R-integrierbar auf $[a, b]$. Dann ist auch $f+g$ R-integrierbar auf $[a, b]$, und es gilt:

$$\int_a^b (f+g)(x)\,dx = \int_a^b f(x)\,dx + \int_a^b g(x)\,dx.$$

Beweis: Zu $\varepsilon > 0$ gibt es ein $\delta_\varepsilon^f > 0$ und ein $\delta_\varepsilon^g > 0$, so daß gilt:

$$\left| \sum_P f(\xi_k)\,\Delta x_k - \int_a^b f(x)\,dx \right| < \frac{\varepsilon}{2} \qquad \text{für } \|P\| < \delta_\varepsilon^f,$$

$$\left| \sum_P g(\xi_k)\,\Delta x_k - \int_a^b g(x)\,dx \right| < \frac{\varepsilon}{2} \qquad \text{für } \|P\| < \delta_\varepsilon^g$$

unabhängig von der Wahl der Zwischenpunkte ξ_k. Wir wählen nun $\delta_\varepsilon = \min\{\delta_\varepsilon^f, \delta_\varepsilon^g\}$. Dann gilt für jede Partition P mit $\|P\| < \delta_\varepsilon$:

$$\left| \sum_P \{f(\xi_k) + g(\xi_k)\}\,\Delta x_k - \left(\int_a^b f(x)\,dx + \int_a^b g(x)\,dx \right) \right| \leqslant$$

$$\leqslant \left| \sum_P f(\xi_k)\,\Delta x_k - \int_a^b f(x)\,dx \right| + \left| \sum_P g(\xi_k)\,\Delta x_k - \int_a^b g(x)\,dx \right| <$$

$$< \frac{\varepsilon}{2} + \frac{\varepsilon}{2} = \varepsilon,$$

wieder unabhängig von der Wahl der Zwischenpunkte. Hieraus folgt unsere Behauptung.

Der nächste Satz liefert uns die Monotonieeigenschaft des RIEMANN-Integrals (Integration von Ungleichungen).

Satz 5.6.3: Es seien f und g R-integrierbar auf $[a, b]$ und $g(x) \leqslant f(x)$ auf $[a, b]$. Dann gilt:

$$\int_a^b g(x)\,dx \leqslant \int_a^b f(x)\,dx.$$

Beweis: Die Funktion $h = f - g$ ist nach Satz 5.6.1 und Satz 5.6.2 R-integrierbar auf $[a, b]$. Es sei $P = \{x_0, \ldots, x_n\}$ eine beliebige Partition von $[a, b]$; aus $h(x) \geqslant 0$ folgt dann $m_k(h) \geqslant 0$ und daher:

$$\underline{S}_P(h) = \sum_P m_k(h)\,\Delta x_k \geqslant 0,$$

$$\sup_P \underline{S}_P(h) = \underline{\int_a^b} h(x)\,dx \geqslant 0.$$

Weil h R-integrierbar ist, gilt also:

$$0 \leqslant \underline{\int_a^b} h(x)\,dx = \int_a^b h(x)\,dx = \int_a^b f(x)\,dx - \int_a^b g(x)\,dx;$$

hieraus ergibt sich unsere Behauptung.

Die folgende Definition ist für das Studium von Betragsfunktionen und Produktfunktionen von Wichtigkeit.

Definition 5.6.2: Es sei f auf $[a, b]$ definiert. Wir setzen für $x \in [a, b]$:

$$f^+(x) = \begin{cases} f(x) & \text{wenn } f(x) \geqslant 0, \\ 0 & \text{wenn } f(x) < 0, \end{cases}$$

$$f^-(x) = \begin{cases} -f(x) & \text{wenn } f(x) < 0, \\ 0 & \text{wenn } f(x) \geqslant 0. \end{cases}$$

Es folgt unmittelbar für alle $x \in [a, b]$:

$$f(x) = f^+(x) - f^-(x),$$
$$|f(x)| = f^+(x) + f^-(x).$$

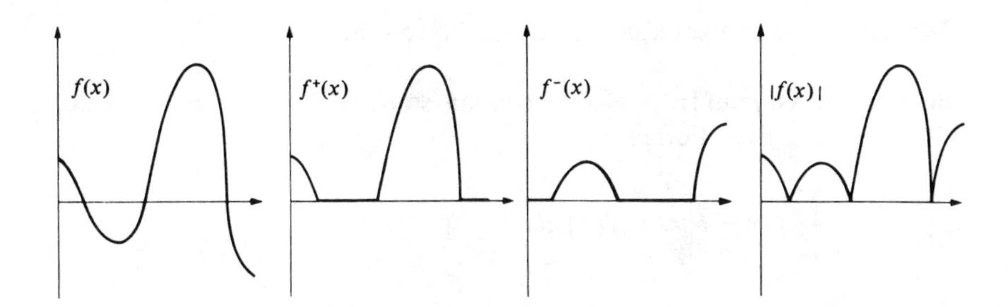

Abb.5.6.1

Wir beweisen nun:

Satz 5.6.4: Ist f auf $[a, b]$ R-integrierbar, so sind auch f^+ und f^- auf $[a, b]$ R-integrierbar.

Beweis:

1. Es sei P eine beliebige Partition von $[a, b]$; wir setzen:

$$M_k^+ = \sup_{I_k} f^+(x), \quad m_k^+ = \inf_{I_k} f^+(x).$$

Für diese Größen gibt es folgende Möglichkeiten:

$$M_k \geqslant 0, \quad m_k \geqslant 0; \quad \text{dann ist} \quad M_k^+ = M_k, \quad m_k^+ = m_k;$$
$$M_k \geqslant 0, \quad m_k < 0; \quad \text{dann ist} \quad M_k^+ = M_k, \quad m_k^+ = 0;$$
$$M_k < 0, \quad m_k < 0; \quad \text{dann ist} \quad M_k^+ = 0, \quad m_k^+ = 0.$$

In allen drei Fällen ergibt sich:

$$M_k^+ - m_k^+ \leqslant M_k - m_k.$$

Nach Multiplikation mit Δx_k und Aufsummieren erhalten wir also:

$$\overline{S}_P(f^+) - \underline{S}_P(f^+) \leqslant \overline{S}_P(f) - \underline{S}_P(f).$$

Da f als R-integrierbar vorausgesetzt war, folgt aus Satz 5.4.1 die R-Integrierbarkeit von f^+.

2. Der Beweis für f^- verläuft analog.

Mit Hilfe dieses Satzes können wir nun beweisen:

Satz 5.6.5: Ist f auf $[a, b]$ R-integrierbar, so ist auch $|f|$ auf $[a, b]$ R-integrierbar. Ferner gilt:

$$\left|\int_a^b f(x)\,dx\right| \leqslant \int_a^b |f(x)|\,dx.$$

Beweis: Aus $|f| = f^+ + f^-$ folgt nach Satz 5.6.2 die R-Integrierbarkeit von $|f|$; ferner gilt

$$\int_a^b |f(x)|\,dx = \int_a^b f^+(x)\,dx + \int_a^b f^-(x)\,dx;$$

dies impliziert:

$$\int_a^b |f(x)|\,dx \geqslant \int_a^b f^+(x)\,dx - \int_a^b f^-(x)\,dx = \int_a^b f(x)\,dx$$

und ebenso:

$$\int_a^b |f(x)|\,dx \geqslant -\int_a^b f^+(x)\,dx + \int_a^b f^-(x)\,dx = -\int_a^b f(x)\,dx.$$

Hieraus folgt die behauptete Ungleichung.

Als nächstes wollen wir die R-Integrierbarkeit des Produktes zweier R-integrierbarer Funktionen nachweisen.

Satz 5.6.6: Es seien f und g auf $[a, b]$ R-integrierbar. Dann ist auch $f \cdot g$ auf $[a, b]$ R-integrierbar.

Beweis:

1. Es gelte $f(x) \geqslant 0$ und $g(x) \geqslant 0$ auf $[a, b]$.

   a) Ist $f(x) = 0$ oder $g(x) = 0$ auf $[a, b]$, so ist $f \cdot g$ R-integrierbar.

   b) Ist dies nicht der Fall, so folgt für eine beliebige Partition P von $[a, b]$ nach 2.12, Übungsaufgabe 5:

$$M_k(f \cdot g) \leqslant M_k(f) \cdot M_k(g),$$
$$m_k(f \cdot g) \geqslant m_k(f) \cdot m_k(g).$$

   Hieraus erhalten wir:

$$\begin{aligned} M_k(f \cdot g) - m_k(f \cdot g) &\leqslant M_k(f) \cdot M_k(g) - m_k(f) \cdot m_k(g) = \\ &= M_k(f) \cdot \{M_k(g) - m_k(g)\} + m_k(g) \cdot \{M_k(f) - m_k(f)\} \leqslant \\ &\leqslant M_k(f) \cdot \{M_k(g) - m_k(g)\} + M_k(g) \cdot \{M_k(f) - m_k(f)\}. \end{aligned}$$

   Nach Multiplikation mit Δx_k und Aufsummieren folgt:

$$\begin{aligned} \overline{S}_P(f \cdot g) - \underline{S}_P(f \cdot g) \leqslant M(f) \cdot \{\overline{S}_P(g) - \underline{S}_P(g)\} + \\ + M(g) \cdot \{\overline{S}_P(f) - \underline{S}_P(f)\}. \end{aligned}$$

   Zu jedem $\varepsilon > 0$ gibt es nun ein $\delta_\varepsilon^f > 0$ und ein $\delta_\varepsilon^g > 0$ mit der Eigenschaft:

$$\overline{S}_P(f) - \underline{S}_P(f) < \frac{\varepsilon}{2 \cdot M(g)} \quad \text{für alle } P \text{ mit } \|P\| < \delta_\varepsilon^f;$$

$$\overline{S}_P(g) - \underline{S}_P(g) < \frac{\varepsilon}{2 \cdot M(f)} \quad \text{für alle } P \text{ mit } \|P\| < \delta_\varepsilon^g.$$

   Wählen wir $\delta_\varepsilon = \min\{\delta_\varepsilon^f, \delta_\varepsilon^g\}$, so gilt für alle P mit $\|P\| < \delta_\varepsilon$:

$$\overline{S}_P(f \cdot g) - \underline{S}_P(f \cdot g) < \varepsilon,$$

   d.h. $f \cdot g$ ist nach Satz 5.4.1 R-integrierbar.

2. Sind f und g beliebig, so schreiben wir:

$$f \cdot g = (f^+ - f^-) \cdot (g^+ - g^-) = f^+ \cdot g^+ - f^- \cdot g^+ - f^+ \cdot g^- + f^- \cdot g^-.$$

   In dieser Darstellung von $f \cdot g$ ist jeder Summand R-integrierbar, also auch $f \cdot g$.

5.7 Integration auf Teilintervallen

Ist eine Funktion auf einem Intervall R-integrierbar, so ist es nicht selbstverständlich, daß sie auch auf einem Teilintervall R-integrierbar ist. Wir zeigen jedoch:

Satz 5.7.1: Ist f R-integrierbar auf $[a, b]$, so ist f R-integrierbar auf jedem Teilintervall $[c, d] \subset [a, b]$.

Beweis: Die Behauptung folgt unmittelbar aus den Ungleichungen:

$$0 \leqslant \overline{\int_c^d} f(x)\,dx - \underline{\int_c^d} f(x)\,dx \leqslant \overline{\int_a^b} f(x)\,dx - \underline{\int_a^b} f(x)\,dx = 0.$$

Hier gilt die linke Ungleichung nach Satz 5.3.1, die rechte Gleichung ist unsere Voraussetzung. Die mittlere Ungleichung ist äquivalent zu:

$$\underline{\int_a^b} f(x)\,dx - \underline{\int_c^d} f(x)\,dx \leqslant \overline{\int_a^b} f(x)\,dx - \overline{\int_c^d} f(x)\,dx,$$

oder, unter Anwendung von Satz 5.3.3:

$$\underline{\int_a^c} f(x)\,dx + \underline{\int_d^b} f(x)\,dx \leqslant \overline{\int_a^c} f(x)\,dx + \overline{\int_d^b} f(x)\,dx.$$

Diese letzte Ungleichung gilt aber nach Satz 5.3.1.

Es gilt auch die folgende Umkehrung dieses Satzes:

Satz 5.7.2: Ist f beschränkt auf $[a, b]$ und R-integrierbar auf jedem Teilintervall $[c, d] \subset (a, b)$, so ist f R-integrierbar auf $[a, b]$.

Beweis: Es sei $|f(x)| < M$ auf $[a, b]$, und es sei $\varepsilon > 0$ mit $c = a + \frac{\varepsilon}{8M} < < b - \frac{\varepsilon}{8M} = d$. Da f auf $[c, d]$ R-integrierbar ist, gibt es eine Partition P_1 von $[c, d]$ mit

$$\overline{S}_{P_1}(f) - \underline{S}_{P_1}(f) < \frac{\varepsilon}{2}.$$

Für die Partition $P = P_1 \cup \{a, b\}$ von $[a, b]$ gilt nun:

$$\overline{S}_P(f) \leqslant \overline{S}_{P_1}(f) + \frac{\varepsilon}{4}, \quad \underline{S}_P(f) \geqslant \underline{S}_{P_1}(f) - \frac{\varepsilon}{4},$$

und es ergibt sich:

$$\overline{S}_P(f) - \underline{S}_P(f) \leqslant \overline{S}_{P_1}(f) - \underline{S}_{P_1}(f) + \frac{\varepsilon}{2} < \varepsilon.$$

Mit Hilfe dieser Sätze sind wir nun in der Lage, die wichtige Additivitätseigenschaft des RIEMANN-Integrals bezüglich des Integrationsintervalles zu beweisen.

Satz 5.7.3: Ist $P = \{x_0, x_1, \ldots, x_n\}$ eine beliebige Partition von $[a, b]$, so gilt:

(1) Ist die Funktion f R-integrierbar auf $[a, b]$, so ist f R-integrierbar auf jedem Teilintervall $[x_{k-1}, x_k]$ $(k = 1, \ldots, n)$, und es gilt:

$$\int_a^b f(x)\,dx = \sum_{k=1}^{n} \int_{x_{k-1}}^{x_k} f(x)\,dx.$$

(2) Ist die Funktion f R-integrierbar auf jedem Teilintervall $[x_{k-1}, x_k]$ $(k = 1, \ldots, n)$, so ist f R-integrierbar auf $[a, b]$, und es gilt:

$$\int_a^b f(x)\,dx = \sum_{k=1}^{n} \int_{x_{k-1}}^{x_k} f(x)\,dx.$$

Beweis:

1. Es sei f R-integrierbar auf $[a, b]$. Nach Satz 5.7.1 ist f R-integrierbar auf $[x_{k-1}, x_k]$ für $k = 1, \ldots, n$. Aus Satz 5.3.4 folgt sofort die Gleichung.

2. Es sei f R-integrierbar auf $[x_{k-1}, x_k]$ $(k = 1, \ldots, n)$. Dann folgt aus Satz 5.3.4:

$$\underline{\int_a^b} f(x)\,dx = \sum_{k=1}^{n} \int_{x_{k-1}}^{x_k} f(x)\,dx = \overline{\int_a^b} f(x)\,dx,$$

und damit die R-Integrierbarkeit von f auf $[a, b]$ sowie die behauptete Gleichung.

Eine wichtige Folgerung aus dem Additionssatz ist

Satz 5.7.4: Ist f R-integrierbar auf $[a, b]$, und $[a_n, b_n] \subset [a, b]$ mit $a_n \to a$, $b_n \to b$, so gilt

$$\int_a^b f(x)\,dx = \lim_{n \to \infty} \int_{a_n}^{b_n} f(x)\,dx.$$

Beweis: Es gilt:

$$\int_a^b f(x)\,dx = \int_a^{a_n} f(x)\,dx + \int_{a_n}^{b_n} f(x)\,dx + \int_{b_n}^b f(x)\,dx.$$

Aus $|f(x)| \leqslant M$ und

$$\left| \int_a^{a_n} f(x)\,dx \right| \leqslant M \cdot (a_n - a), \qquad \left| \int_{b_n}^b f(x)\,dx \right| \leqslant M \cdot (b - b_n)$$

ergibt sich die Behauptung.

Bemerkung 1: Aus diesem Satz folgt, daß die Werte $f(a)$ und $f(b)$ keinen Einfluß auf die R-Integrierbarkeit von f und den Wert des Integrals

$\int_a^b f(x)\,dx$ haben.

Bemerkung 2: Mit Satz 5.7.3 folgt daraus, daß man f an einer endlichen Anzahl von Stellen abändern darf, ohne die R-Integrierbarkeit und den Wert des Integrals zu beeinflussen.

Übungsaufgaben:

1. Man berechne (mit Hilfe Riemannscher Summen) $\int_0^1 x^3\,dx$.

2. Man berechne (mit Hilfe RIEMANNscher Summen) $\int_a^b e^x \, dx$.

3. Man beweise: $\lim_{n \to \infty} \sum_{\nu=0}^{n} \frac{1}{n+\nu} = \int_1^2 \frac{1}{x} \, dx = \ln 2$.

4. Es seien f, g stetig auf $[a, b]$, und es gelte dort $f(x) \leqslant g(x)$. Gilt für ein $x_0 \in [a, b]$: $f(x_0) < g(x_0)$, so folgt: $\int_a^b f(x) \, dx < \int_a^b g(x) \, dx$.

5. Es seien f, g R-integrierbar auf $[a, b]$, und es gelte dort $f(x) < g(x)$. Man beweise: $\int_a^b f(x) \, dx < \int_a^b g(x) \, dx$.

6. Die Funktion f sei stetig auf $[a, b]$, und für alle auf $[a, b]$ R-integrierbaren Funktionen g gelte $\int_a^b f(x) g(x) \, dx = 0$. Man beweise: $f(x) = 0$ auf $[a, b]$.

7. Für ein $\alpha > 0$ berechne man $\int_0^\alpha [x] \, dx$.

5.8 Der Hauptsatz der Differential- und Integralrechnung

Zur Berechnung eines Integrals stehen uns bisher nur die Theorien der Unter- und Obersummen sowie der RIEMANN-Summen zur Verfügung. Wie wir bei den Beispielen in 5.5 gesehen haben, kann jedoch die numerische Berechnung mit diesen Mitteln erhebliche Mühe bereiten. Es ist daher erforderlich, einfachere Integrationsmethoden bereitzustellen. Solche Methoden erhalten wir praktisch nebenbei, wenn wir jetzt die Verbindung zwischen den beiden Hauptdisziplinen der Analysis, der Differentiations- und der Integrationstheorie, herstellen.

Dazu geben wir zuerst folgende Definition, die nach Satz 5.7.3 möglich ist:

Definition 5.8.1: Es sei I ein beliebiges Intervall und f R-integrierbar auf jedem Intervall $[a, b] \subset I$. Ist $x_0 \in I$, so heißt die Funktion F mit $D(F) = I$ und

$$F(x) = \int_{x_0}^{x} f(t)\, dt$$

Integral von f als Funktion der oberen Grenze.

Für eine Funktion $f(t) \geqslant 0$ stellt $F(x)$ anschaulich den folgenden Flächeninhalt dar:

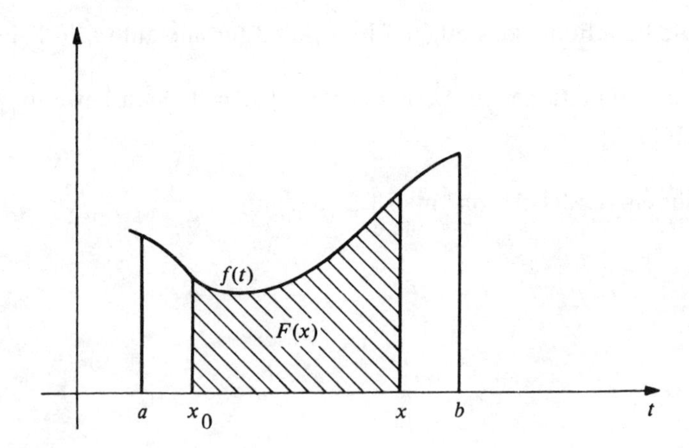

Abb. 5.8.1

Wir wollen nun Eigenschaften von F studieren. Dazu beweisen wir als erstes:

Satz 5.8.1: Es sei I ein beliebiges Intervall und f sei R-integrierbar auf jedem Intervall $[a, b] \subset I$. Dann ist F stetig auf I.

Beweis: Es sei $x \in I$ und $[a, b] \subset I$ ein beliebiges Intervall mit $x \in (a, b)$. Auf $[a, b]$ gilt mit einer geeigneten Konstanten M: $|f(x)| \leqslant M$. Ist $\{x_n\}$ eine Folge aus I mit $x_n \to x$, so gilt $x_n \in [a, b]$ für alle genügend großen n, und es folgt dann:

$$\left|F(x_n) - F(x)\right| = \left|\int\limits_{x_0}^{x_n} f(t)\,dt - \int\limits_{x_0}^{x} f(t)\,dt\right| = \left|\int\limits_{x}^{x_n} f(t)\,dt\right| \leqslant$$

$$\leqslant \left|\int\limits_{x}^{x_n} |f(t)|\,dt\right| \leqslant |x_n - x| \cdot M.$$

Daher gilt $F(x_n) \to F(x)$.

Setzen wir die Stetigkeit von f an einem Punkt voraus, so können wir sogar die Differenzierbarkeit von F an diesem Punkt beweisen.

Satz 5.8.2 (Hauptsatz der Differential- und Integralrechnung): Es sei I ein beliebiges Intervall und f sei R-integrierbar auf jedem Intervall $[a, b]$. Ist f stetig an $x \in I$, so ist F differenzierbar an x, und es gilt:

$$F'(x) = f(x).$$

Beweis: Da f an x stetig ist, gibt es zu jedem $\varepsilon > 0$ ein $\delta_\varepsilon > 0$, so daß für alle t mit $t \in I$, $|t - x| < \delta_\varepsilon$ gilt: $|f(t) - f(x)| < \varepsilon$.

Ist nun $\{x_n\}$ eine Folge aus I mit $x_n \neq x$, $x_n \to x$, so gibt es ein N_ε, so daß $|x_n - x| < \delta_\varepsilon$ für alle $n > N_\varepsilon$. Für diese n gilt dann:

$$\left|\frac{F(x_n) - F(x)}{x_n - x} - f(x)\right| = \left|\frac{1}{x_n - x}\left\{\int\limits_{x_0}^{x_n} f(t)\,dt - \int\limits_{x_0}^{x} f(t)\,dt\right\} - f(x)\right| =$$

$$= \frac{1}{|x_n - x|} \cdot \left|\int\limits_{x}^{x_n} \{f(t) - f(x)\}\,dt\right| \leqslant \frac{|x_n - x|}{|x_n - x|} \cdot \varepsilon = \varepsilon.$$

Hieraus ergibt sich unsere Behauptung.

Dieser Satz heißt mit Recht Hauptsatz oder Fundamentalsatz der Differential- und Integralrechnung. Er stellt das Bindeglied zwischen Differentiations- und Integrationstheorie dar und ist damit von eminenter Bedeutung für die gesamte Analysis. Als erste Anwendung benutzen wir ihn zur Berechnung von Integralen. Dazu beschäftigen wir uns zunächst mit Stammfunktionen einer Funktion.

Definition 5.8.2: Es sei I ein beliebiges Intervall. Die Funktionen f, F seien definiert auf I und F sei differenzierbar auf I. Gilt auf I:

$$F'(x) = f(x),$$

so heißt F Stammfunktion von f auf I.

Aus Satz 5.8.2 folgt nun sofort, daß jede auf I stetige Funktion f eine Stammfunktion besitzt; denn

$$F(x) = \int_a^x f(t)\,dt$$

ist differenzierbar auf I, und es gilt dort $F'(x) = f(x)$.

Über die Gesamtheit der Stammfunktionen, welche eine Funktion besitzen kann, gilt:

Satz 5.8.3: Es seien F_1, F_2 Stammfunktionen von f auf I. Dann gilt mit einer geeigneten Konstanten c auf I:

$$F_1(x) = F_2(x) + c.$$

Beweis: Für $\varphi(x) = F_1(x) - F_2(x)$ gilt $\varphi'(x) = 0$ auf I. Auf jedem Intervall $[a, b] \subset I$ ist also nach Satz 4.6.2 φ eine Konstante und damit auch auf I.

Eine der wichtigsten Anwendungen des Hauptsatzes ist:

Satz 5.8.4: Es sei f stetig auf $[a, b]$ und F eine Stammfunktion von f auf $[a, b]$. Dann gilt:

$$\int_a^b f(t)\,dt = F(b) - F(a).$$

Beweis: Die Funktion $F_1(x) = \int_a^x f(t)\,dt$ ist eine Stammfunktion von f auf $[a, b]$. Nach Satz 5.8.3 gilt also $F_1(x) = F(x) + c$ mit einer geeigneten Konstanten c. Für $x = a$ erhalten wir: $0 = F(a) + c$ und für $x = b$:

$$\int_a^b f(t)\,dt = F_1(b) = F(b) + c = F(b) - F(a).$$

Wir können sogar folgenden schärferen Satz beweisen, bei welchem wir die Voraussetzung über f entscheidend abschwächen:

Satz 5.8.5: Es sei f R-integrierbar auf $[a, b]$ und F eine Stammfunktion von f auf $[a, b]$. Dann gilt:

$$\int_a^b f(t)\,dt = F(b) - F(a).$$

Beweis: Zu $\varepsilon > 0$ wählen wir eine Partition $P = \{x_0, \ldots, x_n\}$ von $[a, b]$ so, daß gilt:

$$\int_a^b f(t)\,dt - \varepsilon < \underline{S}_P(f); \qquad \overline{S}_P(f) < \int_a^b f(t)\,dt + \varepsilon.$$

Offenbar ist:

$$F(b) - F(a) = \sum_{k=1}^{n} \{F(x_k) - F(x_{k-1})\}.$$

Wenden wir nun den Mittelwertsatz der Differentialrechnung auf F im Intervall $[x_{k-1}, x_k]$ an, so erhalten wir für ein geeignetes $\xi_k \in (x_{k-1}, x_k)$:

$$F(x_k) - F(x_{k-1}) = f(\xi_k) \cdot (x_k - x_{k-1}).$$

Daher ergibt sich also:

$$m_k(f) \cdot \Delta x_k \leqslant F(x_k) - F(x_{k-1}) \leqslant M_k(f) \cdot \Delta x_k,$$

und durch Aufsummieren folgt:

$$\int_a^b f(t)\,dt - \varepsilon < \underline{S}_P(f) \leqslant F(b) - F(a) \leqslant \overline{S}_P(f) < \int_a^b f(t)\,dt + \varepsilon.$$

Damit ist der Satz bewiesen.

Bemerkung 1: Wir benutzen bisweilen folgende Schreibweise:

$$\int_a^b f(t)\,dt = F(x)\Big|_a^b = F(b) - F(a).$$

Bemerkung 2: Ist die Funktion f auf $[a, b]$ R-integrierbar, so muß f nicht unbedingt eine Stammfunktion besitzen. So ist die Funktion

$$f(x) = \begin{cases} -1 & \text{falls } x \in [-1, 0] \\ +1 & \text{falls } x \in (0, 1] \end{cases}$$

R-integrierbar auf $[-1, 1]$ (da sie monoton wachsend ist), sie besitzt jedoch (siehe 4.6 Übungsaufgabe 5) keine Stammfunktion auf $[-1, 1]$.

Bemerkung 3: Umgekehrt braucht eine Funktion f, die eine Stammfunktion besitzt, nicht R-integrierbar zu sein. Dies bedeutet also, daß für eine differenzierbare Funktion f die Ableitung f' nicht R-integrierbar zu sein braucht(!). Ein Beispiel hierzu geben wir in 6.5, Übungsaufgabe 5.

Beispiel 1: Es soll $\int\limits_0^1 (x^2 - x)\, dx$ berechnet werden. Eine Stammfunktion F zu $f(x) = x^2 - x$ ist $F(x) = \frac{1}{3}x^3 - \frac{1}{2}x^2$. Wir erhalten daher:

$$\int\limits_0^1 (x^2 - x)\, dx = \left(\frac{1}{3}x^3 - \frac{1}{2}x^2\right)\Big|_0^1 = \frac{1}{3} - \frac{1}{2} = -\frac{1}{6}.$$

Beispiel 2: Für ein $a > 1$ soll $\int\limits_1^a \frac{1}{x}\, dx$ berechnet werden. Eine Stammfunktion zu $f(x) = \frac{1}{x}$ ist $F(x) = \ln x$. Wir erhalten daher:

$$\int\limits_1^a \frac{1}{x}\, dx = \ln x \Big|_1^a = \ln a - \ln 1 = \ln a.$$

Übungsaufgaben:

1. Die Funktion f sei R-integrierbar auf $[a, b]$. Man beweise, daß für ein geeignetes $\xi \in [a, b]$ gilt: $\int\limits_a^\xi f(x)\, dx = \int\limits_\xi^b f(x)\, dx$.
2. Man beweise: $\ln(x + \sqrt{x^2 + a^2})$ ist eine Stammfunktion zu $\frac{1}{\sqrt{x^2 + a^2}}$.

3. Die Funktion f sei auf $(-\infty, \infty)$ zweimal stetig differenzierbar. Man zeige, daß für alle x gilt:

$$f(x+1)-2f(x)+f(x-1)=\int_{x-1}^{x}\left\{\int_{y}^{y+1} f''(t)\,dt\right\}dy.$$

4. Die Funktion f sei auf $[0, 3]$ definiert durch:

$$f(x)=\begin{cases} e^{2x} & \text{falls } x\in[0,1] \\ \frac{1}{2}x^2 & \text{falls } x\in(1,2]. \\ 2x-3 & \text{falls } x\in(2,3] \end{cases}$$

Man berechne $\int_0^3 f(x)\,dx$.

5. Die Funktion f sei R-integrierbar auf $[0, 1]$, und es gelte $\lim_{x\to 1-} f(x)=g$. Man beweise:

$$\lim_{n\to\infty} n\cdot\int_0^1 x^{n-1}f(x)\,dx=g.$$

6. Die Funktion f sei R-integrierbar auf $[-a, a]$, und es sei

$$F(x)=\int_0^x f(t)\,dt \quad \text{für } x\in[-a,a].$$

Man beweise:

a) Ist f gerade, so ist F ungerade;

b) Ist f ungerade, so ist F gerade.

5.9 Das unbestimmte Integral

Nach Satz 5.8.5 kann ein Integral $\int_a^b f(x)\,dx$ einer R-integrierbaren Funktion f berechnet werden, sobald eine Stammfunktion von f bekannt ist. Nun ist mit einer Stammfunktion F_1 von f auch jede Funktion $F=F_1+c$ $(c\in\mathbb{R})$ Stammfunktion von f, und jede Stammfunktion ist von dieser Form. Da also Stammfunktionen zu einer vorgegebenen Funktion f, wenn überhaupt, schon in einer ganzen Klasse auftreten, ist es zweckmäßig, ein Symbol für eine solche Klasse zu haben.

Definition 5.9.1: Es sei I ein beliebiges Intervall.

(1) Wir bezeichnen:

$$S(I) = \{f\colon\ f \text{ besitzt Stammfunktionen auf } I\}.$$

(2) Für $f \in S(I)$ definieren wir das unbestimmte Integral

$$\int f(x)\,dx = \{F\colon\ F \text{ ist Stammfunktion von } f \text{ auf } I\}.$$

(3) Ist $f \in S(I)$, $F_1 \in \int f(x)\,dx$, so schreiben wir auch:

$$\int f(x)\,dx = F_1(x) + c \quad (c \in \mathbb{R}).$$

Beispiel 1: Auf $I = (0, \infty)$ gilt für jedes $\alpha \neq -1$:

$$\int x^\alpha\,dx = \frac{x^{\alpha+1}}{\alpha+1} + c \quad (c \in \mathbb{R}).$$

Beispiel 2: Auf $I = (0, \infty)$ gilt:

$$\int \frac{1}{x}\,dx = \ln x + c \quad (c \in \mathbb{R}).$$

Beispiel 3: Auf $I = (-\infty, \infty)$ gilt:

$$\int e^x\,dx = e^x + c \quad (c \in \mathbb{R}).$$

Beispiel 4: Auf $I = (-1, 1)$ gilt:

$$\int \frac{x}{\sqrt{1-x^2}}\,dx = -\sqrt{1-x^2} + c \quad (c \in \mathbb{R}).$$

Beispiel 5: Auf $I = (-\infty, \infty)$ gilt:

$$\int \frac{1}{\cosh^2 x}\,dx = \tanh x + c \quad (c \in \mathbb{R}).$$

Für die Beweise ist die Feststellung nützlich, daß diese Klassen von Stammfunktionen Äquivalenzklassen sind, d.h. daß zwei Klassen schon zusammenfallen, wenn sie nur ein gemeinsames Element besitzen.

Satz 5.9.1: Es seien $f,\ g \in S(I)$. Genau dann gilt $\int f(x)\,dx = \int g(x)\,dx$, wenn

$$\int f(x)\,dx \cap \int g(x)\,dx \neq \emptyset .$$

Beweis:

1. Gilt $\int f(x)\,dx = \int g(x)\,dx$, so gilt natürlich $\int f(x)\,dx \cap \int g(x)\,dx \neq \emptyset$.

2. Es sei $F_1 \in \int f(x)\,dx \cap \int g(x)\,dx$. Dann gilt

$$\int f(x)\,dx = F_1(x) + c = \int g(x)\,dx \quad (c \in \mathbb{R}).$$

Für das Rechnen mit Klassen benötigen wir nur zwei Regeln.

Definition 5.9.2: Es seien A und B nichtleere Klassen von Funktionen, die sämtlich auf einem Intervall I definiert sind. Wir definieren eine

(1) Addition:

$$A + B = \{h\colon\ h = f + g;\ f \in A,\ g \in B\};$$

(2) Skalare Multiplikation:

$$\lambda A = \{h\colon\ h = \lambda f;\ f \in A\} \quad (\lambda \in \mathbb{R}).$$

Bemerkung 1: Besitzt eine Klasse A nur ein Element $A = \{f\}$, so schreiben wir auch $A = f$.

Damit können wir nun die Rechenregeln für das Rechnen mit unbestimmten Integralen geben.

Satz 5.9.2: Es sei $f,\ g \in S(I)$. Dann ist auch $f + g \in S(I)$ und

$$\int (f(x) + g(x))\,dx = \int f(x)\,dx + \int g(x)\,dx$$

Beweis: Es sei $F \in \int f(x)\,dx$, $G \in \int g(x)\,dx$. Dann gilt

$$F + G \in \int f(x)\,dx + \int g(x)\,dx.$$

Es gilt aber auch $F+G \in \int (f(x)+g(x))\,dx$. Denn

$$(F(x)+G(x))' = F'(x)+G'(x) = f(x)+g(x).$$

Beispiel 6: $\displaystyle\int\left(e^x+\frac{1}{x}\right)dx = \int e^x\,dx + \int \frac{1}{x}\,dx = e^x + \ln x + c \quad (c \in \mathbb{R}).$

Analog zeigen wir

Satz 5.9.3: Es sei $f \in S(I)$, $\lambda \neq 0$. Dann ist auch $\lambda f \in S(I)$, und es gilt

$$\int (\lambda f(x))\,dx = \lambda \int f(x)\,dx.$$

Beweis: Es sei $F \in \int f(x)\,dx$. Dann gilt $\lambda F \in \lambda \int f(x)\,dx$. Es gilt aber auch $\lambda F \in \int (\lambda f(x))\,dx$, da $(\lambda F(x))' = \lambda F'(x) = \lambda f(x)$.

Bemerkung 2: Da wir $\int f(x)\,dx$ als Klasse betrachten, schreiben wir gemäß Definition 5.9.1 für $\lambda \neq 0$ und $F_1 \in \int f(x)\,dx$:

$$\lambda \int f(x)\,dx = \lambda(F_1(x)+c) = \lambda F_1(x) + c \quad (c \in \mathbb{R}).$$

Beispiel 7: $\displaystyle\int 5x^2\,dx = 5 \cdot \int x^2\,dx = 5\left(\frac{1}{3}x^3 + c\right) = \frac{5}{3}x^3 + c \quad (c \in \mathbb{R}).$

Als nächstes behandeln wir die sog. Integration durch Substitution.

Satz 5.9.4: Es sei $\varphi(\xi)$ stetig differenzierbar auf I_ξ, $f(x)$ stetig auf $I_x = \varphi(I_\xi)$. Dann gilt:

(1) $$\int f(\varphi(\xi))\frac{d\varphi}{d\xi}(\xi)\,d\xi = \left\{F(\varphi(\xi)) \colon F \in \int f(x)\,dx\right\} = \left\{\int f(x)\,dx\right\}_{x=\varphi(\xi)}.$$

(2) Falls $\dfrac{d\varphi}{d\xi}(\xi) \neq 0$ auf I_ξ:

$$\int f(x)\,dx = \left\{\int f(\varphi(\xi))\frac{d\varphi}{d\xi}(\xi)\,d\xi\right\}_{\xi=\varphi^{-1}(x)}.$$

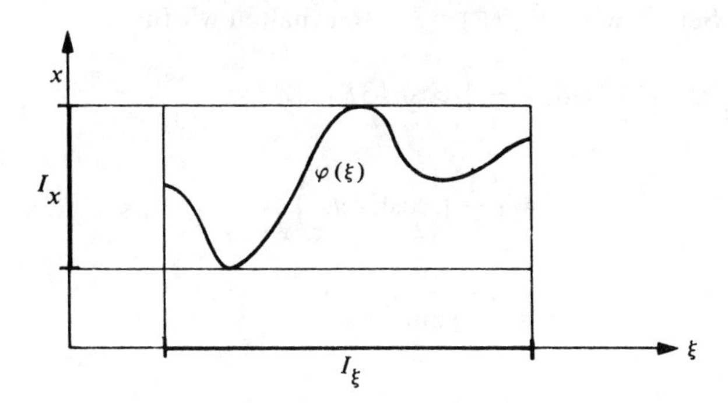

Abb. 5.9.1

Beweis:

1. Wegen der Stetigkeit von φ' und f gilt:

$$f(\varphi(\xi))\frac{d\varphi}{d\xi}(\xi) \in S(I_\xi); \quad f(x) \in S(I_x).$$

2. Es sei $F \in \int f(x)\,dx$. Dann gilt für $F(\varphi(\xi))$:

$$\frac{d}{d\xi}F(\varphi(\xi)) = \frac{dF}{dx}(\varphi(\xi)) \cdot \frac{d\varphi}{d\xi}(\xi) = f(\varphi(\xi))\frac{d\varphi}{d\xi}(\xi).$$

Also gilt: $F(\varphi(\xi)) \in \int f(\varphi(\xi))\frac{d\varphi}{d\xi}(\xi)\,d\xi.$

3. Es sei $\Phi \in \int f(\varphi(\xi))\frac{d\varphi}{d\xi}(\xi)\,d\xi$. Dann gilt für $\Phi(\varphi^{-1}(x))$:

$$\frac{d}{dx}\Phi(\varphi^{-1}(x)) = \frac{d\Phi}{d\xi}(\varphi^{-1}(x)) \cdot \frac{d\varphi^{-1}}{dx}(x) =$$

$$= f(\varphi(\varphi^{-1}(x))) \cdot \frac{d\varphi}{d\xi}(\varphi^{-1}(x)) \cdot \frac{d\varphi^{-1}}{dx}(x) = f(x).$$

Also ist $\Phi(\varphi^{-1}(x)) \in \int f(x)\,dx$.

Beispiel 8: Setzen wir $x = \varphi(\xi) = 3\,\xi$, so erhalten wir für:

$$\int \cosh(3\,\xi)\,d\xi = \frac{1}{3}\int \cosh(3\,\xi)\cdot 3\,d\xi =$$

$$= \left(\frac{1}{3}\int \cosh x\,dx\right)_{x=3\,\xi} =$$

$$= \left(\frac{1}{3}\sinh x + c\right)_{x=3\,\xi} =$$

$$= \frac{1}{3}\sinh 3\,\xi + c \qquad (c \in \mathbb{R}).$$

Beispiel 9: Setzen wir $x = \varphi(\xi) = 1 - \xi^2$, so erhalten wir für:

$$\int \frac{\xi}{\sqrt{1-\xi^2}}\,d\xi = -\frac{1}{2}\int \frac{-2\,\xi}{\sqrt{1-\xi^2}}\,d\xi = \left(-\frac{1}{2}\int \frac{dx}{\sqrt{x}}\right)_{x=1-\xi^2} =$$

$$= \left(-\sqrt{x} + c\right)_{x=1-\xi^2} = -\sqrt{1-\xi^2} + c \qquad (c \in \mathbb{R}).$$

Beispiel 10: Setzen wir $x = \varphi(\xi) = 1 + \xi^2$, so erhalten wir für:

$$\int \frac{x}{\sqrt{x-1}}\,dx = \left(\int \frac{1+\xi^2}{\sqrt{\xi^2}}\,2\,\xi\,d\xi\right)_{\xi=\sqrt{x-1}} =$$

$$= \left(2\int (1+\xi^2)\,d\xi\right)_{\xi=\sqrt{x-1}} =$$

$$= \left(2\,\xi + \frac{2}{3}\xi^3 + c\right)_{\xi=\sqrt{x-1}} =$$

$$= 2\sqrt{x-1} + \frac{2}{3}(x-1)^{\frac{3}{2}} + c \qquad (c \in \mathbb{R}).$$

Schließlich betrachten wir noch die sog. partielle Integration.

Satz 5.9.5: Es seien f und g stetig differenzierbar auf I. Dann gilt:

$$\int f(x)\,g'(x)\,dx = f(x)\,g(x) - \int f'(x)\,g(x)\,dx.$$

Beweis:

1. Wegen der Stetigkeit von f' und g', und damit von f und g gilt:
$$f' \cdot g \in S(I) \quad \text{und} \quad f \cdot g' \in S(I).$$
2. Es sei $G \in \int f'(x)\,g(x)\,dx$. Dann steht auf der rechten Seite die Klasse
$$f(x)\,g(x) - G(x) + c \quad (c \in \mathbb{R}).$$
Genau dieselbe Klasse steht aber auch links, da (etwa für $c = 0$) gilt:
$$\begin{aligned}(f(x)\,g(x) - G(x))' &= f'(x)\,g(x) + f(x)\,g'(x) - G'(x) = \\ &= f'(x)\,g(x) + f(x)\,g'(x) - f'(x)\,g(x) = \\ &= f(x)\,g'(x)\end{aligned}$$
und damit $f(x)\,g(x) - G(x) \in \int f(x)\,g'(x)\,dx$.

Bemerkung 3: Sehr oft stößt man bei partieller Integration auf eine Gleichung

$$\int f(x)\,dx = H(x) - \lambda \int f(x)\,dx \quad (\lambda \neq -1).$$

Addieren wir auf beiden Seiten $\lambda \int f(x)\,dx$, so folgt

$$\int (1+\lambda) f(x)\,dx = H(x) + \int 0\,dx = H(x) + c \quad (c \in \mathbb{R})$$

und daraus

$$\int f(x)\,dx = \frac{H(x)}{1+\lambda} + c \quad (c \in \mathbb{R}).$$

Beispiel 11:

$$\begin{aligned}\int x \cosh x\,dx &= x \cdot \sinh x - \int 1 \cdot \sinh x\,dx = \\ &= x \cdot \sinh x - \cosh x + c \quad (c \in \mathbb{R}).\end{aligned}$$

Beispiel 12:

$$\int \ln x\,dx = \int 1\cdot \ln x\,dx = x\ln x - \int \frac{x}{x}\,dx =$$
$$= x\ln x - x + c \quad (c \in \mathbb{R}).$$

Bemerkung 4: In der Praxis ist es weitgehend üblich, das Symbol $\int f(x)\,dx$ nicht nur für die Klasse, sondern auch für einen beliebigen Repräsentanten der Klasse zu verwenden. Man nennt dann $\int f(x)\,dx$ auch die allgemeine Stammfunktion. Diese Doppelbedeutung des Symbols führt jedoch schnell zu Unklarheiten und Widersprüchen. Deshalb haben wir hier versucht, über den Klassenbegriff eine mathematisch befriedigende Darstellung der wichtigsten Sätze zu geben. Für das praktische Rechnen werden wir jedoch auch oft das Symbol $\int f(x)\,dx$ als eine (mit einer beliebigen, aber festen, additiven Konstanten versehene) Funktion ansehen, da eine konsequente Klasseninterpretation etwa bei Differentialgleichungen zu äußerst umständlichen Rechenregeln führen würde. Diese pragmatische Konzession an die mathematische Strenge ist keine Fehlerquelle, wenn man das Endresultat durch Differentiation überprüft, wobei man insbesondere genau untersuchen muß, wo eine gefundene Funktion Stammfunktion der vorgegebenen Funktion ist.

5.10 Bestimmte Integration durch Substitution und partielle Integration

Wir betrachten hier zwei Anwendungen aus der Theorie des unbestimmten Integrals. Als erstes behandeln wir die Integration durch Substitution.

Satz 5.10.1: Es sei φ' stetig auf $[\alpha, \beta]$, f stetig auf $[a, b] = \varphi([\alpha, \beta])$. Dann gilt:

$$\int_{\varphi(\alpha)}^{\varphi(\beta)} f(x)\,dx = \int_{\alpha}^{\beta} f(\varphi(\xi))\,\varphi'(\xi)\,d\xi.$$

Beweis: Wir wählen eine Funktion $F \in \int f(x)\,dx$. Nach Satz 5.9.4 **(1)** gilt dann: $F(\varphi(\xi)) \in \int f(\varphi(\xi))\,\varphi'(\xi)\,d\xi$. Es folgt:

$$\int_{\alpha}^{\beta} f(\varphi(\xi))\,\varphi'(\xi)\,d\xi = F(\varphi(\beta)) - F(\varphi(\alpha)) = \int_{\varphi(\alpha)}^{\varphi(\beta)} f(x)\,dx.$$

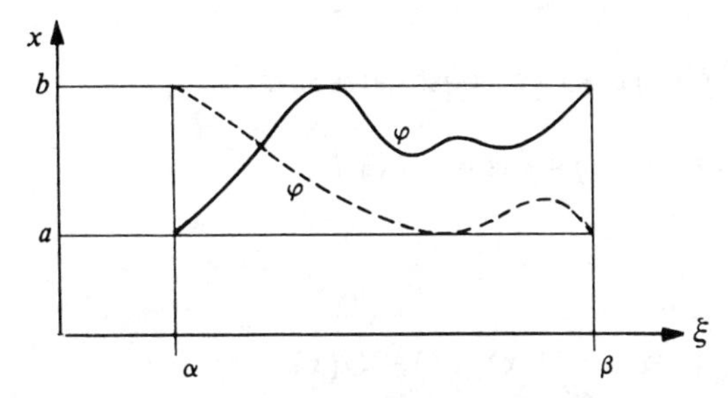

Abb. 5.10.1

Bemerkung 1: Wir bemerken ausdrücklich, daß in diesem Satz φ nicht monoton zu sein braucht!

Bemerkung 2: Die Formel des Satzes kann offenbar in zwei Richtungen gelesen werden.

Beispiel 1: Setzen wir $x = \xi^3 + 1$, so erhalten wir für:

$$\int_0^2 \frac{3\xi^2}{\xi^3+1}\,d\xi = \int_1^9 \frac{1}{x}\,dx = \ln x \Big|_1^9 = \ln 9.$$

Beispiel 2: Setzen wir $x = \xi^2$, so erhalten wir für:

$$\int_4^9 \frac{dx}{1+\sqrt{x}} = \int_2^3 \frac{2\xi}{1+\xi}\,d\xi = 2\int_2^3 \left(1 - \frac{1}{1+\xi}\right) d\xi =$$

$$= 2\int_2^3 d\xi - 2\int_2^3 \frac{d\xi}{1+\xi} = 2\xi\Big|_2^3 - 2\ln(1+\xi)\Big|_2^3 =$$

$$= 2 - 2\ln\frac{4}{3}.$$

Als nächstes betrachten wir die partielle Integration.

Satz 5.10.2: Es seien f und g stetig differenzierbar auf $[a, b]$. Dann gilt:

$$\int_a^b f(x)\, g'(x)\, dx = f(x)\, g(x)\Big|_a^b - \int_a^b f'(x)\, g(x)\, dx.$$

Beweis: Ist $G \in \int f'(x)\, g(x)\, dx$, so ist nach Satz 5.9.5

$$f(x)\, g(x) - G(x) \in \int f(x)\, g'(x)\, dx.$$

Hieraus folgt

$$\int_a^b f(x)\, g'(x)\, dx = (f(x)\, g(x) - G(x))\Big|_a^b =$$

$$= f(x)\, g(x)\Big|_a^b - \int_a^b f'(x)\, g(x)\, dx.$$

Beispiel 3:

$$\int_1^2 x \ln x\, dx = \frac{x^2}{2} \ln x \Big|_1^2 - \int_1^2 \frac{x^2}{2} \cdot \frac{1}{x}\, dx =$$

$$= 2\ln 2 - \frac{1}{2} \int_1^2 x\, dx = 2\ln 2 - \frac{1}{2} \cdot \frac{x^2}{2}\Big|_1^2 = 2\ln 2 - \frac{3}{4}.$$

Beispiel 4: Für $n \in \mathbb{N}$ gilt:

$$J_n = \int_1^e (\ln x)^n\, dx = x\, (\ln x)^n \Big|_1^e - \int_1^e x\, n\, (\ln x)^{n-1} \cdot \frac{1}{x}\, dx =$$

$$= e - n\, J_{n-1}.$$

Dies ist eine Rekursionsformel zur Berechnung von J_n.

Übungsaufgaben:

1. Man bestimme $\int \frac{dx}{\sqrt{x-1} \cdot \sqrt{x+1}}$, $\int \frac{2^x}{3^{x+1}}\, dx$, $\int 3^{\sqrt{2x+1}}\, dx$.

2. Man bestimme für $\alpha \in \mathbb{R}$: $\int x^{\alpha} \cdot \ln x \, dx$.

3. Man berechne durch geeignete Substitution:

$$\text{a) } \int_1^4 \frac{e^{\sqrt{x}}}{\sqrt{x}} dx, \quad \text{b) } \int_0^1 e^{e^x} \cdot e^x \, dx, \quad \text{c) } \int_e^{e^2} \frac{\ln(\ln x)}{x \cdot \ln x} dx.$$

4. Durch partielle Integration berechne man:

$$\text{a) } \int_0^2 x^2 e^x \, dx, \quad \text{b) } \int_1^2 (\ln x)^3 \, dx, \quad \text{c) } \int_e^{e^2} \frac{\ln(\ln x)}{x} dx.$$

5. Man ermittle Rekursionsformeln für:

$$\text{a) } \int_0^2 x^n e^x \, dx, \quad \text{b) } \int_1^e x^3 \cdot (\ln x)^n \, dx.$$

6. Man beweise:

a) für $n, m \in \mathbb{N}$ gilt: $\int_0^1 x^n (1-x)^m \, dx = \int_0^1 x^m (1-x)^n \, dx$;

b) für $\xi > 0$ gilt: $\displaystyle\int_\xi^1 \frac{dx}{1+x^2} = \int_1^{1/\xi} \frac{dx}{1+x^2}$.

5.11 Die Mittelwertsätze der Integralrechnung

Wie in der Differentialrechnung, so gibt es auch in der Integralrechnung Mittelwertsätze, welche in der Praxis insbesondere zur Abschätzung von Integralen benutzt werden.

Satz 5.11.1 (1. Mittelwertsatz): Es sei f stetig auf $[a, b]$. Dann existiert ein $\xi \in (a, b)$ mit

$$\int_a^b f(x) \, dx = f(\xi) \cdot (b-a).$$

Beweis: Wir betrachten die Funktion $F(x) = \int_a^x f(t)\,dt$. Nach dem Mittelwertsatz der Differentialrechnung gibt es eine Stelle $\xi \in (a, b)$, so daß $F(b) - F(a) = F'(\xi) \cdot (b - a)$; wir erhalten also:

$$\int_a^b f(x)\,dx = f(\xi) \cdot (b - a).$$

Für eine auf $[a, b]$ positive Funktion f besagt dieser Satz, daß die Fläche unter der Kurve für ein geeignetes $\xi \in (a, b)$ gleich dem Inhalt des Rechtecks mit den Seiten $b - a$ und $f(\xi)$ ist.

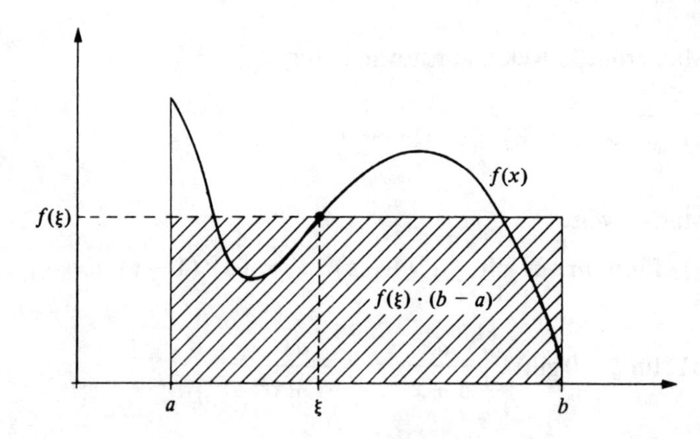

Abb. 5.11.1

Eine Verallgemeinerung des 1. Mittelwertsatzes ist:

Satz 5.11.2 (Erweiterter 1. Mittelwertsatz): Es sei f stetig, g R-integrierbar und $g(x) \geqslant 0$ auf $[a, b]$. Dann gilt:

(1) Es gibt ein $\xi \in [a, b]$ mit der Eigenschaft:

$$\int_a^b f(x)\,g(x)\,dx = f(\xi) \int_a^b g(x)\,dx.$$

(2) Ist überdies g stetig auf $[a, b]$, so gibt es sogar ein ξ im offenen Intervall (a, b) mit obiger Eigenschaft.

Beweis:

1. Aus der Ungleichung $m(f)\,g(x) \leqslant f(x)\,g(x) \leqslant M(f)\,g(x)$ folgt durch Integration:

$$m(f)\int_a^b g(x)\,dx \leqslant \int_a^b f(x)\,g(x)\,dx \leqslant M(f)\int_a^b g(x)\,dx.$$

   a) Ist $\int_a^b g(x)\,dx = 0$, so ist auch $\int_a^b f(x)\,g(x)\,dx = 0$, und unsere Behauptung gilt für jedes $\xi \in (a, b)$.

   b) Ist $\int_a^b g(x)\,dx > 0$, so betrachten wir die Zahl

$$\mu = \frac{\int_a^b f(x)\,g(x)\,dx}{\int_a^b g(x)\,dx}.$$

   Es ergibt sich $m(f) \leqslant \mu \leqslant M(f)$, und aus dem Zwischenwertsatz folgt die Existenz eines $\xi \in [a, b]$ mit $f(\xi) = \mu$. Damit ist **(1)** bewiesen.

2. Ist g stetig auf $[a, b]$, so genügt es wegen 1. a), unsere Behauptung **(2)** für den Fall zu beweisen, daß $g(x_0) > 0$ für ein $x_0 \in (a, b)$. Aus 5.7, Übungsaufgabe 4 folgt dann $\int_a^b g(x)\,dx > 0$, und damit ist wieder $m(f) \leqslant \mu \leqslant M(f)$.

   a) Gilt $m(f) < \mu < M(f)$, so gibt es nach dem Zwischenwertsatz ein $\xi \in (a, b)$ mit $\mu = f(\xi)$.

   b) Gilt $\mu = m(f)$, so haben wir $\int_a^b \{f(x) - \mu\} g(x)\,dx = 0$. Aus der Stetigkeit von g und $\{f(x) - \mu\} \cdot g(x) \geqslant 0$ folgt mit Übungsaufgabe 4 aus 5.7 $\{f(x) - \mu\} \cdot g(x) = 0$ auf $[a, b]$. Wählen wir $\xi = x_0$, so ergibt sich daraus $\mu = f(\xi)$.

   c) Gilt $\mu = M(f)$, so verläuft der Beweis analog zu b).

Bemerkung 1: Ein analoger Satz gilt selbstverständlich auch für den Fall, daß $g(x) \leqslant 0$ auf $[a, b]$ ist.

Bemerkung 2: Wählen wir als spezielle, zulässige Funktion $g(x)=1$ auf $[a, b]$, so erhalten wir aus **(2)** die Aussage des 1. Mittelwertsatzes.

Zum Schluß beweisen wir noch:

Satz 5.11.3 (2. Mittelwertsatz): Die Funktion f sei monoton auf $[a, b]$, und f' und g seien stetig auf $[a, b]$. Dann gibt es ein $\xi \in (a, b)$ mit:

$$\int_a^b f(x)\,g(x)\,dx = f(a)\int_a^\xi g(x)\,dx + f(b)\int_\xi^b g(x)\,dx.$$

Beweis:

1. Wir nehmen an, daß $f(a)=f(b)$ ist. Wegen der Monotonie ist dann f konstant auf $[a, b]$, und wir erhalten für jedes $\xi \in (a, b)$:

$$\int_a^b f(x)\,g(x)\,dx = f(a)\int_a^\xi g(x)\,dx + f(b)\int_\xi^b g(x)\,dx.$$

2. Wir nehmen an, daß $f(a)<f(b)$ ist. Dann ist f monoton wachsend auf $[a, b]$, $f'(x)\geqslant 0$ und $\int_a^b f'(x)\,dx = f(b)-f(a)>0$. Betrachten wir die Funktion G mit: $G(x)=\int_a^x g(t)\,dt$, so erhalten wir durch partielle Integration:

$$\int_a^b f(x)\,g(x)\,dx = f(x)\,G(x)\Big|_a^b - \int_a^b G(x)f'(x)\,dx =$$

$$= f(b)\,G(b) - \int_a^b G(x)f'(x)\,dx.$$

Nach Satz 5.11.2 gibt es wegen der Stetigkeit von f' ein $\xi \in (a, b)$, so daß gilt:

$$\int_a^b G(x)f'(x)\,dx = G(\xi)\int_a^b f'(x)\,dx = G(\xi)\;[f(b)-f(a)].$$

Es ergibt sich also:

$$\int_a^b f(x)\,g(x)\,dx = f(b)\,G(b) - G(\xi)\,[f(b) - f(a)] =$$

$$= f(a)\,G(\xi) + f(b)\,[G(b) - G(\xi)] =$$

$$= f(a)\int_a^{\xi} g(x)\,dx + f(b)\int_{\xi}^{b} g(x)\,dx.$$

3. Wir nehmen an, daß $f(a) > f(b)$ ist. Dann ist $-f$ monoton wachsend auf $[a, b]$, und wir erhalten aus 2. für ein $\xi \in (a, b)$:

$$\int_a^b \{-f(x)\}\,g(x)\,dx = \{-f(a)\}\cdot\int_a^{\xi} g(x)\,dx + \{-f(b)\}\cdot\int_{\xi}^{b} g(x)\,dx,$$

hieraus ergibt sich wieder unsere Behauptung.

5.12 Der TAYLORsche Satz

In der Differentialrechnung haben wir gesehen, daß aus dem Verhalten der Ableitungen einer Funktion wesentliche Aussagen über die Funktion gemacht werden können. In diesem Paragraphen werden wir dies noch deutlicher herausarbeiten.

Wir wenden uns der Aufgabe zu, eine auf einem Intervall $[a, b]$ definierte Funktion f durch ein Polynom zu approximieren. Hierzu beschäftigen wir uns zunächst mit dem Fall, daß die Funktion f selbst ein Polynom ist.

Satz 5.12.1 (TAYLORscher Satz für Polynome): Ist $f(x) = \sum_{\nu=0}^{n} a_\nu x^\nu$ ein Polynom und $x_0 \in \mathbb{R}$, so hat f auf $\mathbb{R}$ die Darstellung:

$$f(x) = \sum_{\nu=0}^{n} \frac{f^{(\nu)}(x_0)}{\nu!}(x - x_0)^\nu.$$

Beweis:

1. Durch Anwendung des binomischen Satzes ergibt sich mit gewissen Koeffizienten b_ν:

$$f(x) = \sum_{\nu=0}^{n} a_\nu x^\nu = \sum_{\nu=0}^{n} a_\nu (x - x_0 + x_0)^\nu =$$

$$= \sum_{\nu=0}^{n} a_\nu \left\{ \sum_{\mu=0}^{\nu} \binom{\nu}{\mu} (x - x_0)^\mu x_0^{\nu-\mu} \right\} = \sum_{\nu=0}^{n} b_\nu (x - x_0)^\nu.$$

2. a) Setzen wir $x = x_0$, so erhalten wir:

$$f(x_0) = b_0, \quad \text{d.h.} \quad b_0 = \frac{f^{(0)}(x_0)}{0!}.$$

   b) Für ein k mit $1 \leqslant k \leqslant n$ differenzieren wir f k-mal und erhalten:

$$f^{(k)}(x) = \sum_{\nu=k}^{n} b_\nu \nu (\nu - 1) \cdot \ldots \cdot (\nu - k + 1)(x - x_0)^{\nu - k}.$$

   Setzen wir $x = x_0$, so erhalten wir:

$$f^{(k)}(x_0) = b_k \cdot k!, \quad \text{d.h.} \quad b_k = \frac{f^{(k)}(x_0)}{k!}.$$

   Hieraus ergibt sich unsere Behauptung.

Aus diesem Satz folgt insbesondere, daß ein Polynom f vom Grad n schon vollkommen bestimmt ist, wenn an einer beliebigen Stelle x_0 die Ableitungen $f^{(0)}(x_0)$, ..., $f^{(n)}(x_0)$ bekannt sind. Diese kennt man, sobald man das Polynom in einer beliebigen Umgebung $U(x_0)$ kennt. Die TAYLORsche Formel für Polynome gestattet also, aus dem lokalen Verhalten in einer beliebig kleinen Umgebung auf das globale Verhalten des Polynoms auf der ganzen reellen Achse zu schließen.

Unser nächstes Ziel ist die Formulierung eines analogen Satzes für Funktionen, die hinreichend oft differenzierbar sind. Wir werden zeigen, daß solche Funktionen durch gewisse Polynome approximiert werden können.

Satz 5.12.2 (TAYLORscher Satz): Es sei I ein beliebiges Intervall, es sei $x_0 \in I$, $n \in \mathbb{N}_0$ und die Funktion f sei $(n+1)$-mal stetig differenzierbar auf I. Dann gilt:

(1) Für alle $x \in I$ läßt sich f durch die TAYLORsche Formel mit der Entwicklungsmitte x_0 darstellen:

$$f(x) = \sum_{\nu=0}^{n} \frac{f^{(\nu)}(x_0)}{\nu!}(x - x_0)^\nu + R_n(x, x_0).$$

(2) Für das Restglied $R_n(x, x_0)$ gilt:

$$R_n(x, x_0) = \frac{1}{n!} \cdot \int_{x_0}^{x} (x - t)^n f^{(n+1)}(t)\, dt.$$

Beweis: Es sei $x \in I$.

1. Für $n = 0$ ist $\int_{x_0}^{x} f'(t)\, dt = f(x) - f(x_0)$, also:

$$f(x) = f(x_0) + \int_{x_0}^{x} f'(t)\, dt = f^{(0)}(x_0) + R_0(x, x_0).$$

2. Ist $n = 0$, so sind wir fertig; ist $n > 0$, so nehmen wir an, daß für ein k mit $0 \leqslant k < n$ die Behauptung schon gilt:

$$f(x) = \sum_{\nu=0}^{k} \frac{f^{(\nu)}(x_0)}{\nu!}(x - x_0)^\nu + R_k(x, x_0). \tag{1}$$

Dann erhalten wir durch partielle Integration:

$$R_k(x, x_0) = \frac{1}{k!} \cdot \int_{x_0}^{x} (x - t)^k f^{(k+1)}(t)\, dt =$$

$$= \frac{1}{k!}\left[\frac{-(x-t)^{k+1}}{k+1} f^{(k+1)}(t) \Bigg|_{x_0}^{x} + \int_{x_0}^{x} \frac{(x-t)^{k+1}}{k+1} f^{(k+2)}(t)\, dt \right] =$$

$$= \frac{f^{(k+1)}(x_0)}{(k+1)!}(x - x_0)^{k+1} + \frac{1}{(k+1)!} \int_{x_0}^{x} (x - t)^{k+1} f^{(k+2)}(t)\, dt.$$

Hieraus folgt durch Einsetzen in (1) die Behauptung für $k + 1$.

Für die praktische Anwendung dieses Satzes ist es wichtig, das Restglied abschätzen zu können. Dazu beweisen wir mit Hilfe der Mittelwertsätze der Integralrechnung, zwei integralfreie Darstellungen des Restgliedes.

Satz 5.12.3: Es gibt ein $\vartheta \in (0, 1)$ und ein $\Theta \in (0, 1)$, so daß gilt:

(1) $$R_n(x, x_0) = \frac{f^{(n+1)}(x_0 + \vartheta(x - x_0))}{(n+1)!}(x - x_0)^{n+1}$$

(LAGRANGEsche Form).

(2) $$R_n(x, x_0) = \frac{f^{(n+1)}(x_0 + \Theta(x - x_0))}{n!}(1 - \Theta)^n (x - x_0)^{n+1}$$

(CAUCHYsche Form).

Beweis:

1. Aus dem erweiterten 1. Mittelwertsatz folgt für ein $\vartheta \in (0, 1)$:

$$R_n(x, x_0) = \frac{1}{n!}\int_{x_0}^{x} (x - t)^n f^{(n+1)}(t)\, dt =$$

$$= \frac{f^{(n+1)}(x_0 + \vartheta(x - x_0))}{n!}\int_{x_0}^{x} (x - t)^n\, dt =$$

$$= \frac{f^{(n+1)}(x_0 + \vartheta(x - x_0))}{(n+1)!}(x - x_0)^{n+1}.$$

2. Aus dem 1. Mittelwertsatz folgt für ein $\Theta \in (0, 1)$:

$$R_n(x, x_0) = \frac{1}{n!}\int_{x_0}^{x} (x - t)^n f^{(n+1)}(t)\, dt =$$

$$= \frac{f^{(n+1)}(x_0 + \Theta(x - x_0))}{n!}\cdot(x - x_0 - \Theta(x - x_0))^n \cdot (x - x_0) =$$

$$= \frac{f^{(n+1)}(x_0 + \Theta(x - x_0))}{n!}(1 - \Theta)^n \cdot (x - x_0)^{n+1}.$$

Ist nun f auf I beliebig oft differenzierbar, so gilt die TAYLORsche Formel für alle $n \in \mathbb{N}$. Für jedes feste $x \in I$ sind dann die TAYLORpolynome

$$T_n(x, x_0) = \sum_{\nu=0}^{n} \frac{f^{(\nu)}(x_0)}{\nu!}(x - x_0)^{\nu}$$

Teilsummen der unendlichen Reihe:

$$\sum_{\nu=0}^{\infty} \frac{f^{(\nu)}(x_0)}{\nu!}(x - x_0)^{\nu},$$

der TAYLORschen Reihe von f bzgl. der Entwicklungsmitte x_0. Die Frage, unter welchen Voraussetzungen diese Reihe konvergiert und gegen welchen Wert, wird durch folgenden Satz beantwortet:

Satz 5.12.4: Ist f auf I beliebig oft differenzierbar, so läßt sich f an der Stelle $x \in I$ genau dann durch die TAYLORreihe mit Entwicklungsmitte x_0 darstellen:

$$f(x) = \sum_{\nu=0}^{\infty} \frac{f^{(\nu)}(x_0)}{\nu!}(x - x_0)^{\nu},$$

wenn gilt:

$$\lim_{n \to \infty} R_n(x, x_0) = 0.$$

Beweis: Die Behauptung folgt sofort aus der TAYLORschen Formel:

$$f(x) = \sum_{\nu=0}^{n} \frac{f^{(\nu)}(x_0)}{\nu!}(x - x_0)^{\nu} + R_n(x, x_0)$$

und der Definition der Konvergenz einer unendlichen Reihe.

Bemerkung: Es kann durchaus vorkommen, daß die Folge der Restglieder an einer Stelle x konvergiert, aber nicht gegen 0. In diesem Fall konvergiert zwar auch die TAYLORreihe an x, aber nicht gegen den Funktionswert.

Beispiel: Wir betrachten auf ℝ die Funktion f mit

$$f(x)=\begin{cases} e^{-\frac{1}{x^2}} & \text{falls } x\neq 0 \\ 0 & \text{falls } x=0. \end{cases}$$

Bekanntlich (siehe 4.8, Übungsaufgabe 4) ist f auf ℝ beliebig oft differenzierbar, und es ist $f^{(\nu)}(0)=0$ $(\nu=0, 1, \dots)$. Also gilt $\sum_{\nu=0}^{\infty} \frac{f^{(\nu)}(0)}{\nu!}\cdot x^{\nu}=0$ auf ℝ, und nur für die Entwicklungsmitte $x_0=0$ stellt die TAYLORsche Reihe von f die Funktion dar!

Ein handliches Kriterium zur Entscheidung über Konvergenz der TAYLORreihe an einer Stelle liefert:

Satz 5.12.5: Es sei f auf I beliebig oft differenzierbar und $x\in I$. Existiert ein von $\nu\in\mathbb{N}_0$ unabhängiges $K>0$ mit

$$\max_{[x_0,\, x]} |f^{(\nu)}(\xi)|\leqslant K \quad \text{bzw.} \quad \max_{[x,\, x_0]} |f^{(\nu)}(\xi)|\leqslant K,$$

so folgt:

$$f(x)=\sum_{\nu=0}^{\infty} \frac{f^{(\nu)}(x_0)}{\nu!}(x-x_0)^{\nu}.$$

Beweis: Die Aussage ergibt sich sofort aus der Abschätzung

$$|R_n(x, x_0)|=\left|\frac{f^{(n+1)}(x_0+\Theta(x-x_0))}{(n+1)!}\cdot(x-x_0)^{n+1}\right|\leqslant$$

$$\leqslant\frac{K\,|x-x_0|^{n+1}}{(n+1)!},$$

da $\lim\limits_{n\to\infty}\frac{|x-x_0|^{n+1}}{(n+1)!}=0$ ist.

5.13 Die TAYLORreihen einiger elementarer Funktionen

Wir wollen jetzt einige elementare Funktionen daraufhin untersuchen, ob und wo sie sich in eine TAYLORreihe entwickeln lassen. Die Entwicklungsmitte wird hierbei stets $x_0 = 0$ sein.

Satz 5.13.1: Es gilt auf $(-\infty, +\infty)$:

$$e^x = \sum_{\nu=0}^{\infty} \frac{x^\nu}{\nu!}.$$

Beweis:

1. Die Funktion $f(x) = e^x$ ist auf $(-\infty, +\infty)$ beliebig oft differenzierbar, und es ist $f^{(\nu)}(x) = e^x$ für alle $\nu \in \mathbb{N}$; es gilt also:

   $$\frac{f^{(0)}(0)}{0!} = 1, \quad \frac{f^{(\nu)}(0)}{\nu!} = \frac{1}{\nu!}.$$

   Für die Entwicklungsmitte $x_0 = 0$ ergibt sich also auf $(-\infty, +\infty)$

   $$T_n(x, 0) = \sum_{\nu=0}^{n} \frac{x^\nu}{\nu!}.$$

2. Es sei $x \in (-\infty, +\infty)$. Aus $\max\limits_{[0, x]} |f^{(\nu)}(\xi)| = e^x$ bzw. $\max\limits_{[x, 0]} |f^{(\nu)}(\xi)| = 1$

   für alle $\nu \in \mathbb{N}$ folgt daher aus Satz 5.12.5: $e^x = \sum\limits_{\nu=0}^{\infty} \frac{x^\nu}{\nu!}$.

Satz 5.13.2: Es gilt auf $(-1, +1]$:

$$\ln(1+x) = \sum_{\nu=1}^{\infty} (-1)^{\nu+1} \frac{x^\nu}{\nu}.$$

Beweis:

1. Die Funktion $f(x) = \ln(1+x)$ ist auf $(-1, \infty)$ beliebig oft differenzierbar, und es gilt dort für alle $\nu \in \mathbb{N}$:

   $$f^{(\nu)}(x) = \frac{(\nu-1)!\,(-1)^{\nu+1}}{(1+x)^\nu};$$

Es gilt daher $\dfrac{f^{(0)}(0)}{0!}=0, \quad \dfrac{f^{(\nu)}(0)}{\nu!}=\dfrac{(-1)^{\nu+1}}{\nu}$.

Für die Entwicklungsmitte $x_0=0$ ergibt sich also auf $(-1, \infty)$:

$$T_n(x, 0)=\sum_{\nu=1}^{n}(-1)^{\nu+1}\frac{x^\nu}{\nu}.$$

2. a) Für das Restglied in der LAGRANGEschen Form gilt:

$$R_n(x, 0)=\frac{f^{(n+1)}(\Theta x)}{(n+1)!}x^{n+1}=\frac{(-1)^n\cdot x^{n+1}}{(n+1)(1+\Theta x)^{n+1}},$$

wobei $\Theta\in(0, 1)$ ist. Ist nun $x\in[0, 1]$, so folgt:

$$|R_n(x, 0)|=\frac{1}{n+1}\cdot\left|\frac{x}{1+\Theta x}\right|^{n+1}\leqslant\frac{1}{n+1}.$$

b) Für das Restglied in der CAUCHYschen Form gilt:

$$R_n(x, 0)=\frac{f^{(n+1)}(\Theta x)}{n!}(1-\Theta)^n x^{n+1}=$$

$$=\frac{(-1)^n x^{n+1}}{(1+\Theta x)^{n+1}}(1-\Theta)^n,$$

wobei $\Theta\in(0, 1)$ ist. Ist nun $|x|<1$, so folgt aus $\dfrac{1-\Theta}{1-\Theta|x|}<1$:

$$|R_n(x, 0)|=|x|^{n+1}\frac{(1-\Theta)^n}{|1+\Theta x|^{n+1}}\leqslant\frac{|x|^{n+1}}{1-|x|}\left\{\frac{1-\Theta}{1-\Theta|x|}\right\}^n\leqslant$$

$$\leqslant\frac{|x|^{n+1}}{1-|x|}.$$

Es folgt also für alle $x\in(-1, +1]$: $\lim\limits_{n\to\infty} R_n(x, 0)=0$.

Als nächstes wollen wir für ein $\alpha\in\mathbb{R}$ die TAYLORreihe der Funktion $(1+x)^\alpha$ ermitteln. Ist zunächst $\alpha\in\mathbb{N}_0$, so ergibt sich sofort mit dem binomischen Satz und Satz 5.12.1:

$$(1+x)^\alpha = \sum_{\nu=0}^{\alpha} \binom{\alpha}{\nu} x^\nu = \sum_{\nu=0}^{\infty} \binom{\alpha}{\nu} x^\nu.$$

Im Falle $\alpha \notin \mathbb{N}_0$ ist die Bestimmung der TAYLORreihe weit schwieriger. Wir definieren dazu zunächst die allgemeinen Binomialkoeffizienten:

Definition 5.13.1: Wir setzen für $\alpha \in \mathbb{R}$, $k \in \mathbb{N}$:

$$\binom{\alpha}{k} = \frac{\alpha(\alpha-1)\cdots(\alpha-k+1)}{k!}; \qquad \binom{\alpha}{0} = 1.$$

Der folgende Satz gibt Auskunft über das Wachstum dieser Binomialkoeffizienten:

Satz 5.13.3: Für alle $\alpha \in \mathbb{R}$ und alle $x \in (-1, 1)$ gilt:

$$\lim_{n \to \infty} \binom{\alpha}{n} x^n = 0.$$

Beweis: Unsere Behauptung ist trivial, falls $\alpha \in \mathbb{N}_0$ oder $x = 0$. Für $\alpha \notin \mathbb{N}_0$, $x \neq 0$ setzen wir $s_n = \binom{\alpha}{n} x^n$ und erhalten

$$\lim_{n \to \infty} \frac{s_{n+1}}{s_n} = \lim_{n \to \infty} \frac{\alpha - n}{n+1} \cdot x = -x.$$

Ist $|x| < q < 1$, so gibt es ein N mit $\left| \frac{s_{n+1}}{s_n} \right| \leqslant q$ für alle $n \geqslant N$.

Hieraus folgt für $n > N$:

$$|s_n| = \left| \frac{s_n}{s_{n-1}} \right| \cdot \left| \frac{s_{n-1}}{s_{n-2}} \right| \cdot \ldots \cdot \left| \frac{s_{N+1}}{s_N} \right| \cdot |s_N| \leqslant q^{n-N} \cdot |s_N| =$$

$$= q^n \cdot \frac{|s_N|}{q^N},$$

d.h. es gilt: $\lim\limits_{n \to \infty} s_n = 0$.

Ist α ein fester reeller Parameter, so heißt die Reihe $\sum_{\nu=0}^{\infty}\binom{\alpha}{\nu}x^{\nu}$ eine binomische Reihe. Mit Hilfe von Satz 5.13.3 können wir über die Konvergenz binomischer Reihen das folgende Ergebnis beweisen.

Satz 5.13.4: Es sei $\alpha \in \mathbb{R}$, dann gilt auf $(-1, +1)$:

$$(1+x)^{\alpha} = \sum_{\nu=0}^{\infty}\binom{\alpha}{\nu}x^{\nu}.$$

Beweis:

1. Die Funktion $f(x) = (1+x)^{\alpha}$ ist auf $(-1, \infty)$ beliebig oft differenzierbar, und es gilt dort für alle $\nu \in \mathbb{N}$:

$$f^{(\nu)}(x) = \alpha(\alpha-1)\cdot \cdots \cdot(\alpha-\nu+1)\cdot(1+x)^{\alpha-\nu}.$$

Es gilt also:

$$\frac{f^{(0)}(0)}{0!} = 1, \quad \frac{f^{(\nu)}(0)}{\nu!} = \binom{\alpha}{\nu}.$$

Für die Entwicklungsmitte $x_0 = 0$ ergibt sich also für alle $x \in (-1, \infty)$:

$$T_n(x, 0) = \sum_{\nu=0}^{n}\binom{\alpha}{\nu}x^{\nu}.$$

2. Zur Untersuchung des Restgliedes benutzen wir die CAUCHYsche Form und erhalten:

$$R_n(x, 0) = \frac{f^{(n+1)}(\Theta x)}{n!}(1-\Theta)^n x^{n+1} =$$

$$= \alpha\cdot\frac{(\alpha-1)(\alpha-2)\cdots(\alpha-n)}{n!}(1+\Theta x)^{\alpha-n-1}\cdot(1-\Theta)^n\cdot x^{n+1} =$$

$$= \alpha\cdot\binom{\alpha-1}{n}\cdot x^{n+1}\cdot(1+\Theta x)^{\alpha-1}\cdot\left\{\frac{1-\Theta}{1+\Theta x}\right\}^n.$$

Also gilt auf $(-1, 1)$ mit einer von n unabhängigen Konstanten M:

$$|R_n(x, 0)| \leqslant M \cdot \left| \binom{\alpha - 1}{n} x^n \right|.$$

Aus Satz 5.13.3 folgt daher $\lim\limits_{n \to \infty} R_n(x, 0) = 0$ auf $(-1, 1)$.

Übungsaufgaben:

1. Man bestimme das TAYLORpolynom $T_4(x, 0)$ der Funktion $f(x) = e^{(e^x)}$.
2. Man beweise: Eine auf $\mathbb{R}$ definierte Funktion f ist genau dann ein Polynom vom Grad $\leqslant n$, wenn $f^{(n+1)}(x) = 0$ für alle $x \in \mathbb{R}$ gilt.
3. Man ermittle die TAYLORreihen folgender Funktionen und untersuche deren Konvergenzverhalten:

   a) $f(x) = \dfrac{1-x}{1+x}$, b) $f(x) = \ln \dfrac{1-x}{1+x}$.

5.14 Extrema differenzierbarer Funktionen

Das Ziel dieses Paragraphen ist die Gewinnung hinreichender Kriterien zur Bestimmung der Extrema differenzierbarer Funktionen.

Ein notwendiges Kriterium liefert uns sofort Satz 4.5.1. Ist f differenzierbar auf (a, b), und hat f ein Extremum an $x_0 \in (a, b)$, so gilt notwendig $f'(x_0) = 0$. Dieses Kriterium ist jedoch nicht hinreichend, wie das Beispiel der Funktion f mit $f(x) = x^3$ an der Stelle $x_0 = 0$ zeigt. Es gilt: $f'(0) = 0$, aber f hat an $x_0 = 0$ kein Extremum.

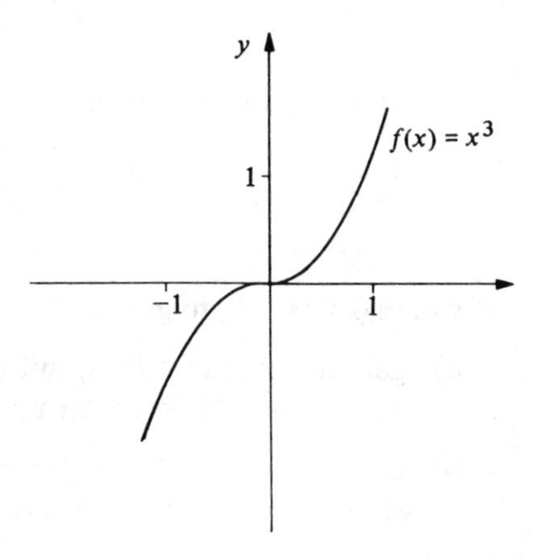

Abb. 5.14.1

Durch Anwendung der TAYLORschen Formel können wir nun folgendes hinreichende Kriterium beweisen.

Satz 5.14.1: Für ein $n \geqslant 2$ sei f mindestens n-mal differenzierbar auf (a, b). Es sei $x_0 \in (a, b)$ und

$$f'(x_0) = \cdots = f^{(n-1)}(x_0) = 0, \quad f^{(n)}(x_0) \neq 0.$$

(1) Ist n eine gerade Zahl, so hat f an x_0 ein Extremum, und zwar ein lokales

Minimum, falls $f^{(n)}(x_0) > 0$,

Maximum, falls $f^{(n)}(x_0) < 0$.

(2) Ist n eine ungerade Zahl, so hat f an x_0 kein Extremum.

Beweis:

1. Es sei $f^{(n)}(x_0) = \lim\limits_{x \to x_0} \dfrac{f^{(n-1)}(x) - f^{(n-1)}(x_0)}{x - x_0} < 0$. Wegen der Stetigkeit von $f^{(n-1)}$ und $f^{(n-1)}(x_0) = 0$ gibt es ein $\delta > 0$ mit $\dfrac{f^{(n-1)}(x)}{x - x_0} < 0$ auf $(x_0 - \delta, x_0) \cup (x_0, x_0 + \delta)$, d.h. mit

$$f^{(n-1)}(x) < 0 \quad \text{auf } (x_0, x_0 + \delta),$$
$$f^{(n-1)}(x) > 0 \quad \text{auf } (x_0 - \delta, x_0).$$

Aus der TAYLORschen Formel

$$f(x) = f(x_0) + \frac{f^{(n-1)}(x_0 + \Theta(x - x_0))}{(n-1)!}(x - x_0)^{n-1},$$

wobei $0 < \Theta < 1$, folgt für

a) gerades n: $f(x) < f(x_0)$ auf $(x_0 - \delta, x_0) \cup (x_0, x_0 + \delta)$, d.h., f hat ein lokales Maximum an x_0;

b) ungerades n: $f(x) < f(x_0)$ auf $(x_0, x_0 + \delta)$ und außerdem $f(x) > f(x_0)$ auf $(x_0 - \delta, x_0)$, d.h., f hat an x_0 kein Extremum.

2. Ist $f^{(n)}(x_0) > 0$, so verläuft der Beweis analog.

Bemerkung 1: Ist f an der Stelle x_0 beliebig oft differenzierbar, und gilt $f^{(n)}(x_0) = 0$ für alle $n \in \mathbb{N}$, so können wir über das Vorliegen eines Extremums an x_0 keine Aussage machen.

Bemerkung 2: Sollen in einem abgeschlossenen Intervall $[a, b]$ alle Extrema einer differenzierbaren Funktion f bestimmt werden, so sind außer den Stellen, an denen $f'(x) = 0$ ist, auch noch die Intervallenden zu untersuchen.

Beispiel 1: Wir betrachten auf $(-3, 3)$ die Funktion $f(x) = \frac{1}{3} x^2 (x-3)$. Es gilt:

$$f'(x) = \frac{2}{3} x (x-3) + \frac{1}{3} x^2 = x(x-2).$$

Als Extremstellen kommen also $x_0 = 0$ und $x_1 = 2$ in Frage. Aus $f''(x) = 2x - 2$ folgt:

$$f''(x_0) = -2 < 0, \quad f''(x_1) = 2 > 0.$$

Also hat f an der Stelle x_0 ein lokales Maximum und an der Stelle x_1 ein lokales Minimum.

Beispiel 2: Wir betrachten auf $(0, 4)$ die Funktion $f(x) = (x-1)^5 + {} + 2(x-1)^4$. Es gilt:

$$f'(x) = 5(x-1)^4 + 8(x-1)^3 = (x-1)^3 (5x+3).$$

Als Extremstelle in $(0, 4)$ kommt also nur $x_0 = 1$ in Frage. Ferner gilt:

$$\begin{aligned} f''(x) &= 20(x-1)^3 + 24(x-1)^2, & f''(1) &= 0; \\ f'''(x) &= 60(x-1)^2 + 48(x-1), & f'''(1) &= 0; \\ f''''(x) &= 120(x-1) + 48, & f''''(1) &= 48 > 0. \end{aligned}$$

Aus Satz 5.14.1 folgt, daß an $x_0 = 1$ ein lokales Minimum vorliegt.

Beispiel 3: Wir betrachten auf $\mathbb{R}$:

$$f(x) = \begin{cases} e^{-\frac{1}{x^2}} & \text{falls } x \neq 0 \\ 0 & \text{falls } x = 0 \end{cases}.$$

Es gilt $f'(0) = 0$ und für $x \neq 0$ ist $f'(x) = \frac{2}{x^3} \cdot e^{-\frac{1}{x^2}} \neq 0$. Als Extremstelle kommt also nur $x_0 = 0$ in Frage. Es gilt jedoch für alle n: $f^{(n)}(0) = 0$, so daß eine Entscheidung über das Vorliegen eines Extremums an $x_0 = 0$ mit Hilfe von Satz 5.14.1 nicht möglich ist. Aus $0 < e^{-\frac{1}{x^2}}$ für alle $x \neq 0$ folgt aber sofort, daß f an $x_0 = 0$ ein absolutes Minimum hat.

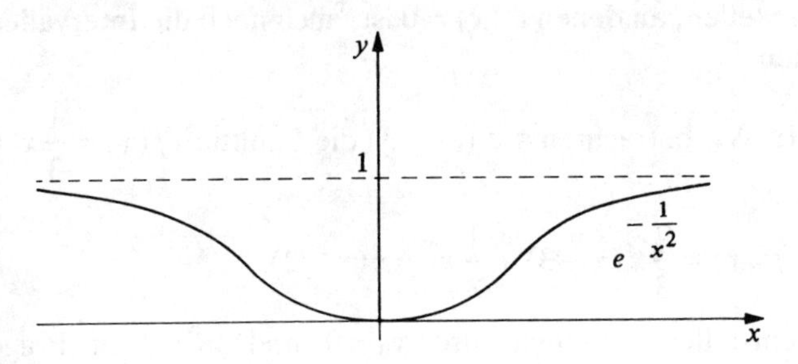

Abb. 5.14.2

Übungsaufgaben:

1. Man bestimme auf $\mathbb{R}$ alle Extrema der Funktion $f(x) = x^4 - 3x^2$.
2. Man bestimme auf $\mathbb{R}$ alle Extrema der Funktion

$$f(x) = \begin{cases} \frac{x^2-4}{x+1} & \text{falls } x \neq -1 \\ 0 & \text{falls } x = -1 \end{cases}.$$

3. Man bestimme auf $(0, \infty)$ alle Extrema der Funktion $f(x) = x^x$.
4. Es seien α_ν, β_ν $(\nu = 1, \ldots, n)$ reelle Konstanten mit $\sum_{\nu=1}^{n} \beta_\nu \neq 0$. Man untersuche auf $\mathbb{R}$ die Extrema von $f(x) = \sum_{\nu=1}^{n} \beta_\nu (x - \alpha_\nu)^2$.
5. Man beweise, daß die Funktion $f(x) = \frac{ax+b}{cx+d}$ genau dann ein Extremum hat, wenn f eine Konstante ist.
6. Man prüfe, ob die Funktion
$f(x) = \int_0^x (1+4t) \cdot e^{t^2}\, dt + x \cdot e^{x^2}$
Extremstellen besitzt und bestimme gegebenenfalls diese Stellen.

5.15 Bogenlänge ebener Kurven

Wir betrachten auf $[a, b]$ eine beschränkte Funktion f, die von ihr erzeugte Kurve

$$C_f = \{(x, y): \ y = f(x), x \in [a, b]\}$$

und fragen, ob wir für diese Kurve eine Länge $L(C_f)$ definieren können.

Bei der Definition des Flächeninhaltes der Punktmenge unter einer Kurve gingen wir von dem elementaren Inhalt eines Rechtecks aus. Analog werden wir jetzt eine elementare Länge zugrunde legen müssen. Dies wird jetzt die Länge einer Strecke sein. Ist $f(x) = \alpha x + \beta$, so definieren wir die Länge

$$L(C_f) = \sqrt{(b-a)^2 + (f(b) - f(a))^2}.$$

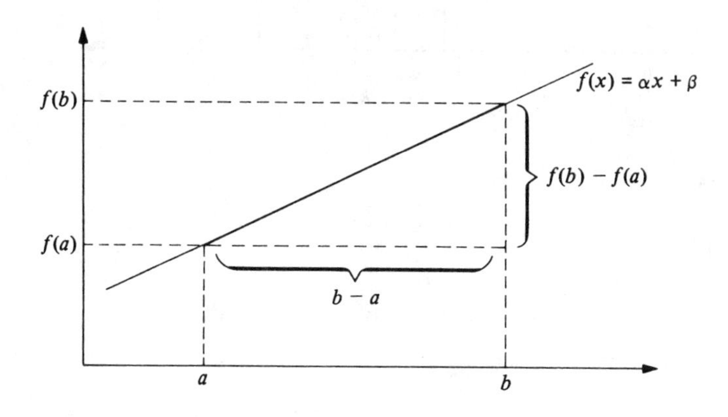

Abb. 5.15.1

Ist nun eine beliebige Funktion f auf $[a, b]$ gegeben, so betrachten wir eine Partition $P = \{x_0, \ldots, x_n\}$ von $[a, b]$ und den durch die Punkte $P_k = (x_k, f(x_k))$ erzeugten Polygonzug (Abb. 5.15.2).
Für die Länge der durch P_{k-1} und P_k definierten Sehne erhalten wir:

$$\sqrt{(x_k - x_{k-1})^2 + \{f(x_k) - f(x_{k-1})\}^2}.$$

Hieraus ergibt sich für die Länge des Polygonzuges:

$$L_P(C_f) = \sum_{k=1}^{n} \sqrt{(x_k - x_{k-1})^2 + \{f(x_k) - f(x_{k-1})\}^2}.$$

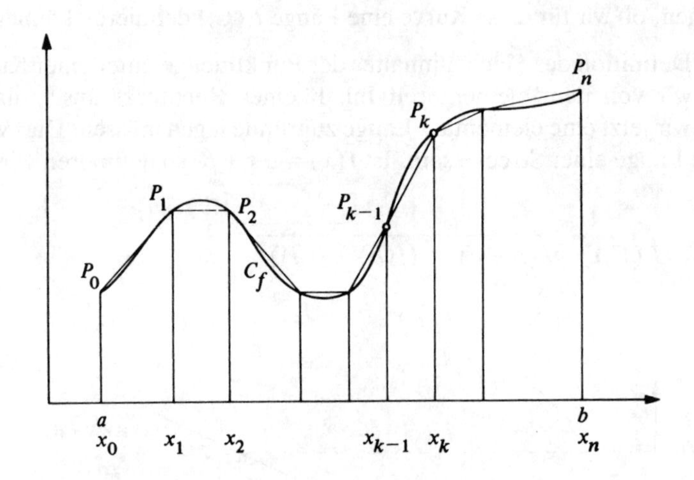

Abb.5.15.2

Es folgt:

Satz 5.15.1: Ist P' eine Verfeinerung von P, so gilt:

$$L_{P'}(C_f) \geqslant L_P(C_f).$$

Dieses Ergebnis gibt Anlaß zur

Definition 5.15.1: Die Kurve C_f heißt rektifizierbar, wenn $\sup\limits_P L_P(C_f) < \infty$.

Ist C_f rektifizierbar, so heißt $L(C_f) = \sup\limits_P L_P(C_f)$ die Bogenlänge von C_f.

Auf die allgemeine Theorie der Rektifizierbarkeit werden wir später eingehen. Jetzt zeigen wir nur in einem wichtigen Spezialfall die Rektifizierbarkeit einer Kurve und zugleich eine explizite Formel zur Berechnung der Bogenlänge.

Satz 5.15.2: Ist f stetig differenzierbar auf $[a, b]$, so ist C_f rektifizierbar, und es gilt:

$$L(C_f) = \int_a^b \sqrt{1 + \{f'(x)\}^2}\, dx.$$

Beweis: Ist P eine Partition von $[a, b]$, so gilt:

$$L_P(C_f) = \sum_{k=1}^{n} \sqrt{(x_k - x_{k-1})^2 + \{f(x_k) - f(x_{k-1})\}^2} =$$

$$= \sum_{k=1}^{n} \sqrt{1 + \left\{\frac{f(x_k) - f(x_{k-1})}{x_k - x_{k-1}}\right\}^2} \cdot (x_k - x_{k-1}).$$

Nach dem 1. Mittelwertsatz der Differentialrechnung gibt es eine Stelle $\xi_k \in (x_{k-1}, x_k)$ mit:

$$\frac{f(x_k) - f(x_{k-1})}{x_k - x_{k-1}} = f'(\xi_k).$$

Bezeichnen wir wie üblich $\Delta x_k = x_k - x_{k-1}$, so gilt also:

$$L_P(C_f) = \sum_{k=1}^{n} \sqrt{1 + \{f'(\xi_k)\}^2} \cdot \Delta x_k.$$

Dieser Ausdruck ist jedoch eine RIEMANNsche Summe der stetigen Funktion:

$$\varphi(x) = \sqrt{1 + \{f'(x)\}^2}$$

zur Partition P. Es gilt also $L_P(C_f) = S_P(\varphi, \xi)$. Aus Satz 5.15.1 folgt:

$$\sup_P L_P(C_f) = \lim_{\|P\| \to 0} S_P(\varphi, \xi) = \int_a^b \sqrt{1 + \{f'(x)\}^2}\, dx.$$

Also ist C_f rektifizierbar, und es gilt:

$$L(C_f) = \int_a^b \sqrt{1 + \{f'(x)\}^2}\, dx.$$

Beispiel 1: Die Kurve C_f sei auf $[a, b]$ gegeben durch $f(x) = \cosh x$. Es gilt:

$$L(C_f) = \int_a^b \sqrt{1 + \sinh^2 x}\, dx = \int_a^b \cosh x\, dx = \sinh b - \sinh a.$$

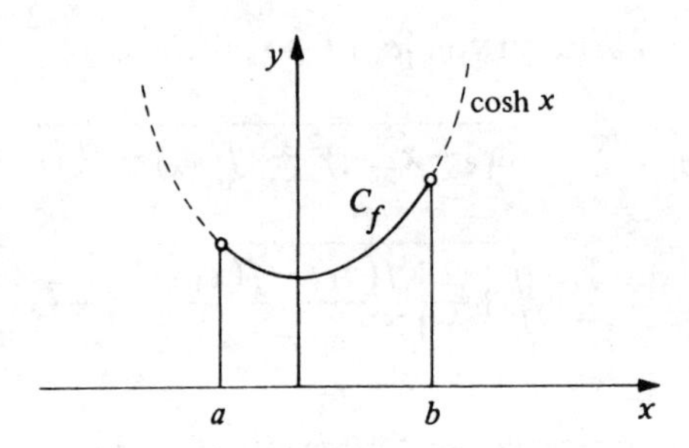

Abb.5.15.3

Beispiel 2: Die Kurve C_f sei auf $[0, A]$ gegeben durch $f(x) = \dfrac{x^2}{2}$. Also ist:

$$L(C_f) = \int_0^A \sqrt{1 + x^2}\, dx.$$

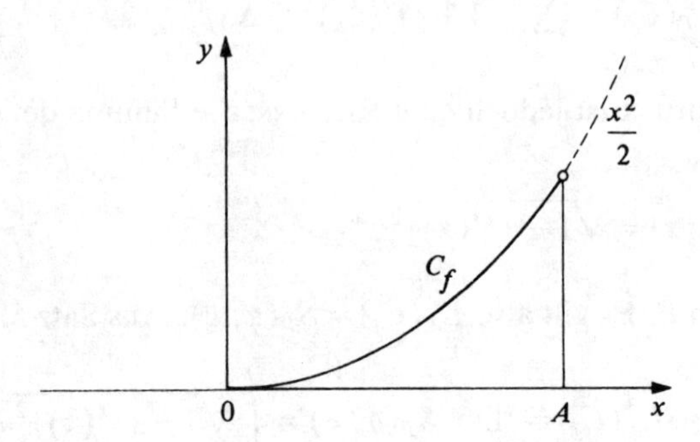

Abb. 5.15.4

Durch partielle Integration erhalten wir:

$$\int \sqrt{1 + x^2}\, dx = x \cdot \sqrt{1 + x^2} - \int x \cdot \frac{2x}{2\sqrt{1 + x^2}}\, dx =$$

$$= x \cdot \sqrt{1+x^2} - \int \frac{1+x^2}{\sqrt{1+x^2}}\, dx + \int \frac{dx}{\sqrt{1+x^2}} =$$

$$= x \cdot \sqrt{1+x^2} - \int \sqrt{1+x^2}\, dx + \int \frac{dx}{\sqrt{1+x^2}}.$$

Es folgt:

$$2 \cdot \int \sqrt{1+x^2}\, dx = x \cdot \sqrt{1+x^2} + \int \frac{dx}{\sqrt{1+x^2}}.$$

Substituieren wir $y = x + \sqrt{1+x^2}$, so gilt:

$$1 + x^2 = y^2 - 2xy + x^2,$$

$$x = \frac{1}{2}\left(y - \frac{1}{y}\right), \quad \frac{1}{\sqrt{1+x^2}} = \frac{2y}{1+y^2},$$

$$\frac{dx}{dy} = \frac{1}{2} \cdot \frac{1+y^2}{y^2}.$$

Daher gilt:

$$\int \frac{dx}{\sqrt{1+x^2}} = \int \frac{2y}{1+y^2} \cdot \frac{1}{2} \cdot \frac{y^2+1}{y^2}\, dy = \int \frac{dy}{y} = \ln y + C_1 =$$

$$= \ln\left(x + \sqrt{1+x^2}\right) + C_1 \quad (C_1 \in \mathbb{R}).$$

Also erhalten wir:

$$\int \sqrt{1+x^2}\, dx = \frac{1}{2} \cdot \left[x \cdot \sqrt{1+x^2} + \ln\left(x + \sqrt{1+x^2}\right)\right] + C_2 \quad (C_2 \in \mathbb{R})$$

und daraus:

$$L(C_f) = \int_0^A \sqrt{1+x^2}\, dx = \frac{1}{2}\left[x \cdot \sqrt{1+x^2} + \ln\left(x + \sqrt{1+x^2}\right)\right]\Bigg|_0^A =$$

$$= \frac{1}{2}\left[A \cdot \sqrt{1+A^2} + \ln\left(A + \sqrt{1+A^2}\right)\right].$$

Beispiel 3: Die Kurve C_f sei auf $[-1, 1]$ gegeben durch $f(x) = \sqrt{1-x^2}$; C_f ist also der obere Halbkreisbogen vom Radius 1.

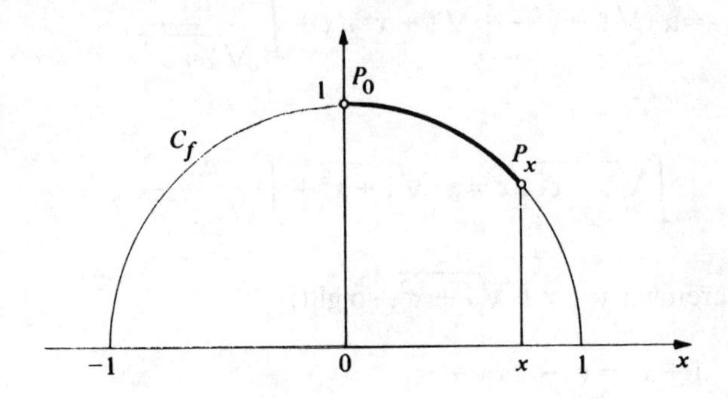

Abb. 5.15.5

Ist $x \in [0, 1)$ und $P_0 = (0, 1)$, $P_x = (x, \sqrt{1-x^2})$, so ergibt sich nach Satz 5.15.2 für die Länge $l(\widehat{P_0P_x})$ des Bogens $\widehat{P_0P_x}$:

$$l(\widehat{P_0P_x}) = \int_0^x \sqrt{1 + \frac{\xi^2}{1-\xi^2}}\, d\xi = \int_0^x \frac{d\xi}{\sqrt{1-\xi^2}}.$$

5.16 Uneigentliche Integrale

Bisher ist $\int_a^b f(x)\,dx$ nur für den Fall definiert, daß das Integrationsintervall $[a, b]$ endlich und die Funktion f auf $[a, b]$ beschränkt ist. Im folgenden wollen wir den Integralbegriff so erweitern, daß dem Symbol $\int_a^b f(x)\,dx$ auch für unendliche Integrationsintervalle oder unbeschränkte Funktionen eine Bedeutung zukommt.

Definition 5.16.1:

(1) Es sei $-\infty < a < b \leqslant +\infty$. Eine Funktion f heißt uneigentlich integrierbar auf $[a, b)$, wenn f auf jedem Intervall $[a, B] \subset [a, b)$ R-integrierbar ist und

$$\lim_{B \to b-} \int_a^B f(x)\,dx = \int_a^{b-} f(x)\,dx$$

existiert.

(2) Es sei $-\infty \leqslant a < b < +\infty$. Eine Funktion f heißt uneigentlich integrierbar auf $(a, b]$, wenn f auf jedem Intervall $[A, b] \subset (a, b]$ R-integrierbar ist und

$$\lim_{A \to a+} \int_A^b f(x)\,dx = \int_{a+}^b f(x)\,dx$$

existiert.

(3) Es sei $-\infty \leqslant a < b \leqslant +\infty$. Eine Funktion f heißt uneigentlich integrierbar auf (a, b), wenn sie für ein $c \in (a, b)$ auf $(a, c]$ und $[c, b)$ uneigentlich integrierbar ist. Wir setzen dann:

$$\int_{a+}^{b-} f(x)\,dx = \int_{a+}^{c} f(x)\,dx + \int_{c}^{b-} f(x)\,dx.$$

Im Falle der Existenz eines uneigentlichen Integrals spricht man auch von der "Konvergenz" dieses Integrals.

Bemerkung 1: Der Wert eines uneigentlichen Integrals $\int_{a+}^{b-} f(x)\,dx$ ist offenbar unabhängig von der Wahl von $c \in (a, b)$.

Bemerkung 2: Ist f auf $[a, b]$ R-integrierbar, so ist f nach Satz 5.7.4 uneigentlich integrierbar auf (a, b), und es gilt:

$$\int_a^b f(x)\,dx = \int_{a+}^{b-} f(x)\,dx.$$

Beispiel 1: Wir wollen untersuchen, für welche reellen α das Integral $\int\limits_{0+}^{1} \frac{dx}{x^\alpha}$ existiert. Es gilt für $0 < A < 1$:

$$\int\limits_{A}^{1} \frac{dx}{x^\alpha} = \begin{cases} -\ln A & \text{falls } \alpha = 1 \\ \frac{1}{1-\alpha} \cdot (1 - A^{1-\alpha}) & \text{falls } \alpha \neq 1 \end{cases}.$$

Hieraus folgt, daß $\lim\limits_{A \to 0+} \int\limits_{A}^{1} \frac{dx}{x^\alpha}$ genau dann existiert, wenn $\alpha < 1$ ist. In diesem Fall erhält man:

$$\int\limits_{0+}^{1} \frac{dx}{x^\alpha} = \frac{1}{1-\alpha}.$$

Beispiel 2: Wir wollen untersuchen, für welche reellen α das uneigentliche Integral $\int\limits_{1}^{\infty-} \frac{dx}{x^\alpha}$ existiert. Es gilt für $B > 1$:

$$\int\limits_{1}^{B} \frac{dx}{x^\alpha} = \begin{cases} \ln B & \text{falls } \alpha = 1 \\ \frac{1}{1-\alpha} \cdot (B^{1-\alpha} - 1) & \text{falls } \alpha \neq 1. \end{cases}$$

Hieraus folgt, daß $\lim\limits_{B \to \infty} \int\limits_{1}^{B} \frac{dx}{x^\alpha}$ genau dann existiert, wenn $\alpha > 1$ ist. In diesem Fall erhält man:

$$\int\limits_{1}^{\infty-} \frac{dx}{x^\alpha} = \frac{1}{\alpha - 1}.$$

Beispiel 3: Das Integral $\int\limits_{0}^{1-} \frac{dx}{\sqrt{1-x}}$ existiert, denn es gilt für $0 < B < 1$:

$$\int_0^B \frac{dx}{\sqrt{1-x}} = -2\sqrt{1-x}\,\Big|_0^B = 2 - 2\cdot\sqrt{1-B}.$$

Daher ergibt sich:

$$\int_0^{1-} \frac{dx}{\sqrt{1-x}} = \lim_{B\to 1-} \int_0^B \frac{dx}{\sqrt{1-x}} = 2.$$

5.17 Konvergenzkriterien für uneigentliche Integrale

In diesem Paragraphen wollen wir einige Sätze zusammenstellen, mit denen wir die Konvergenz eines uneigentlichen Integrals entscheiden können. Es genügt, Kriterien für die Konvergenz uneigentlicher Integrale vom Typ $\int_a^{b-} f(x)\,dx$ zu beweisen. Analoge Ergebnisse gelten natürlich auch für Integrale vom Typ $\int_{a+}^{b} f(x)\,dx$.

Satz 5.17.1 (Vergleichskriterium): Die Funktionen f und g seien R-integrierbar auf jedem Intervall $[a, B] \subset [a, b)$, und es gelte: $0 \leqslant f(x) \leqslant g(x)$ auf $[a, b)$.

Konvergiert $\int_a^{b-} g(x)\,dx$, so konvergiert auch $\int_a^{b-} f(x)\,dx$, und es gilt:

$$\int_a^{b-} f(x)\,dx \leqslant \int_a^{b-} g(x)\,dx.$$

Beweis: Wir betrachten für $a < B < b$ die Funktionen:

$$F(B) = \int_a^B f(x)\,dx, \qquad G(B) = \int_a^B g(x)\,dx.$$

Offensichtlich sind $F(B)$ und $G(B)$ monoton wachsend, und es gilt:

$$0 \leqslant F(B) \leqslant G(B) \leqslant \lim_{B \to b-} G(B) = \int_a^{b-} g(x)\,dx.$$

Da $F(B)$ monoton wachsend und beschränkt ist, existiert $\lim\limits_{B \to b-} F(B)$, und wir erhalten:

$$\int_a^{b-} f(x)\,dx = \lim_{B \to b-} F(B) \leqslant \lim_{B \to b-} G(B) = \int_a^{b-} g(x)\,dx.$$

Beispiel 1: Wir betrachten für ein reelles σ die Funktion: $f(x) = e^{-x} \cdot x^{\sigma}$.

Wählen wir $g(x) = \dfrac{1}{x^2}$, so folgt:

$$\lim_{x \to \infty} \frac{f(x)}{g(x)} = \lim_{x \to \infty} x^{2+\sigma} \cdot e^{-x} = 0.$$

Daher gibt es eine Konstante M derart, daß für alle $x \geqslant 1$ gilt:

$$e^{-x} \cdot x^{\sigma} \leqslant M \cdot \frac{1}{x^2}.$$

Aus der Konvergenz von $\displaystyle\int_1^{\infty-} \frac{dx}{x^2}$ folgt dann die Konvergenz des Integrals $\displaystyle\int_1^{\infty-} e^{-x} \cdot x^{\sigma}\,dx$ für jedes σ.

Beispiel 2: Wir betrachten die in 5.15, Beispiel 3, eingeführte Bogenlänge des oberen Halbkreises vom Radius 1:

$$l(\widehat{P_0 P_x}) = \int_0^x \frac{d\xi}{\sqrt{1-\xi^2}}, \quad x \in [0, 1).$$

Für $x \to 1-$ konvergiert das uneigentliche Integral, denn auf $[0, 1)$ gilt $\dfrac{1}{\sqrt{1-\xi^2}} \leqslant \dfrac{1}{\sqrt{1-\xi}}$ und $\displaystyle\int_0^{1-} \frac{d\xi}{\sqrt{1-\xi}}$ konvergiert (5.16, Beispiel 3). Das uneigentliche Integral $\int\limits_0^{1-} \frac{d\xi}{\sqrt{1-\xi^2}}$ stellt also die Länge des oberen rechten Viertelkreises dar.

Ist $-1 < x < 0$, so ergibt sich mit der Substitution $\xi = -\tau$:

$$\int\limits_x^0 \frac{d\xi}{\sqrt{1-\xi^2}} = \int\limits_0^{-x} \frac{d\tau}{\sqrt{1-\tau^2}},$$

so daß das Integral $\int\limits_{-1+}^0 \frac{d\xi}{\sqrt{1-\xi^2}}$ ebenfalls konvergiert und daher auch $\int\limits_{-1+}^{+1-} \frac{d\xi}{\sqrt{1-\xi^2}}$ existiert. Dieser Wert stellt dann die Länge eines Halbkreises vom Radius 1 dar.

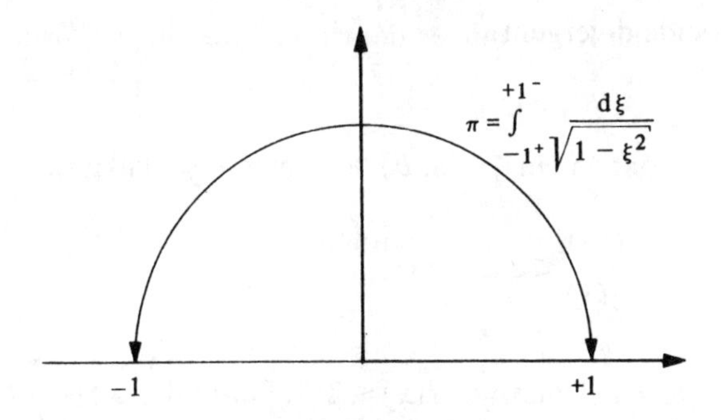

Abb. 5.17.1

Die durch das zuletzt betrachtete Integral definierte reelle Zahl ist zusammen mit *e* eine der wichtigsten Zahlen der Analysis. Wir geben daher folgende

Definition 5.17.1: Wir setzen

$$\int\limits_{-1+}^{+1-} \frac{dx}{\sqrt{1-x^2}} = \pi.$$

Die besondere Bedeutung der Zahl π werden wir im nächsten Kapitel verstehen, wenn wir die trigonometrischen Funktionen studieren. Es gilt:

$$\pi = 3,141\,592\,653\,589\,793\,238\,462\,643\,383\,279\,50\ldots\ .$$

Als eine unmittelbare Folgerung aus dem Vergleichskriterium erhält man noch folgenden

Satz 5.17.2: Die Funktionen f und g seien R-integrierbar auf jedem Intervall $[a, B] \subset [a, b)$, und es gelte $f(x) \geqslant 0$ und $g(x) \geqslant 0$ auf $[a, b)$. Existiert

$$\lim_{x \to b-} \frac{f(x)}{g(x)} = L, \quad 0 < L < \infty,$$

so sind $\int\limits_a^{b-} f(x)\,dx$ und $\int\limits_a^{b-} g(x)\,dx$ beide konvergent oder beide divergent.

Beweis: Wir können ein $\xi \in (a, b)$ bestimmen, so daß gilt:

$$\frac{1}{2} L \leqslant \frac{f(x)}{g(x)} \leqslant 2L$$

für alle $x \in (\xi, b)$. Dann gilt $f(x) \leqslant 2L\,g(x)$ und $g(x) \leqslant \frac{2}{L} f(x)$ für alle $x \in (\xi, b)$. Konvergiert $\int\limits_\xi^{b-} g(x)\,dx$, so konvergiert daher nach dem Vergleichskriterium $\int\limits_\xi^{b-} f(x)\,dx$ und umgekehrt. Aus der R-Integrierbarkeit beider Funktionen in $[a, \xi]$ ergibt sich unsere Behauptung.

Bisher haben wir nur Konvergenzkriterien für nichtnegative Funktionen bewiesen. Mit Hilfe des nächsten Satzes ist es möglich, auch beliebige Funktionen zu untersuchen.

Satz 5.17.3: Die Funktion f sei R-integrierbar auf jedem Teilintervall $[a, B] \subset [a, b)$.

Konvergiert $\int_a^{b-} |f(x)|\, dx$, so konvergiert auch $\int_a^{b-} f(x)\, dx$.

Beweis: Wir betrachten die Funktion $\varphi(x) = f(x) + |f(x)|$; φ ist R-integrierbar auf $[a, B] \subset [a, b)$, und aus $0 \leqslant \varphi(x) \leqslant 2\,|f(x)|$ folgt mit dem Vergleichskriterium die Konvergenz von $\int_a^{b-} \varphi(x)\, dx$. Wegen

$$\int_a^B f(x)\, dx = \int_a^B \varphi(x)\, dx - \int_a^B |f(x)|\, dx$$

ergibt sich die Konvergenz von $\int_a^{b-} f(x)\, dx$.

Bemerkung: Ist f R-integrierbar auf $[a, b]$, so ist bekanntlich $|f|$ ebenfalls R-integrierbar auf $[a, b]$. Der entsprechende Satz gilt nicht mehr bei uneigentlichen Integralen. Dazu betrachten wir folgendes

Beispiel 3: Die Funktion f sei auf $[0, \infty)$ definiert durch:

$$f(x) = (-1)^{n+1} \cdot \frac{1}{n} \quad \text{falls } x \in [n-1, n), \quad n \in \mathbb{N}.$$

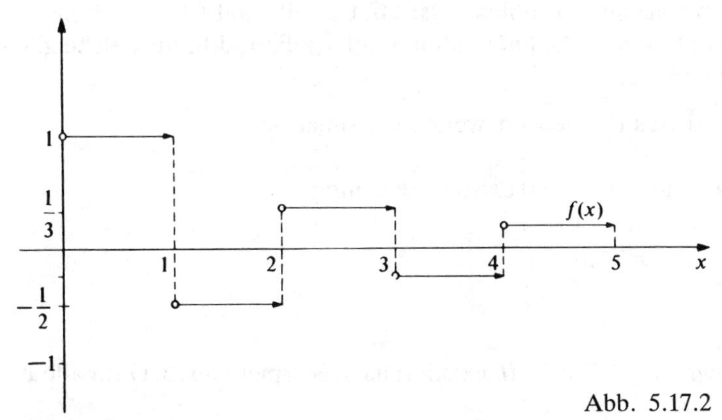

Abb. 5.17.2

Es gilt für ein $B > 1$:

$$\int_0^B f(x)\,dx = \int_0^{[B]} f(x)\,dx + \int_{[B]}^B f(x)\,dx =$$

$$= \sum_{\nu=1}^{[B]} (-1)^{\nu+1} \cdot \frac{1}{\nu} + (-1)^{[B+2]} \cdot \frac{B-[B]}{[B+1]}.$$

Aus $\lim\limits_{B \to \infty} \dfrac{B-[B]}{[B+1]} = 0$ folgt daher:

$$\int_0^{\infty-} f(x)\,dx = \sum_{\nu=1}^{\infty} (-1)^{\nu+1} \cdot \frac{1}{\nu} = \ln 2.$$

Jedoch gilt für jede natürliche Zahl n:

$$\int_0^n |f(x)|\,dx = \sum_{\nu=1}^{n} \frac{1}{\nu},$$

so daß $\int\limits_0^{\infty-} |f(x)|\,dx$ nicht konvergiert.

5.18 Die Gammafunktion

Als eine der wichtigsten Anwendungen der Theorie der uneigentlichen Integrale behandeln wir nun die EULERsche Gammafunktion. Dazu gehen wir von dem folgenden Problem aus: Gibt es eine auf $(0, \infty)$ definierte Funktion $F(x)$, welche die Fakultäten $n!$ interpoliert, d.h. für welche gilt: $F(n) = n!$ $(n = 1, 2, \ldots)$?

Zur Lösung dieses Problems beweisen wir zunächst:

Satz 5.18.1: Für jedes $x > 0$ existiert das Integral

$$\int_{0+}^{\infty-} e^{-t} t^{x-1}\,dt.$$

Beweis:

1. Das Integral $\int\limits_1^{\infty-} e^{-t} t^{x-1}\,dt$ existiert nach Beispiel 1 aus 5.17 für alle x.

2. Wählen wir zu $x>0$ ein $\alpha<1$ mit $x+\alpha-1>0$, so ist:

$$\lim_{t\to 0} e^{-t}t^{x+\alpha-1}=0.$$

Hieraus folgt: Mit einer Konstanten M gilt: $0\leqslant e^{-t}t^{x+\alpha-1}\leqslant M$ für alle $t\in(0,1)$.

Dort gilt dann: $0\leqslant e^{-t}t^{x-1}\leqslant M\cdot\frac{1}{t^\alpha}$. Aus der Existenz von $\int\limits_{0+}^{1}\frac{dt}{t^\alpha}$ folgt dann die Existenz von $\int\limits_{0+}^{1} e^{-t}t^{x-1}\,dt$.

Dieser Satz erlaubt:

Definition 5.18.1: Die Funktion Γ mit $D(\Gamma)=(0,\infty)$ und

$$\Gamma(x)=\int\limits_{0+}^{\infty-} e^{-t}t^{x-1}\,dt$$

heißt EULERsche Gammafunktion.

Wir beweisen nun die charakteristische Funktionalgleichung der Gammafunktion.

Satz 5.18.2: Für alle $x>0$ gilt:

$$\Gamma(x+1)=x\cdot\Gamma(x).$$

Beweis: Es sei $0<A<1<B<\infty$. Wir erhalten durch partielle Integration:

1. $$\int_1^B e^{-t}t^x\,dt=\frac{1}{e}-\frac{B^x}{e^B}+x\cdot\int_1^B e^{-t}t^{x-1}\,dt,$$

also gilt:

$$\lim_{B\to\infty}\int_1^B e^{-t}t^x\,dt=\frac{1}{e}+x\cdot\int\limits_{1}^{\infty-} e^{-t}t^{x-1}\,dt;$$

2. $$\int_A^1 e^{-t} t^x \, dt = \frac{A^x}{e^A} - \frac{1}{e} + x \cdot \int_A^1 e^{-t} t^{x-1} \, dt,$$

also gilt:

$$\lim_{A \to 0} \int_A^1 e^{-t} t^x \, dt = -\frac{1}{e} + x \cdot \int_0^1 e^{-t} t^{x-1} \, dt.$$

Insgesamt ergibt sich somit:

$$\Gamma(x+1) = \int_{0+}^{\infty -} e^{-t} t^x \, dt = x \cdot \int_{0+}^{\infty -} e^{-t} t^{x-1} \, dt = x \cdot \Gamma(x).$$

Wählen wir nun $F(x) = \Gamma(x+1)$, so hat die Funktion F tatsächlich die Eigenschaft, daß sie an den natürlichen Zahlen n den Wert $n!$ annimmt. Dies folgt unmittelbar aus

Satz 5.18.3: Für $n = 0, 1, 2, \ldots$ gilt:

$$\Gamma(n+1) = n!.$$

Beweis:

1. Ist $n = 0$, so erhalten wir:

$$\Gamma(1) = \int_{0+}^{\infty -} e^{-t} \, dt = \lim_{B \to \infty} \int_0^B e^{-t} \, dt = \lim_{B \to \infty} \{-e^{-B} + 1\} = 1 = 0!.$$

2. Für ein $n \geqslant 0$ gelte $\Gamma(n+1) = n!$. Aus der Funktionalgleichung folgt dann:

$$\Gamma(n+2) = (n+1) \cdot \Gamma(n+1) = (n+1) \cdot n! = (n+1)!.$$

Damit ist unser Satz bewiesen.

Ferner folgt aus der Funktionalgleichung:

$$\Gamma(x+n) = x \cdot (x+1) \cdot \cdots \cdot (x+n-1) \cdot \Gamma(x)$$

für alle $x > 0$. Diese Beziehung kann man zur Definition von $\Gamma(x)$ für $x < 0$ benutzen:

Definition 5.18.2: Für $x<0$, $x \notin \mathbb{Z}$, ermittle man das eindeutig bestimmte $n \in \mathbb{N}$, mit $0<x+n<1$ und setze:

$$\Gamma(x)=\frac{\Gamma(x+n)}{x(x+1)\cdot \cdots \cdot(x+n-1)}.$$

Damit ist nun $D(\Gamma)=\{x\colon\ x \in \mathbb{R},\ x \neq 0, -1, -2, \ldots\}$.
Für das Schaubild der Gammafunktion erhält man:

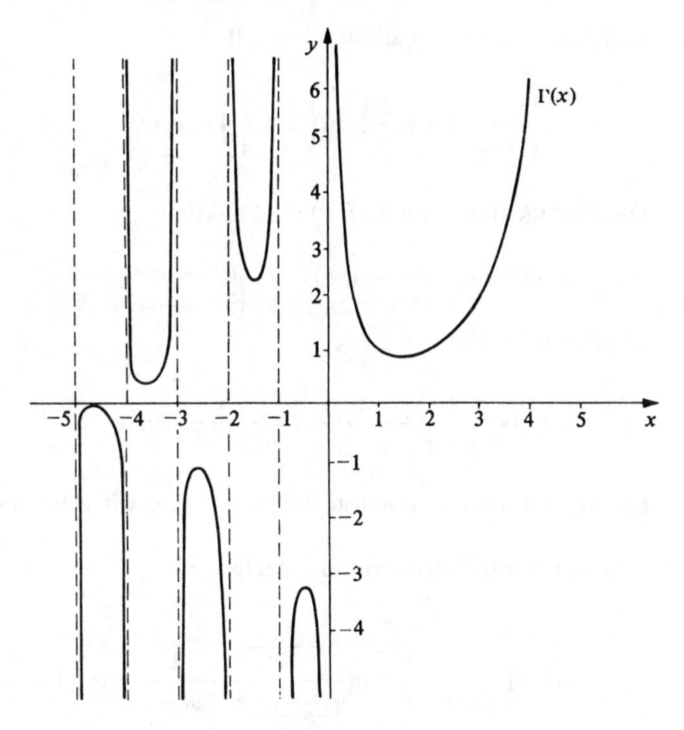

Abb. 5.18.2

In der Praxis ist man oft gezwungen, für große Werte von n die Zahl $n!$ zu berechnen. Da dies zu unhandlichen, großen Zahlen führt, muß man eine Abschätzung für $n!$ benutzen. Eine solche folgt unmittelbar aus

Satz 5.18.4: Die Folge $\{x_n\}$ mit $x_n=\dfrac{n!\,e^n}{n^n\cdot\sqrt{n}}$ ist konvergent. Ferner gilt:

$$0<x_n\leqslant e \quad \text{für alle } n.$$

Beweis:

1. $\{x_n\}$ ist nach unten beschränkt, da $x_n > 0$ ist für alle n.
2. Wir zeigen, daß $\{x_n\}$ streng monoton fallend ist. Wegen

$$\frac{x_n}{x_{n+1}} = \frac{n! \cdot e^n \cdot (n+1)^{n+1} \cdot \sqrt{n+1}}{n^n \cdot \sqrt{n} \cdot (n+1)! \cdot e^{n+1}} = \frac{1}{e}\left(1+\frac{1}{n}\right)^n \cdot \sqrt{1+\frac{1}{n}},$$

genügt es zu zeigen, daß für alle n gilt:

$$\ln\frac{x_n}{x_{n+1}} = \left(n+\frac{1}{2}\right) \cdot \ln\left(1+\frac{1}{n}\right) - 1 > 0. \tag{1}$$

Dazu betrachten wir auf $[0, 1)$ die Funktion:

$$f(x) = \ln(1+x) - \ln(1-x) - 2x.$$

Es gilt auf $(0, 1)$:

$$f'(x) = \frac{1}{1+x} + \frac{1}{1-x} - 2 = \frac{2x^2}{1-x^2} > 0.$$

Damit ist f streng monoton wachsend, und wir erhalten auf $(0, 1)$: $f(x) > f(0) = 0$. Setzen wir nun speziell $x = \dfrac{1}{2n+1}$, so erhalten wir:

$$0 < f\left(\frac{1}{2n+1}\right) = \ln\frac{1+\frac{1}{2n+1}}{1-\frac{1}{2n+1}} - \frac{2}{2n+1} = \ln\left(1+\frac{1}{n}\right) - \frac{1}{n+\frac{1}{2}};$$

hieraus folgt (1).

3. Da $\{x_n\}$ beschränkt und monoton fallend ist, ist diese Folge konvergent, und es gilt für alle n: $0 < x_n \leqslant x_1 = e$.

Bemerkung 1: Setzen wir $\gamma = \lim\limits_{n \to \infty} \dfrac{n!\, e^n}{n^n \sqrt{n}}$, so existiert zu beliebigem $\varepsilon > 0$ ein N_ε mit

$$\gamma-\varepsilon<\frac{n!\,e^n}{n^n\sqrt{n}}<\gamma+\varepsilon \quad (n>N_\varepsilon).$$

Hieraus folgt für alle $n>N_\varepsilon$ die Abschätzung:

$$(\gamma-\varepsilon)\,n^n\sqrt{n}\,e^{-n}<n!<(\gamma+\varepsilon)\,n^n\sqrt{n}\,e^{-n}.$$

Bemerkung 2: Man kann unter Heranziehung komplizierterer Methoden beweisen, daß $\gamma=\sqrt{2\pi}$ ist, d.h., daß gilt:

$$\lim_{n\to\infty}\frac{n!\,e^n}{n^n\sqrt{2\pi n}}=1.$$

Dieses Ergebnis ist die sogenannte STIRLINGsche Formel.

Übungsaufgaben:

1. Man untersuche, für welche reellen Konstanten α, β die folgenden Integrale konvergieren:

$$\text{a)} \int_0^{\infty-}\frac{x^\alpha}{1+x^\beta}\,dx, \quad \text{b)} \int_0^{\infty-} e^{-x^\alpha}\,dx, \quad \text{c)} \int_1^{\infty-}\frac{(\ln x)^\alpha}{x^\beta}\,dx.$$

2. a) Man beweise, daß die folgenden zwei Integrale beide divergieren:

$$\int_{-1}^{1-}\frac{dx}{(x-1)^3}, \quad \int_{1+}^{5}\frac{dx}{(x-1)^3}.$$

b) Man zeige, daß jedoch der folgende Grenzwert existiert:

$$\lim_{\varepsilon\to 0+}\left\{\int_{-1}^{1-\varepsilon}\frac{dx}{(x-1)^3}+\int_{1+\varepsilon}^{5}\frac{dx}{(x-1)^3}\right\}.$$

3. Man konstruiere eine auf $\mathbb{R}$ stetige Funktion f mit $\lim_{x\to\infty} f(x)=\infty$, $\int_1^{\infty-} f(x)\,dx=1$.

4. Man beweise: Für $x>0$ gilt $\Gamma(x)=\int_{0+}^{1-}\left(\ln\frac{1}{t}\right)^{x-1}dt.$

6 Die trigonometrischen Funktionen

6.1 Das Bogenmaß von Winkeln

Gehen von einem Punkt der Ebene zwei Strahlen S_1 und S_2 aus, so benutzt man zur Beschreibung der relativen Lage der beiden Strahlen gern den Begriff des Winkels. Dieser Begriff ist aber durchaus nicht so elementar, wie man unterstellen könnte.

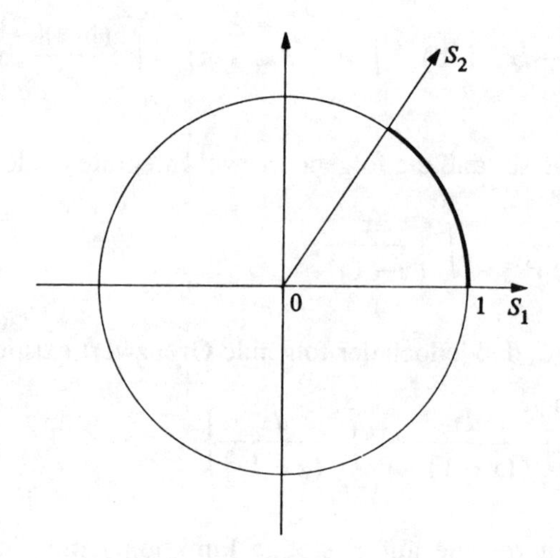

Abb. 6.1.1

Ein Problem liegt in der Tatsache, daß S_1 und S_2 offenbar zwei Winkel definieren; ein anderes besteht darin, die Größe eines Winkels zu beschreiben.

Um diese Probleme befriedigend zu lösen, geben wir dem Winkel eine kinematische Definition. Wir denken uns S_1 fest, etwa in Richtung der positiven x-Achse, S_2 beweglich und denken uns den Winkel durch Drehung von S_2 aus S_1 erzeugt, wobei wir ausdrücklich mehrfache Überstreichungen des Vollwinkels zulassen. Dabei messen wir die Länge $L(S_1, S_2)$ des vom Schnittpunkt von S_2 mit dem Einheitskreis durchlaufenen Kreisbogens. Wir ordnen nun dem Winkel die Zahl $+L(S_1, S_2)$ zu, wenn der Winkel durch Drehung im positiven Sinn (d.h. entgegengesetzt dem Uhrzeigersinn) entsteht, andernfalls $-L(S_1, S_2)$. Auf diese Art wird jedem Winkel eindeutig eine reelle Zahl t, sein Bogenmaß, zugeordnet; umgekehrt entspricht jeder reellen Zahl t ein Winkel.

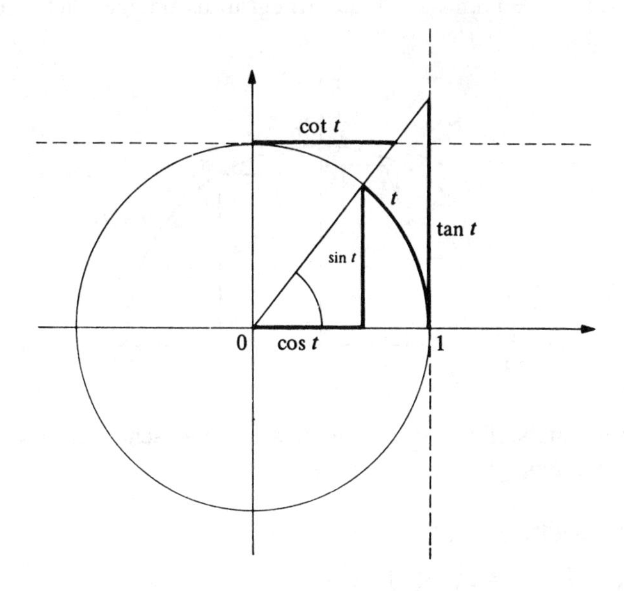

Abb. 6.1.2

Die trigonometrischen Funktionen, die ursprünglich nur in rechtwinkligen Dreiecken definiert sind, werden wir in gewohnter Weise am Einheitskreis definieren. Hierbei lassen wir uns von der Anschauung leiten, geben jedoch alle Definitionen und Beweise rein analytisch.

6.2 Analytische Definition des Bogenmaßes und der Funktionen sin *t*, cos *t*

Wir geben jetzt als erstes die analytische Darstellung für das Bogenmaß. Dazu betrachten wir auf $[-1, 1]$ die Funktion $y=f(x)=\sqrt{1-x^2}$. Das Schaubild der durch f definierten Kurve C_f ist offenbar der obere Halbkreisbogen vom Radius 1.
Jedem $x \in [-1, 1]$, und damit jedem Punkt $P_x=(x, \sqrt{1-x^2})$ auf dem oberen Halbkreis, entspricht ein Bogen $\widehat{P_1 P_x}$, dessen Länge $t=l(x)$ sich nach 5.15, Beispiel 3, wie folgt berechnet:

$$t=l(x)=l(\widehat{P_0 P_1})-l(\widehat{P_0 P_x})=\frac{\pi}{2}-\int_0^x \frac{d\xi}{\sqrt{1-\xi^2}},$$

wobei wir für $x=-1$ und $x=1$ das Integral als uneigentliches Integral interpretieren.

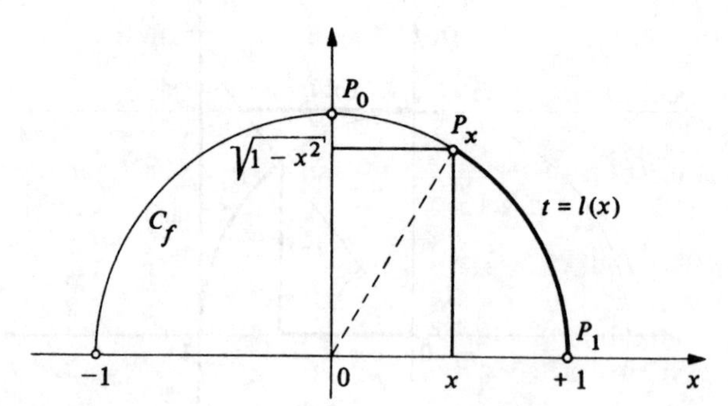

Abb. 6.2.1

Im folgenden Satz stellen wir die wichtigsten Eigenschaften dieser Funktion $l(x)$ zusammen.

Satz 6.2.1: Es gilt:

(1) $l(-1)=\pi, \quad l(1)=0;$

(2) l ist stetig auf $[-1, +1]$;

(3) l ist differenzierbar auf $(-1, +1)$, und es gilt dort

$$l'(x)=-\frac{1}{\sqrt{1-x^2}};$$

(4) l ist streng monoton fallend auf $[-1, 1]$.

Beweis:

1. Es gilt nach 5.17, Beispiel 2:

$$l(-1) = \frac{\pi}{2} - \int_0^{-1+} \frac{d\xi}{\sqrt{1-\xi^2}} = \pi; \quad l(1) = \frac{\pi}{2} - \int_0^{+1-} \frac{d\xi}{\sqrt{1-\xi^2}} = 0.$$

2. Die Funktion $\int_0^x \frac{d\xi}{\sqrt{1-\xi^2}}$ ist nach Satz 5.8.1 stetig für jeden Wert $x \in (-1, 1)$, daher ist auch $l(x)$ stetig auf $(-1, 1)$. Aus der Konvergenz der uneigentlichen Integrale $\int_0^{1-} \frac{d\xi}{\sqrt{1-\xi^2}}$ und $\int_0^{-1+} \frac{d\xi}{\sqrt{1-\xi^2}}$ ergibt sich die Stetigkeit auch auf $[-1, +1]$.
3. Auf $(-1, 1)$ ist $l(x)$ offenbar eine Stammfunktion von $-\frac{1}{\sqrt{1-x^2}}$; d.h. es gilt **(3)**.
4. Wegen $l'(x) = -\frac{1}{\sqrt{1-x^2}} < 0$ auf $(-1, 1)$ ist f nach Satz 4.6.4 streng monoton fallend auf $[-1, 1]$.

Für das Schaubild der Funktion $l(x)$ erhält man:

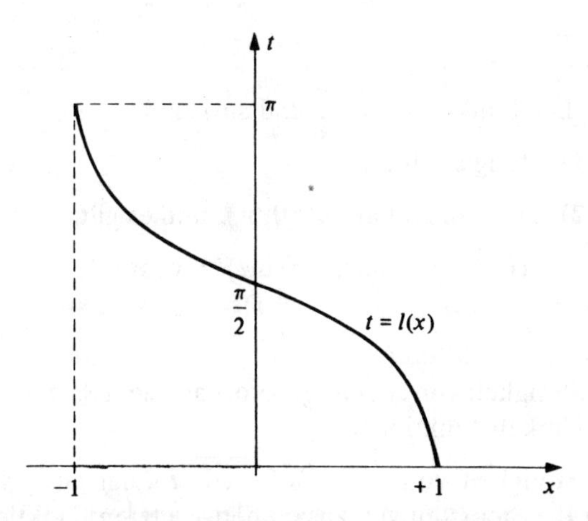

Abb. 6.2.2

Aus diesem Satz folgt die Existenz der auf $[0, \pi]$ definierten Umkehrfunktion $x = l^{-1}(t)$. Dies bedeutet also, daß zu jedem Winkel vom Bogenmaß $t \in [0, \pi]$ eindeutig ein Punkt $P_x = (x, \sqrt{1-x^2})$ auf dem oberen Halbkreis gehört. Offensichtlich gilt $-1 \leqslant l^{-1}(t) \leqslant +1$ für alle $t \in [0, \pi]$.

Definition 6.2.1: Für $t \in [0, \pi]$ setzen wir:

(1) $\cos t = l^{-1}(t)$;

(2) $\sin t = \sqrt{1 - \cos^2 t}$.

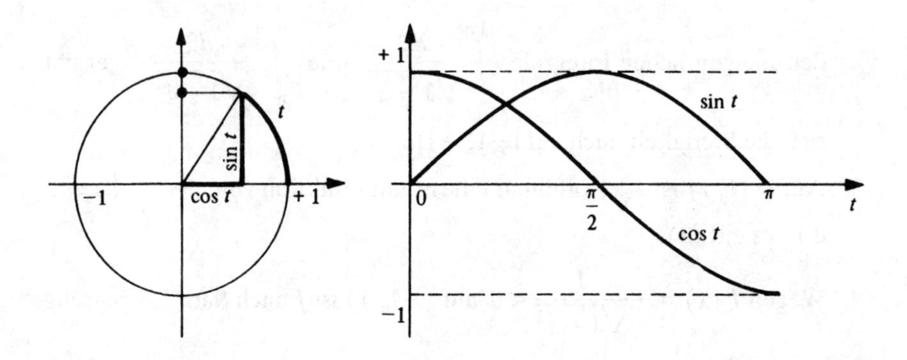

Abb. 6.2.3

Es folgt sofort:

Satz 6.2.2: Die Funktionen $\cos t$ und $\sin t$ sind:

(1) stetig auf $[0, \pi]$;

(2) differenzierbar auf $(0, \pi)$, und es gilt:

$$(\cos t)' = -\sin t, \quad (\sin t)' = \cos t.$$

Beweis:

1. a) Die Stetigkeit von $\cos t$ folgt sofort aus dem Satz über die Stetigkeit von Umkehrfunktionen.

   b) Die Stetigkeit von $\sin t = \sqrt{1 - \cos^2 t}$ folgt aus a) und dem Satz über die Stetigkeit von zusammengesetzten Funktionen.

2. a) Setzen wir wieder $x = \cos t$, so gilt auf $(0, \pi)$:

$$\frac{d\cos t}{dt} = \frac{dx}{dt} = \frac{1}{\frac{dt}{dx}} = \frac{1}{-\frac{1}{\sqrt{1-x^2}}} = -\sqrt{1-x^2} =$$

$$= -\sqrt{1-\cos^2 t} = -\sin t.$$

b) Es gilt auf $(0, \pi)$:

$$\frac{d\sin t}{dt} = \frac{d\sqrt{1-\cos^2 t}}{dt} = \frac{-2\cos t \cdot (-\sin t)}{2\sqrt{1-\cos^2 t}} = \cos t.$$

Bisher haben wir die Funktionen $\cos t$ und $\sin t$ nur auf dem Intervall $[0, \pi]$ analytisch definiert. Zur Definition auf $[-\pi, 0)$ erinnern wir daran, daß wir für Winkel mit negativem Bogenmaß, den Bogen im mathematisch negativen Sinn von P_1 aus messen.

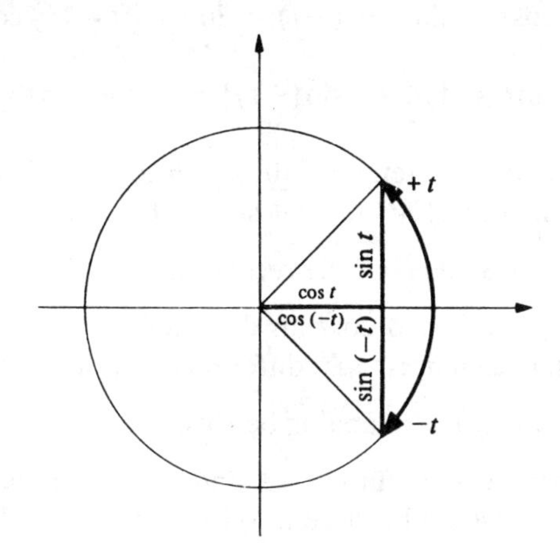

Abb. 6.2.4

Wir definieren dementsprechend:

Definition 6.2.2: Für $t \in [-\pi, 0)$ setzen wir:

(1) $\cos t = \cos(-t)$;

(2) $\sin t = -\sin(-t)$.

Damit sind nun $\cos t$ und $\sin t$ auf $[-\pi, \pi]$ definiert. Nach Satz 6.2.2 und Definition 6.2.2 sind diese beiden Funktionen offenbar stetig auf $[-\pi, 0)$ und $[0, \pi]$ sowie differenzierbar auf $(-\pi, 0)$ und $(0, \pi)$. Im nächsten Satz zeigen wir nun, daß diese beiden Eigenschaften auch für $t = 0$ gelten und daß $\cos t$ und $\sin t$ an den Stellen $t = -\pi$ und $t = +\pi$ rechts- bzw. linksseitig differenzierbar sind.

Satz 6.2.3: Die Funktionen $\cos t$ und $\sin t$ sind:

(1) stetig auf $[-\pi, \pi]$;

(2) differenzierbar auf $[-\pi, \pi]$, und es gilt dort:

$$(\cos t)' = -\sin t; \quad (\sin t)' = \cos t.$$

Beweis:

1. Zum Nachweis der Stetigkeit auf $[-\pi, \pi]$ ist nur noch der linksseitige Grenzwert an der Stelle $t = 0$ zu untersuchen.

   a) Es gilt $\lim\limits_{t \to 0-} \cos t = \lim\limits_{t \to 0-} \cos(-t) = \lim\limits_{t \to 0+} \cos t = 1 = \cos 0.$

   b) Es gilt $\lim\limits_{t \to 0-} \sin t = \lim\limits_{t \to 0-} \{-\sin(-t)\} = -\lim\limits_{t \to 0+} \sin t = 0 = \sin 0.$

2. a) Die Funktion $\cos t$ ist stetig auf $[0, \pi]$, differenzierbar auf $(0, \pi)$, und es gilt $\lim\limits_{t \to 0+} (\cos t)' = \lim\limits_{t \to 0+} (-\sin t) = 0.$ Nach Satz 4.6.5 hat dann $\cos t$ an der Stelle $t = 0$ die rechtsseitige Ableitung 0.

   Genauso zeigt man, daß $\cos t$ an der Stelle $t = 0$ die linksseitige Ableitung 0 hat. Damit ist $\cos t$ differenzierbar an $t = 0$.

   b) Die Aussage für $\sin t$ wird analog bewiesen.

3. Die Differentiationsaussage für $t = -\pi$ und $t = \pi$ wird ebenfalls durch Anwendung von Satz 4.6.5 bewiesen.

Wir setzen nun $\cos t$ und $\sin t$ auf $\mathbb{R}$ periodisch fort mit Hilfe der folgenden Funktionalgleichungen:

Definition 6.2.3: Sind für ein $t \in \mathbb{R}$ $\cos t$ und $\sin t$ erklärt, so setzen wir:

(1) $\cos(t + 2\pi) = \cos(t - 2\pi) = \cos t;$

(2) $\sin(t + 2\pi) = \sin(t - 2\pi) = \sin t.$

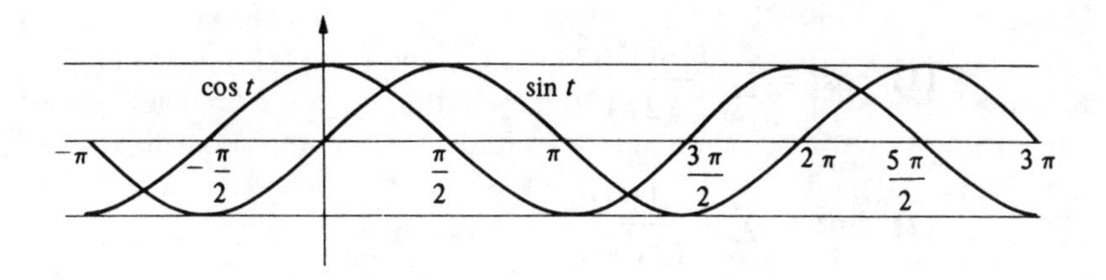

Abb. 6.2.5

Mit den Aussagen von Satz 6.2.3 und dieser Definition ergibt sich sofort:

Satz 6.2.4: Die Funktionen $\cos t$ und $\sin t$ sind

(1) stetig auf $\mathbb{R}$,

(2) differenzierbar auf $\mathbb{R}$, und es gilt dort:

$$(\cos t)' = -\sin t; \quad (\sin t)' = \cos t.$$

Die Aussagen des folgenden Satzes sind offenbar richtig auf $[0, \pi]$. Es ist aber nicht von vorneherein selbstverständlich, daß sie auch auf $\mathbb{R}$ gelten.

Satz 6.2.5: Auf $\mathbb{R}$ gilt:

(1) $\cos^2 t + \sin^2 t = 1;$

(2) $|\cos t| \leqslant 1, \quad |\sin t| \leqslant 1.$

Beweis:

1. Wir betrachten auf $\mathbb{R}$ die Funktion

$$f(t) = \cos^2 t + \sin^2 t.$$

Es gilt auf $\mathbb{R}$: $f'(t) = -2\cos t \cdot \sin t + 2\sin t \cdot \cos t = 0$. Also ist f eine Konstante. Aus $f(0) = 1$ ergibt sich **(1)**.

2. Aus **(1)** folgt: $|\cos t| \leqslant 1$ und $|\sin t| \leqslant 1$.

Zum Schluß wollen wir noch die TAYLORschen Reihen von $\cos t$ und $\sin t$ bestimmen.

Satz 6.2.6: Es gilt auf $(-\infty, \infty)$:

$$\textbf{(1)}\quad \cos t = \sum_{\nu=0}^{\infty} \frac{(-1)^{\nu} \cdot t^{2\nu}}{(2\nu)!};$$

$$\textbf{(2)}\quad \sin t = \sum_{\nu=0}^{\infty} \frac{(-1)^{\nu} \cdot t^{2\nu+1}}{(2\nu+1)!}.$$

Beweis:

1. Die Funktionen $\cos t$ und $\sin t$ sind auf $(-\infty, \infty)$ beliebig oft differenzierbar, und es folgt aus Satz 6.2.4 für alle $\nu \in N$:

$$\cos^{(\nu)}(0) = \begin{cases} 0 & \text{falls } \nu \text{ ungerade} \\ (-1)^{\frac{\nu}{2}} & \text{falls } \nu \text{ gerade} \end{cases};$$

$$\sin^{(\nu)}(0) = \begin{cases} (-1)^{\frac{\nu-1}{2}} & \text{falls } \nu \text{ ungerade} \\ 0 & \text{falls } \nu \text{ gerade} \end{cases}.$$

Für die Entwicklungsmitte x_0 lauten die TAYLORpolynome von

$$\cos t:\quad T_n(t, 0) = \sum_{\nu=0}^{[\frac{1}{2}n]} \frac{(-1)^{\nu} \cdot t^{2\nu}}{(2\nu)!};$$

$$\sin t:\quad T_n(t, 0) = \sum_{\nu=0}^{[\frac{1}{2}(n-1)]} \frac{(-1)^{\nu} \cdot t^{2\nu+1}}{(2\nu+1)!}.$$

2. Aus $\max\limits_{(-\infty, \infty)} |\cos^{(\nu)} t| = \max\limits_{(-\infty, \infty)} |\sin^{(\nu)} t| = 1$ für alle $\nu \in \mathbb{N}$ folgt mit Hilfe von Satz 5.12.5 für alle $x \in (-\infty, \infty)$:

$$\cos t = \sum_{\nu=0}^{\infty} \frac{(-1)^{\nu} t^{2\nu}}{(2\nu)!}; \quad \sin t = \sum_{\nu=0}^{\infty} \frac{(-1)^{\nu} t^{2\nu+1}}{(2\nu+1)!}.$$

6.3 Die Funktionen tan *t* und cot *t*

Mit Hilfe der Funktionen $\sin t$ und $\cos t$ definieren wir nun zwei weitere Funktionen:

Definition 6.3.1:

(1) Für $t \in \mathbb{R}$, $t \neq (k+\frac{1}{2})\pi$, $k \in \mathbb{Z}$, setzen wir:

$$\tan t = \frac{\sin t}{\cos t}.$$

(2) Für $t \in \mathbb{R}$, $t \neq k\pi$, $k \in \mathbb{Z}$, setzen wir:

$$\cot t = \frac{\cos t}{\sin t}.$$

Für das Schaubild dieser Funktionen erhält man:

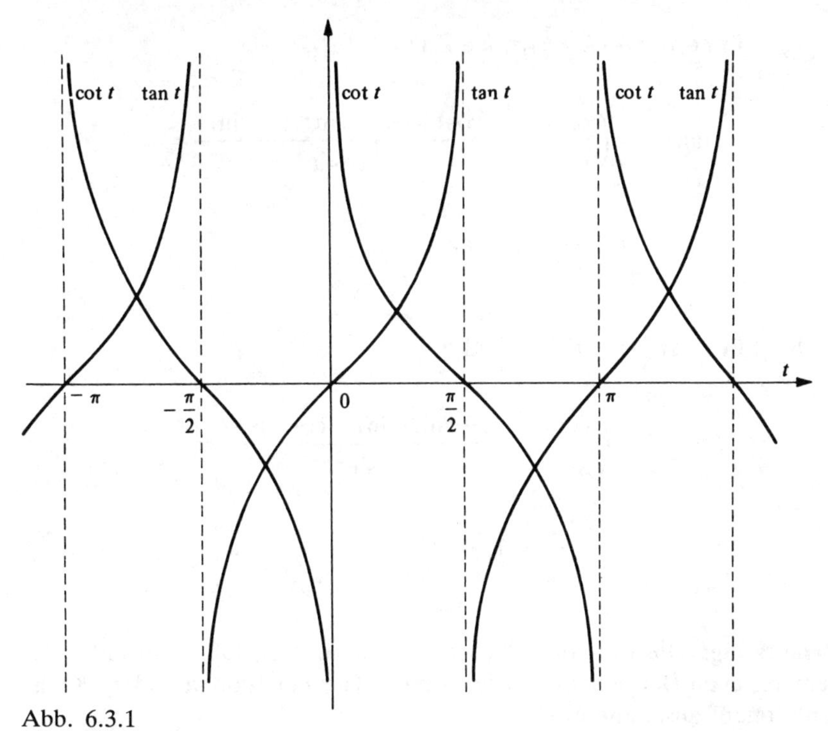

Abb. 6.3.1

Aus den Eigenschaften von $\sin t$ und $\cos t$ folgt sofort:

Satz 6.3.1: Die Funktionen $\tan t$, $\cot t$ sind:

(1) stetig auf ihrem Definitionsbereich,

(2) differenzierbar auf ihrem Definitionsbereich, und es gilt dort:

$$(\tan t)' = \frac{1}{\cos^2 t} = 1 + \tan^2 t;$$

$$(\cot t)' = \frac{-1}{\sin^2 t} = -1 - \cot^2 t.$$

Beweis:

1. Der Nachweis von **(1)** folgt aus Satz 2.10.2.

2. a) Für $t \in \mathbb{R}$, $t \neq (k + \frac{1}{2})\pi$, $k \in \mathbb{Z}$ gilt:

$$(\tan t)' = \left(\frac{\sin t}{\cos t}\right)' = \frac{\cos t \cdot \cos t - \sin t \cdot (-\sin t)}{\cos^2 t} =$$

$$= \frac{1}{\cos^2 t} = 1 + \tan^2 t.$$

b) Für $t \in \mathbb{R}$, $t \neq k\pi$, $k \in \mathbb{Z}$ gilt:

$$(\cot t)' = \left(\frac{\cos t}{\sin t}\right)' = \frac{-\sin t \cdot \sin t - \cos t \cdot \cos t}{\sin^2 t} =$$

$$= \frac{-1}{\sin^2 t} = -1 - \cot^2 t.$$

Bemerkung: Die Funktionen $\cos t$, $\sin t$, $\tan t$, $\cot t$, faßt man unter der gemeinsamen Bezeichnung "trigonometrische Funktionen" oder "Kreisfunktionen" zusammen.

6.4 Additionstheoreme für die trigonometrischen Funktionen

Satz 6.4.1: Für alle x, y gilt:

(1) $\sin(x+y) = \sin x \cos y + \cos x \sin y,$

$\sin(x-y) = \sin x \cos y - \cos x \sin y;$

(2) $\cos(x+y) = \cos x \cos y - \sin x \sin y,$

$\cos(x-y) = \cos x \cos y + \sin x \sin y.$

Die Aussage dieses Satzes kann elementargeometrisch an Hand folgender Abbildung veranschaulicht werden:

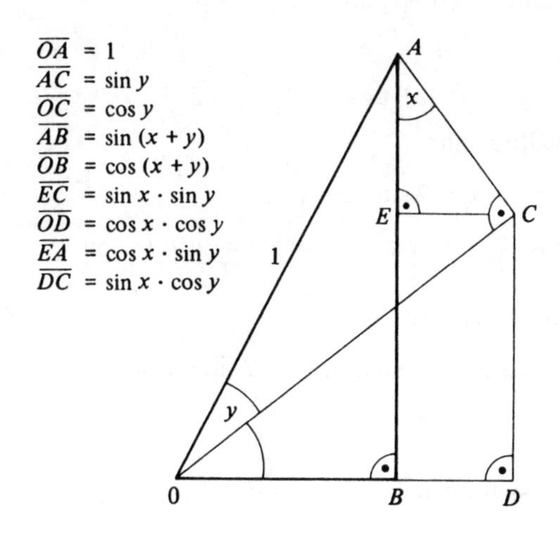

Abb. 6.4.1

Hierbei gilt offensichtlich $\overline{AB} = \overline{DC} + \overline{EA}$ und $\overline{OB} = \overline{OD} - \overline{EC}$.

Beweis:

1. a) Für feste x, y setzen wir $z = x + y$ und betrachten die Funktion:

$$f(t) = \sin t \cos(z-t) + \cos t \sin(z-t).$$

Es gilt auf $\mathbb{R}$:

$$f'(t) = \cos t \cos(z-t) + \sin t \sin(z-t) - \sin t \sin(z-t) - \\ - \cos t \cos(z-t) = 0.$$

Also ist $f(t)$ eine Konstante: $f(t) = f(0) = \sin(x+y)$ für alle t. Setzen wir speziell $t = x$, so erhalten wir:

$$\sin(x+y) = f(x) = \sin x \cos y + \cos x \sin y.$$

b) Es gilt nach a) und Definition 6.2.2:

$$\begin{aligned}\sin(x-y) &= \sin x \cos(-y) + \cos x \sin(-y) = \\ &= \sin x \cos y - \cos x \sin y.\end{aligned}$$

2. Der Nachweis von **(2)** erfolgt analog.

Aus Satz 6.4.1 ergeben sich nun sofort folgende Beziehungen für die Funktionen des doppelten Arguments:

Satz 6.4.2: Für alle x gilt:

(1) $\sin(2x) = 2\sin x \cos x$;

(2) $\cos(2x) = \cos^2 x - \sin^2 x$.

Beweis: Aus Satz 6.4.1 folgt für $x = y$:

1. $\sin(x+x) = \sin x \cos x + \cos x \sin x = 2\sin x \cos x$;
2. $\cos(x+x) = \cos^2 x - \sin^2 x$.

Schließlich ergibt sich noch:

Satz 6.4.3: Für alle x, y gilt:

(1) $\sin x + \sin y = 2 \cdot \sin \dfrac{x+y}{2} \cdot \cos \dfrac{x-y}{2}$;

(2) $\cos x + \cos y = 2 \cdot \cos \dfrac{x+y}{2} \cdot \cos \dfrac{x-y}{2}$.

Beweis als Übung.

Für die Tangens- und Cotangensfunktion ergeben sich ähnliche Additionstheoreme. Bei ihrer Formulierung nennen wir ein x zulässig, wenn alle vorkommenden Ausdrücke existieren.

Satz 6.4.4: Für alle zulässigen x, y gilt:

(1) $$\tan(x+y) = \frac{\tan x + \tan y}{1 - \tan x \cdot \tan y}, \quad \tan(x-y) = \frac{\tan x - \tan y}{1 + \tan x \cdot \tan y};$$

(2) $$\cot(x+y) = \frac{\cot x \cdot \cot y - 1}{\cot x + \cot y}, \quad \cot(x-y) = \frac{\cot x \cdot \cot y + 1}{\cot y - \cot x}.$$

Beweis:

1. Es gilt mit Definition 6.3.1 und Satz 6.4.1:

$$\tan(x+y) = \frac{\sin(x+y)}{\cos(x+y)} = \frac{\sin x \cdot \cos y + \sin y \cdot \cos x}{\cos x \cdot \cos y - \sin x \cdot \sin y} =$$

$$= \frac{\dfrac{\sin x \cdot \cos y}{\cos x \cdot \cos y} + \dfrac{\sin y \cdot \cos x}{\cos x \cdot \cos y}}{1 - \dfrac{\sin x \cdot \sin y}{\cos x \cdot \cos y}} = \frac{\tan x + \tan y}{1 - \tan x \cdot \tan y}.$$

2. Analog beweist man die anderen Additionstheoreme.

Aus diesem Satz ergeben sich nun sofort wieder folgende Beziehungen für die Funktionen des doppelten Winkels:

Satz 6.4.5: Für alle zulässigen x gilt:

(1) $$\tan(2x) = \frac{2 \cdot \tan x}{1 - \tan^2 x};$$

(2) $$\cot(2x) = \frac{\cot^2 x - 1}{2 \cdot \cot x}.$$

Beweis: Aus Satz 6.4.4 folgt für $x = y$:

1. $$\tan(x+x) = \frac{\tan x + \tan x}{1 - \tan x \cdot \tan x} = \frac{2 \cdot \tan x}{1 - \tan^2 x};$$

2. $$\cot(x+x) = \frac{\cot x \cdot \cot x - 1}{\cot x + \cot x} = \frac{\cot^2 x - 1}{2 \cot x}.$$

Schließlich gilt noch:

Satz 6.4.6: Für alle zulässigen x, y gilt:

$$\textbf{(1)}\quad \tan x + \tan y = \frac{\sin(x+y)}{\cos x \cdot \cos y}, \quad \tan x - \tan y = \frac{\sin(x-y)}{\cos x \cdot \cos y};$$

$$\textbf{(2)}\quad \cot x + \cot y = \frac{\sin(x+y)}{\sin x \cdot \sin y}, \quad \cot x - \cot y = -\frac{\sin(x-y)}{\sin x \cdot \sin y}.$$

Beweis als Übung.

6.5 Die Umkehrfunktionen der trigonometrischen Funktionen

Von großer Wichtigkeit sind noch die Umkehrfunktionen der vier trigonometrischen Funktionen. Wir müssen uns jedoch klarmachen, daß diese wegen ihrer Periodizität nicht auf ganz $\mathbb{R}$ eine Umkehrfunktion besitzen können. In jedem der vier Fälle müssen wir ein Intervall herausgreifen, auf welchem die betrachtete Funktion monoton ist. Es ist üblich, die folgenden Intervalle zu wählen:

für $\cos t$: $[0, \pi]$,

für $\sin t$: $\left[-\frac{\pi}{2}, \frac{\pi}{2}\right]$,

für $\tan t$: $\left(-\frac{\pi}{2}, \frac{\pi}{2}\right)$,

für $\cot t$: $(0, \pi)$.

Definition 6.5.1:

(1) Die auf $[-1, 1]$ definierte Umkehrfunktion zu $x = \cos t$ bezeichnen wir mit $t = \operatorname{arc}\cos x$.

(2) Die auf $[-1, 1]$ definierte Umkehrfunktion zu $x = \sin t$ bezeichnen wir mit $t = \operatorname{arc}\sin x$.

(3) Die auf $(-\infty, \infty)$ definierte Umkehrfunktion zu $x = \tan t$ bezeichnen wir mit $t = \operatorname{arc}\tan x$.

(4) Die auf $(-\infty, \infty)$ definierte Umkehrfunktion zu $x = \cot t$ bezeichnen wir mit $t = \operatorname{arc}\cot x$.

Die Stetigkeit und Monotonie dieser sogenannten zyklometrischen Funktionen auf ihrem jeweiligen Definitionsbereich ergeben sich sofort aus den entsprechenden Eigenschaften der zugehörigen trigonometrischen Funktionen.

Für die Schaubilder der zyklometrischen Funktionen erhält man:

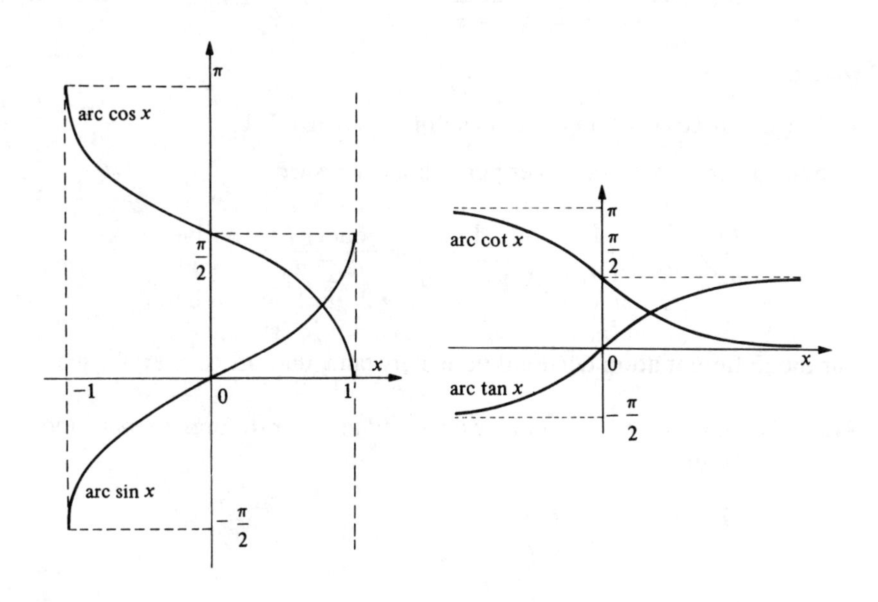

Abb. 6.5.1

Bemerkung: Betrachten wir noch einmal die in 6.2 eingeführte Funktion

$$t = l(x) = \frac{\pi}{2} - \int_0^x \frac{d\xi}{\sqrt{1-\xi^2}},$$

so ergibt sich aus $\cos t = l^{-1}(t)$ sofort die Identität: $l(x) = \operatorname{arc\,cos} x$.

Wir wollen nun die Differenzierbarkeit der zyklometrischen Funktionen studieren. Zunächst zeigen wir die Differentiationsformeln für $\operatorname{arc\,cos} x$ und $\operatorname{arc\,sin} x$.

Satz 6.5.1: Auf $(-1, 1)$ sind $\operatorname{arc\,cos} x$ und $\operatorname{arc\,sin} x$ differenzierbar, und es gilt dort:

(1) $(\operatorname{arc\,cos} x)' = \dfrac{-1}{\sqrt{1-x^2}}$;

(2) $(\operatorname{arc\,sin} x)' = \dfrac{1}{\sqrt{1-x^2}}$.

Beweis:

1. Wegen $\operatorname{arc\,cos} x = l(x)$ folgt **(1)** sofort aus Satz 6.2.1.
2. Setzen wir $t = \operatorname{arc\,sin} x$, so ergibt sich mit $x = \sin t$:

$$\frac{dt}{dx} = \frac{1}{\frac{dx}{dt}} = \frac{1}{\cos t} = \frac{1}{\sqrt{1-\sin^2 t}} = \frac{1}{\sqrt{1-x^2}}.$$

Für die Differentiation der Funktionen $\operatorname{arc\,tan} x$ und $\operatorname{arc\,cot} x$ ergibt sich:

Satz 6.5.2: Auf $(-\infty, \infty)$ sind $\operatorname{arc\,tan} x$ und $\operatorname{arc\,cot} x$ differenzierbar, und es gilt:

(1) $(\operatorname{arc\,tan} x)' = \dfrac{1}{1+x^2}$;

(2) $(\operatorname{arc\,cot} x)' = \dfrac{-1}{1+x^2}$.

Beweis:

1. Setzen wir $t = \arctan x$, so ergibt sich mit $x = \tan t$:

$$\frac{dt}{dx} = \frac{1}{\frac{dx}{dt}} = \frac{1}{1+\tan^2 t} = \frac{1}{1+x^2}.$$

2. Analog zeigt man **(2)**.

Übungsaufgaben:

1. Es seien α, β reelle Zahlen mit $\alpha^2 + \beta^2 = 1$. Man beweise, daß es genau ein $x \in (-\pi, \pi]$ mit $\alpha = \sin x$, $\beta = \cos x$ gibt.
2. Kann man Konstanten a_1, a_2, a_3, b_1, b_2, b_3 so bestimmen, daß gilt:
   $[(a_1 x^2 + a_2 x + a_3)\sin x + (b_1 x^2 + b_2 x + b_3)\cos x]' = x^2 \cdot \sin x$?
3. Die Funktion f sei auf $\mathbb{R}$ definiert durch

$$f(x) = \begin{cases} \frac{\sin x}{x} & \text{falls } x \neq 0 \\ 1 & \text{falls } x = 0 \end{cases}.$$

   Man beweise, daß f auf $\mathbb{R}$ stetig differenzierbar ist.
4. Für $n = 0, 1, 2, \ldots$ seien die Funktionen f_n auf $\mathbb{R}$ definiert durch:

$$f_n(x) = \begin{cases} x^n \cdot \sin\frac{1}{x} & \text{falls } x \neq 0 \\ 0 & \text{falls } x = 0. \end{cases}$$

   Man untersuche, für welche n:

   a) f_n auf $\mathbb{R}$ stetig ist,

   b) f_n auf $\mathbb{R}$ differenzierbar ist,

   c) f_n auf $\mathbb{R}$ stetig differenzierbar ist.

5. Die Funktion f sei auf $[-1, 1]$ definiert durch

$$f(x) = \begin{cases} x^2 \cdot \cos\frac{\pi}{x^2} & \text{falls } x \neq 0 \\ 0 & \text{falls } x = 0. \end{cases}$$

Man beweise, daß f auf $[-1, 1]$ differenzierbar ist, daß aber f' auf $[-1, 1]$ nicht R-integrierbar ist.

6. Man beweise: zu $a, b \in \mathbb{R}$ gibt es $c, d \in \mathbb{R}$, so daß gilt:

   $a \sin x + b \cos x = c \sin(x + d)$.

7. Man bestimme folgende Grenzwerte:

   a) $\lim\limits_{x \to 0} \dfrac{\ln(1+x) - \sin x}{x^2}$, b) $\lim\limits_{x \to 0} (\cos 2x)^{\frac{1}{x^2}}$.

8. Man berechne $\int e^x \sin(2x)\,dx$; $\int\limits_{-1}^{+1} x\,|\sin x|\,dx$.

9. Es sei $b_n = \int\limits_0^{\pi/2} \sin^n x\,dx$. Man beweise, daß für $n \in \mathbb{N}$, $n \geqslant 2$ gilt:

   $n\,b_n = (n-1)\,b_{n-2}$.

10. Man zeige:

    a) für alle $x > 0$ gilt: $\operatorname{arc\,tan} x + \operatorname{arc\,tan} \frac{1}{x} = \frac{\pi}{2}$;

    b) für alle $x < 0$ gilt: $\operatorname{arc\,tan} x + \operatorname{arc\,tan} \frac{1}{x} = -\frac{\pi}{2}$.

11. Man zeige:

    a) für $x > 1$ gilt: $2 \operatorname{arc\,tan} x + \operatorname{arc\,sin} \frac{2x}{1+x^2} = \pi$;

    b) für $|x| < 1$ gilt: $2 \operatorname{arc\,tan} x = \operatorname{arc\,sin} \frac{2x}{1+x^2}$;

    c) für $x < -1$ gilt: $2 \operatorname{arc\,tan} x + \operatorname{arc\,sin} \frac{2x}{1+x^2} = -\pi$.

12. Die Funktion f sei auf $[-1, 1]$ definiert durch

$$f(x) = \begin{cases} \sin \frac{\pi}{x} & \text{falls } x \neq 0 \\ 2 & \text{falls } x = 0 \end{cases}.$$

    a) Man zeichne ein Schaubild von f.

    b) Man untersuche, ob f auf $[-1, 1]$ R-integrierbar ist.

7 Einige elementare Methoden der angewandten Mathematik

In diesem Kapitel wollen wir eine erste Einführung in einige wichtige Problemkreise der angewandten Mathematik geben. Speziell wollen wir die Grundbegriffe der Lösungstheorie von Gleichungen, der Interpolation und der numerischen Integration untersuchen.

7.1 Das Problem der Nullstellenbestimmung, die Regula falsi

Wir betrachten eine auf einem Intervall $[a, b]$ stetige Funktion f und das für viele Anwendungen wichtige Problem, eventuelle Nullstellen der Funktion f zu finden, d.h. Stellen ξ, wo $f(\xi) = 0$ ist. Statt von Nullstellen der Funktion sprechen wir auch von den Lösungen der auf $[a, b]$ betrachteten Gleichung $f(x) = 0$.

Im allgemeinen werden Nullstellen nicht durch explizite Formeln geliefert, sondern müssen erst durch sog. Näherungsverfahren berechnet werden. Bei einem solchen Näherungsverfahren werden sukzessive Stellen $x_1, x_2, x_3, \ldots$ bestimmt. Wir nennen ein solches Näherungsverfahren konvergent, wenn $\lim\limits_{n \to \infty} x_n = \xi$ existiert und $f(\xi) = 0$ ist.

Das einfachste Verfahren ist die klassische "Regula falsi".

Definition 7.1.1: Es sei f auf $[a, b]$ stetig und $x_1, x_2 \in [a, b]$. Sind für ein $n \in \mathbb{N}$ $x_n, x_{n+1} \in [a, b]$ bestimmt, und ist $f(x_{n+1}) \neq f(x_n)$, so bilden wir

$$x_{n+2} = x_{n+1} - f(x_{n+1}) \cdot \frac{x_{n+1} - x_n}{f(x_{n+1}) - f(x_n)}.$$

Dieses Verfahren heißt "Regula falsi".

Die Regula falsi besitzt eine sehr anschauliche Interpretation: Sind x_n, x_{n+1} bekannt, und ist $f(x_n) \neq f(x_{n+1})$, so bestimmt man x_{n+2} als die Nullstelle der durch $(x_n, f(x_n))$ und $(x_{n+1}, f(x_{n+1}))$ gehenden Geraden:

$$P(x) = f(x_{n+1}) + (x - x_{n+1}) \frac{f(x_{n+1}) - f(x_n)}{x_{n+1} - x_n}.$$

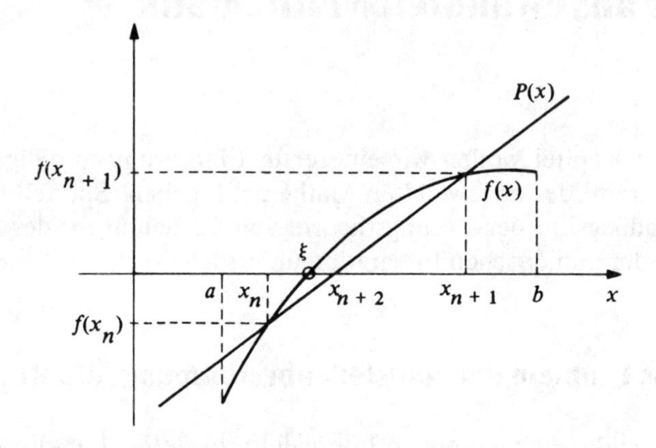

Abb. 7.1.1

Dieses Verfahren liefert nur dann eine Folge $\{x_n\}$, wenn für alle $n \in \mathbb{N}$ $f(x_n) \neq f(x_{n+1})$ und $x_{n+2} \in [a, b]$ ist.

7.2 Ein allgemeines Näherungsverfahren

Wir wollen nun ein Näherungsverfahren studieren, das in vielen Fällen zum Erfolg führt. Dazu ersetzen wir die Gleichung $f(x) = 0$ durch eine Gleichung der Form $g(x) - x = 0$.

In der Untersuchung dieser Gleichung ist unser Problem $f(x) = 0$ mit enthalten. Wir haben sogar eine gewisse Freiheit in der Wahl von $g(x)$. Es gilt nämlich

Satz 7.2.1:

(1) Es sei f auf $[a, b]$ stetig. Setzen wir $g(x) = f(x) + x$, so ist ξ genau dann Lösung von $f(x) = 0$, wenn ξ Lösung von $g(x) - x = 0$ ist.

(2) Es sei f stetig differenzierbar auf $[a, b]$ und $f'(x) \neq 0$ auf $[a, b]$. Setzen wir

$$g(x) = x - \frac{f(x)}{f'(x)},$$

so ist ξ genau dann Lösung von $f(x) = 0$, wenn ξ Lösung von $g(x) - x = 0$ ist.

Der Beweis ist trivial.

Wir definieren nun für eine beliebige, stetige Funktion g ein Verfahren.

Definition 7.2.1: Es sei g stetig auf $[a, b]$ und $x_1 \in [a, b]$. Ist für ein $n \in \mathbb{N}$ $x_n \in [a, b]$ bestimmt, so setzen wir

$$x_{n+1} = g(x_n).$$

Dieses Verfahren nennen wir das g-Verfahren.

Das so definierte Verfahren liefert nur dann eine Folge $\{x_n\}$, wenn $x_{n+1} \in [a, b]$ für alle $n \in \mathbb{N}$ ist. Ist dies jedoch der Fall und existiert $\lim_{n \to \infty} x_n = \xi$, so gilt wegen der Stetigkeit von g:

$$\xi = \lim_{n \to \infty} x_{n+1} = \lim_{n \to \infty} g(x_n) = g(\xi),$$

d.h. ξ ist eine Lösung von $g(x) - x = 0$.

Dieses g-Verfahren läßt sich durch folgende Abbildung veranschaulichen.

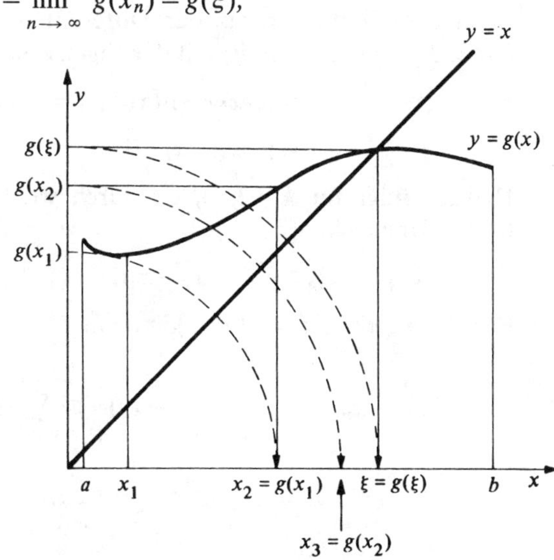

Abb. 7.2.1

Wir zeigen für das g-Verfahren folgenden Konvergenzsatz

Satz 7.2.2: Es sei g auf $[a, b]$ stetig differenzierbar, es sei $x_1 \in [a, b]$ und $g(x_n) = x_{n+1} \in [a, b]$ für alle $n \in \mathbb{N}$. Ferner sei

$$\gamma = \max_{[a, b]} |g'(x)| < 1.$$

Dann gilt:

(1) Die Folge $\{x_n\}$ konvergiert.

(2) Ist $\xi = \lim_{n \to \infty} x_n$, so gilt für alle $n \in \mathbb{N}$:

$$|x_{n+1} - \xi| \leqslant \gamma^n \cdot |x_1 - \xi|.$$

(3) ξ ist auf $[a, b]$ die einzige Lösung von $g(x) - x = 0$.

Beweis:

1. Zum Nachweis von **(1)** zeigen wir, daß $\{x_n\}$ eine C-Folge ist. Dazu sei zu $\varepsilon > 0$ ein N_ε so gewählt, daß für alle $n > N_\varepsilon$ gilt:

$$\gamma^{n-1} \cdot \frac{|x_2 - x_1|}{1 - \gamma} < \varepsilon.$$

Nach dem Mittelwertsatz der Differentialrechnung gibt es nun für $k = 2, 3, \ldots$ ein $\xi_k \in (a, b)$ mit der Eigenschaft:

$$|x_{k+1} - x_k| = |g(x_k) - g(x_{k-1})| = |g'(\xi_k)| \cdot |x_k - x_{k-1}| \leqslant$$
$$\leqslant \gamma \cdot |x_k - x_{k-1}|.$$

Hieraus folgt für $k = 2, 3, \ldots$ durch wiederholte Anwendung der letzten Ungleichung:

$$|x_{k+1} - x_k| \leqslant \gamma^{k-1} \cdot |x_2 - x_1|.$$

Für alle m, n mit $m > n > N_\varepsilon$ gilt dann:

$$|x_m - x_n| = \left| \sum_{k=n}^{m-1} (x_{k+1} - x_k) \right| \leqslant \sum_{k=n}^{m-1} |x_{k+1} - x_k| \leqslant$$

$$\leqslant |x_2 - x_1| \cdot \sum_{k=n}^{m-1} \gamma^{k-1} = \gamma^{n-1} \cdot |x_2 - x_1| \cdot \frac{1 - \gamma^{m-n}}{1 - \gamma} \leqslant$$

$$\leqslant \gamma^{n-1} \cdot \frac{|x_2 - x_1|}{1-\gamma} < \varepsilon.$$

2. Nach dem Mittelwertsatz gibt es für alle $n \in \mathbb{N}$ ein $\xi_n' \in (a, b)$ mit:

$$|x_{n+1} - \xi| = |g(x_n) - g(\xi)| = |g'(\xi_n')| \cdot |x_n - \xi| \leqslant \gamma \cdot |x_n - \xi|;$$

hieraus ergibt sich wieder durch Iteration dieser Ungleichung:

$$|x_{n+1} - \xi| \leqslant \gamma^n \cdot |x_1 - \xi|.$$

3. Wir nehmen an, es gibt ein $\eta \neq \xi$, $\eta \in [a, b]$ mit $g(\eta) - \eta = 0$. Dann gibt es nach dem Mittelwertsatz ein $\zeta \in (a, b)$ mit:

$$|\xi - \eta| = |g(\xi) - g(\eta)| = |g'(\zeta)| \cdot |\xi - \eta| \leqslant \gamma \cdot |\xi - \eta| < |\xi - \eta|.$$

Dies ist aber ein Widerspruch.
Also ist ξ die einzige Lösung von $g(x) - x = 0$.

Beispiel: Es ist auf $[-2, 2]$ eine Lösung von $f(x) = x^2 - 5x + 4 = 0$ gesucht. Diese Gleichung bringen wir auf die Form:

$$x = \frac{x^2 + 4}{5} = g(x).$$

Für alle $x \in [-2, 2]$ gilt offensichtlich:

$$\frac{4}{5} \leqslant g(x) \leqslant \frac{8}{5}.$$

Wählen wir als Anfangsnäherung $x_1 = 0$, so liegen daher alle weiteren Näherungen x_n in $[-2, 2]$. Ferner gilt wegen $g'(x) = \frac{2}{5}x$:

$$\max_{[-2, 2]} |g'(x)| = \frac{4}{5} < 1,$$

so daß die Folge $x_n = g(x_{n-1})$ gegen die Lösung $\xi = 1$ der Gleichung $x = g(x)$ konvergiert. Wir erhalten:

$$x_1 = 0,$$

$$x_2 = g(x_1) = \frac{4}{5},$$

$$x_3 = g(x_2) = \frac{\frac{16}{25} + 4}{5} = \frac{116}{125},$$

$$x_4 = g(x_3) = \frac{\frac{13\,456}{15\,625} + 4}{5} = \frac{75\,956}{78\,125}.$$

Dies ist schon eine sehr gute Annäherung an die Lösung $\xi = 1$.

Bemerkung: Man kann zeigen, daß das g-Verfahren sicher nicht konvergiert, wenn gilt:

$$\min_{[a,\, b]} |g'(x)| > 1.$$

7.3 Das Newtonsche Verfahren

Das Newtonsche Verfahren ist der durch Satz 7.2.1 **(2)** gegebene Sonderfall des g-Verfahrens.

Definition 7.3.1: Es sei f stetig differenzierbar auf $[a, b]$, es sei $f'(x) \neq 0$ auf $[a, b]$ und $x_1 \in [a, b]$. Ist für ein $n \in \mathbb{N}$ der Wert $x_n \in [a, b]$ bestimmt, so setzen wir

$$x_{n+1} = x_n - \frac{f(x_n)}{f'(x_n)}.$$

Dieses Verfahren heißt das Newtonsche Verfahren.

Das so definierte Verfahren besitzt wieder eine sehr anschauliche Deutung: Ist x_n bekannt, so bestimmt man x_{n+1} als die Nullstelle der durch $(x_n, f(x_n))$ gehenden Tangente von f (Abb. 7.3.1):

$$T(x) = f(x_n) + (x - x_n) \cdot f'(x_n).$$

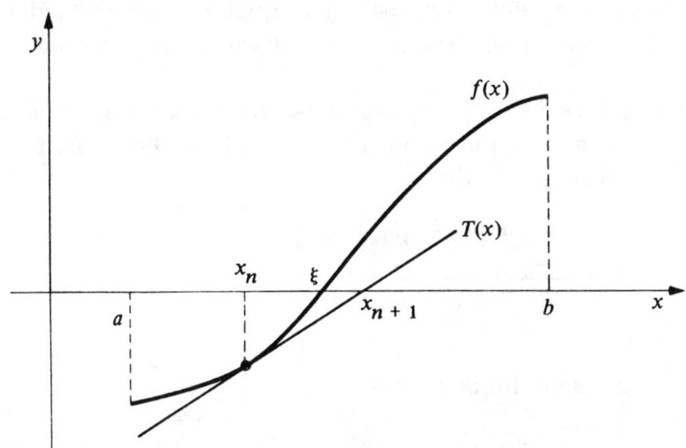

Abb. 7.3.1

Für die Konvergenz des NEWTON-Verfahrens gilt:

Satz 7.3.1: Es sei f auf $[a, b]$ zweimal stetig differenzierbar, es sei $f'(x) \neq 0$ auf $[a, b]$, $x_1 \in [a, b]$ und $x_{n+1} \in [a, b]$ für alle $n \in \mathbb{N}$. Dann folgt aus:

$$\gamma = \max_{[a,\, b]} \left| \frac{f(x) \cdot f''(x)}{(f'(x))^2} \right| < 1:$$

(1) Die Folge $\{x_n\}$ konvergiert.

(2) Ist $\xi = \lim\limits_{n \to \infty} x_n$, so gilt für alle $n \in \mathbb{N}$

$$|x_{n+1} - \xi| \leqslant \gamma^n \cdot |x_1 - \xi|.$$

(3) ξ ist auf $[a, b]$ die einzige Lösung von $f(x) = 0$.

Beweis: Setzen wir $g(x) = x - \dfrac{f(x)}{f'(x)}$, so gilt

$$g'(x) = 1 - \frac{(f'(x))^2 - f(x) f''(x)}{(f'(x))^2} = \frac{f(x) f''(x)}{(f'(x))^2}.$$

Hieraus folgen die Aussagen mittels Satz 7.2.1 und Satz 7.2.2.

Unter Benutzung der TAYLORschen Formel können wir jedoch eine in vielen Fällen wesentlich bessere Fehlerabschätzung gewinnen.

Satz 7.3.2: Es sei f auf $[a, b]$ zweimal stetig differenzierbar, $f'(x) \neq 0$ auf $[a, b]$, $x_1 \in [a, b]$ und $x_{n+1} \in [a, b]$ für alle $n \in \mathbb{N}$. Für $\xi \in [a, b]$ sei $f(\xi) = 0$. Mit

$$M = \frac{\max\limits_{[a,b]} |f'(x)|^2 \cdot \max\limits_{[a,b]} |f''(x)|}{2 \cdot \min\limits_{[a,b]} |f'(x)|^3}$$

gilt dann für alle $n \in \mathbb{N}$

$$|x_{n+1} - \xi| \leqslant M \cdot |x_n - \xi|^2.$$

Beweis: Wir wenden mehrfach die TAYLORsche Formel an:

1. Die Entwicklung um x_n liefert mit einem $\Theta \in (0, 1)$:

$$f(x_{n+1}) = f(x_n) + (x_{n+1} - x_n) \cdot f'(x_n) + $$
$$+ \frac{1}{2}(x_{n+1} - x_n)^2 \cdot f''(x_n + \Theta(x_{n+1} - x_n)) =$$
$$= \frac{1}{2}\left\{\frac{f(x_n)}{f'(x_n)}\right\}^2 \cdot f''(x_n + \Theta(x_{n+1} - x_n)).$$

2. Die Entwicklung um ξ liefert wegen $f(\xi) = 0$ mit $\Theta', \Theta'' \in (0, 1)$:

$$f(x_n) = (x_n - \xi) \cdot f'(x_n + \Theta'(x_n - \xi)),$$
$$f(x_{n+1}) = (x_{n+1} - \xi) \cdot f'(x_{n+1} + \Theta''(x_{n+1} - \xi)).$$

3. Durch Einsetzen folgt hieraus:

$$x_{n+1} - \xi = \frac{f(x_{n+1})}{f'(x_{n+1} + \Theta''(x_{n+1} - \xi))} =$$

$$= \frac{1}{2}\left\{\frac{f(x_n)}{f'(x_n)}\right\}^2 \cdot \frac{f''(x_n + \Theta(x_{n+1} - x_n))}{f'(x_{n+1} + \Theta''(x_{n+1} - \xi))} =$$

$$= \frac{1}{2}(x_n - \xi)^2 \cdot \left\{ \frac{f'(x_n + \Theta'(x_n - \xi))}{f'(x_n)} \right\}^2 \cdot \frac{f''(x_n + \Theta(x_{n+1} - x_n))}{f'(x_{n+1} + \Theta''(x_{n+1} - \xi))}.$$

Dies ergibt $|x_{n+1} - \xi| \leq M \cdot |x_n - \xi|^2$.

Konvergiert also das NEWTON-Verfahren, so erhält man (im Falle einer einfachen Nullstelle) aus Satz 7.3.2 eine erheblich bessere Konvergenzgeschwindigkeit als mit Hilfe von Satz 7.3.1.

Gilt:

$$|x_{n+1} - \xi| \leq M\,|x_n - \xi|,$$

so spricht man von einer linearen Konvergenz, gilt:

$$|x_{n+1} - \xi| \leq M\,|x_n - \xi|^2,$$

so spricht man von quadratischer Konvergenz. Bei linearer Konvergenz ist also das Verhältnis zweier aufeinanderfolgender Fehler nur beschränkt, während es bei quadratischer Konvergenz um den Faktor $M\,|x_n - \xi|$ abnimmt; hier nähern sich die Glieder der Folge x_n dem Grenzwert ξ sehr viel schneller. Dieses Verhalten zeigt also das NEWTON-Verfahren.

Bemerkung: Aus der Ungleichung $|x_{n+1} - \xi| \leq M \cdot |x_n - \xi|^2$, die wir im Satz 7.3.2 bewiesen haben, ergibt sich mit vollständiger Induktion unmittelbar die Fehlerabschätzung

$$|x_{n+1} - \xi| \leq M^{2^n - 1} \cdot |x_1 - \xi|^{2^n} \quad \text{für alle } n \in \mathbb{N}_0.$$

Beispiel 1: Wir betrachten wieder die Gleichung $f(x) = x^2 - 5x + 4 = 0$. Es gilt: $f'(x) = 2x - 5$, die NEWTONschen Iterationen sind daher:

$$x_{n+1} = x_n - \frac{f(x_n)}{f'(x_n)} = x_n - \frac{x_n^2 - 5x_n + 4}{2x_n - 5} = \frac{4 - x_n^2}{5 - 2x_n}.$$

Mit $x_1 = 0$ ergibt sich also:

$$x_2 = \frac{4}{5},$$

$$x_3 = \frac{84}{85} = 1 - \frac{1}{85},$$

$$x_4 = \frac{21\,844}{21\,845} = 1 - \frac{1}{21\,845},$$

$$\vdots$$

Beispiel 2: Wir suchen im Intervall [1, 1.5] die Lösung der Gleichung $f(x) = x^2 - 2 = 0$. Mit $f'(x) = 2x$ erhalten wir für die Näherungen beim NEWTON-Verfahren

$$x_{n+1} = x_n - \frac{f(x_n)}{f'(x_n)} = x_n - \frac{x_n^2 - 2}{2x_n} = \frac{1}{2}x_n + \frac{1}{x_n}.$$

Für $x_1 = 1$ haben wir diese Folge bereits in 1.8 untersucht; aus den dort bewiesenen Ungleichungen ergibt sich insbesondere $1 \leqslant x_n \leqslant 1{,}5$ für alle $n \in \mathbb{N}$ und $\lim_{n \to \infty} x_n = \sqrt{2}$. Mit $f''(x) = 2$ erhalten wir:

$$M = \frac{\max\limits_{[1,\,1.5]} |f'(x)|^2 \cdot \max\limits_{[1,\,1.5]} |f''(x)|}{2 \cdot \min\limits_{[1,\,1.5]} |f'(x)|^3} = \frac{3^2 \cdot 2}{2 \cdot 2^3} = \frac{9}{8}.$$

Mit der obigen Bemerkung ergibt sich also die folgende (grobe) Fehlerabschätzung

$$|x_{n+1} - \sqrt{2}| \leqslant \left(\frac{9}{8}\right)^{2^n - 1} \cdot \left(\frac{1}{2}\right)^{2^n} = \frac{8}{9}\left(\frac{9}{16}\right)^{2^n}.$$

Für $n = 4$ erhalten wir daher speziell

$$|x_5 - \sqrt{2}| \leqslant \frac{8}{9} \cdot \left(\frac{9}{16}\right)^{16} < 10^{-3}$$

(tatsächlich ergibt sich eine ganz erheblich bessere Fehlerabschätzung).

Wir berechnen:

$$x_1 = 1,$$

$$x_2 = \frac{3}{2} = 1{,}5,$$

$$x_3 = \frac{17}{12} = 1{,}41\overline{6},$$

$$x_4 = \frac{577}{408} = 1{,}414\,215\,686\ldots,$$

$$x_5 = \frac{665\,857}{470\,832} = 1{,}414\,213\,562\ldots.$$

Der präzise Wert ist $\sqrt{2} = 1{,}414\,213\,562\ldots$.

Übungsaufgaben:

1. Durch Anwendung des NEWTON-Verfahrens bestimme man näherungsweise eine Lösung von $x \cdot \log_{10} x - 1 = 0$.

2. Die Funktion g sei auf $[a, b]$ stetig differenzierbar, es sei $x_1 \in [a, b]$ und $g(x_n) = x_{n+1} \in [a, b]$ für alle $n \in \mathbb{N}$. Außerdem gelte: $-1 < g'(x) < 0$ für alle $x \in [a, b]$. Man beweise:

   a) Die Folge $\{x_n\}$ konvergiert gegen ein $\xi \in [a, b]$ mit $\xi = g(\xi)$.

   b) Ist $x_1 < \xi$, so ist $\{x_{2n+1}\}$ streng monoton wachsend, $\{x_{2n}\}$ streng monoton fallend.

3. Es seien a und b reelle Zahlen, $|b| < 1$. Man beweise, daß die Gleichung $x = a - b \sin x$ im Intervall $[a - \pi, a + \pi]$ genau eine Lösung hat.

4. Es sei $a > 0$. Man zeige: bei beliebigem $x_1 > 0$ konvergiert die Folge $\{x_n\}$ mit

   $$x_{n+1} = \frac{1}{2}\left(x_n + \frac{a}{x_n}\right)$$

   gegen $\sqrt{a}$ (Babylonisches Wurzelziehen).

7.4 Das Interpolationsproblem

In den Anwendungen stellt sich sehr oft das sog. Interpolationsproblem, das wir hier als erstes definieren wollen.

Definition 7.4.1: Für eine natürliche Zahl n seien $n+1$ verschiedene Zahlen (Stützstellen): $\{x_i\}_0^n$ und $n+1$ beliebige Zahlen (Stützwerte): $\{y_i\}_0^n$ vorgegeben. Ein Polynom P vom Grade $\leqslant n$ mit $P(x_i) = y_i$ $(i = 0, 1, \ldots, n)$ heißt Lösung des Interpolationsproblems $\{(x_i, y_i)\}_0^n$.

Zur weiteren Behandlung dieses Problems benötigen wir folgenden wichtigen Satz über Polynome.

Satz 7.4.1: Ein Polynom vom Grad $n \in \mathbb{N}$ hat höchstens n verschiedene reelle Nullstellen.

Beweis: Wir gehen induktiv vor:

1. Ein Polynom vom Grad 1 hat trivialerweise genau eine Nullstelle.
2. Wir nehmen an, daß für ein $n > 1$ jedes Polynom vom Grad $n-1$ höchstens $n-1$ Nullstellen hat.

   Es sei P ein Polynom vom Grad n und x_0 eine Nullstelle von P. Aus dem TAYLORschen Satz für Polynome folgt dann wegen $P(x_0) = 0$:

$$P(x) = \sum_{\nu=1}^{n} \frac{P^{(\nu)}(x_0)}{\nu!}(x-x_0)^\nu = (x-x_0)\cdot Q(x)$$

   mit einem Polynom Q vom Grad $n-1$. Da Q höchstens $n-1$ Nullstellen hat, besitzt P höchstens n Nullstellen.

Man beachte, daß es Polynome gibt, die keine reellen Nullstellen besitzen. So hat etwa das Polynom $1+x^2$ vom Grad 2 keine reelle Nullstelle.

Mit Hilfe von Satz 7.4.1 können wir nun beweisen, daß es höchstens eine Lösung eines Interpolationsproblems geben kann.

Satz 7.4.2: Für $n \in \mathbb{N}$ hat ein Interpolationsproblem $\{(x_i, y_i)\}_0^n$ höchstens eine Lösung.

Beweis: Wir nehmen an, das Interpolationsproblem $\{(x_i, y_i)\}_0^n$ habe zwei Lösungen. Dann gibt es Polynome P_1, P_2 vom Grad $\leqslant n$ mit

$$P_1(x_i) = P_2(x_i) = y_i \quad (i = 0, 1, \ldots, n).$$

Das Polynom $Q(x) = P_1(x) - P_2(x)$ vom Grad $\leqslant n$ hat daher die $n+1$ Nullstellen x_i $(i = 0, 1, \ldots, n)$. Aus Satz 7.4.1 folgt, daß für alle $x \in \mathbb{R}$ $Q(x) = 0$, d.h. $P_1(x) = P_2(x)$ sein muß.

In den beiden folgenden Paragraphen werden wir die Existenz einer Lösung eines beliebigen Interpolationsproblems beweisen.

7.5 Die LAGRANGEsche Interpolationsmethode

Satz 7.5.1: Es sei $\{(x_i, y_i)\}_0^n$ ein beliebiges Interpolationsproblem. Dann ist das LAGRANGE-Polynom:

$$L(x) = \sum_{i=0}^{n} y_i \cdot L_i(x)$$

mit

$$L_i(x) = \prod_{\substack{k=0 \\ k \neq i}}^{n} \frac{x - x_k}{x_i - x_k} \quad (i = 0, 1, \ldots, n)$$

die Lösung des Interpolationsproblems.

Beweis:

1. Jedes $L_i(x)$ ist ein Polynom vom Grad n, daher ist $L(x)$ ein Polynom vom Grad $\leqslant n$.
2. Es gilt $L_k(x_k) = 1$, $L_i(x_k) = 0$ für $k \neq i$. Also gilt für $k = 0, 1, \ldots, n$:

$$L(x_k) = \sum_{i=0}^{n} y_i L_i(x_k) = y_k L_k(x_k) = y_k.$$

Bemerkung: Ein Nachteil der LAGRANGEschen Methode besteht darin, daß die Berechnung der Polynome L_i umständlich ist. Hat man allerdings einmal für einen festen Satz von Stützstellen $\{x_i\}_0^n$ diese Polynome berechnet, so kann man mühelos für beliebige Sätze von Stützwerten

$\{y_i\}_0^n$ das Interpolationspolynom bestimmen. Ein weiterer Nachteil der LAGRANGEschen Methode liegt darin, daß man alle Polynome L_i neu berechnen muß, wenn man eine weitere Stützstelle hinzunimmt.

Beispiel: Es sei das Interpolationsproblem $(-1,\ 15)$, $(2,\ 6)$, $(4,\ 10)$ gegeben. Wir erhalten:

$$L_0(x) = \frac{(x-2)(x-4)}{(-3)(-5)} = \frac{1}{15}(x^2 - 6x + 8),$$

$$L_1(x) = \frac{(x+1)(x-4)}{3 \cdot (-2)} = -\frac{1}{6}(x^2 - 3x - 4),$$

$$L_2(x) = \frac{(x+1)(x-2)}{5 \cdot 2} = \frac{1}{10}(x^2 - x - 2).$$

Daher lautet das LAGRANGE-Polynom:

$$\begin{aligned} P(x) &= 15 \cdot L_0(x) + 6 \cdot L_1(x) + 10 \cdot L_2(x) = \\ &= (x^2 - 6x + 8) - (x^2 - 3x - 4) + (x^2 - x - 2) = \\ &= x^2 - 4x + 10. \end{aligned}$$

7.6 Die NEWTONsche Interpolationsmethode

Die NEWTONsche Methode ermöglicht eine sehr schnelle Berechnung des Interpolationspolynoms. Sie beruht auf dem Begriff der sog. Steigungen, die wir in folgender Weise rekursiv definieren:

Definition 7.6.1: Es sei $\{(x_i,\ y_i)\}_0^n$ ein beliebiges Interpolationsproblem. Wir setzen:

(1) Für $0 \leqslant i \leqslant n$: $[x_i] = y_i$;

(2) für $0 \leqslant i < k \leqslant n$:

$$[x_i x_{i+1} \ldots x_k] = \frac{[x_{i+1} \ldots x_k] - [x_i \ldots x_{k-1}]}{x_k - x_i}.$$

Diese Zahlen heißen Steigungen des Interpolationsproblems.

Man kann die Steigungen bequem an Hand des Steigungsschemas berechnen:

Steigungsschema

						1. Steigungen		2. Steigungen		3. Steigungen
			x_0	y_0						
		$x_1 - x_0$			$y_1 - y_0$	$[x_0x_1] = \frac{y_1 - y_0}{x_1 - x_0}$				
	$x_2 - x_0$		x_1	y_1			$[x_1x_2] - [x_0x_1]$	$[x_0x_1x_2] = \frac{[x_1x_2] - [x_0x_1]}{x_2 - x_0}$		
$x_3 - x_0$		$x_2 - x_1$			$y_2 - y_1$	$[x_1x_2] = \frac{y_2 - y_1}{x_2 - x_1}$			$[x_1x_2x_3] - [x_0x_1x_2]$	$[x_0x_1x_2x_3] = \frac{[x_1x_2x_3] - [x_0x_1x_2]}{x_3 - x_0}$
	$x_3 - x_1$		x_2	y_2			$[x_2x_3] - [x_1x_2]$	$[x_1x_2x_3] = \frac{[x_2x_3] - [x_1x_2]}{x_3 - x_1}$		
$x_4 - x_1$		$x_3 - x_2$			$y_3 - y_2$	$[x_2x_3] = \frac{y_3 - y_2}{x_3 - x_2}$			$[x_2x_3x_4] - [x_1x_2x_3]$	$[x_1x_2x_3x_4] = \frac{[x_2x_3x_4] - [x_1x_2x_3]}{x_4 - x_1}$
	$x_4 - x_2$		x_3	y_3			$[x_3x_4] - [x_2x_3]$	$[x_2x_3x_4] = \frac{[x_3x_4] - [x_2x_3]}{x_4 - x_2}$		
		$x_4 - x_3$			$y_4 - y_3$	$[x_3x_4] = \frac{y_4 - y_3}{x_4 - x_3}$				
			x_4	y_4						

Die Steigungen, welche rekursiv definiert sind, haben folgende explizite Darstellung:

Satz 7.6.1: Es sei $\{(x_i, y_i)\}_0^n$ ein beliebiges Interpolationsproblem. Setzen wir für $0 \leqslant i < k \leqslant n$:

$$\omega_{i,k}(x) = \prod_{l=i}^{k} (x - x_l),$$

so gilt:

$$[x_i \ldots x_k] = \sum_{j=i}^{k} \frac{y_j}{\omega'_{i,k}(x_j)}.$$

Beweis:

1. Für $0 \leqslant i < k \leqslant n$ und $i \leqslant j \leqslant k$ gilt offenbar

$$\omega'_{i,k}(x_j) = \prod_{\substack{l=i \\ l \neq j}}^{k} (x_j - x_l).$$

2. Für $0 \leqslant i < n$ gilt

$$[x_i x_{i+1}] = \frac{[x_{i+1}] - [x_i]}{x_{i+1} - x_i} = \frac{y_{i+1}}{x_{i+1} - x_i} + \frac{y_i}{x_i - x_{i+1}} =$$

$$= \sum_{j=i}^{i+1} \frac{y_j}{\omega'_{i,i+1}(x_j)}.$$

3. Wir nehmen an, der Satz sei bewiesen für i, k mit $0 \leqslant i < k \leqslant n-1$. Dann folgt:

$$[x_i \ldots x_{k+1}] = \frac{[x_{i+1} \ldots x_{k+1}] - [x_i \ldots x_k]}{x_{k+1} - x_i} =$$

$$= \frac{1}{x_{k+1} - x_i} \cdot \left\{ \sum_{j=i+1}^{k+1} \frac{y_j}{\prod\limits_{\substack{l=i+1 \\ l \neq j}}^{k+1} (x_j - x_l)} - \sum_{j=i}^{k} \frac{y_j}{\prod\limits_{\substack{l=i \\ l \neq j}}^{k} (x_j - x_l)} \right\} =$$

$$= \frac{1}{x_{k+1} - x_i} \cdot \sum_{j=i+1}^{k} \frac{1}{\prod\limits_{\substack{l=i+1 \\ i \neq j}}^{k} (x_j - x_l)} \cdot \left\{ \frac{y_j}{x_j - x_{k+1}} - \frac{y_j}{x_j - x_i} \right\} +$$

$$+ \frac{y_{k+1}}{\prod\limits_{l=i}^{k} (x_{k+1} - x_l)} + \frac{y_i}{\prod\limits_{l=i+1}^{k+1} (x_i - x_l)} =$$

$$= \sum_{j=i}^{k+1} \frac{y_j}{\prod\limits_{\substack{l=i \\ l \neq j}}^{k+1} (x_j - x_l)} = \sum_{j=i}^{k+1} \frac{y_j}{\omega'_{i,\,k+1}(x_j)}$$

weil

$$\frac{1}{x_{k+1} - x_i} \cdot \left\{ \frac{y_j}{x_j - x_{k+1}} - \frac{y_j}{x_j - x_i} \right\} = \frac{y_j(x_j - x_i) - y_j(x_j - x_{k+1})}{(x_{k+1} - x_i)(x_j - x_{k+1})(x_j - x_i)} =$$

$$= \frac{y_j}{(x_j - x_{k+1})(x_j - x_i)}$$

ist.

Aus diesem Satz folgt insbesondere die wichtige Tatsache, daß eine Steigung $[x_i \ldots x_k]$ von der Reihenfolge der Stützstellen unabhängig ist.

Damit sind wir in der Lage, die NEWTONsche Interpolationsformel zu beweisen.

Satz 7.6.2: Es sei $\{(x_i, y_i)\}_0^n$ ein beliebiges Interpolationsproblem. Dann ist das NEWTON-Polynom:

$$N(x) = [x_0] + [x_0 x_1](x - x_0) + [x_0 x_1 x_2](x - x_0)(x - x_1) + \cdots +$$
$$+ [x_0 x_1 \ldots x_n](x - x_0)(x - x_1) \cdots (x - x_{n-1})$$

Lösung des Interpolationsproblems.

Beweis: Es sei $0 \leqslant k \leqslant n$. Wir haben zu zeigen $N(x_k) = y_k$, d.h.:

$$[x_0] + [x_0 x_1](x_k - x_0) + \cdots$$
$$+ [x_0 x_1 \cdots x_k](x_k - x_0)(x_k - x_1) \cdots (x_k - x_{k-1}) = [x_k].$$

Nach Definition der Steigungen ergibt sich:

$$[x_0 \ldots x_k] =$$
$$= [x_k x_0 \ldots x_{k-1}] = -\frac{[x_0 \ldots x_{k-1}]}{x_k - x_{k-1}} + \frac{[x_k x_0 \ldots x_{k-2}]}{x_k - x_{k-1}},$$

$$\frac{[x_k x_0 \ldots x_{k-2}]}{x_k - x_{k-1}} =$$
$$= -\frac{[x_0 \ldots x_{k-2}]}{(x_k - x_{k-1})(x_k - x_{k-2})} + \frac{[x_k x_0 \ldots x_{k-3}]}{(x_k - x_{k-1})(x_k - x_{k-2})},$$

$$\vdots$$

$$\frac{[x_k x_0]}{(x_k - x_{k-1}) \cdots (x_k - x_1)} =$$
$$= -\frac{[x_0]}{(x_k - x_{k-1}) \cdots (x_k - x_0)} + \frac{[x_k]}{(x_k - x_{k-1}) \cdots (x_k - x_0)}.$$

Setzen wir rückwärts wieder ein, so erhalten wir:

$$[x_k] = [x_0] + [x_0 x_1](x_k - x_0) + \cdots +$$
$$+ [x_0 \ldots x_{k-1}](x_k - x_0) \cdots (x_k - x_{k-2}) +$$
$$+ [x_0 \ldots x_k](x_k - x_{k-1}) \cdots (x_k - x_0).$$

Bemerkung: Zur Aufstellung des NEWTONschen Interpolationspolynoms werden nur die im Steigungsschema fettgedruckten Werte benötigt.

Beispiel: Wir betrachten wieder das Interpolationsproblem $(-1, 15)$, $(2, 6)$, $(4, 10)$.

Das Steigungsschema für das angegebene Beispiel hat die Form:

		−1	**15**				
	3			−9	**−3**		
5		2	6			5	**1**
	2			4	2		
		4	10				

Also gilt:

$$P(x) = 15 - 3(x+1) + (x+1)(x-2) = x^2 - 4x + 10.$$

7.7 Fehlerabschätzung bei Approximation durch Interpolation

Wir wollen jetzt eine Anwendung der Interpolation auf die Approximation einer vorgegebenen Funktion behandeln. Dazu sei f auf einem Intervall $[a,\ b]$ definiert; wir betrachten das Interpolationsproblem $\{(x_i,\ f(x_i))\}_0^n$ mit $x_i \in [a,\ b]$ für $0 \leqslant i \leqslant n$. Das hierdurch eindeutig definierte Interpolationspolynom vom Grad $\leqslant n$ sei mit P_n bezeichnet.

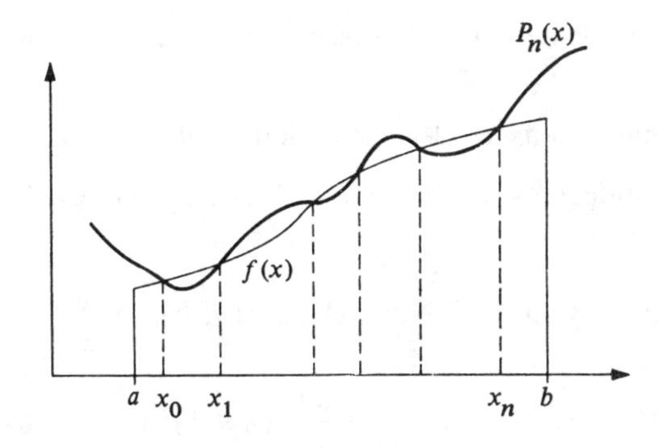

Abb. 7.7.1

In vielen Anwendungen, etwa bei der numerischen Integration, versucht man f durch P_n zu ersetzen. Dabei ist es wichtig, den Fehler

$$R_n(x) = f(x) - P_n(x)$$

auf $[a, b]$ abzuschätzen. Wir zeigen hierzu:

Satz 7.7.1: Es sei f auf $[a, b]$ mindestens $(n+1)$-mal stetig differenzierbar. Dann gilt auf $[a, b]$:

$$|R_n(x)| \leqslant \frac{1}{(n+1)!} \max_{[a,b]} |f^{(n+1)}(x)| \cdot \max_{[a,b]} \left| \prod_{i=0}^{n} (x - x_i) \right|.$$

Beweis: Die Funktion $\omega_{n+1}(x) = \prod_{i=0}^{n} (x - x_i)$ ist ein Polynom vom Grad $n+1$. Es gilt $\omega_{n+1}^{(n+1)}(x) = (n+1)!$ auf $[a, b]$. Für ein festes $x \in [a, b]$, $x \neq x_i$ $(i = 0, \ldots, n)$ betrachten wir für $t \in [a, b]$ die Hilfsfunktion:

$$r_n(t) = R_n(t) - \frac{R_n(x)}{\omega_{n+1}(x)} \cdot \omega_{n+1}(t).$$

Diese Funktion ist $(n+1)$-mal stetig differenzierbar auf $[a, b]$, und es gilt

$$r_n(x_i) = R_n(x_i) - \frac{R_n(x)}{\omega_{n+1}(x)} \cdot \omega_{n+1}(x_i) = 0, \quad i = 0, 1, \ldots, n;$$

$$r_n(x) = R_n(x) - \frac{R_n(x)}{\omega_{n+1}(x)} \cdot \omega_{n+1}(x) = 0.$$

Also hat $r_n(t)$ mindestens $n+2$ verschiedene Nullstellen in $[a, b]$. Aus dem Satz von ROLLE folgt daher:

$r_n'(t)$ hat mindestens $n+1$ verschiedene Nullstellen in (a, b),

$r_n''(t)$ hat mindestens n verschiedene Nullstellen in (a, b),

...

$r_n^{(n+1)}(t)$ hat mindestens eine Nullstelle $\xi \in (a, b)$.

Aus:

$$r_n^{(n+1)}(t) = f^{(n+1)}(t) - \frac{R_n(x)}{\omega_{n+1}(x)} (n+1)!$$

folgt:

$$R_n(x) = \frac{1}{(n+1)!} \cdot f^{(n+1)}(\xi) \cdot \omega_{n+1}(x)$$

und hieraus

$$|R_n(x)| \leqslant \frac{1}{(n+1)!} \max_{[a,\, b]} |f^{(n+1)}(x)| \cdot \prod_{i=0}^{n} |x - x_i|. \tag{1}$$

Trivialerweise gilt dies auch für $x = x_i$ $(i = 0, 1, \ldots, n)$. Hieraus folgt die Abschätzung.

Bemerkung: Die rechte Seite der Abschätzung setzt sich im wesentlichen aus zwei Faktoren zusammen, von denen :

$\max\limits_{[a,\, b]} |f^{(n+1)}(x)|$ unabhängig von den Stützstellen,

$\max\limits_{[a,\, b]} |\omega_{n+1}(x)|$ unabhängig von der speziellen Funktion ist.

Man muß also darauf bedacht sein, den Ausdruck

$$\max_{[a,\, b]} |\omega_{n+1}(x)|$$

durch geeignete Wahl der Stützstellen zu minimalisieren. Für den Sonderfall, daß das betrachtete Intervall $[-1, 1]$ ist, kann man zeigen, daß diese Eigenschaft gerade die Nullstellen der sogenannten TSCHEBISCHEFF-Polynome vom Grad $n + 1$:

$$T_{n+1}(x) = \frac{1}{2^n} \cdot \cos\left[(n+1) \cdot \arccos x\right]$$

haben. Diese Nullstellen sind gegeben durch:

$$x_i = \cos \frac{\pi\,(2i+1)}{2\,(n+1)}, \qquad i = 0, 1, \ldots, n.$$

Übungsaufgaben:

1. Man löse das Interpolationsproblem $(-1, 0), (0, 2), (1, 4), (3, 32)$ auf zwei verschiedene Arten.
2. Man berechne für die Interpolationsprobleme
   a) $(1, 3), (0, 2), (-1, 1), (-2, -36), (2, 16)$;
   b) $(-2, -36), (2, 16), (0, 2), (-1, 1), (1, 3)$
   die Steigungstafeln und die zugehörigen NEWTON-Polynome.
3. Man betrachte die Funktion $f(x) = x^4$ auf $[-2, 2]$ und das zu den Stützwerten $-1, 0, 1, 2$ gehörige Interpolationspolynom P. Man berechne $\max\limits_{[-2,2]} |f(x) - P(x)|$ und vergleiche dies mit der im Satz 7.7.1 gegebenen Abschätzung.

7.8 Numerische Integration durch Interpolation

In vielen Fällen ist ein Integral $\int\limits_a^b f(x)\,dx$ nicht mit Hilfe einer Stammfunktion zu berechnen. Wir wollen deshalb hier die elementaren Methoden zur numerischen Berechnung von Integralen behandeln.

Es sei $a = x_0 < x_1 < \cdots < x_n = b$ und das Polynom P sei die Lösung des Interpolationsproblems $\{(x_i, f(x_i))\}_0^n$. Wir schreiben P in der LAGRANGEschen Form:

$$P(x) = \sum_{i=0}^{n} f(x_i) \cdot L_i(x).$$

Setzen wir $\lambda_i = \int\limits_a^b L_i(x)\,dx$, $(i = 0, 1, \dots, n)$, so liefert

$$I(P) = \int_a^b P(x)\,dx = \sum_{i=0}^{n} \lambda_i f(x_i)$$

einen Näherungswert für $\int\limits_a^b f(x)\,dx$. Die Werte λ_i sind hierbei nur von der Lage der Stützstellen $\{x_i\}_0^n$, aber nicht von der betrachteten Funktion f abhängig. Sie haben folgende wichtige Eigenschaft:

Satz 7.8.1: Es gilt $\sum_{i=0}^{n} \lambda_i = b - a$.

Beweis: Wir betrachten die Funktion $f(x) = 1$ auf $[a, b]$. Dann ist auch $P(x) = 1$ auf $[a, b]$, und es ergibt sich:

$$b - a = \int_a^b f(x)\,dx = \int_a^b P(x)\,dx = \sum_{i=0}^{n} \lambda_i.$$

Wir zeigen nun eine Abschätzung für den Fehler, den wir begehen, wenn wir $\int_a^b f(x)\,dx$ durch $I(P)$ ersetzen.

Satz 7.8.2: Es sei f auf $[a, b]$ mindestens $(n+1)$-mal differenzierbar. Dann gilt:

$$\left| \int_a^b f(x)\,dx - I(P) \right| \leqslant \frac{1}{(n+1)!} \cdot \max_{[a,\,b]} |f^{(n+1)}(x)| \cdot \int_a^b \left(\prod_{i=0}^{n} |x - x_i| \right) dx.$$

Beweis: Wegen

$$\left| \int_a^b f(x)\,dx - \int_a^b P(x)\,dx \right| \leqslant \int_a^b |f(x) - P(x)|\,dx$$

folgt unsere Behauptung sofort aus Formel (1) im Beweis zu Satz 7.7.1.

7.9 Die Trapez- und SIMPSON- Formel

Wir behandeln nun die beiden wichtigsten Spezialfälle der allgemeinen Formeln.

Satz 7.9.1: Im Falle $n = 1$ erhalten wir die sog. Trapezformel:

$$I_T = \frac{b-a}{2} \cdot \{f(a) + f(b)\}.$$

Beweis:

1. Es ist $L_0(x) = \dfrac{x - x_1}{x_0 - x_1} = \dfrac{x - b}{a - b}$, also:

$$\lambda_0 = \frac{-1}{b-a} \cdot \int_a^b (x-b)\,dx = \frac{b-a}{2}.$$

Aus Satz 7.8.1 folgt: $\lambda_1 = b - a - \lambda_0 = \dfrac{b-a}{2}$.

2. Mit 1. ergibt sich für die Näherungsformel

$$I_T = \lambda_0 f(x_0) + \lambda_1 f(x_1) = \frac{b-a}{2}\{f(a) + f(b)\}.$$

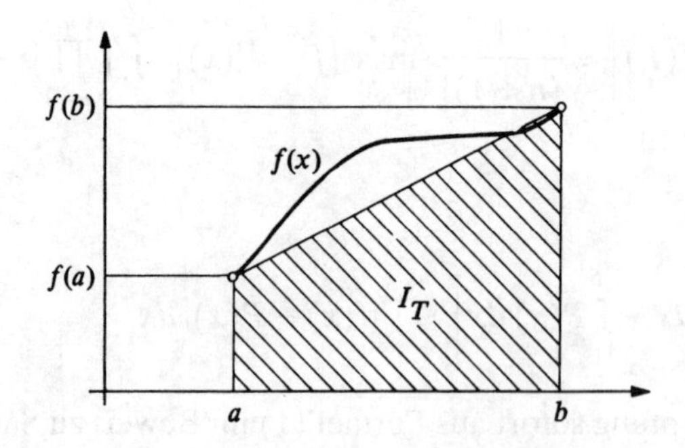

Abb. 7.9.1

Diese Trapezformel besagt anschaulich, daß das Integral durch den Flächeninhalt des Trapezes ersetzt wird, welches mit den Punkten $(a, 0)$, $(a, f(a))$, $(b, f(b))$, $(b, 0)$ gebildet wird.
Für diese Trapezformel erhalten wir folgende Fehlerabschätzung:

Satz 7.9.2: Es sei f auf $[a, b]$ zweimal stetig differenzierbar. Dann gilt:

$$\left| \int_a^b f(x)\,dx - I_T \right| \leqslant \frac{(b-a)^3}{12} \cdot \max_{[a,\,b]} |f''(x)|.$$

Beweis: Aus Satz 7.8.2 folgt:

$$\left|\int_a^b f(x)\,dx - I_T\right| \leqslant \frac{1}{2!}\cdot\max_{[a,\,b]}|f''(x)|\cdot\int_a^b |x-x_0|\,|x-x_1|\,dx =$$

$$= \frac{1}{2!}\cdot\max_{[a,\,b]}|f''(x)|\cdot\int_a^b (x-a)\,(b-x)\,dx =$$

$$= \frac{1}{12}\cdot\max_{[a,\,b]}|f''(x)|\cdot(b-a)^3.$$

Als nächstes untersuchen wir die Näherungsformel, welche sich im Falle $n=2$ bei äquidistanter Zerlegung: $x_0=a$, $x_1=\frac{1}{2}(a+b)$, $x_2=b$ des Intervalls $[a,\,b]$ ergibt.

Satz 7.9.3: Im Falle $n=2$ erhalten wir bei äquidistanter Zerlegung die sog. SIMPSON-Formel:

$$I_S = \frac{b-a}{6}\cdot\left\{f(a)+4\cdot f\left(\frac{a+b}{2}\right)+f(b)\right\}.$$

Beweis: Wir setzen $h=\dfrac{b-a}{2}$, $x_1=\dfrac{a+b}{2}$.

1. a) Es ist $L_0(x)=\dfrac{(x-x_1)\,(x-x_2)}{(x_0-x_1)\,(x_0-x_2)}=\dfrac{1}{2h^2}\cdot(x-x_1)\,(x-x_1-h)$.

   Hieraus folgt mit der Substitution $x=x_1+t\cdot h$:

$$\lambda_0=\int_a^b L_0(x)\,dx=\frac{h^3}{2h^2}\cdot\int_{-1}^{1} t(t-1)\,dt=\frac{h}{3}.$$

   b) Analog folgt $\lambda_2=\dfrac{h}{3}$.

   c) Aus $\lambda_0+\lambda_1+\lambda_2=b-a=2h$ ergibt sich $\lambda_1=\dfrac{4h}{3}$.

2. Mit 1. ergibt sich die Näherungsformel

$$I_S = \sum_{i=0}^{2} \lambda_i f(x_i) = \frac{h}{3}\{f(x_0) + 4f(x_1) + f(x_2)\} =$$

$$= \frac{b-a}{6} \cdot \left\{ f(a) + 4 \cdot f\left(\frac{a+b}{2}\right) + f(b) \right\}.$$

Die SIMPSON-Formel (auch KEPLERsche Faßregel genannt), die sich durch Einfachheit und große Genauigkeit auszeichnet, gibt anschaulich den Flächeninhalt unterhalb der Parabel durch die Punkte

$$(a, f(a)), \left(\frac{a+b}{2}, f\left(\frac{a+b}{2}\right)\right), (b, f(b))$$

wieder.

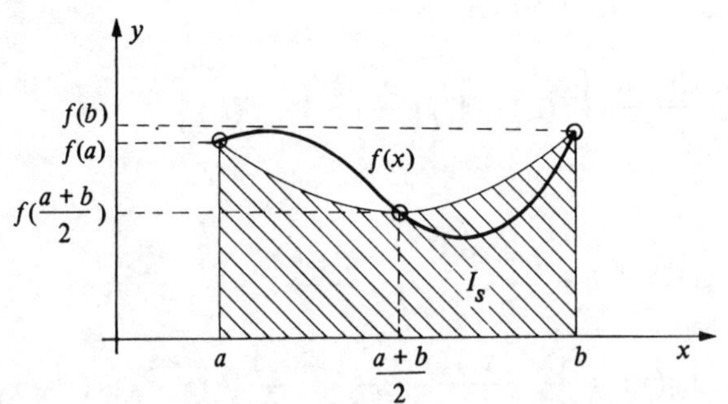

Abb. 7.9.2

Die SIMPSON-Formel ist gemäß ihrer Entstehung exakt, falls die zu integrierende Funktion ein Polynom 2. Grades ist. Der folgende Satz über die Fehlerabschätzung zeigt jedoch, daß sie sogar für alle Polynome 3. Grades noch exakt ist. Dies ist ein großer Vorteil der SIMPSON-Formel!

Satz 7.9.4: Es sei f auf $[a, b]$ viermal stetig differenzierbar. Dann gilt:

$$\left| \int_a^b f(x)\,dx - I_S \right| \leqslant \frac{(b-a)^5}{2880} \cdot \max_{[a,b]} |f^{(4)}(x)|.$$

Beweis: Es sei $x^* \in (x_0, x_2)$, $x^* \neq x_1$, $y^* = f(x^*)$, und es sei

$P(x)$: das Interpolationspolynom vom Grad $\leqslant 2$ durch (x_0, y_0), (x_1, y_1), (x_2, y_2);

$P^*(x)$: das Interpolationspolynom vom Grad $\leqslant 3$, welches zusätzlich noch durch (x^*, y^*) geht.

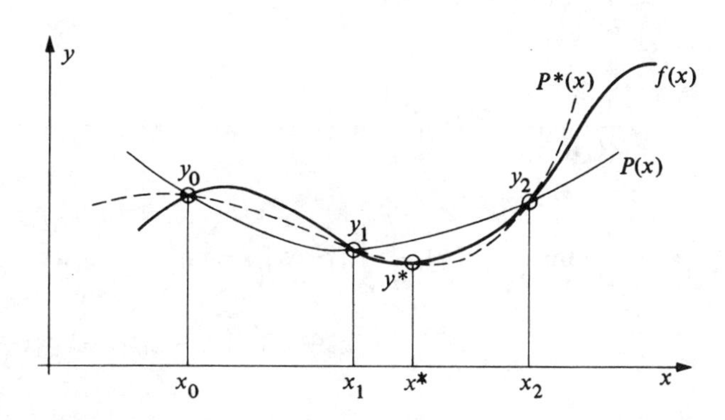

Abb. 7.9.3

Nach NEWTON gilt dann:

$$P^*(x) = P(x) + [x^* x_0 x_1 x_2](x - x_0)(x - x_1)(x - x_2),$$

und es ergibt sich mit der Substitution $x = x_1 + t \cdot h$, $h = \dfrac{b-a}{2}$:

$$\int_{x_0}^{x_2} P^*(x)\,dx =$$

$$= \int_{x_0}^{x_2} P(x)\,dx + [x^* x_0 x_1 x_2] \cdot \int_{x_0}^{x_2} (x - x_0)(x - x_1)(x - x_2)\,dx =$$

$$= I_S + [x^* x_0 x_1 x_2] \cdot h^4 \cdot \int_{-1}^{1} (t+1)\,t\,(t-1)\,dt.$$

Das letzte Integral verschwindet aber, da der Integrand $(t^2 - 1)\,t$ auf $[-1, 1]$ eine ungerade Funktion ist. Also gilt bei beliebiger Wahl von $x^* \in (x_0, x_2)$, $x^* \neq x_1$:

$$\int_{x_0}^{x_2} P^*(x)\,dx = I_S.$$

Es ergibt sich daher nach Satz 7.4.2:

$$\left| \int_{x_0}^{x_2} f(x)\,dx - I_S \right| = \left| \int_{x_0}^{x_2} \{f(x) - P^*(x)\}\,dx \right| \leqslant$$

$$\leqslant \int_{x_0}^{x_2} |f(x) - P^*(x)|\,dx \leqslant$$

$$\leqslant \frac{1}{4!} \cdot \max_{[x_0,\, x_2]} |f^{(4)}(x)| \cdot \int_{x_0}^{x_2} |x-x_0|\,|x-x_1|\,|x-x_2|\,|x-x_1+x_1-x^*|\,dx \leqslant$$

$$\leqslant \frac{1}{4!} \cdot \max_{[x_0,\, x_2]} |f^{(4)}(x)| \cdot \left\{ \int_{x_0}^{x_2} |x-x_0|\,|x-x_1|^2\,|x-x_2|\,dx + \right.$$

$$\left. + |x_1 - x^*| \cdot \int_{x_0}^{x_2} |x-x_0|\,|x-x_1|\,|x-x_2|\,dx \right\}.$$

Da der Fehler jedoch von x^* unabhängig ist, gilt dies auch für $x^* \to x_1$, und es folgt:

$$\left| \int_{x_0}^{x_2} f(x)\,dx - I_S \right| \leqslant$$

$$\leqslant \frac{1}{4!} \cdot \max_{[x_0,\, x_2]} |f^{(4)}(x)| \cdot \int_{x_0}^{x_2} (x-x_0)\,(x-x_1)^2\,(x_2 - x)\,dx =$$

$$= \frac{1}{4!} \cdot \max_{[x_0,\, x_2]} |f^{(4)}(x)| \cdot h^5 \cdot \int_{-1}^{1} (1-t)\,t^2\,(1+t)\,dt =$$

$$= \frac{1}{4!} \cdot \max_{[x_0,\, x_2]} |f^{(4)}(x)| \cdot h^5 \cdot \int_{-1}^{1} (t^2 - t^4)\,dt = \frac{h^5}{90} \cdot \max_{[x_0,\, x_2]} |f^{(4)}(x)| =$$

$$= \frac{(b-a)^5}{2880} \cdot \max_{[a,\, b]} |f^{(4)}(x)|.$$

7.10 Die Große Trapez- und SIMPSON-Formel

Hat man die Funktion f über ein größeres Intervall $[a, b]$ zu integrieren, so kann man es in eine Anzahl von N Teilintervallen gleicher Länge $h = \frac{b-a}{N}$ einteilen. Wir setzen $x_i = a + i \cdot \frac{b-a}{N} = a + ih$ und $y_i = f(x_i)$ für $i = 0, 1, \ldots, N$.

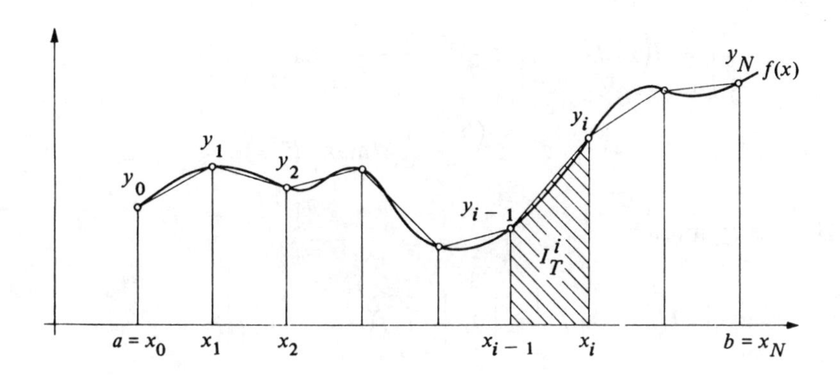

Abb. 7.10.1

Wendet man auf jedes der N Teilintervalle $[x_{i-1}, x_i]$ die Trapezformel an, so erhält man für das Teilintegral $I^i = \int\limits_{x_{i-1}}^{x_i} f(x)\,dx$ die Näherung:

$$I_T^i = \frac{x_i - x_{i-1}}{2}(y_{i-1} + y_i) = \frac{b-a}{2N}(y_{i-1} + y_i).$$

Durch Summation aller I_T^i ergibt sich eine Näherung $I_T^* = \sum\limits_{i=1}^{N} I_T^i$ für $\int\limits_a^b f(x)\,dx$, die

Große Trapezformel:

$$I_T^* = \frac{b-a}{2N}[y_0 + 2y_1 + 2y_2 + \cdots + 2y_{N-1} + y_N].$$

Für den Fehler ergibt sich:

Satz 7.10.1: Es sei f auf $[a, b]$ zweimal stetig differenzierbar. Dann gilt:

$$\left| \int_a^b f(x)\,dx - I_T^* \right| \leqslant \frac{(b-a)^3}{12\,N^2} \cdot \max_{[a,\,b]} |f''(x)|.$$

Beweis: Nach Satz 7.9.2 erhält man:

$$\left| \int_{x_{i-1}}^{x_i} f(x)\,dx - I_T^i \right| \leqslant \frac{(x_i - x_{i-1})^3}{12} \cdot \max_{[x_{i-1},\,x_i]} |f''(x)| =$$

$$= \frac{(b-a)^3}{12\,N^3} \cdot \max_{[x_{i-1},\,x_i]} |f''(x)|.$$

Hieraus ergibt sich:

$$\left| \int_a^b f(x)\,dx - I_T^* \right| = \left| \sum_{i=1}^{N} \left\{ \int_{x_{i-1}}^{x_i} f(x)\,dx - I_T^i \right\} \right| \leqslant$$

$$\leqslant \sum_{i=1}^{N} \left| \int_{x_{i-1}}^{x_i} f(x)\,dx - I_T^i \right| \leqslant$$

$$\leqslant \frac{(b-a)^3}{12\,N^3} \cdot \sum_{i=1}^{N} \max_{[x_{i-1},\,x_i]} |f''(x)| \leqslant$$

$$\leqslant \frac{(b-a)^3}{12\,N^3} \cdot N \cdot \max_{[a,\,b]} |f''(x)| =$$

$$= \frac{(b-a)^3}{12\,N^2} \cdot \max_{[a,\,b]} |f''(x)|.$$

Beispiel 1: Es soll $I = \int_1^2 \frac{1}{x}\,dx = \ln 2 = 0{,}693\,147\ldots$ näherungsweise berechnet werden. Wir benutzen die große Trapezformel mit $N = 4$ und erhalten:

$$I_T^* = \frac{b-a}{2N}[y_0 + 2y_1 + 2y_2 + 2y_3 + y_4] =$$

$$= \frac{1}{8}\left[1 + 2\cdot\frac{4}{5} + 2\cdot\frac{2}{3} + 2\cdot\frac{4}{7} + \frac{1}{2}\right] = \frac{1171}{1680} = 0{,}6970\ldots$$

Für die Fehlerabschätzung erhalten wir $\max\limits_{[1,2]}|f''(x)| = \max\limits_{[1,2]}\left|\frac{2}{x^3}\right| = 2$, Satz 7.10.1 liefert also

$$|\ln 2 - I_T^*| \leqslant \frac{1^3\cdot 2}{12\cdot 16} = \frac{1}{96}.$$

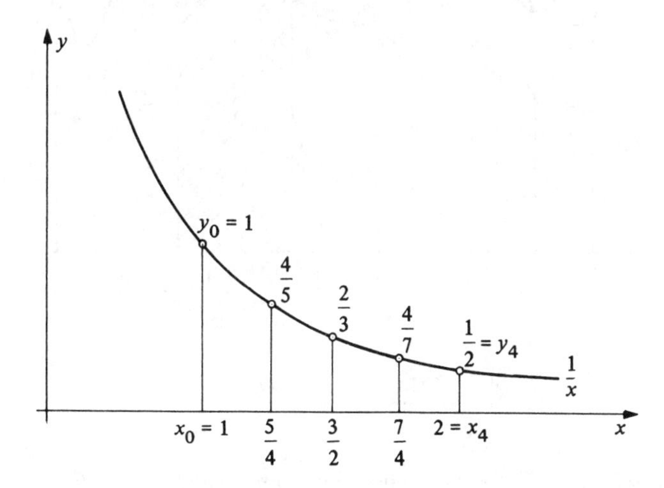

Abb. 7.10.2

Analog der Konstruktion der großen Trapezformel gehen wir zur Gewinnung der Großen SIMPSON-Formel vor. Wir teilen dazu das Intervall $[a, b]$ in eine Anzahl von $2N$ Intervallen der Länge $h = (b-a)/2N$. Es sei $x_i = a + i\cdot(b-a)/2N$, $y_i = f(x_i)$ für $i = 0, \ldots, 2N$ (Abb. 7.10.3).
Wendet man auf jedes der N Doppelintervalle $[x_{2i-2}, x_{2i}]$ $(i = 1, \ldots, N)$ die SIMPSON-Formel an, so erhält man für das Teilintegral

$$I^i = \int\limits_{x_{2i-2}}^{x_{2i}} f(x)\,dx$$

die Näherung:

$$I_S^i = \frac{h}{3}(y_{2i-2} + 4\,y_{2i-1} + y_{2i}).$$

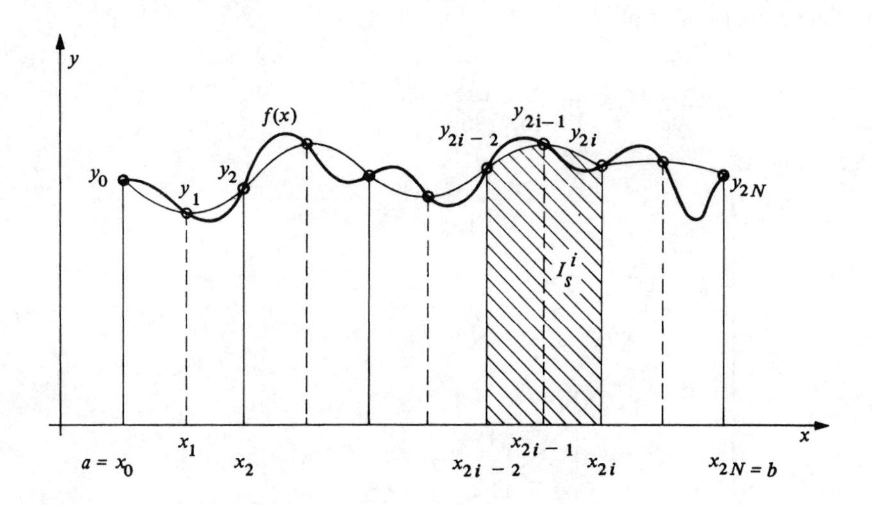

Abb. 7.10.3

Durch Summation aller I_S^i ergibt sich eine Näherung: $I_S^* = \sum_{i=1}^{N} I_S^i$ für $\int_a^b f(x)\,dx$, die

Große Simpson-Formel

$$I_S^* = \frac{b-a}{6N} \cdot \{y_0 + 4y_1 + 2y_2 + 4y_3 + 2y_4 + \cdots + 4y_{2N-1} + y_{2N}\}.$$

Diese Formel bezeichnet man als große Simpson-Formel. Für den Fehler ergibt sich:

Satz 7.10.2: Ist die Funktion f auf $[a, b]$ viermal stetig differenzierbar, so gilt:

$$\left|\int_a^b f(x)\,dx - I_S^*\right| \leqslant \frac{(b-a)^5}{2880\,N^4}\cdot \max_{[a,\,b]}|f^{(4)}(x)|.$$

Beweis: Nach Satz 7.9.4 erhält man:

$$\left|\int_{x_{2i-2}}^{x_{2i}} f(x)\,dx - I_S^i\right| \leqslant \frac{h^5}{90}\cdot \max_{[x_{2i-2},\,x_{2i}]}|f^{(4)}(x)| \leqslant$$

$$\leqslant \frac{(b-a)^5}{2880\,N^5}\cdot \max_{[a,\,b]}|f^{(4)}(x)|.$$

Hieraus ergibt sich:

$$\left|\int_a^b f(x)\,dx - I_S^*\right| \leqslant \sum_{i=1}^{N}\left|\int_{x_{2i-2}}^{x_{2i}} f(x)\,dx - I_S^i\right| \leqslant$$

$$\leqslant \frac{(b-a)^5}{2880\,N^5}\cdot \max_{[a,\,b]}|f^{(4)}(x)|\cdot \sum_{i=1}^{N} 1 =$$

$$= \frac{(b-a)^5}{2880\,N^4}\cdot \max_{[a,\,b]}|f^{(4)}(x)|.$$

Beispiel 2: Wir wollen wieder $\int_1^2 \frac{1}{x}dx = \ln 2$ näherungsweise berechnen.

Dazu benutzen wir die große SIMPSON-Formel und teilen $[1, 2]$ in $N=2$ Doppelintervalle ein.

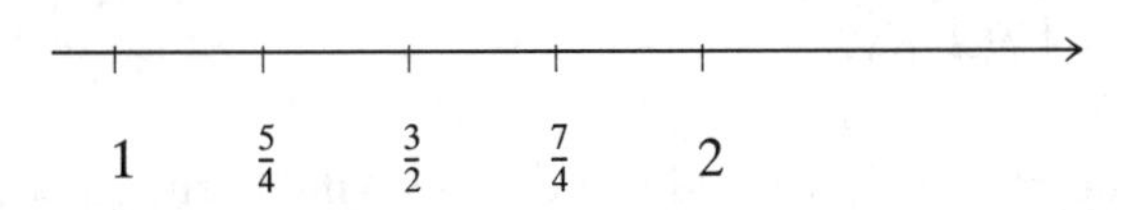

Wir benutzen also dieselbe Einteilung wie bei Beispiel 1. Wir erhalten:

$$I_S^* = \frac{b-a}{12} \cdot [y_0 + 4y_1 + 2y_2 + 4y_3 + y_4] =$$

$$= \frac{1}{12} \cdot \left[1 + 4 \cdot \frac{4}{5} + 2 \cdot \frac{2}{3} + 4 \cdot \frac{4}{7} + \frac{1}{2}\right] = \frac{1747}{2520} = 0{,}6932\ldots.$$

Für die Fehlerabschätzung erhalten wir $f^{(4)}(x) = \dfrac{24}{x^5}$ und damit:

$$\max_{[1,\,2]} |f^{(4)}(x)| = 24.$$

Es folgt aus Satz 7.10.2:

$$|\ln 2 - I_S^*| \leqslant \frac{1^5}{2880 \cdot 2^4} \cdot 24 = \frac{1}{1920}.$$

Bei diesem speziellen Beispiel sieht man, daß man mit dem gleichen Rechenaufwand wie bei der großen Trapezformel ein wesentlich genaueres Ergebnis erzielt.

Übungsaufgaben:

1. Man berechne $\int\limits_0^{\pi} \cos x \, dx$

   a) mit der Trapezformel, b) mit der SIMPSON-Formel.

2. Man berechne $\int\limits_0^{\pi} \cos x \, dx$

   a) mit der großen Trapezformel für $N = 4$;
   b) mit der großen SIMPSON-Formel für $N = 2$.

3. Es sei f R-integrierbar auf $[a, b]$ und $I_T^*(N)$ die N-te Annäherung für $\int\limits_a^b f(x)\, dx$ mit der großen Trapezformel. Man beweise:

   $$\lim_{N \to \infty} I_T^*(N) = \int\limits_a^b f(x)\, dx.$$

4. Man berechne mit der SIMPSON-Formel eine Annäherung für $\int\limits_0^1 e^{x^2} dx$ und gebe eine Fehlerabschätzung an.

8 Einführung in die Theorie der gewöhnlichen Differentialgleichungen

Die Theorie der Differentialgleichungen ist für die Anwendungen in der Physik von größter Bedeutung, da sich fast alle Naturgesetze durch Differentialgleichungen beschreiben lassen. Auch in anderen Bereichen der Wissenschaft, in denen mit mathematischen Theorien gearbeitet wird, spielen Differentialgleichungen eine wichtige Rolle. Im Gegensatz zu den partiellen Differentialgleichungen, in welchen die bei Funktionen mehrerer Variablen auftretenden partiellen Ableitungen eingehen, kommen in einer gewöhnlichen Differentialgleichung nur Ableitungen von Funktionen einer Variablen vor. Um eine exakte Definition einer gewöhnlichen Differentialgleichung und einer Lösung geben zu können, müssen wir kurz auf Funktionen mehrerer Variablen eingehen.

8.1 Der Raum $\mathbb{R}^n$, Funktionen mehrerer Variablen

Wir beginnen mit der Definition des n-dimensionalen Punktraumes.

Definition 8.1.1: Es sei $n \in \mathbb{N}$. Die Menge

$$\mathbb{R}^n = \{x\colon\ x = (x_1, x_2, \ldots, x_n);\, x_1, \ldots, x_n \in \mathbb{R}\}$$

heißt n-dimensionaler Punktraum.

Ein Element von $\mathbb{R}^n$ wird also als sog. geordnetes n-Tupel $x = (x_1, \ldots, x_n)$ von n reellen Zahlen definiert. Für $n = 1$ schreiben wir für $x = (x_1)$ kurz x und $\mathbb{R}^1 = \mathbb{R}$.

In den Fällen $n = 1, 2, 3$ können wir uns die Räume $\mathbb{R}^n$ veranschaulichen, und zwar für

$n = 1$ auf der Geraden:

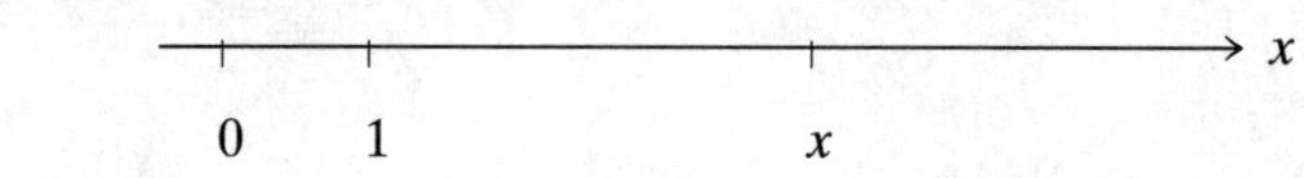

Abb. 8.1.1

$n = 2$ in der Ebene:

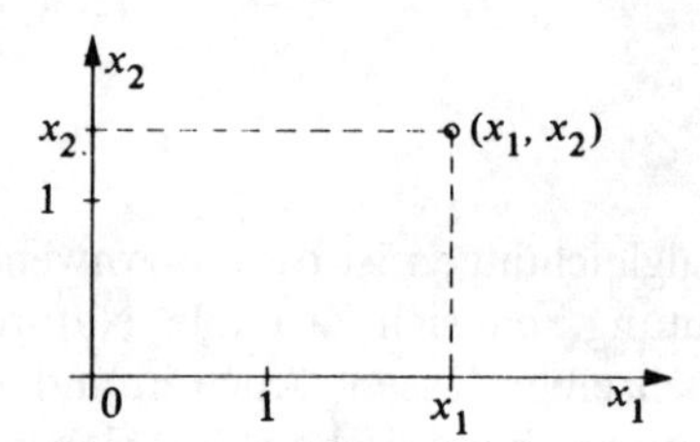

Abb. 8.1.2

$n = 3$ im dreidimensionalen Raum:

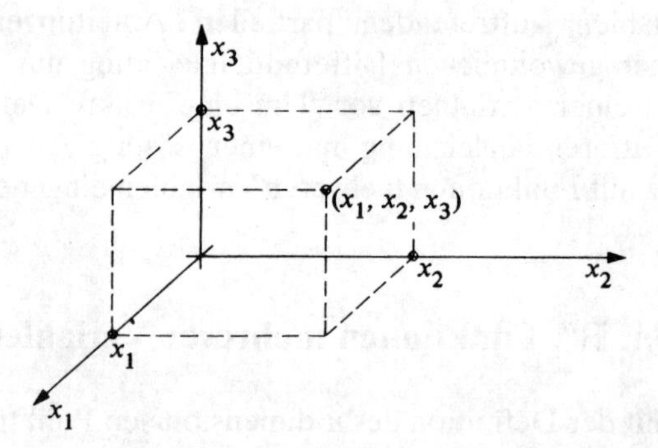

Abb. 8.1.3

Für $n \geq 4$ ist eine Veranschaulichung nicht mehr möglich. Wir übernehmen aber in höherdimensionalen Räumen weitgehend die Sprache der Geometrie in den Räumen für $n = 1, 2, 3$. Als Beispiel geben wir die Definition von Intervallen.

Definition 8.1.2:

(1) Es sei $-\infty < a_i < b_i < \infty$ $(i = 1, \ldots, n)$. Die Menge

$$[a, b] = \{x: \; x = (x_1, \ldots, x_n), \; a_i \leq x_i \leq b_i, \; i = 1, \ldots, n\}$$

heißt ein abgeschlossenes Intervall des $\mathbb{R}^n$.

(2) Es sei $-\infty \leqslant a_i < b_i \leqslant \infty$ $(i = 1, \ldots, n)$. Die Menge

$$(a, b) = \{x:\ x = (x_1, \ldots, x_n),\ a_i < x_i < b_i,\ i = 1, \ldots, n\}$$

heißt ein offenes Intervall des $\mathbb{R}^n$.

Bemerkung: Für $n = 1$ haben wir Intervalle im bisherigen Sinn, für $n = 2$ Rechtecke, für $n = 3$ Quader, mit entsprechenden Interpretationen, falls ein oder mehrere a_i oder b_i nicht endlich sind. Wir können jetzt definieren:

Definition 8.1.3: Eine reellwertige Funktion F von n reellen Variablen ist eine Abbildung $F\colon\ \mathbb{R}^n \to \mathbb{R}$.

8.2 Definition einer gewöhnlichen Differentialgleichung n-ter Ordnung

Wir sind jetzt in der Lage, die exakte Definition einer gewöhnlichen Differentialgleichung geben zu können.

Definition 8.2.1: Es sei $n \in \mathbb{N}$. Ist eine Funktion $F\colon\ \mathbb{R}^{n+2} \to \mathbb{R}$ gegeben, so heißt die Beziehung

$$F(x, y, y', \ldots, y^{(n)}) = 0$$

eine gewöhnliche Differentialgleichung n-ter Ordnung. Eine n-mal differenzierbare Funktion y heißt Lösung auf einem offenen Intervall I, wenn für $x \in I$ gilt:

(1) $(x, y(x), y'(x), \ldots, y^{(n)}(x)) \in D(F)$ und

(2) $F(x, y(x), y'(x), \ldots, y^{(n)}(x)) = 0$.

Nach Definition ist also eine Lösung durch ein Paar (y, I), bestehend aus einer Funktion y und einem Intervall I erklärt. Zum Vergleich zweier Lösungen definieren wir:

Definition 8.2.2: Es seien (y_1, I_1), (y_2, I_2) Lösungen derselben Differentialgleichung. Wir schreiben:

(1) $(y_1, I_1) \subset (y_2, I_2)$,
wenn $I_1 \subset I_2$ und $y_1(x) = y_2(x)$ auf I_1.

(2) $(y_1, I_1) = (y_2, I_2)$,
wenn $I_1 = I_2$ und $y_1(x) = y_2(x)$ auf I_1.

Es stellen sich nun folgende Grundprobleme:

Existenzproblem: Existiert zu einer vorgelegten Differentialgleichung eine Lösung (y, I)?

Eindeutigkeitsproblem: Ist die Lösung (y, I) auf I eindeutig bestimmt?

Es wird sich herausstellen, daß die Lösung einer Differentialgleichung erst nach Hinzunahme von weiteren Bedingungen, den sog. Anfangsbedingungen eindeutig bestimmt ist.

Definition 8.2.3: Es sei (y, I) Lösung einer Differentialgleichung n-ter Ordnung, und es seien $x_0 \in I$ und $y_0, y_0', \ldots, y_0^{(n-1)}$ beliebige, vorgegebene reelle Zahlen. Wir sagen, daß die Lösung (y, I) an x_0 einer Anfangsbedingung genügt, wenn gilt:

$$\begin{aligned} y(x_0) &= y_0, \\ y'(x_0) &= y_0', \\ &\vdots \\ y^{(n-1)}(x_0) &= y_0^{(n-1)}. \end{aligned}$$

Im Vergleich zu anderen mathematischen Theorien ist die Theorie der Differentialgleichungen insofern unbefriedigend, als es nur für manche Klassen von Differentialgleichungen eine geschlossene Theorie gibt, während sich das übrige äußerst umfangreiche Wissen in eine Unzahl von verschiedenen Fällen und Techniken aufsplittert. Im folgenden werden wir an Hand von gewissen speziellen, wichtigen Differentialgleichungen einen ersten Einblick in diese Theorie geben.

8.3 Die Differentialgleichung y′ = f(x, y), Richtungsfelder

Wir betrachten zuerst den Fall $n = 1$ und nehmen an, daß unsere Differentialgleichung $F(x, y, y') = 0$ nach y' aufgelöst werden kann:

$$y' = f(x, y).$$

Nehmen wir an, daß $f(x, y)$ auf einem offenen Rechteck

$$R = \{(x, y): \; a < x < b; c < y < d\}$$

definiert ist, so können wir uns diese Differentialgleichung als sogenanntes Richtungsfeld veranschaulichen: Jedem Punkt $(x, y) \in R$ ist eine "Steigung" $y' = f(x, y)$ zugeordnet; wir tragen daher in (x, y) eine kurze Strecke vom Steigungsmaß $y' = f(x, y)$, ein sog. Linienelement, ab.

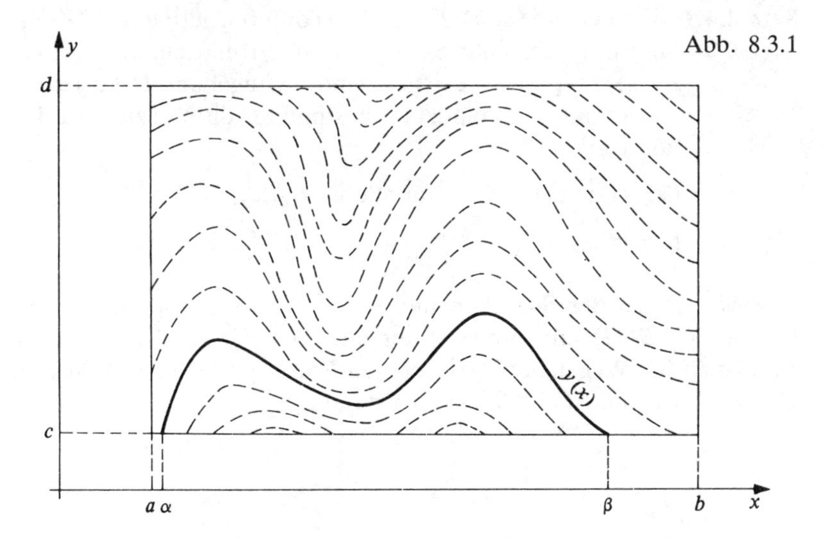

Abb. 8.3.1

Ist $y(x)$ eine Lösung auf $(\alpha, \beta) \subset (a, b)$, so gilt identisch auf (α, β):

$$y'(x) = f(x, y(x)),$$

d.h. die Lösung hat in jedem Punkt (x, y) mit $x \in (\alpha, \beta)$ eine Tangente, die in einer Umgebung von x identisch mit dem dort abgetragenen Linienelement ist.

Wir werden später unter gewissen zusätzlichen Bedingungen einen allgemeinen Existenz- und Eindeutigkeitssatz für Differentialgleichungen vom Typ $y' = f(x, y)$ beweisen. Im folgenden werden wir erst einige interessante Spezialfälle betrachten.

8.4 Die Differentialgleichung $y' = f(x) \cdot g(y)$ (Getrennte Veränderliche)

Bei diesem Typ einer Differentialgleichung 1. Ordnung lassen sich in $f(x, y)$ die beiden Variablen trennen (man spricht deshalb auch von einer separierbaren Differentialgleichung):

$$f(x, y) = f(x) \cdot g(y).$$

Hierfür können wir mit elementaren Methoden einen Existenz- und Eindeutigkeitssatz beweisen. Dazu benötigen wir jedoch zunächst einen Satz über die Auflösung einer Gleichung $F(x, y) = F(x) - G(y) = 0$ nach der Variablen y.

Satz 8.4.1: Es sei F auf (a, b), G auf (c, d) differenzierbar und $G'(y) \neq 0$ für $y \in (c, d)$. Gibt es ein $x_0 \in (a, b)$ und ein $y_0 \in (c, d)$ mit $F(x_0) = G(y_0)$, so existiert eine δ-Umgebung $U_\delta(x_0) \subset (a, b)$ und darauf eine eindeutig bestimmte, differenzierbare Funktion $y = y(x)$ mit:

(1) $G(y(x)) = F(x)$ für alle $x \in U_\delta(x_0)$;

(2) $y(x_0) = y_0$.

Beweis: Wegen der Stetigkeit und strengen Monotonie von G ist der Bildbereich $B(G)$ ein offenes Intervall. Aus $F(x_0) = G(y_0)$ folgt also $F(x_0) \in B(G)$. Wegen der Stetigkeit von F an x_0 gibt es eine δ-Umgebung $U_\delta(x_0)$ von x_0 mit $F(x) \in B(G)$ für $x \in U_\delta(x_0)$.

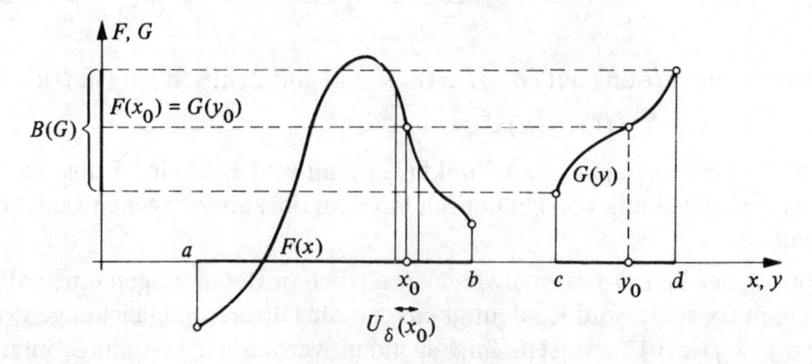

Abb. 8.4.1

Jedem $x \in U_\delta(x_0)$ wird also eindeutig ein $F(x) \in B(G)$ zugeordnet und jedem $F(x)$ wegen der Eindeutigkeit der Umkehrfunktion G^{-1} ein Wert $y(x) = G^{-1}(F(x))$. Da F und G^{-1} differenzierbar sind, ist auch $y(x)$ differenzierbar in $U_\delta(x_0)$. Ferner ist:

$$y(x_0) = G^{-1}(F(x_0)) = G^{-1}(G(y_0)) = y_0.$$

Wir wenden uns jetzt wieder unserer Differentialgleichung $y' = f(x)\,g(y)$ zu:

Satz 8.4.2: Es sei die Funktion f auf (a, b), g auf (c, d) stetig und $g(y) \neq 0$ für $y \in (c, d)$. Ist $x_0 \in (a, b)$, $y_0 \in (c, d)$, dann existiert eine δ-Umgebung $U_\delta(x_0) \subset (a, b)$ und darauf eine eindeutig bestimmte, stetig differenzierbare Funktion $y = y(x)$ mit

(1) $y'(x) = f(x)\,g(y(x))$,

(2) $y(x_0) = y_0$.

(3) Man bestimmt die Lösung y durch Auflösen der Gleichung

$$G(y) = \int_{y_0}^{y} \frac{d\eta}{g(\eta)} = \int_{x_0}^{x} f(\xi)\,d\xi = F(x).$$

Beweis:

1. Die Funktion $F(x) = \int_{x_0}^{x} f(\xi)\,d\xi$ ist auf (a, b), die Funktion

$$G(y) = \int_{y_0}^{y} \frac{d\eta}{g(\eta)}$$

ist auf (c, d) differenzierbar, und es gilt

$$G'(y) = \frac{1}{g(y)} \neq 0$$

für $y \in (c, d)$. Ferner ist $F(x_0) = G(y_0) = 0$. Aus Satz 8.4.1 folgt daher die Existenz einer δ-Umgebung $U_\delta(x_0)$ und einer auf $U_\delta(x_0)$ eindeutig definierten differenzierbaren Funktion $y(x)$ mit $y(x_0) = y_0$ und

$$G(y(x)) = \int_{y_0}^{y(x)} \frac{d\eta}{g(\eta)} = \int_{x_0}^{x} f(\xi)\, d\xi \quad \text{für alle } x \in U_\delta(x_0).$$

Differenzieren wir auf beiden Seiten nach x, so ergibt sich:

$$\frac{1}{g(y(x))} \cdot y'(x) = f(x) \quad \text{für } x \in U_\delta(x_0).$$

2. Ist nun $(\tilde{y},\ U_\delta(x_0))$ eine zweite Lösung unserer Differentialgleichung mit $\tilde{y}(x_0) = y_0$, so folgt aus **(1)**:

$$\frac{\tilde{y}'(x)}{g(\tilde{y}(x))} = f(x),$$

und durch Integration (Substitution) ergibt sich:

$$\int_{x_0}^{x} f(\xi)\, d\xi = \int_{x_0}^{x} \frac{\tilde{y}'(\xi)}{g(\tilde{y}(\xi))}\, d\xi = \int_{y_0}^{\tilde{y}(x)} \frac{d\eta}{g(\eta)},$$

d.h. es gilt $F(x) = G(\tilde{y}(x))$.
Da in $U_\delta(x_0)$ die Lösung nach Satz 8.4.1 eindeutig ist, folgt aber $\tilde{y}(x) = y(x)$ für $x \in U_\delta(x_0)$.

Bemerkung 1: Satz 8.4.2 können wir kurz so fassen, daß durch jeden Punkt $(x_0,\ y_0)$ des Rechtecks $R = \{(x,\ y)\colon\ a < x < b;\ c < y < d\}$ genau eine Lösungskurve geht.

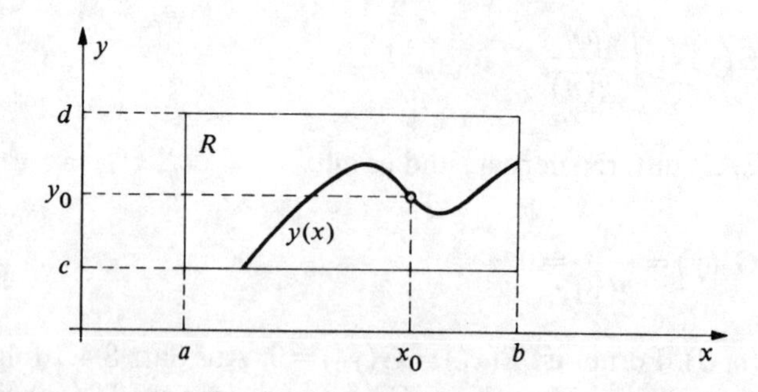

Abb. 8.4.2

Bemerkung 2: Unser Satz sichert nur die Existenz und Eindeutigkeit für eine gewisse Umgebung von x_0. Hat man aber einmal eine Lösung, so läßt sich diese oft unschwer auf größere Intervalle fortsetzen.

Beispiel 1: Wir betrachten die Differentialgleichung $y' = \frac{1}{x} \cdot y$ für $0 < x < \infty$, $0 < y < \infty$ und suchen eine Lösung, welche der Anfangsbedingung $y(1) = 2$ genügt. Mit unseren obigen Bezeichnungen ist also $f(x) = \frac{1}{x}$, $g(y) = y$; $x_0 = 1$, $y_0 = 2$.

Da f und g auf $(0, \infty)$ stetig sind, ergibt sich die gesuchte Lösung in einer Umgebung von $x_0 = 1$ durch Auflösung der Gleichung:

$$\int_2^y \frac{1}{\eta} d\eta = \int_1^x \frac{1}{\xi} d\xi.$$

Wir erhalten:

$$\ln y - \ln 2 = \ln x$$

und damit

$$y(x) = 2x$$

als einzige Lösung unserer Differentialgleichung mit $y(1) = 2$.

Beispiel 2: Wir betrachten die Differentialgleichung $y' = e^{-y} x^\alpha$ $(\alpha \neq -1)$ für $0 < x < \infty$, $-\infty < y < \infty$. Es sei $x_0 > 0$ und $y_0 \in (-\infty, \infty)$; wir suchen eine Lösung, welche der Anfangsbedingung $y(x_0) = y_0$ genügt. Diese ergibt sich durch Auflösung der Gleichung

$$\int_{y_0}^y e^\eta d\eta = \int_{x_0}^x \xi^\alpha d\xi.$$

Wir erhalten:

$$e^y - e^{y_0} = \frac{1}{\alpha + 1} \cdot (x^{\alpha+1} - x_0^{\alpha+1})$$

und damit

$$y(x) = \ln\left\{ \frac{1}{\alpha + 1} \cdot (x^{\alpha+1} - x_0^{\alpha+1}) + e^{y_0} \right\}$$

als einzige Lösung unserer Differentialgleichung mit $y(x_0) = y_0$.

Übungsaufgaben:

1. Man untersuche, auf welchen Rechtecken die folgenden Differentialgleichungen den Voraussetzungen von Satz 8.4.2 genügen und bestimme mit passenden Anfangsbedingungen die Lösungen:

a) $y' = \dfrac{x^2}{y}$, d) $y' = \dfrac{y^2+1}{x^2+1}$,

b) $y' = \dfrac{1}{x} \cdot \sqrt{1-y^2}$, e) $y' = \cos^2 x \cdot \cos^2(2y)$,

c) $y' = \dfrac{x - e^{-x}}{y + e^y}$, f) $y' = -\dfrac{x}{y}$.

2. Man bestimme die Lösung folgender Differentialgleichungen mit Anfangsbedingung:

a) $y' = \dfrac{\ln|x|}{1+y^2}$, $y(1) = 0$,

b) $y' = x \cdot y^3 \cdot \dfrac{1}{\sqrt{1+x^2}}$, $y(0) = -1$.

3. An einer Batterie mit der konstanten Spannung U sind über einen Schalter ein Ohmscher Widerstand R und eine Induktivität L in Reihe geschaltet.

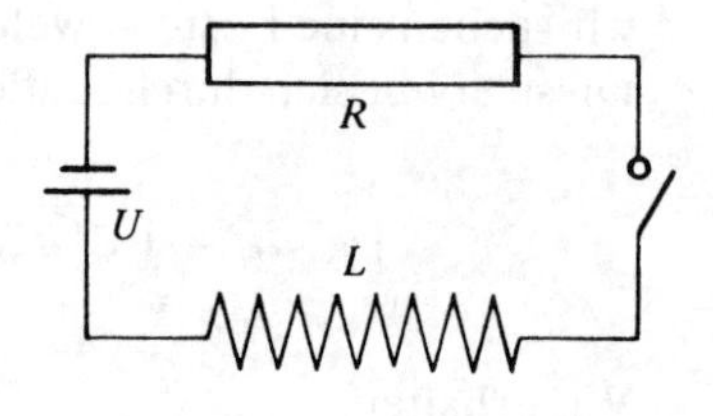

Abb. 8.4.3

Der zeitliche Stromverlauf $I(t)$ genügt nach dem Einschalten der Differentialgleichung:

$$U = R \cdot I + L \frac{dI}{dt}.$$

Für $t = 0$ gilt $I(0) = 0$. Man bestimme $I(t)$.

4. Bei der thermischen Zersetzung von Ag_2O wirkt das entstehende Silber als Katalysator. Ist a die Anfangsmenge und $y(t)$ die in der Zeit t zersetzte Menge, so lautet die Differentialgleichung dieser Reaktion:

   $y' = (p + q \cdot y)(a - y);$

   p und q sind positive Konstanten. Man bestimme $y(t)$.

8.5 Die Differentialgleichung $y' = f\left(\dfrac{ax+by+c}{\alpha x+\beta y+\gamma}\right)$

Für diese Differentialgleichung werden wir durch Zurückführung auf $y' = f(x) \cdot g(y)$ Existenz- und Eindeutigkeitssätze beweisen. Es sind mehrere Fälle zu betrachten.

1. Fall: $y' = f(ax+c) \quad (a \neq 0,\ b = \alpha = \beta = 0,\ \gamma = 1).$

Ist f auf (r, s) stetig, so ist $f(ax+c)$ stetig auf dem Intervall $r < ax + c < s$ oder

$$\frac{r-c}{a} < x < \frac{s-c}{a} \quad \text{falls } a > 0,$$

$$\frac{s-c}{a} < x < \frac{r-c}{a} \quad \text{falls } a < 0.$$

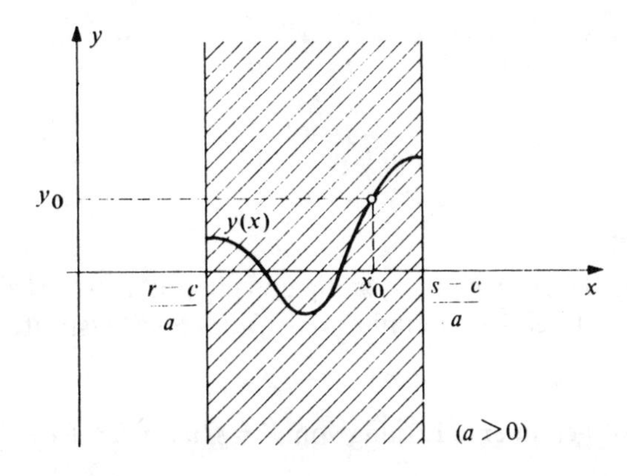

Abb. 8.5.1

Mit unseren Ergebnissen aus 8.4 können wir sofort beweisen:

Satz 8.5.1: Ist f auf (r, s) stetig, so geht durch jeden Punkt (x_0, y_0) des Streifens

$$r < ax + c < s$$

genau eine Lösung von $y' = f(ax + c)$.

Beweis: Die Funktion

$$y(x) = y_0 + \int_{x_0}^{x} f(at + c)\, dt$$

ist auf einer δ-Umgebung $U_\delta(x_0)$ eine Lösung. Ist $\tilde{y}(x)$ eine andere Lösung, so folgt sofort: $\tilde{y}'(x) = y'(x)$ auf $U_\delta(x_0)$, d.h. mit einer Konstanten C gilt: $\tilde{y}(x) = y(x) + C$ auf $U_\delta(x_0)$. Da $\tilde{y}(x_0) = y(x_0)$ ist, folgt $C = 0$.

2. Fall: $y' = f(ax + by + c) \quad (a \neq 0,\ b \neq 0,\ \alpha = \beta = 0,\ \gamma = 1)$.

Ist f auf (r, s) stetig, so ist $f(ax + by + c)$ in einem Parallelstreifen der (x, y)-Ebene stetig. Denn $r < ax + by + c < s$ ist äquivalent zu

$$-ax - c + r < by < -ax - c + s$$

oder

$$-\frac{a}{b}x + \frac{r-c}{b} < y < -\frac{a}{b}x + \frac{s-c}{b} \quad \text{falls } b > 0,$$

$$-\frac{a}{b}x + \frac{s-c}{b} < y < -\frac{a}{b}x + \frac{r-c}{b} \quad \text{falls } b < 0.$$

Hierfür gilt:

Satz 8.5.2:

(1) Ist $f(u)$ auf (r, s) stetig und gilt dort $a + b \cdot f(u) \neq 0$, so geht durch jeden Punkt (x_0, y_0) des Parallelstreifens

$$-ax - c + r < by < -ax - c + s$$

genau eine Lösung von $y' = f(ax + by + c)$.

(2) Diese wird gewonnen vermöge der Substitution

$$u = ax + by + c$$

und Lösung der äquivalenten separierbaren Differentialgleichung $u' = a + bf(u)$ mit der Anfangsbedingung $u(x_0) = ax_0 + by_0 + c$.

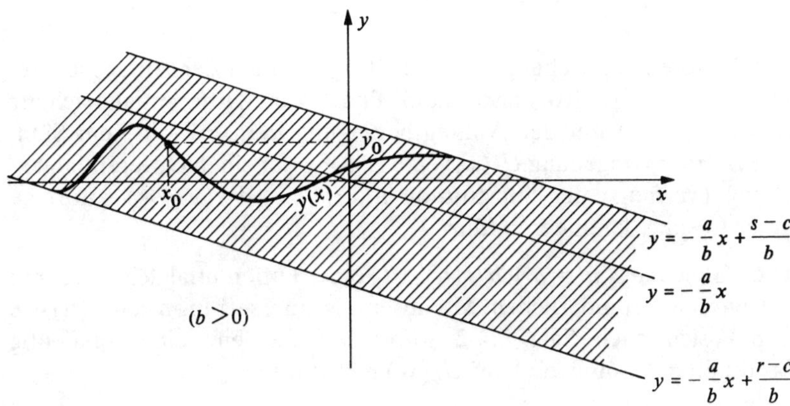

Abb. 8.5.2

Beweis: Wir betrachten die Funktion $u(x) = ax + by + c$ und setzen $u_0 = ax_0 + by_0 + c$.

1. Auf einer δ-Umgebung $U_\delta(x_0)$ von x_0 sei y eine Lösung der Differentialgleichung $y' = f(ax + by + c)$ mit $y(x_0) = y_0$. Dann genügt dort u der Differentialgleichung

$$u' = a + by' = a + b \cdot f(u)$$

und der Anfangsbedingung

$$u(x_0) = ax_0 + by_0 + c = u_0.$$

2. Auf einer δ-Umgebung $U_\delta(x_0)$ von x_0 sei u eine Lösung der Differentialgleichung $u' = a + b \cdot f(u)$ mit $u(x_0) = u_0$. Dann genügt dort die Funktion

$$y(x) = \frac{u(x) - ax - c}{b}$$

der Differentialgleichung

$$y' = \frac{u' - a}{b} = f(ax + by + c)$$

und der Anfangsbedingung

$$y(x_0) = \frac{u(x_0) - ax_0 - c}{b} = y_0.$$

3. Die Differentialgleichung $y' = f(ax + by + c)$ mit der Anfangsbedingung $y(x_0) = y_0$ ist also äquivalent zur Differentialgleichung $u' = a + b \cdot f(u)$ mit der Anfangsbedingung $u(x_0) = u_0$ in dem Sinn, daß in einer Umgebung $U_\delta(x_0)$ eine Lösung der einen Differentialgleichung (vermöge der Substitution $u(x) = ax + by(x) + c$) sofort zu einer Lösung der anderen führt.

   Die Gleichung $u' = a + b \cdot f(u)$ ist eine Differentialgleichung mit getrennten Veränderlichen. Mit unserer Voraussetzung $a + b \cdot f(u) \neq 0$ ergibt sich nach Satz 8.4.2 sofort die Existenz einer eindeutig bestimmten Lösung $u(x)$ auf $U_\delta(x_0)$ mit $u(x_0) = u_0$.

Beispiel 1: Gegeben sei die Differentialgleichung $y' = x + y$. Es sei $x_0 \in (-\infty, \infty)$ und $y_0 \neq -1 - x_0$. Wir suchen eine Lösung, welche der Anfangsbedingung $y(x_0) = y_0$ genügt. Substituieren wir $u = x + y$, $u_0 = x_0 + y_0$, so ist $f(x + y) = f(u) = u$ stetig auf $-\infty < u < \infty$. Für u ergibt sich die Differentialgleichung

$$u' = 1 + u,$$

diese betrachten wir für $-\infty < x < \infty$, $u \neq -1$. Dort ist $1 + u \neq 0$, also ergibt sich nach Vorgabe von $x_0 \in (-\infty, \infty)$ und $u_0 \neq -1$ in einer δ-Umgebung $U_\delta(x_0)$ von x_0 eine Lösung durch Auflösen von

$$\int_{u_0}^{u(x)} \frac{d\eta}{1 + \eta} = \int_{x_0}^{x} d\xi$$

oder

$$\ln \frac{1 + u(x)}{1 + u_0} = x - x_0.$$

Wir erhalten also:

$$1 + u(x) = (1 + u_0) \cdot e^{x - x_0}.$$

Substituieren wir $u(x) = x + y(x)$, so ergibt sich als Lösung unserer Differentialgleichung mit der Anfangsbedingung:

$$y(x) = -(x+1) + (1 + x_0 + y_0) \cdot e^{x - x_0}.$$

Unsere Voraussetzung $u_0 \neq -1$ bedeutet gerade, daß $y_0 \neq -1 - x_0$ sein muß.

Beispiel 2: Gegeben sei die Differentialgleichung $y' = (x+y)^2$. Es sei $x_0 \in (-\infty, \infty)$ und $y_0 \in (-\infty, \infty)$. Wir suchen eine Lösung, welche der Anfangsbedingung $y(x_0) = y_0$ genügt. Substituieren wir $u = x + y$, so ist $f(x+y) = f(u) = u^2$ stetig auf $(-\infty, \infty)$. Für u ergibt sich die Differentialgleichung

$$u' = 1 + u^2;$$

diese betrachten wir für $x, u \in \mathbb{R}$. Nach Vorgabe von $x_0 \in (-\infty, \infty)$ und $u_0 \in (-\infty, \infty)$ ergibt sich in einer δ-Umgebung $U_\delta(x_0)$ von x_0 eine Lösung durch Auflösung von

$$\int_{u_0}^{u(x)} \frac{d\eta}{1+\eta^2} = \int_{x_0}^{x} d\xi$$

oder

$$\arctan u(x) - \arctan u_0 = x - x_0.$$

Wir erhalten also:

$$u(x) = \tan(x - x_0 + \arctan u_0).$$

Substituieren wir $u(x) = x + y(x)$, so ergibt sich als Lösung unserer Differentialgleichung mit Anfangsbedingung:

$$y(x) = -x + \tan(x - x_0 + \arctan(x_0 + y_0)).$$

3. Fall: $y' = f\left(\frac{y}{x}\right) \quad (a = c = \beta = \gamma = 0,\ b = \alpha = 1,\ x \neq 0)$

Diese Differentialgleichung wird auch homogene Differentialgleichung oder Ähnlichkeitsdifferentialgleichung genannt. Ist f stetig auf (r, s), so ist

$f(\frac{y}{x})$ in einem Winkelraum stetig. Denn $r < \frac{y}{x} < s$ ist äquivalent zu

$$rx < y < sx \quad \text{falls } x > 0,$$
$$sx < y < rx \quad \text{falls } x < 0.$$

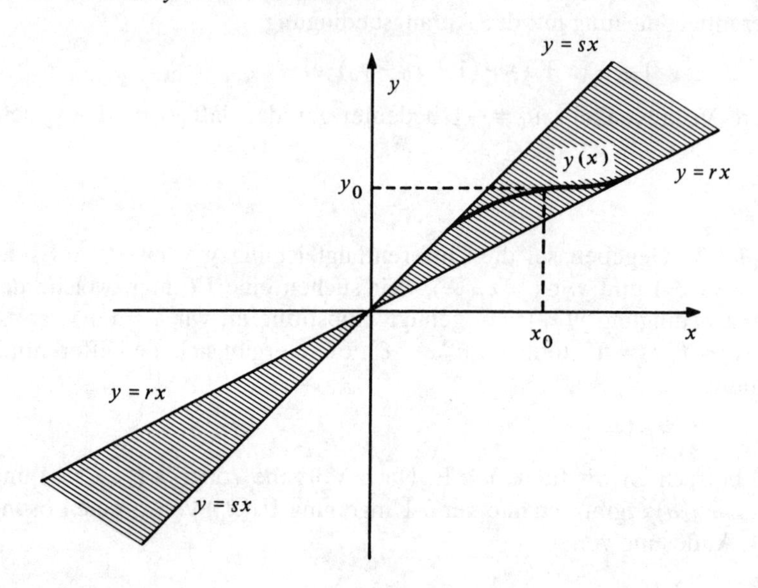

Abb. 8.5.3

Hierfür gilt:

Satz 8.5.3:

(1) Ist f auf (r, s) stetig, und gilt dort $f(u) - u \neq 0$, so geht durch jeden Punkt (x_0, y_0) des Winkelraums

$$r < \frac{y}{x} < s \quad (x \neq 0)$$

genau eine Lösung von $y' = f(\frac{y}{x})$.

(2) Diese wird gewonnen vermittels der Substitution $u = \frac{y}{x}$ und Lösung der äquivalenten Differentialgleichung $u' = \frac{1}{x}(f(u) - u)$ mit der Anfangsbedingung $u(x_0) = \frac{y_0}{x_0}$.

Beweis: Wir betrachten die Funktion $u(x) = \dfrac{y(x)}{x}$ $(x \neq 0)$ und setzen $u_0 = \dfrac{y_0}{x_0}$.

1. Auf einer δ-Umgebung $U_\delta(x_0)$ von x_0 sei y eine Lösung der Differentialgleichung $y' = f\left(\frac{y}{x}\right)$ mit $y(x_0) = y_0$. Dann genügt dort u der Differentialgleichung

   $$u' = \frac{x \cdot y'(x) - y(x)}{x^2} = \frac{f(u) - u}{x}$$

   und der Anfangsbedingung

   $$u(x_0) = \frac{y(x_0)}{x_0} = \frac{y_0}{x_0} = u_0.$$

2. Auf einer δ-Umgebung $U_\delta(x_0)$ von x_0 sei u eine Lösung der Differentialgleichung $u' = \frac{1}{x}(f(u) - u)$ mit $u(x_0) = u_0$. Dann genügt die Funktion $y(x) = x \cdot u(x)$ der Differentialgleichung

   $$y' = u + x \cdot u' = f(u) = f\left(\frac{y}{x}\right)$$

   und der Anfangsbedingung

   $$y(x_0) = x_0 \cdot u(x_0) = x_0 \cdot u_0 = y_0.$$

3. Die Differentialgleichung $y' = f\left(\frac{y}{x}\right)$ mit der Anfangsbedingung $y(x_0) = y_0$ ist also äquivalent zur Differentialgleichung $u' = \frac{1}{x}\,(f(u) - u)$ mit der Anfangsbedingung $u(x_0) = u_0$ in dem Sinn, daß in einer Umgebung $U_\delta(x_0)$ eine Lösung der einen Differentialgleichung (vermöge der Substitution $u(x) = \dfrac{y(x)}{x}$) sofort zu einer Lösung der anderen führt. Die Gleichung $u' = \frac{1}{x}(f(u) - u)$ ist eine Differentialgleichung mit getrennten Veränderlichen. Mit unserer Voraussetzung $f(u) - u \neq 0$ auf (r, s) ergibt sich sofort nach Satz 8.4.2 die Existenz einer eindeutig bestimmten Lösung $u(x)$ auf $U_\delta(x_0)$ mit $u(x_0) = u_0$.

Beispiel 3: Gegeben sei die Differentialgleichung $y' = \frac{x-y}{x+y} = \frac{1-\frac{y}{x}}{1+\frac{y}{x}}$,

und es sei $x_0 \neq 0$, $y_0 \neq -x_0$ und $y_0^2 + 2x_0 y_0 - x_0^2 \neq 0$. Wir suchen eine Lösung, die der Anfangsbedingung $y(x_0) = y_0$ genügt. Substituieren wir $u = \frac{y}{x}$, $u_0 = \frac{y_0}{x_0}$, so ist $f\left(\frac{y}{x}\right) = f(u) = \frac{1-u}{1+u}$ stetig für $u \neq -1$. Für u ergibt sich die Differentialgleichung

$$u' = \frac{f(u)-u}{x} = \frac{\frac{1-u}{1+u} - u}{x} = \frac{1-2u-u^2}{x(1+u)}.$$

Für $1 - 2u - u^2 \neq 0$ erhält man die Lösung durch Auflösung von

$$\int_{u_0}^{u} \frac{(1+t)\,dt}{1-2t-t^2} = \ln \frac{x}{x_0}.$$

Nun ist das linke Integral

$$-\frac{1}{2} \cdot \int_{u_0}^{u} \frac{2t+2}{t^2+2t-1}\,dt = -\frac{1}{2} \cdot \ln \frac{u^2+2u-1}{u_0^2+2u_0-1}.$$

Also haben wir:

$$\ln \frac{x^2}{x_0^2} \cdot (u^2+2u-1) = \ln (u_0^2 + 2u_0 - 1)$$

oder

$$x^2 (u^2+2u-1) = x_0^2 \cdot (u_0^2 + 2u_0 - 1).$$

Mit $u = \frac{y}{x}$, $u_0 = \frac{y_0}{x_0}$ folgt:

$$y^2 + 2xy - x^2 = y_0^2 + 2x_0 y_0 - x_0^2.$$

Dies ist die Lösung unserer Differentialgleichung in impliziter Form.

Beispiel 4: Gegeben sei die Differentialgleichung

$$y' = \frac{y^2+2xy}{x^2} = \left(\frac{y}{x}\right)^2 + 2\left(\frac{y}{x}\right) \qquad (x \neq 0).$$

Wir suchen eine Lösung, welche der Anfangsbedingung $y(2) = -\frac{8}{3}$ genügt. Dazu substituieren wir $u = \frac{y}{x}$, $u_0 = \frac{y_0}{x_0} = \frac{-\frac{8}{3}}{2} = -\frac{4}{3}$ und erhalten $f(\frac{y}{x}) = f(u) = u^2 + 2u$. Für u ergibt sich also die äquivalente Differentialgleichung:

$$u' = \frac{f(u)-u}{x} = \frac{u^2+2u-u}{x} = \frac{u^2+u}{x}.$$

Für $u^2 + u \neq 0$, d.h. für $u \neq 0$, $u \neq -1$ erhält man die Lösung durch Auflösung von

$$\int_{u_0}^{u} \frac{dt}{t^2+t} = \int_{x_0}^{x} \frac{d\xi}{\xi}.$$

Nun ist:

$$\int_{u_0}^{u} \frac{dt}{t(1+t)} = \int_{u_0}^{u} \left(\frac{1}{t} - \frac{1}{1+t}\right) dt = \ln\frac{u}{u_0} - \ln\frac{1+u}{1+u_0}.$$

Also ergibt sich:

$$\ln\left(\frac{u}{1+u} \cdot \frac{1+u_0}{u_0}\right) = \ln\frac{x}{x_0}$$

oder

$$\frac{u}{1+u} = \frac{u_0}{1+u_0} \cdot \frac{x}{x_0}.$$

Setzen wir $u = \frac{y}{x}$, $u_0 = -\frac{4}{3}$, $x_0 = 2$, so erhalten wir:

$$\frac{\frac{y}{x}}{1+\frac{y}{x}} = \frac{y}{x+y} = \frac{-\frac{4}{3}}{1-\frac{4}{3}} \cdot \frac{x}{2} = 2x,$$

so daß sich als Lösung der Differentialgleichung mit Anfangsbedingung

$$y(x) = \frac{2x^2}{1-2x}$$

ergibt.

4. Fall: $$y' = f\left(\frac{ax+by+c}{\alpha x+\beta y+\gamma}\right)$$

Der allgemeine Fall wird jetzt durch einfache Substitutionen auf die schon bekannten zurückgeführt. Wir müssen dabei nochmals einige Fallunterscheidungen machen:

Zunächst beschäftigen wir uns mit dem Fall, daß $\begin{vmatrix} a & b \\ \alpha & \beta \end{vmatrix} = a\beta - \alpha b \neq 0$ ist.

Satz 8.5.4: Die Lösung der Differentialgleichung

$$\frac{dy}{dx} = f\left(\frac{ax+by+c}{\alpha x+\beta y+\gamma}\right),$$

wobei $a\beta \neq \alpha b$ ist, ergibt sich vermöge der Substitution

$$\begin{matrix} x = u+p \\ y = v+q \end{matrix} \quad \text{mit} \quad \begin{matrix} ap+bq = -c \\ \alpha p+\beta q = -\gamma \end{matrix}$$

durch Lösung der äquivalenten homogenen Differentialgleichung

$$\frac{dv}{du} = f\left(\frac{a+b\frac{v}{u}}{\alpha+\beta\frac{v}{u}}\right).$$

Beweis: Wegen $a\beta \neq \alpha b$ können wir die Konstanten p, q in eindeutiger Weise so bestimmen, daß gilt:

$$\begin{aligned} ap + bq &= -c \\ \alpha p + \beta q &= -\gamma. \end{aligned}$$

Setzen wir dann $x = u + p$, $y = v + q$, so folgt:

$$\begin{aligned} ax + by + c &= au + bv + ap + bq + c = au + bv, \\ \alpha x + \beta y + \gamma &= \alpha u + \beta v + \alpha p + \beta q + \gamma = \alpha u + \beta v. \end{aligned}$$

1. Ist $y(x)$ eine Lösung der Differentialgleichung $\dfrac{dy}{dx} = f\left(\dfrac{ax+by+c}{\alpha x+\beta y+\gamma}\right)$, so ist die Funktion $v(u) = y(u+p) - q$ eine Lösung der Differentialgleichung:

$$\frac{dv}{du} = \frac{dy}{dx} \cdot \frac{dx}{du} = f\left(\frac{au+bv}{\alpha u+\beta v}\right) = f\left(\frac{a+b\frac{v}{u}}{\alpha+\beta\frac{v}{u}}\right).$$

2. Ist $v(u)$ eine Lösung der Differentialgleichung $\dfrac{dv}{du} = f\left(\dfrac{a+b\frac{v}{u}}{\alpha+\beta\frac{v}{u}}\right)$, so ist $y(x) = v(x-p) + q$ eine Lösung der Differentialgleichung

$$\frac{dy}{dx} = \frac{dv}{du} \cdot \frac{du}{dx} = f\left(\frac{a+b\frac{v}{u}}{\alpha+\beta\frac{v}{u}}\right) = f\left(\frac{ax+by+c}{\alpha x+\beta y+\gamma}\right).$$

Die beiden betrachteten Differentialgleichungen sind also äquivalent.

Zum Schluß untersuchen wir noch den Fall, daß $\begin{vmatrix} a & b \\ \alpha & \beta \end{vmatrix} = a\beta - \alpha b = 0$ ist. Jetzt können wir voraussetzen, daß b und β nicht gleichzeitig Null sind, weil wir dann eine Differentialgleichung analog zum 1. Fall erhalten. Sind b und β nicht gleichzeitig Null, so genügt es ferner, nur den Fall $\beta \neq 0$ zu betrachten. Denn für $b \neq 0$ kann man die Differentialgleichung folgendermaßen umformen:

$$\begin{aligned} y' &= f\left(\frac{ax+by+c}{\alpha x+\beta y+\gamma}\right) = f\left(\left[\frac{\alpha x+\beta y+\gamma}{ax+by+c}\right]^{-1}\right) = \\ &= \tilde{f}\left(\frac{\alpha x+\beta y+\gamma}{ax+by+c}\right). \end{aligned}$$

Satz 8.5.5: Die Lösung der Differentialgleichung

$$y' = f\left(\frac{ax + by + c}{\alpha x + \beta y + \gamma}\right),$$

wobei $a\beta = \alpha b$ und $\beta \neq 0$ ist, ergibt sich vermöge der Substitution

$$v(x) = \alpha x + \beta y + \gamma$$

durch Lösung der äquivalenten separierbaren Differentialgleichung

$$v' = \alpha + \beta \cdot f\left(\frac{bv + c\beta - b\gamma}{\beta v}\right).$$

Beweis: Setzen wir $v(x) = \alpha x + \beta y(x) + \beta$, so gilt wegen $a\beta = \alpha b$:

$$\frac{ax + by + c}{\alpha x + \beta y + \gamma} = \frac{a\beta x + b\beta y + c\beta}{\beta v} =$$

$$= \frac{b\alpha x + b\beta y + b\gamma + c\beta - b\gamma}{\beta v} =$$

$$= \frac{bv + c\beta - b\gamma}{\beta v}.$$

1. Ist y eine Lösung der Differentialgleichung $y' = f\left(\frac{ax + by + c}{\alpha x + \beta y + \gamma}\right)$, so genügt $v(x) = \alpha x + \beta y(x) + \beta$ der Differentialgleichung:

$$v'(x) = \alpha + \beta y'(x) = \alpha + \beta \cdot f\left(\frac{bv + c\beta - b\gamma}{\beta v}\right).$$

2. Ist v eine Lösung der Differentialgleichung

$$v' = \alpha + \beta \cdot f\left(\frac{bv + c\beta - b\gamma}{\beta v}\right),$$

so genügt $y(x) = -\frac{\alpha}{\beta}x + \frac{1}{\beta}v(x) - \frac{\gamma}{\beta}$ der Differentialgleichung:

$$y'(x) = -\frac{\alpha}{\beta} + \frac{1}{\beta}v'(x) = f\left(\frac{bv + c\beta - b\gamma}{\beta v}\right) =$$

$$= f\left(\frac{ax+by+c}{\alpha x+\beta y+\gamma}\right).$$

Die beiden betrachteten Differentialgleichungen sind also äquivalent.

Übungsaufgaben:

1. Man löse mit passenden Anfangsbedingungen:

   a) $y' = 1 + \frac{y}{x}$, b) $y' = \frac{y^2 + 2xy}{x^2}$,

   c) $y' = \frac{4y - 3x}{2x - y}$, d) $y' = \ln x + \frac{x+y}{x-y} - \ln y$.

2. Man zeige, daß eine Differentialgleichung $y' = f(x, y)$ genau dann homogen ist, wenn für beliebige $t \in \mathbb{R}$ und $x \neq 0$ gilt:

   $f(x, xt) = xf(1, t)$.

3. Man löse die Differentialgleichungen:

   a) $y' = -\frac{x+y+1}{2x+2y-1}$, b) $y' = \frac{2y-x-5}{2x-y+4}$.

4. Man löse die Differentialgleichung:

   $$y' = \frac{y + x\cdot\cos^2\left(\frac{y}{x}\right)}{x}$$

   mit der Anfangsbedingung $y(1) = \frac{\pi}{4}$.

8.6 Lineare Differentialgleichungen n-ter Ordnung

Wir benötigen in diesem Paragraphen elementare Kenntnisse aus der Linearen Algebra, nämlich die Grundtatsachen über Determinanten und Lösungen von linearen Gleichungssystemen. Diese werden als bekannt vorausgesetzt.

Eine der wichtigsten Klassen von Differentialgleichungen n-ter Ordnung bilden die sogenannten linearen Differentialgleichungen.

Definition 8.6.1: Sind die Funktionen $a_0(x)$, $a_1(x)$, ..., $a_n(x)$, $f(x)$ auf (a, b) definiert, so heißt

$$L[y] = a_n(x)y^{(n)} + a_{n-1}(x)y^{(n-1)} + \cdots + a_1(x)y' + a_0(x)y = f(x)$$

eine lineare Differentialgleichung n-ter Ordnung. Ist $f(x) = 0$ auf (a, b), so heißt sie homogen, sonst inhomogen.

Wir setzen im folgenden die Funktionen $a_0(x)$, ..., $a_n(x)$, $f(x)$ als stetig auf (a, b) voraus. Ferner sei $a_n(x) \neq 0$ auf (a, b), so daß wir ohne Beschränkung der Allgemeinheit $a_n(x) = 1$ auf (a, b) annehmen können. Unter einer Lösung verstehen wir in diesem Zusammenhang nur Lösungen, die auf dem ganzen Intervall (a, b) definiert sind. Es wird sich herausstellen, daß dies keine Einschränkung der Allgemeinheit bedeutet.

Wir werden uns in dieser ersten Einführung hauptsächlich mit Differentialgleichungen 1. und 2. Ordnung befassen. Einige fundamentale Definitionen und Einsichten in die allgemeine Theorie der linearen Differentialgleichungen können aber schon mühelos hier formuliert werden. Dies wird uns ersparen, bei Differentialgleichungen 1. und 2. Ordnung, auf die wir in den folgenden Abschnitten ausführlich eingehen wollen, dieselben Sachverhalte zweimal beschreiben zu müssen.

Das Fundament der gesamten Theorie der linearen Differentialgleichungen bildet der folgende Existenz- und Eindeutigkeitssatz:

Satz 8.6.1: Die Funktionen $a_0(x)$, $a_1(x)$, ..., $a_{n-1}(x)$; $f(x)$ seien stetig auf (a, b). Ferner seien $x_0 \in (a, b)$, $y_0, y_0', \ldots, y_0^{(n-1)} \in \mathbb{R}$ beliebig vorgegeben. Dann existiert auf (a, b) genau eine Lösung $(y, (a, b))$ der Differentialgleichung

$$L[y] = y^{(n)} + a_{n-1}(x)\, y^{(n-1)} + \cdots + a_0(x)\, y(x) = f(x)$$

mit den Anfangsbedingungen

$$y(x_0) = y_0,\ y'(x_0) = y_0',\ \ldots,\ y^{(n-1)}(x_0) = y_0^{(n-1)}.$$

Diese Lösung enthält jede andere mit denselben Anfangsbedingungen.

Die letzte Bemerkung in Satz 8.6.1 soll klarstellen, daß es auch auf einem kleineren Intervall als (a, b) keine andere Lösung gibt. Hiermit ist auch gezeigt, daß es keine Einschränkung bedeutet, von vornherein nur Lösungen auf dem ganzen Intervall (a, b) zu betrachten.

Wir werden den Beweis dieses Satzes erst später (in Analysis III) bringen können. Dies ist etwas unbefriedigend, doch ist der Inhalt des Satzes so klar, daß er auch ohne Beweis verstanden und angewandt werden kann.

Wir betrachten zuerst die homogene Gleichung $L[y] = 0$. Diese hat stets eine Lösung, denn die Funktion $y(x) = 0$ auf (a, b) erfüllt $L[y] = 0$. Es gilt außerdem:

Satz 8.6.2: Sind y_1, y_2 Lösungen von $L[y] = 0$, so ist mit beliebigen c_1, $c_2 \in \mathbb{R}$ auch $c_1 y_1 + c_2 y_2$ Lösung von $L[y] = 0$.

Beweis: Es gilt:

$$\begin{aligned} L[c_1 y_1 + c_2 y_2] &= \sum_{\nu=0}^{n} (c_1 y_1 + c_2 y_2)^{(\nu)}\, a_\nu(x) = \\ &= \sum_{\nu=0}^{n} \{c_1 y_1^{(\nu)} + c_2 y_2^{(\nu)}\}\, a_\nu(x) = \\ &= c_1 \cdot \sum_{\nu=0}^{n} y_1^{(\nu)} a_\nu(x) + c_2 \cdot \sum_{\nu=0}^{n} y_2^{(\nu)} a_\nu(x) = \\ &= c_1 L[y_1] + c_2 L[y_2] = 0. \end{aligned}$$

Als Spezialfall ergibt sich, daß mit einer Lösung y auch $c\,y$ Lösung ist.

Den Inhalt von Satz 8.6.2 kann man auch so ausdrücken, daß die Lösungsgesamtheit einer homogenen linearen Differentialgleichung einen Vektorraum bildet.

Zwischen den Lösungsgesamtheiten der homogenen und der inhomogenen Differentialgleichung gibt es folgenden einfachen Zusammenhang.

Satz 8.6.3: Die allgemeine Lösung y von $L[y] = f(x)$ ist von der Form:

$$y(x) = \mathring{y}(x) + \widetilde{y}(x),$$

wobei $\mathring{y}$ die allgemeine Lösung der homogenen, $\widetilde{y}$ eine spezielle Lösung der inhomogenen Differentialgleichung ist.

Beweis:

1. Es sei $\widetilde{y}$ eine spezielle Lösung der inhomogenen, $\mathring{y}$ die allgemeine Lösung der homogenen Differentialgleichung; dann gilt für $y = \mathring{y} + \widetilde{y}$:

   $$L[y] = L[\mathring{y}] + L[\widetilde{y}] = f(x),$$

   y ist also eine Lösung der inhomogenen Differentialgleichung.
2. Es sei y eine Lösung der inhomogenen Differentialgleichung; dann gilt für $y - \widetilde{y}$:

   $$L[y - \widetilde{y}] = L[y] - L[\widetilde{y}] = f(x) - f(x) = 0.$$

   Also ist $y - \widetilde{y}$ eine Lösung der homogenen Differentialgleichung. Setzen wir also $\mathring{y} = y - \widetilde{y}$, so hat y die Form $y = \mathring{y} + \widetilde{y}$.

Die Lösungsgesamtheit der inhomogenen Gleichung bildet also keinen Vektorraum, sondern entsteht durch "Abtragen" des Vektorraumes der Lösungen der homogenen Gleichung von einer "partikulären", d.h. speziellen, Lösung.

Das Problem der Lösung einer linearen Differentialgleichung reduziert sich nach diesem Satz auf zwei Teilprobleme:

(1) Die Bestimmung der allgemeinen Lösung $\mathring{y}$ der homogenen Differentialgleichung.

(2) Die Bestimmung einer speziellen Lösung $\widetilde{y}$ der inhomogenen Differentialgleichung.

Für beide Probleme ist der Begriff der linearen Abhängigkeit bzw. linearen Unabhängigkeit eines Funktionensystems von Wichtigkeit.

Definition 8.6.2: Die Funktionen $y_1, \ldots, y_k$ seien auf (a, b) definiert. Sie heißen

(1) linear abhängig auf (a, b), wenn es Konstanten $c_1, \ldots, c_k$ gibt, die nicht alle Null sind, so daß für alle $x \in (a, b)$ gilt:

$$c_1 y_1(x) + \cdots + c_k y_k(x) = 0;$$

(2) linear unabhängig auf (a, b), wenn sie nicht linear abhängig sind. Gilt in diesem Fall

$$c_1 y_1(x) + \cdots + c_k y_k(x) = 0$$

für alle $x \in (a, b)$, so folgt: $c_1 = \cdots = c_k = 0$.

Beispiel 1: Es sei $y_1(x) = x^3$, $y_2(x) = |x^3|$. Im Intervall $(0, \infty)$ sind diese Funktionen linear abhängig, denn auf $(0, \infty)$ gilt: $y_1(x) - y_2(x) = 0$. Dagegen sind die Funktionen auf $(-\infty, \infty)$ linear unabhängig; gilt nämlich auf $(-\infty, \infty)$

$$c_1 y_1(x) + c_2 y_2(x) = c_1 x^3 + c_2 |x^3| = 0,$$

so ergibt sich (durch Einsetzen von $x = 1$, bzw. $x = -1$):

$$\begin{aligned} c_1 + c_2 &= 0, \\ -c_1 + c_2 &= 0; \end{aligned}$$

also ist $c_1 = c_2 = 0$.

Bei der Beurteilung der linearen Abhängigkeit von Funktionen ist also das betrachtete Intervall von Wichtigkeit.
Im Zusammenhang mit der linearen Abhängigkeit von Funktionen ist ihre WRONSKIsche Determinante von Bedeutung.

Definition 8.6.3: Die Funktionen $y_1(x), \ldots, y_k(x)$ seien auf dem Intervall (a, b) mindestens $(k-1)$-mal differenzierbar. Dann heißt die Determinante

$$W(y_1, \ldots, y_k; x) = W(x) = \begin{vmatrix} y_1(x) & \ldots & y_k(x) \\ y_1'(x) & \ldots & y_k'(x) \\ \vdots & & \vdots \\ y_1^{(k-1)}(x) & \ldots & y_k^{(k-1)}(x) \end{vmatrix}$$

die WRONSKI-Determinante der Funktionen $y_1, \ldots, y_k$ auf (a, b).

Ein notwendiges Kriterium für die lineare Abhängigkeit von Funktionen kann unmittelbar durch Beurteilung der WRONSKIschen Determinante angegeben werden.

Satz 8.6.4: Die Funktionen $y_1(x), \ldots, y_k(x)$ seien auf dem Intervall (a, b) mindestens $(k-1)$-mal differenzierbar und linear abhängig auf (a, b). Dann gilt

$$W(y_1, \ldots, y_k; x) = 0 \quad \text{für alle } x \in (a, b).$$

Beweis: Wegen der linearen Abhängigkeit der betrachteten Funktionen gibt es Konstanten $c_1, \ldots, c_k$, die nicht alle Null sind, so daß für alle $x \in (a, b)$ gilt:

$$c_1 y_1(x) + c_2 y_2(x) + \cdots + c_k y_k(x) = 0.$$

Differenzieren wir diese Beziehung $(k-1)$-mal, so erhalten wir

$$\begin{aligned}
c_1 y_1(x) \quad &+ c_2 y_2(x) \quad + \cdots + c_k y_k(x) \quad = 0,\\
c_1 y_1'(x) \quad &+ c_2 y_2'(x) \quad + \cdots + c_k y_k'(x) \quad = 0,\\
&\vdots\\
c_1 y_1^{(k-1)}(x) &+ c_2 y_2^{(k-1)}(x) + \cdots + c_k y_k^{(k-1)}(x) = 0
\end{aligned}$$

für alle $x \in (a, b)$. Für jedes $x \in (a, b)$ ist dies ein lineares Gleichungssystem mit einer nichttrivialen Lösung $c_1, \ldots, c_k$. Aus der Linearen Algebra folgt, daß die Koeffizientendeterminante für jedes $x \in (a, b)$ verschwinden muß. Diese Determinante ist aber gerade gegeben durch $W(y_1, \ldots, y_k; x)$. Daraus folgt die Behauptung.

Bemerkung 1: Aus diesem Satz ergibt sich sofort auch ein Kriterium für lineare Unabhängigkeit: Gilt für ein $x_0 \in (a, b)$, daß $W(y_1, \ldots, y_k; x_0) \neq 0$ ist, so sind $y_1, \ldots, y_k$ linear unabhängig auf (a, b).

Bemerkung 2: Die in diesem Satz gewonnene Aussage ist jedoch i.a. nicht umkehrbar, d.h. aus $W(y_1, \ldots, y_k; x) = 0$ für alle $x \in (a, b)$ braucht nicht die lineare Abhängigkeit von $y_1, \ldots, y_k$ auf (a, b) zu folgen. Zum Beispiel sind die Funktionen

$$y_1(x) = x^3, \quad y_2(x) = |x|^3$$

auf $(-\infty, \infty)$ linear unabhängig, für ihre WRONSKIsche Determinante erhalten wir aber

$$W(y_1, y_2; x) = \begin{vmatrix} x^3 & |x|^3 \\ 3x^2 & 3x|x| \end{vmatrix} = 0 \quad \text{für alle } x \in (-\infty, \infty).$$

Wir betrachten nun eine homogene lineare Differentialgleichung n-ter Ordnung und beweisen (in Verallgemeinerung von Satz 8.6.4) ein Kriterium dafür, daß n gegebene Lösungsfunktionen linear abhängig sind.

Satz 8.6.5: Die Funktionen $a_0(x), \ldots, a_{n-1}(x)$ seien auf dem Intervall (a, b) stetig. Es seien $y_1, \ldots, y_n$ Lösungsfunktionen der homogenen Differentialgleichung

$$L[y] = y^{(n)} + a_{n-1}(x)\,y^{(n-1)} + \cdots + a_1(x)\,y' + a_0(x)\,y = 0.$$

Dann gilt:

(1) Die Funktionen $y_1, \ldots, y_n$ sind auf (a, b) genau dann linear abhängig, wenn $W(y_1, \ldots, y_n; x) = 0$ ist für alle $x \in (a, b)$.

(2) Die Funktionen $y_1, \ldots, y_n$ sind auf (a, b) genau dann linear unabhängig, wenn eine Stelle $\xi \in (a, b)$ existiert mit $W(y_1, \ldots, y_n; \xi) \neq 0$.

(3) Es ist entweder $W(y_1, \ldots, y_n; x) = 0$ für alle $x \in (a, b)$ oder $W(y_1, \ldots, y_n; x) \neq 0$ für alle $x \in (a, b)$.

Beweis:

1. a) Die Funktionen $y_1, \ldots, y_n$ seien linear abhängig auf (a, b). Dann folgt aus Satz 8.6.4 $W(y_1, \ldots, y_n; x) = 0$ für alle $x \in (a, b)$.

   b) Für ein $\xi \in (a, b)$ gelte

$$W(y_1, \ldots, y_n; \xi) = \begin{vmatrix} y_1(\xi) & y_2(\xi) & \ldots & y_n(\xi) \\ y_1'(\xi) & y_2'(\xi) & \ldots & y_n'(\xi) \\ \vdots & \vdots & & \vdots \\ y_1^{(n-1)}(\xi) & y_2^{(n-1)}(\xi) & \ldots & y_n^{(n-1)}(\xi) \end{vmatrix} = 0.$$

Dann gibt es Konstanten $c_1, \ldots, c_n$, die nicht alle gleich Null sind, mit der Eigenschaft

$$\begin{aligned} c_1 y_1(\xi) &+ c_2 y_2(\xi) + \cdots + c_n y_n(\xi) = 0, \\ c_1 y_1'(\xi) &+ c_2 y_2'(\xi) + \cdots + c_n y_n'(\xi) = 0, \\ &\vdots \\ c_1 y_1^{(n-1)}(\xi) &+ c_2 y_2^{(n-1)}(\xi) + \cdots + c_n y_n^{(n-1)}(\xi) = 0. \end{aligned}$$

Die Funktion

$$y(x) = \sum_{\nu=1}^{n} c_\nu y_\nu(x)$$

ist eine Lösung von $L[y] = 0$ und hat die folgende Eigenschaft:

$$y(\xi) = 0,\ y'(\xi) = 0,\ \ldots,\ y^{(n-1)}(\xi) = 0.$$

Aus Satz 8.6.1 folgt daher

$$y(x) = 0 \quad \text{für alle } x \in (a, b).$$

Das bedeutet aber, daß die Funktionen $y_1, \ldots, y_n$ auf (a, b) linear abhängig sind.

c) Gilt für ein $\xi \in (a, b)$, daß $W(y_1, \ldots, y_n; \xi) = 0$ ist, so folgt nach b), daß die Lösungsfunktionen $y_1, \ldots, y_n$ auf (a, b) linear abhängig sind. Aus a) ergibt sich dann $W(y_1, \ldots, y_n; x) = 0$ für alle $x \in (a, b)$. Damit sind die Lösungen $y_1, \ldots, y_n$ von $L[y] = 0$ auf (a, b) genau dann linear abhängig, wenn $W(y_1, \ldots, y_n; x) = 0$ ist für alle $x \in (a, b)$.

2. a) Es seien $y_1, \ldots, y_n$ linear unabhängig auf (a, b). Dann folgt aus **(1)** die Existenz eines $\xi \in (a, b)$ mit $W(y_1, \ldots, y_n; \xi) \neq 0$.

   b) Existiert ein $\xi \in (a, b)$ mit $W(y_1, \ldots, y_n; \xi) \neq 0$, so können die Funktionen $y_1, \ldots, y_n$ nach **(1)** nicht linear abhängig sein.

3. Die Aussage **(3)** folgt unmittelbar aus **(1)** und **(2)**.

Dieser Satz besagt u.a., daß ein System aus n linear unabhängigen Lösungsfunktionen von $L[y] = 0$ besonders wichtige Eigenschaften hat. Wir geben daher folgende Definition.

Definition 8.6.4: Sind die Funktionen $y_1(x), \ldots, y_n(x)$ auf dem Intervall (a, b) Lösungen der homogenen Differentialgleichung

$$L[y] = y^{(n)} + a_{n-1}(x)\, y^{(n-1)} + \cdots + a_1(x)\, y' + a_0(x)\, y = 0$$

und sind sie linear unabhängig auf (a, b), so nennt man sie ein Fundamentalsystem der betrachteten Differentialgleichung.

Im folgenden Satz beweisen wir, daß jede Differentialgleichung $L[y] = 0$ ein Fundamentalsystem besitzt und sich jede Lösung als Linearkombination der Funktionen eines beliebigen Fundamentalsystems darstellen läßt.

Satz 8.6.6: Die Funktionen $a_0(x), \ldots, a_{n-1}(x)$ seien auf dem Intervall (a, b) stetig. Dann gilt:

(1) Die homogene Differentialgleichung

$$L[y] = y^{(n)} + a_{n-1}(x)\, y^{(n-1)} + \cdots + a_1(x)\, y' + a_0(x)\, y = 0$$

besitzt auf (a, b) ein Fundamentalsystem.

(2) Bilden die Funktionen $y_1, \ldots, y_n$ ein Fundamentalsystem von $L[y] = 0$, so ist jede Lösung y von $L[y] = 0$ eine Linearkombination von $y_1, \ldots, y_n$, d.h. es gibt Konstanten $c_1, \ldots, c_n$ mit

$$y(x) = \sum_{\nu=1}^{n} c_\nu y_\nu(x) \qquad \text{für alle } x \in (a, b).$$

Beweis:

1 Wir zeigen zunächst, daß ein Fundamentalsystem existiert. Ist $x_0 \in (a, b)$ beliebig, so gibt es nach Satz 8.6.1 Funktionen $y_1, \ldots, y_n$, welche die Differentialgleichung und folgende Anfangsbedingungen erfüllen:

$$\begin{array}{llll}
y_1(x_0) = 1 & y_2(x_0) = 0 & \ldots & y_n(x_0) = 0 \\
y_1'(x_0) = 0 & y_2'(x_0) = 1 & \ldots & y_n'(x_0) = 0 \\
y_1''(x_0) = 0 & y_2''(x_0) = 0 & \ldots & y_n''(x_0) = 0 \\
\vdots & & & \\
y_1^{(n-1)}(x_0) = 0 & y_2^{(n-1)}(x_0) = 0 & \ldots & y_n^{(n-1)}(x_0) = 1.
\end{array}$$

Für die WRONSKIsche Determinante der so konstruierten Lösungsfunktionen gilt

$$W(y_1, \ldots, y_n; x_0) = \begin{vmatrix} 1 & 0 & 0 & \ldots & 0 \\ 0 & 1 & 0 & \ldots & 0 \\ 0 & 0 & 1 & \ldots & 0 \\ \vdots & & & & \\ 0 & 0 & 0 & \ldots & 1 \end{vmatrix} = 1.$$

Aus Satz 8.6.5 folgt daher, daß diese Lösungen linear unabhängig sind; sie bilden also ein Fundamentalsystem der betrachteten Differentialgleichung.

2. Es sei $y_1, \ldots, y_n$ ein beliebiges Fundamentalsystem von $L[y] = 0$ und y irgendeine Lösung von $L[y] = 0$. Wir müssen zeigen, daß y als Linearkombination von $y_1, \ldots, y_n$ dargestellt werden kann.
Dazu wählen wir ein beliebiges, aber festes $x_0 \in (a, b)$ (die Werte $y(x_0), y'(x_0), \ldots, y^{(n-1)}(x_0)$ sind dann bekannt) und versuchen das Gleichungssystem

$$y^{(k)}(x_0) = \sum_{\nu=1}^{n} c_\nu y_\nu^{(k)}(x_0) \quad (k = 0, 1, \ldots, n-1)$$

nach $c_1, \ldots, c_n$ aufzulösen. Die Determinante dieses Gleichungssystems ist

$$W(y_1, \ldots, y_n; x_0) = \begin{vmatrix} y_1(x_0) & y_2(x_0) & \ldots & y_n(x_0) \\ y_1'(x_0) & y_2'(x_0) & \ldots & y_n'(x_0) \\ \vdots & \vdots & & \vdots \\ y_1^{(n-1)}(x_0) & y_2^{(n-1)}(x_0) & \ldots & y_n^{(n-1)}(x_0) \end{vmatrix},$$

und weil $y_1, \ldots, y_n$ auf (a, b) ein Fundamentalsystem von $L[y] = 0$ bilden, ist nach Satz 8.6.5 $W(y_1, \ldots, y_n; x_0) \neq 0$. Das betrachtete Gleichungssystem ist daher eindeutig nach $c_1, \ldots, c_n$ auflösbar. Wir untersuchen nun die Funktion

$$Y(x) = \sum_{\nu=1}^{n} c_\nu y_\nu(x).$$

Diese erfüllt für $k = 0, 1, \ldots, n-1$

$$Y^{(k)}(x_0) = \sum_{\nu=1}^{n} c_\nu y_\nu^{(k)}(x_0) = y^{(k)}(x_0).$$

Nach Satz 8.6.1 ist daher $Y(x) = y(x)$ für alle $x \in (a, b)$ und damit die gewünschte Darstellung von y als Linearkombination von $y_1, \ldots, y_n$ bewiesen.

Wir haben schon festgestellt, daß die Lösungsgesamtheit einer homogenen linearen Differentialgleichung n-ter Ordnung einen Vektorraum bildet. Die Aussage von Satz 8.6.6 kann nun so interpretiert werden, daß dieser Vektorraum die Dimension n hat.

Beispiel: Wir betrachten auf $(0, \infty)$ die Differentialgleichung

$$L[y] = y''(x) + \frac{1}{x} y'(x) + \left(1 - \frac{1}{4x^2}\right) y(x) = 15 + 4x^2$$

(eine sog. BESSELsche Differentialgleichung der Ordnung $\frac{1}{2}$). Wie man durch Einsetzen feststellt, sind die Funktionen

$$y_1(x) = \frac{\sin x}{\sqrt{x}}, \qquad y_2(x) = \frac{\cos x}{\sqrt{x}}$$

Lösungen der homogenen Differentialgleichung $L[y] = 0$. Für ihre WRONSKIsche Determinante erhält man

$$W(y_1, y_2; x) = \begin{vmatrix} \dfrac{\sin x}{\sqrt{x}} & \dfrac{\cos x}{\sqrt{x}} \\[2ex] \dfrac{\cos x}{\sqrt{x}} - \dfrac{\sin x}{2x\sqrt{x}} & -\dfrac{\sin x}{\sqrt{x}} - \dfrac{\cos x}{2x\sqrt{x}} \end{vmatrix} =$$

$$= -\frac{\sin^2 x}{x} - \frac{\sin x \cos x}{2x^2} - \frac{\cos^2 x}{x} + \frac{\sin x \cos x}{2x^2} = -\frac{1}{x},$$

so daß y_1 und y_2 auf $(0, \infty)$ nach Satz 8.6.5 linear unabhängig sind. Die allgemeine Lösung der homogenen Differentialgleichung $L[y] = 0$ ist daher nach Satz 8.6.6 mit Konstanten c_1 und c_2 gegeben durch

$$\mathring{y}(x) = c_1 \frac{\sin x}{\sqrt{x}} + c_2 \frac{\cos x}{\sqrt{x}}.$$

Durch Einsetzen stellt man fest, daß die Funktion

$$\tilde{y}(x) = 4x^2$$

eine spezielle Lösung der inhomogenen Differentialgleichung $L[y] = 15 + 4x^2$ ist. Die allgemeine Lösung der betrachteten Differentialgleichung ist daher nach Satz 8.6.3

$$y(x) = \mathring{y}(x) + \tilde{y}(x) = c_1 \frac{\sin x}{\sqrt{x}} + c_2 \frac{\cos x}{\sqrt{x}} + 4x^2.$$

Bei diesem Beispiel haben wir sozusagen ein Fundamentalsystem der homogenen Differentialgleichung und eine spezielle Lösung der inhomogenen Differentialgleichung "erraten". (Dies ist oft ein vernünftiges Vorgehen.) Die Konstruktion eines Fundamentalsystems sowie einer speziellen Lösung sind i.a. ziemlich schwierige Probleme. Wir behandeln hier noch diese Fragen für lineare Differentialgleichungen der Ordnung $n = 1$ und $n = 2$. Auf die allgemeine Theorie gehen wir in Band III ein.

8.7 Lineare Differentialgleichungen 1. Ordnung

Wir schreiben eine lineare Differentialgleichung 1. Ordnung in der Form:

$$y' + p(x)\, y = f(x),$$

wobei wir gemäß der allgemeinen Theorie p und f als stetig auf (a, b) voraussetzen. In diesem Fall $n = 1$ sind wir noch mühelos in der Lage, den Existenz- und Eindeutigkeitssatz Satz 8.6.1 zu beweisen. Der folgende Beweis liefert gleichzeitig die praktische Methode zur Gewinnung der Lösung.

Satz 8.7.1: Sind p, f stetig auf (a, b), und sind $x_0 \in (a, b)$ und eine beliebige Konstante y_0 vorgegeben, so gibt es genau eine Lösung $(y, (a, b))$ von

$$y' + p(x)\,y = f(x)$$

mit der Anfangsbedingung $y(x_0) = y_0$; diese Lösung enthält jede andere mit dieser Anfangsbedingung.

Beweis:

1. Wir betrachten zuerst die homogene Gleichung. Schreiben wir diese Differentialgleichung in der Form

$$y' = -p(x)\,y,$$

so sehen wir sofort, daß

$$y_1(x) = \exp(-\textstyle\int p(x)\,dx)$$

eine Lösung der Differentialgleichung ist.
Ist nun y eine andere Lösung auf einer Umgebung $U_\delta(x_0) \subset (a, b)$, so gilt für $\frac{y}{y_1}$ auf $U_\delta(x_0)$:

$$\left(\frac{y}{y_1}\right)' = \frac{y_1 \cdot y' - y_1' \cdot y}{y_1^2} = \frac{y_1 \cdot (-p\,y) - (-p\,y_1) \cdot y}{y_1^2} = 0;$$

es ist also $\frac{y}{y_1}$ konstant für $x \in U_\delta(x_0)$. Die allgemeine Lösung $\mathring{y}$ der homogenen Gleichung lautet also mit einer beliebigen Konstanten c: $\mathring{y}(x) = c \cdot y_1(x)$ auf jedem Intervall $U_\delta(x_0) \subset (a, b)$, speziell auch auf (a, b).

2. Eine spezielle Lösung der inhomogenen Gleichung erzeugen wir mit der äußerst wichtigen Methode der "Variation der Konstanten". Diese erlaubt, aus einer bekannten Lösung der homogenen Gleichung eine Lösung der inhomogenen Gleichung herzustellen.

Wir versuchen dazu, mit der Lösung $y_1(x)$ der homogenen Gleichung durch den Ansatz $\tilde{y}(x) = c(x) \cdot y_1(x)$ eine Lösung der inhomogenen Gleichung zu gewinnen, wobei $c(x)$ eine noch zu bestimmende, auf (a, b) differenzierbare Funktion ist. Das Produkt $\tilde{y}(x) = c(x) \cdot y_1(x)$ erfüllt unsere Differentialgleichung

$$\tilde{y}' + p\,\tilde{y} = (c\,y_1)' + p\,(c\,y_1) = c\,(y_1' + p\,y_1) + c'\,y_1 = f$$

wegen $y_1' + p\,y_1 = 0$ genau dann, wenn c der Differentialgleichung $c'\,y_1 = f$ genügt, welche wir sofort durch

$$c(x) = \int \frac{f(x)}{y_1(x)}\,dx \qquad x \in (a,\, b)$$

lösen können. Eine Lösung der inhomogenen Gleichung ist daher

$$\tilde{y}(x) = y_1(x) \cdot \int \frac{f(x)}{y_1(x)}\,dx \qquad x \in (a,\, b).$$

Die allgemeine Lösung der inhomogenen Gleichung ist also nach Satz 8.6.3:

$$y(x) = \tilde{y}(x) + C \cdot y_1(x), \qquad (C \in \mathbb{R}).$$

Fordern wir jetzt $y(x_0) = y_0$, so müssen wir wegen

$$y_0 = y(x_0) = \tilde{y}(x_0) + C \cdot y_1(x_0)$$

$C = \dfrac{y_0 - \tilde{y}(x_0)}{y_1(x_0)}$ setzen.

Beispiel 1: Wir betrachten die Differentialgleichung $y' + \dfrac{1}{x}y = 1 + x$ auf dem Intervall $(0, \infty)$. Die homogene Gleichung hat als Lösung:

$$y_1(x) = \exp\left[-\int \frac{1}{x}\,dx\right] = \exp[-\ln x] = \frac{1}{x}.$$

Dann ist eine Lösung der inhomogenen Gleichung gegeben durch:

$$\tilde{y}(x) = y_1(x) \cdot \int \frac{1+x}{\frac{1}{x}}\,dx = \frac{1}{x} \cdot \int (x + x^2)\,dx = \frac{1}{2}x + \frac{1}{3}x^2,$$

und die allgemeine Lösung der inhomogenen Gleichung lautet:

$$y(x) = \frac{1}{2}x + \frac{1}{3}x^2 + C \cdot \frac{1}{x}.$$

Sucht man die Lösung durch (x_0, y_0), wobei $x_0 > 0$, $y_0 \in \mathbb{R}$ ist, so ergibt sich für die Konstante C:

$$y_0 = y(x_0) = \frac{1}{2} x_0 + \frac{1}{3} x_0^2 + C \cdot \frac{1}{x_0},$$

d.h.:

$$C = x_0 y_0 - \frac{1}{2} x_0^2 - \frac{1}{3} x_0^3.$$

Beispiel 2: Wir betrachten die Differentialgleichung $y' + \frac{2}{x} y = 4x$ auf dem Intervall $(0, \infty)$. Die homogene Gleichung hat als Lösung:

$$y_1(x) = \exp\left[-\int \frac{2}{x}\, dx \right] = \exp[-2 \cdot \ln x] = \frac{1}{x^2}.$$

Dann ist eine Lösung der inhomogenen Gleichung gegeben durch:

$$\tilde{y}(x) = y_1(x) \cdot \int \frac{4x}{\frac{1}{x^2}}\, dx = \frac{1}{x^2} \cdot 4 \cdot \frac{x^4}{4} = x^2,$$

und die allgemeine Lösung der inhomogenen Gleichung lautet:

$$y(x) = x^2 + C \cdot \frac{1}{x^2}.$$

Sucht man die Lösung durch (x_0, y_0), wobei $x_0 > 0$, $y_0 \in \mathbb{R}$ ist, so ergibt sich für die Konstante C:

$$y_0 = y(x_0) = x_0^2 + \frac{C}{x_0^2},$$

d.h.

$$C = x_0^2 \cdot y_0 - x_0^4.$$

8.8 Lineare Differentialgleichungen 2. Ordnung

Wir schreiben diese Differentialgleichung in der Form:

$$y'' + p(x)\,y' + q(x)\,y = f(x).$$

Hierbei seien p, q, f als stetig auf (a, b) vorausgesetzt.

Der Existenz- und Eindeutigkeitssatz (Satz 8.6.1 für $n = 2$), der sich nicht mehr so einfach beweisen läßt wie im Fall $n = 1$, besagt jetzt, daß nach Wahl von $x_0 \in (a, b)$ und beliebigen Werten y_0, y_0' genau eine Lösung $y(x)$ auf (a, b) existiert mit den Anfangsbedingungen: $y(x_0) = y_0$, $y'(x_0) = y_0'$.

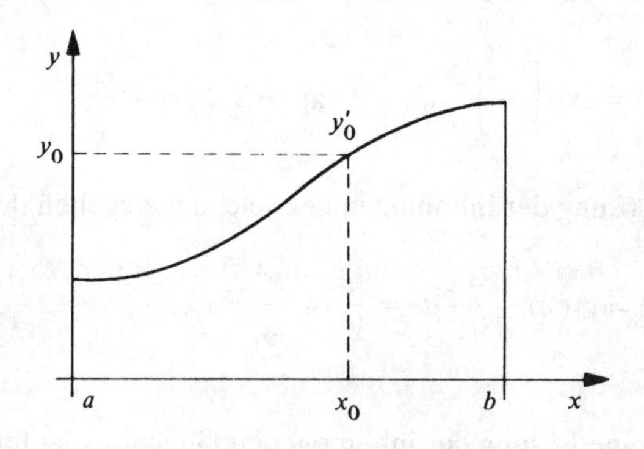

Abb. 8.8.1

Während also bei einer Differentialgleichung 1. Ordnung nur der Punkt (x_0, y_0) vorgeschrieben werden kann, ist jetzt außerdem noch die Steigung in diesem Punkt vorgebbar.

Um eine Lösung dieser Differentialgleichung zu erhalten, müssen wir zuerst die allgemeine Lösung der homogenen Gleichung:

$$y'' + p(x)\,y' + q(x)\,y = 0$$

bestimmen, d.h. ein Fundamentalsystem von Lösungen finden.

Beispiel 1: Wir betrachten auf einem beliebigen Intervall (a, b) die Differentialgleichung

$$y'' + \omega^2 y = 0 \quad (\omega \in \mathbb{R},\ \omega \neq 0).$$

Lösungen dieser Differentialgleichung sind offensichtlich die Funktionen

$$y_1(x) = \cos\omega x, \quad y_2(x) = \sin\omega x.$$

Für ihre WRONSKIsche Determinante erhalten wir

$$W(y_1, y_2; x) = \begin{vmatrix} \cos\omega x & \sin\omega x \\ -\omega\sin\omega x & \omega\cos\omega x \end{vmatrix} =$$

$$= \omega\cdot(\cos^2\omega x + \sin^2\omega x) = \omega \neq 0,$$

so daß y_1 und y_2 auf I linear unabhängig sind und folglich ein Fundamentalsystem der Differentialgleichung $y'' + \omega^2 y = 0$ bilden. Die allgemeine Lösung ist daher mit Konstanten c_1 und c_2 von der Form

$$\mathring{y}(x) = c_1\cos\omega x + c_2\sin\omega x.$$

Beispiel 2: Wir betrachten auf einem beliebigen Intervall die Differentialgleichung

$$y'' - \omega^2 y = 0 \quad (\omega \in \mathbb{R},\ \omega \neq 0).$$

Lösungen dieser Differentialgleichung sind offensichtlich die Funktionen

$$y_1(x) = e^{\omega x}, \quad y_2(x) = e^{-\omega x}.$$

Für ihre WRONSKIsche Determinante erhalten wir

$$W(y_1, y_2; x) = \begin{vmatrix} e^{\omega x} & e^{-\omega x} \\ \omega e^{\omega x} & -\omega e^{-\omega x} \end{vmatrix} =$$

$$= -\omega\cdot(e^{\omega x}e^{-\omega x} + e^{\omega x}e^{-\omega x}) = -2\omega \neq 0,$$

so daß y_1 und y_2 auf I linear unabhängig sind und folglich ein Fundamentalsystem der Differentialgleichung $y'' - \omega^2 y = 0$ bilden. Die allgemeine Lösung ist daher mit Konstanten c_1 und c_2 von der Form

$$\mathring{y}(x) = c_1 e^{\omega x} + c_2 e^{-\omega x}.$$

Für verschiedene Fundamentalsysteme erhalten wir natürlich i.a. verschiedene WRONSKI-Determinanten. Der folgende bemerkenswerte Satz von ABEL zeigt jedoch, daß die WRONSKI-Determinante schon durch die Differentialgleichung bis auf einen Faktor bestimmt ist.

Satz 8.8.1: Sind p, q stetig auf (a, b), ist $x_0 \in (a, b)$, und sind y_1, y_2 zwei beliebige Lösungen von

$$y'' + p(x)\,y' + q(x)\,y = 0,$$

dann gilt mit der Konstanten $c = W(y_1, y_2; x_0)$:

$$W(y_1, y_2; x) = c \cdot \exp\left[-\int_{x_0}^{x} p(t)\,dt\right].$$

Beweis: Aus den Gleichungen

$$y_1'' + p\,y_1' + q\,y_1 = 0,$$
$$y_2'' + p\,y_2' + q\,y_2 = 0$$

folgt nach Multiplikation mit $-y_2$ bzw. y_1 und Addition:

$$(y_1 y_2'' - y_1'' y_2) + p\,(y_1 y_2' - y_1' y_2) = 0$$

oder, da $W'(y_1, y_2; x) = \dfrac{d}{dx}(y_1 y_2' - y_1' y_2) = y_1 y_2'' - y_1'' y_2$ ist:

$$W' + p\,W = 0.$$

Die Lösung der Differentialgleichung für W ist gegeben durch

$$W(x) = W(x_0) \cdot \exp\left[-\int_{x_0}^{x} p(t)\,dt\right].$$

Aus diesem Satz folgt wieder sofort, daß entweder $W(y_1, y_2; x) = 0$ auf (a, b) oder $W(y_1, y_2; x) \neq 0$ auf (a, b).

Von großem praktischen Interesse ist die folgende Methode, die es erlaubt, mit Hilfe einer bekannten Lösung eine zweite zu konstruieren.

Satz 8.8.2: Sind p, q stetig auf (a, b), und ist y_1 eine Lösung von

$$y'' + p(x)\,y' + q(x)\,y = 0$$

mit $y_1(x) \neq 0$ auf (a, b), so lautet die allgemeine Lösung:

$$y(x) = c_1 y_1(x) + c_2 y_1(x) \cdot \int \frac{e^{-P(x)}}{y_1^2(x)}\,dx,$$

wobei $c_1, c_2 \in \mathbb{R}$ und $P(x) = \int p(x)\,dx$ ist.

Beweis:

1. Es sei y eine beliebige Lösung. Wir dividieren

$$W(y_1, y; x) = y_1 y' - y_1' y = c_2 e^{-P(x)}$$

durch $y_1^2(x)$ und erhalten:

$$\frac{d}{dx}\left(\frac{y(x)}{y_1(x)}\right) = c_2 \cdot \frac{1}{y_1^2(x)} \cdot e^{-P(x)}$$

und daraus nach Integration:

$$\frac{y(x)}{y_1(x)} = c_1 + c_2 \int \frac{e^{-P(x)}}{y_1^2(x)} dx,$$

d.h.

$$y(x) = c_1 y_1(x) + c_2 y_1(x) \cdot \int \frac{e^{-P(x)}}{y_1^2(x)} dx.$$

2. Durch zweimalige Differentiation verifiziert man, daß jede Funktion der Form

$$y(x) = c_1 y_1(x) + c_2 y_1(x) \cdot \int \frac{e^{-P(x)}}{y_1^2(x)} dx$$

auch tatsächlich Lösung der betrachteten Differentialgleichung ist.

Beispiel 3: Wir betrachten auf $(0, 1)$ die Differentialgleichung

$$y'' - \frac{2x}{1-x^2} y' + \frac{2}{1-x^2} y = 0.$$

Wir zeigen sofort, daß $y_1 = x$ eine Lösung ist. Denn es ist $y_1'(x) = 1$, $y_1''(x) = 0$ auf $(0, 1)$, d.h. unsere Differentialgleichung wird erfüllt:

$$0 - \frac{2x}{1-x^2} \cdot 1 + \frac{2x}{1-x^2} = 0.$$

Nun ist $y_1(x) \neq 0$ auf $(0, 1)$. Wir berechnen zuerst:

$$P(x) = -\int \frac{2x}{1-x^2}\,dx = \ln(1-x^2).$$

Es folgt

$$\int \frac{e^{-P(x)}}{y_1^2(x)}\,dx = \int \frac{dx}{(1-x^2)\,x^2} = \int \left(\frac{1}{x^2} + \frac{1}{1-x^2}\right) dx =$$

$$= -\frac{1}{x} + \frac{1}{2} \cdot \ln \frac{1+x}{1-x}.$$

Damit ist die allgemeine Lösung

$$y(x) = c_1 x + c_2 \left(-1 + \frac{x}{2} \cdot \ln \frac{1+x}{1-x}\right).$$

Wir wenden uns jetzt dem Problem zu, eine Lösung der inhomogenen Gleichung

$$y'' + p(x)\,y' + q(x)\,y = f(x)$$

zu finden, wenn ein Fundamentalsystem der zugehörigen homogenen Differentialgleichung bekannt ist.

Satz 8.8.3: Sind p, q, f stetig auf (a, b), und bilden y_1, y_2 ein Fundamentalsystem der zugehörigen homogenen Differentialgleichung, so ist

$$\tilde{y}(x) = -y_1(x) \int \frac{y_2(x)f(x)}{W(y_1, y_2; x)}\,dx + y_2(x) \int \frac{y_1(x)f(x)}{W(y_1, y_2; x)}\,dx$$

eine spezielle Lösung der inhomogenen Differentialgleichung.

Beweis: Wir versuchen, nach der Methode der Variation der Konstanten zwei differenzierbare Funktionen $c_1(x)$, $c_2(x)$ so zu finden, daß die Funktion:

$$y(x) = c_1(x)\,y_1(x) + c_2(x)\,y_2(x)$$

eine Lösung der inhomogenen Gleichung ist. Differentiation liefert:

$$y' = c_1' y_1 + c_2' y_2 + c_1 y_1' + c_2 y_2'.$$

Stellen wir an die Funktionen c_1, c_2 noch die zusätzliche Bedingung, daß auf (a, b) gilt:

$$c_1' y_1 + c_2' y_2 = 0,$$

so folgt dort:

$$y'' = c_1' y_1' + c_1 y_1'' + c_2' y_2' + c_2 y_2'',$$

und wir erhalten, wenn wir y, y', y'' in die Differentialgleichung einsetzen, auf (a, b):

$$c_1 (y_1'' + p y_1' + q y_1) + c_2 (y_2'' + p y_2' + q y_2) + c_1' y_1' + c_2' y_2' = f(x).$$

Da die ersten beiden Klammern verschwinden, haben wir c_1, c_2 so zu bestimmen, daß auf (a, b) gilt:

$$c_1' y_1 + c_2' y_2 = 0$$
$$c_1' y_1' + c_2' y_2' = f.$$

Hierfür ergibt sich

$$c_1' = \frac{\begin{vmatrix} 0 & y_2 \\ f & y_2' \end{vmatrix}}{W(y_1, y_2; x)} = \frac{-y_2 \cdot f}{W(y_1, y_2; x)},$$

$$c_2' = \frac{\begin{vmatrix} y_1 & 0 \\ y_1' & f \end{vmatrix}}{W(y_1, y_2; x)} = \frac{y_1 \cdot f}{W(y_1, y_2; x)},$$

woraus nach Integration sofort unser Satz folgt.

Beispiel 4: Wir betrachten auf $\left(0, \frac{\pi}{2}\right)$ die Differentialgleichung:

$$y'' + y = \frac{1}{\cos x}.$$

Ein Fundamentalsystem der homogenen Gleichung bilden $y_1 = \sin x$, $y_2 = \cos x$. Für die WRONSKI-Determinante berechnen wir

$$W(y_1, y_2; x) = \begin{vmatrix} \sin x & \cos x \\ \cos x & -\sin x \end{vmatrix} = -1 \quad \text{auf } \left(0, \frac{\pi}{2}\right).$$

Ferner ist

$$\int \frac{y_2 f}{W}\, dx = -\int \cos x \cdot \frac{1}{\cos x}\, dx = -x + c,$$

$$\int \frac{y_1 f}{W}\, dx = -\int \sin x \cdot \frac{1}{\cos x}\, dx = \ln(\cos x) + c.$$

Damit ist eine spezielle Lösung der inhomogenen Gleichung auf $\left(0, \frac{\pi}{2}\right)$:

$$\tilde{y}(x) = x \cdot \sin x + \cos x \cdot \ln(\cos x).$$

8.9 Lineare Differentialgleichungen 2. Ordnung mit konstanten Koeffizienten

Ein besonders einfacher Fall von linearen Differentialgleichungen 2. Ordnung ist gegeben, wenn die Koeffizienten von y' und y von x unabhängig, d.h. Konstanten sind:

$$y'' + p\,y' + q\,y = f; \quad p, q \in \mathbb{R}.$$

Die homogene Gleichung ist dann auf ganz $\mathbb{R}$ definiert. Wir beherrschen diese Gleichung, wenn wir für beliebige $p, q \in \mathbb{R}$ ein Fundamentalsystem von Lösungen angeben. Dazu prüfen wir zuerst, ob die Exponentialfunktion $y = e^{rx}$ mit $r \in \mathbb{R}$ eine Lösung sein kann. Setzen wir $y = e^{rx}$ ein, so erhalten wir mit $y' = r\,e^{rx}$, $y'' = r^2 e^{rx}$:

$$y'' + p\,y' + q\,y = e^{rx}(r^2 + p\,r + q) = 0.$$

Da $e^{rx} \neq 0$ für $x \in \mathbb{R}$, ist die Funktion $y = e^{rx}$ eine Lösung genau dann, wenn r die sogenannte charakteristische Gleichung

$$r^2 + p\,r + q = 0$$

löst. Dies ist eine quadratische Gleichung, deren reelle Lösungen durch

$$r_1 = -\frac{p}{2} + \frac{1}{2} \cdot \sqrt{p^2 - 4q}, \quad r_2 = -\frac{p}{2} - \frac{1}{2} \cdot \sqrt{p^2 - 4q}$$

gegeben werden, falls $p^2 - 4q \geqslant 0$ ist. Im Falle des Gleichheitszeichens, wo also $r_1 = r_2$ gilt, sprechen wir von einer Doppelwurzel, die wir mit r bezeichnen. Ist $p^2 - 4q < 0$, so liegt keine reelle Wurzel vor. Wir werden also 3 Fälle unterscheiden müssen:

Fall 1: $\boxed{p^2 - 4q > 0}$

In diesem Fall sind $y_1 = e^{r_1 x}$ und $y_2 = e^{r_2 x}$ zwei Lösungen. Diese sind linear unabhängig, denn es gilt:

$$W(y_1, y_2; x) = \begin{vmatrix} e^{r_1 x} & e^{r_2 x} \\ r_1 e^{r_1 x} & r_2 e^{r_2 x} \end{vmatrix} = e^{r_1 x} \cdot e^{r_2 x} \cdot \begin{vmatrix} 1 & 1 \\ r_1 & r_2 \end{vmatrix} =$$

$$= e^{r_1 x} \cdot e^{r_2 x} \cdot (r_2 - r_1) \neq 0.$$

Fall 2: $\boxed{p^2 - 4q = 0.}$

In diesem Fall ist mit $r = -\frac{p}{2}$, $y_1 = e^{rx}$ eine Lösung. Wir gewinnen sofort eine zweite linear unabhängige Lösung nach Satz 8.8.2. Dazu berechnen wir zuerst das Integral $\int p\,dx = px + c$. Setzen wir $P(x) = px$, so ist wegen $2r + p = 0$:

$$\int \frac{e^{-P(x)}}{y_1^2(x)}\,dx = \int e^{-2rx} e^{-px}\,dx = \int e^{-(2r+p)x}\,dx = x + c.$$

Damit ist $y_2(x) = x\,e^{rx}$ eine zweite linear unabhängige Lösung.

Fall 3: $p^2 - 4q < 0.$

In diesem Fall haben wir keine Lösung von der Form e^{rx}. Man zeigt aber durch Einsetzen sofort, daß

$$y_1(x) = e^{-\frac{p}{2}x} \cdot \sin\left(\frac{1}{2}\sqrt{4q - p^2} \cdot x\right),$$

$$y_2(x) = e^{-\frac{p}{2}x} \cdot \cos\left(\frac{1}{2}\sqrt{4q - p^2} \cdot x\right)$$

Lösungen sind. Diese sind linear unabhängig, denn die Gleichung:

$$c_1 y_1(x) + c_2 y_2(x) = 0$$

ist äquivalent nach Division durch $e^{-\frac{px}{2}}$ mit der Gleichung:

$$c_1 \cdot \sin\left(\frac{1}{2}\sqrt{4q - p^2} \cdot x\right) + c_2 \cdot \cos\left(\frac{1}{2}\sqrt{4q - p^2} \cdot x\right) = 0.$$

Dieser Fall wurde aber schon in 8.8 diskutiert.

Wegen der großen Wichtigkeit für die Anwendungen in der Physik (Schwingungsgleichungen) wollen wir diese Ergebnisse in einem Satz zusammenfassen:

Satz 8.9.1: Für die Differentialgleichung:

$$y'' + p y' + q y = 0 \quad p, q \in \mathbb{R}$$

bilden ein Fundamentalsystem im

Fall 1: $p^2 - 4q > 0$:

$$y_1(x) = e^{r_1 x}, \qquad y_2(x) = e^{r_2 x};$$

Fall 2: $p^2 - 4q = 0$:

$$y_1(x) = e^{rx}, \qquad y_2(x) = x \cdot e^{rx};$$

Fall 3: $p^2 - 4q < 0$:

$$y_1(x) = e^{-\frac{p}{2}x} \cdot \sin\left(\frac{x}{2}\sqrt{4q - p^2}\right),$$

$$y_2(x) = e^{-\frac{p}{2}x} \cdot \cos\left(\frac{x}{2}\sqrt{4q - p^2}\right).$$

Die inhomogene Gleichung lösen wir nun mit den Methoden von Satz 8.8.3. Mit den Bezeichnungen dieses Satzes gilt:

Satz 8.9.2: Es sei f stetig auf (a, b). Eine spezielle Lösung der Differentialgleichung:

$y'' + p\,y' + q\,y = f; \quad p, q \in \mathbb{R}$

ist gegeben durch, im

Fall 1: $p^2 - 4q > 0$:

$$\tilde{y}(x) = \frac{-e^{r_1 x}}{r_2 - r_1} \cdot \int e^{-r_1 x} f(x)\,dx + \frac{e^{r_2 x}}{r_2 - r_1} \cdot \int e^{-r_2 x} f(x)\,dx;$$

Fall 2: $p^2 - 4q = 0$:

$$\tilde{y}(x) = -e^{rx} \cdot \int x\,e^{-rx} f(x)\,dx + x\,e^{rx} \cdot \int e^{-rx} f(x)\,dx;$$

Fall 3: $p^2 - 4q < 0$, wenn wir $D = \frac{1}{2}\sqrt{4q - p^2}$ setzen:

$$\tilde{y}(x) = \frac{1}{D} \cdot e^{-\frac{p}{2}x} \cdot \sin Dx \cdot \int e^{\frac{p}{2}x} \cos Dx \cdot f(x)\,dx -$$

$$-\frac{1}{D} \cdot e^{-\frac{p}{2}x} \cos Dx \cdot \int e^{\frac{p}{2}x} \sin Dx \cdot f(x)\,dx.$$

Beweis: Wir benutzen die Bezeichnungen von Satz 8.9.1.

1. Ein Fundamentalsystem der homogenen Gleichung ist im Fall 1:

$$y_1(x) = e^{r_1 x}, \qquad y_2(x) = e^{r_2 x}.$$

Mit der WRONSKI-Determinante

$$W(y_1, y_2; x) = e^{(r_1 + r_2)x}(r_2 - r_1)$$

ergibt sich als eine spezielle Lösung:

$$\widetilde{y}(x) = -e^{r_1 x} \cdot \int \frac{e^{r_2 x} \cdot f(x)}{(r_2 - r_1)\, e^{(r_1 + r_2)x}}\, dx +$$

$$+ e^{r_2 x} \cdot \int \frac{e^{r_1 x} \cdot f(x)}{(r_2 - r_1)\, e^{(r_1 + r_2)x}}\, dx =$$

$$= -\frac{e^{r_1 x}}{r_2 - r_1} \cdot \int e^{-r_1 x} f(x)\, dx + \frac{e^{r_2 x}}{r_2 - r_1} \cdot \int e^{-r_2 x} f(x)\, dx.$$

2. Ein Fundamentalsystem der homogenen Gleichung ist im Falle 2:

$$y_1(x) = e^{rx}, \quad y_2(x) = x\, e^{rx}.$$

Mit der WRONSKI-Determinante

$$W(y_1, y_2; x) = \begin{vmatrix} e^{rx} & x\, e^{rx} \\ r e^{rx} & e^{rx} + x r e^{rx} \end{vmatrix} = e^{2rx} \cdot \begin{vmatrix} 1 & x \\ r & 1 + rx \end{vmatrix} = e^{2rx}$$

ergibt sich als eine spezielle Lösung

$$\widetilde{y}(x) = -e^{rx} \cdot \int \frac{x\, e^{rx} f(x)}{e^{2rx}}\, dx + x\, e^{rx} \cdot \int \frac{e^{rx} f(x)}{e^{2rx}}\, dx =$$

$$= -e^{rx} \cdot \int x\, e^{-rx} f(x)\, dx + x\, e^{rx} \cdot \int e^{-rx} f(x)\, dx.$$

3. Ein Fundamentalsystem der homogenen Gleichung ist im Fall 3:

$$y_1(x) = e^{-\frac{p}{2}x} \sin\left(\frac{1}{2}\sqrt{4q - p^2}\,x\right),$$

$$y_2(x) = e^{-\frac{p}{2}x} \cos\left(\frac{1}{2}\sqrt{4q - p^2}\,x\right).$$

Setzen wir zur Abkürzung $D = \frac{1}{2}\sqrt{4q - p^2}$, so ergibt sich für die WRONSKI-Determinante

$$W(y_1, y_2; x) = \begin{vmatrix} e^{-\frac{p}{2}x} \sin Dx & e^{-\frac{p}{2}x} \cos Dx \\ (e^{-\frac{p}{2}x} \sin Dx)' & (e^{-\frac{p}{2}x} \cos Dx)' \end{vmatrix} =$$

$$= e^{-px}\left(-\tfrac{p}{2} \cdot \sin Dx \cos Dx - D \cdot \sin^2 Dx + \right.$$

$$\left. + \tfrac{p}{2} \cdot \sin Dx \cos Dx - D \cdot \cos^2 Dx\right) =$$

$$= -D e^{-px}.$$

Bei beliebiger Wahl der Integrationskonstanten ist also eine spezielle Lösung:

$$\tilde{y}(x) = -e^{-\frac{p}{2}x} \sin Dx \cdot \int \frac{e^{-\frac{p}{2}x} \cos Dx}{-D \cdot e^{-px}} f(x)\,dx +$$

$$+ e^{-\frac{p}{2}x} \cos Dx \cdot \int \frac{e^{-\frac{p}{2}x} \sin Dx}{-D \cdot e^{-px}} f(x)\,dx =$$

$$= \frac{1}{D} e^{-\frac{p}{2}x} \sin Dx \cdot \int e^{\frac{p}{2}x} \cos Dx\, f(x)\,dx -$$

$$- \frac{1}{D} e^{-\frac{p}{2}x} \cos Dx \cdot \int e^{\frac{p}{2}x} \sin Dx\, f(x)\,dx.$$

Bemerkung 1: Ist in der Differentialgleichung

$$L[y]=y''+p\,y'+q\,y=f$$

die rechte Seite $f=f_1+f_2$, und sind $\tilde{y}_1$, $\tilde{y}_2$ Lösungen von $L[y]=f_1$ bzw. $L[y]=f_2$, so ist $\tilde{y}=\tilde{y}_1+\tilde{y}_2$ eine Lösung von $L[y]=f$. Denn es gilt

$$L[\tilde{y}]=L[\tilde{y}_1+\tilde{y}_2]=L[\tilde{y}_1]+L[\tilde{y}_2]=f_1+f_2=f.$$

Dies nennt man das Prinzip der Superposition von Lösungen.

Bemerkung 2: In der Theorie der Schwingungsgleichungen spielen Linearkombinationen von trigonometrischen Funktionen eine große Rolle. Hier ist von Wichtigkeit, daß eine beliebige Linearkombination

$$l(x)=c\cdot\sin x+d\cdot\cos x$$

in der Form geschrieben werden kann

$$l(x)=k\cdot\sin(x+\delta).$$

Vgl. 6.5, Übungsaufgabe 6.

Beispiel: Wir betrachten die Differentialgleichung $y''-2\,y'+y=e^x$. Die charakteristische Gleichung ist

$$r^2-2\,r+1=0,$$

welche die Doppelwurzel $r=+1$ besitzt. Wir sind also im Fall 2 und erhalten sofort aus Satz 8.9.2 als spezielle Lösung der inhomogenen Gleichung

$$\tilde{y}(x)=-e^x\cdot\int x\,e^{-x}\,e^x\,dx+x\,e^x\cdot\int e^{-x}\,e^x\,dx=$$

$$=-\tfrac{1}{2}x^2\,e^x+x^2\,e^x=\tfrac{1}{2}x^2\,e^x.$$

Die allgemeine Lösung dieser Differentialgleichung ist daher mit Konstanten c_1, c_2:

$$y(x)=c_1\,e^x+c_2\,x\,e^x+\tfrac{1}{2}x^2\,e^x.$$

Übungsaufgaben:

1. Man bestimme die Lösungen folgender Differentialgleichungen, die den angegebenen Anfangsbedingungen genügen:

   a) $x \cdot y' + 2y = 4x^2; \quad y(1) = 2;$

   b) $y' + y \cdot \cot x = 2\cos x; \quad y(\frac{\pi}{2}) = 5.$

2. Man bestimme die Lösung der Differentialgleichung:

   $$y' + 2xy = x \cdot e^{-x^2},$$

   welche der Anfangsbedingung $y(0) = 1$ genügt.

3. Man bestimme ein Fundamentalsystem für die Differentialgleichung:

   $$2y'' + 4y' + 2y = 0.$$

4. Gegeben sei die Differentialgleichung

   $$y'' - y = f(x).$$

   Man bestimme die allgemeine Lösung für die Fälle:

   a) $f(x) = 1$, b) $f(x) = x^2$, c) $f(x) = \sin x$, d) $f(x) = e^x \cdot \sin x$.

5. Auf (a, b) seien y_1, y_2 Lösungen der Differentialgleichung

   $$y'' + p(x)y' + q(x)y = f(x),$$

   wobei $f(x_0) \neq 0$ für ein $x_0 \in (a, b)$. Unter welchen Bedingungen für die Konstanten c_1, c_2 ist auch $c_1 y_1 + c_2 y_2$ eine Lösung?

6. Die Funktion f sei stetig auf $\mathbb{R}$. Man beweise, daß die Lösung der Differentialgleichung

   $$y'' + a^2 y = f(x) \quad (a \neq 0)$$

   mit den Anfangsbedingungen $y(0) = y'(0) = 0$ gegeben ist durch:

   $$y(x) = \frac{1}{a} \cdot \int_0^x f(u) \cdot \sin a(x-u)\, du.$$

Sachregister

G

H

P

Q

R

S